Especificações Técnicas de Software

Seja Nosso Parceiro no Combate à Cópia Ilegal

A cópia ilegal é crime. Ao efetuá-la, o infrator estará cometendo um grave erro, que é inibir a produção de obras literárias, prejudicando profissionais que serão atingidos pelo crime praticado.

Junte-se a nós nesta corrente contra a pirataria. Diga não à cópia ilegal.

Seu Cadastro É Muito Importante para Nós

Ao preencher e remeter a ficha de cadastro constante em nosso site, você passará a receber informações sobre nossos lançamentos em sua área de preferência.

Conhecendo melhor nossos leitores e suas preferências, vamos produzir títulos que atendam suas necessidades.

Obrigado pela sua escolha.

Fale Conosco!

Eventuais problemas referentes ao conteúdo deste livro serão encaminhados ao(s) respectivo(s) autor(es) para esclarecimento, excetuando-se as dúvidas que dizem respeito a pacotes de softwares, as quais sugerimos que sejam encaminhadas aos distribuidores e revendedores desses produtos, que estão habilitados a prestar todos os esclarecimentos.

Os problemas só podem ser enviados por:

1. E-mail: producao@erica.com.br
2. Fax: (11) 2097.4060
3. Carta: Rua São Gil, 159 - Tatuapé - CEP 03401-030 - São Paulo - SP

Adilson da Silva Lima

Especificações Técnicas de Software

1ª Edição

São Paulo

2012 - Editora Érica Ltda.

Conteúdo adaptado ao Novo Acordo Ortográfico da Língua Portuguesa, em execução desde 1º de janeiro de 2009.

"Algumas imagens utilizadas neste livro foram obtidas a partir do CorelDRAW 12, X3 e X4 e da Coleção do MasterClips/MasterPhotos© da IMSI, 100 Rowland Way, 3rd floor Novato, CA 94945, USA."

Dados Internacionais de Catalogação na Publicação (CIP)
(Câmara Brasileira do Livro, SP, Brasil)

Lima, Adilson da Silva
Especificações técnicas de software / Adilson da Silva Lima. -- 1. ed. -- São Paulo : Érica, 2012.

Bibliografia.
ISBN 978-85-365-0405-6

1. Análise de sistemas 2. Documentação de projeto 3. Especificações 4. Software - Desenvolvimento 5. UML (Ciência da computação)
I. Título

12-06110 CDD-004.2

Índices para catálogo sistemático

1. Software : Arquitetura, projeto e desenvolvimento : Especificações técnicas : Ciência da computação 004.2

Coordenação Editorial: Rosana Arruda da Silva
Capa: Maurício S. de França
Editoração e Finalização: Daniela Veronica Lima
Graziele Karina Liborni
Amanda Machado Torres
Carla de Oliveira Morais
Rosana Aparecida Alves dos Santos

Editora Érica Ltda.
Rua São Gil, 159 - Tatuapé
CEP: 03401-030 - São Paulo - SP
Fone: (11) 2295-3066 - Fax: (11) 2097-4060
www.editoraerica.com.br

Requisitos Básicos de Hardware e de Software

Para acompanhar o estudo, basta um editor de texto e uma ferramenta para modelagem UML, como:

Ferramentas Livres

- ArgoUML (http://argouml.tigris.org/)
- BOUML (http://www.bouml.fr)
- Fujaba Tool Suite (http://www2.cs.uni-paderborn.de/cs/ag-schaefer/Lehre/PG/FUJABA/)
- JUDE/Community (http://jude.change-vision.com/jude-web/product/community.html)
- StarUML (http://staruml.sourceforge.net/en/)
- Umbrello UML Modeller para Linux (http://uml.sourceforge.net)
- UML Dia para Linux (http://projects.gnome.org/dia/)

Comerciais e "Free Editions"

- Borland Together (http://www.borland.com/br/products/together/index.aspx)
- Enterprise Architect (http://www.sparxsystems.com.au/)
- MagicDraw (https://www.magicdraw.com/)
- Omondo Eclipse (http://www.ejb3.org/product.html)
- Poseidon (http://www.gentleware.com/)
- Rational Rose (http://www-01.ibm.com/software/awdtools/developer/rose/)
- Visual Paradigm for UML (http://www.visual-paradigm.com/product/vpuml)

Requisitos de Software e Hardware para Baixar e Executar o Projeto de Exemplo

- Visual Studio 2010 Web Developer Express SP1 ou versão superior
- ASP.NET MVC 3 Tools Update
- SQL Server Compact 4.0
- Versões Windows compatíveis com Visual Studio 2010
- Processador 1.6 GHz
- 1024 MB RAM
- 3 GB de espaço disponível em disco
- Modem e acesso à Internet
- Microsoft Excel 2007
- Microsoft Word 2007

Sobre o Material Disponível na Internet

O material disponível no site da Editora Érica contém as respostas dos exercícios e a solução do exemplo de loja virtual em ASP.Net MVC desenvolvido no livro.

Para utilizá-los, é necessário ter instalados em sua máquina o Visual Studio 2010 ou versão mais recente, o Adobe Reader 8 ou versão mais recente e os requisitos básicos de sistema para o software listados na página 5.

ETS.EXE - 4.82 MB

Procedimento para Download

Acesse o site da Editora Érica: www.editoraerica.com.br. A transferência do arquivo disponível pode ser feita de duas formas:

- **Por meio do módulo de pesquisa.** Localize o livro desejado, digitando palavras-chave (nome do livro ou do autor). Aparecem os dados do livro e o arquivo para download. Com um clique o arquivo executável é transferido.
- **Por meio do botão "Download".** Na página principal do site, clique no item "Download". É exibido um campo no qual devem ser digitadas palavras-chave (nome do livro ou do autor). Aparecem o nome do livro e o arquivo para download. Com um clique o arquivo executável é transferido.

Procedimento para Descompactação

Primeiro passo: após ter transferido o arquivo para sua máquina, verifique o diretório em que se encontra e dê um duplo clique nele. Aparece uma tela do programa WinZip Self-Extractor que conduz ao processo de descompactação. Abaixo do Unzip to Folder há um campo que indica o destino do arquivo que será copiado para o disco rígido do seu computador.

C:\especificacoestecnicasdesoftware

Segundo passo: prossiga a instalação, clicando no botão Unzip, o qual se encarrega de descompactar o arquivo. Logo abaixo dessa tela aparece a barra de status que monitora o processo para que você acompanhe. Após o término, outra tela de informação surge, indicando que o arquivo foi descompactado com sucesso e está no diretório indicado. Para sair dessa tela, clique no botão OK. Para finalizar o programa WinZip Self-Extractor, clique no botão Close.

Dedicatória

A Ci, minha esposa, amiga, amante e companheira há 25 anos;

A Álan e Álex, meus filhos, amigos e orgulho de minha vida;

A minha mãe Zilfa, guerreira incansável.

Agradecimentos

A Deus, por meio de Nosso Senhor, por tantas bênçãos imerecidas, inclusive a oportunidade de concluir mais este livro;

Aos editores e toda sua equipe, pela competência, confiança e por mais uma oportunidade;

A minha esposa Ci, pelo apoio e incentivo;

A todos com quem convivi nesses anos e que serviram de fonte para os assuntos abordados nesta obra.

Observai as aves do céu: não semeiam, não colhem, nem
ajuntam em celeiros; contudo vosso Pai celeste as sustenta.
Porventura não valeis vós muito mais do que as aves?

Mateus 6:26

Sobre o Autor

Trabalha na área como analista de sistemas há 27 anos. Participou de inúmeros projetos nos mais variados ambientes e metodologias. Ministrou vários cursos com diversos conteúdos, inclusive modelagem, UML, metodologias e gerenciamento de sistemas.

Sumário

Apresentação

Durante vários anos e com participação em diversos projetos, tenho notado o fato de os membros nas equipes de desenvolvimento não conseguirem chegar a um acordo sobre o que deve ser especificado, tanto no aspecto funcional como técnico, para que o produto seja confeccionado conforme as necessidades do cliente. Um produto não se restringe ao software desenvolvido e implantado, mas compreende outros artefatos, como documentação, material de treinamento, evidências de testes etc.

Já participei de projetos em que a documentação era considerada uma mera formalidade e, por outro lado, outros projetos foram realizados sob rígidos processos de desenvolvimento.

Em projetos executados sob metodologia bem definida, o problema sempre aparece: o que deve conter uma especificação técnica? Qual o público-alvo? E a dúvida mais preocupante: para que serve?!

Assim, decidi reunir e compilar várias experiências, modelos e artefatos a fim de colaborar com os colegas analistas no sentido de ajudá-los não só a responder a tais perguntas, mas, avançando um pouco mais, contribuir um pouquinho na capacitação desta árdua tarefa - especificar...

Obviamente o tema é desafiador, extenso e absolutamente heterogêneo, pois cada fábrica de software, cada consultoria ou empresa de TI possui um corpo de artefatos e processos de desenvolvimento próprios, às vezes semelhantes, mas particulares de acordo com a experiência e a metodologia adotada.

Este livro não pretende ser um tratado sobre especificações técnicas, mas uma introdução, um start, ao assunto.

Depois de uma breve exposição que justifica a importância de uma especificação, no capítulo 1, e uma explicação sobre a diferença entre especificação técnica e funcional, no capítulo 2, exemplificamos a confecção dos primeiros documentos do ciclo de vida de um projeto de desenvolvimento de software no capítulo 3, quais sejam o documento de visão e a especificação de casos de uso - onde tudo começa...

A partir desses primeiros documentos, no capítulo 4, abordamos a confecção de protótipos e das especificações funcionais, os quais, geralmente, são utilizados como um "contrato" entre o cliente solicitante do sistema e a equipe de desenvolvimento. O arquivo disponível para download contém o protótipo funcional do projeto de exemplo apresentado no formato HTML.

Alguns se opõem ao "excesso" de documentação produzida durante o projeto, principalmente quando o autor é o gerente de projetos. Assim, antes de continuar o estudo, no capítulo 5 apresentamos os principais documentos concebidos na fase de planejamento. Isso é importante para "situar" o analista quanto aos artefatos que são de sua responsabilidade.

No final do livro, você encontra oito apêndices que trazem exemplo de uma estrutura de projeto e os documentos básicos da fase de planejamento, como declaração de escopo, fatores de risco, plano de comunicação, recursos humanos e plano de qualidade. São exemplares simples, mas que permitem uma noção da importância do assunto.

Uma especificação não se limita à parte funcional do sistema. Se assim fosse, seríamos apenas analistas de negócios e não analistas de requisitos (ou de sistemas, como alguns ainda denominam). Portanto, no capítulo 6, tratamos brevemente da importância da arquitetura num projeto e dos padrões mais utilizados atualmente.

No capítulo 7, usamos os casos de uso das especificações funcionais para, por meio da construção de diagramas de interação, obter os objetos de negócio do sistema. A partir desses objetos, no capítulo 8, abordamos a construção do modelo de classes de análise (ou classes de domínio), o ponto inicial para a confecção das especificações técnicas.

No capítulo 9, fazemos uma breve exposição da importância do uso de interfaces e sua implementação, destacando também conceitos básicos, como herança e polimorfismo.

Com todos os artefatos obtidos, no capítulo 10, com base no padrão de arquitetura ASP.NET MVC, partimos efetivamente para a abordagem das classes das camadas da aplicação.

Para não deixar dúvidas sobre as classes a serem obtidas no modelo em camadas, no capítulo 11 procuramos explorar mais detalhadamente um assunto, até certo ponto, polêmico: como especificar o modelo de dados considerando a orientação a objetos e o banco relacional.

Embora não aplicáveis na maioria das especificações, no capítulo 12 exemplificamos a utilidade e as circunstâncias em que os diagramas de estados e de atividades devem ser confeccionados a fim de garantir melhor entendimento do público-alvo das especificações.

O capítulo 13 trata de um dos artefatos básicos de uma especificação técnica: a construção dos diagramas de interação - não os mesmos diagramas confeccionados no capítulo 7, mas em uma versão mais técnica, apresentando as interações dos objetos entre as camadas, algo que muitos colegas têm dificuldade em produzir.

Finalmente, no capítulo 14, todos os artefatos obtidos ao longo do estudo são reunidos em um documento de especificação técnica, acrescentando itens complementares para entregar um produto útil e de qualidade para os desenvolvedores e outros interessados.

O livro poderia terminar no capítulo 14, mas preferimos adicionar um último capítulo para demonstrar, ainda que de forma breve, a construção de casos de teste - tarefa que em alguns ambientes de desenvolvimento fica por conta do especificador.

O arquivo disponível para download, além dos itens já citados, fornece a solução do projeto NorthWind MVC na versão MS Visual Studio 2010. O banco de dados utilizado, NorthWind, é disponibilizado na Web para estudo do MS SQL Server e de outros produtos da Microsoft. Para facilitar o entendimento, a estrutura das tabelas, visões e *stored procedures* desse banco foram traduzidas para o português, inclusive os dados de todas as tabelas (o NorthWind dificilmente pode ser encontrado em português na Web) - basta baixar e rodar o script no SQL Server, ajustando a *string* de conexão no arquivo Web.config de seu Visual Studio.

"Especificações Técnicas" é um trabalho simples e, por enquanto, inédito. Por isso esperamos que lhe seja útil e colabore com uma pequena porção em seu aperfeiçoamento profissional.

Pois, especificar é preciso...

O autor

1 Por que Especificar...

Neste capítulo, trataremos de:

✓ *Projetos e especificações com exemplos do dia a dia*

✓ *Contextualização em quatro cenários de desenvolvimento de software*

✓ *A importância de uma especificação*

A melhor maneira de motivá-lo a pensar em especificações é colocar exemplos, a título de analogia, de situações que acontecem no dia a dia.

Imagine uma pessoa que economizou anos e anos para, enfim, construir a casa de seus sonhos: ele quer uma coisa certa e definitiva, pois assim é com o projeto e a construção de uma casa. Contrata-se um arquiteto, ainda que a um custo maior do projeto, e esse arquiteto não só sugere a melhor opção para aproveitamento de espaço, como também registra a proposta do projeto em uma planta perfeitamente desenhada e dentro das condições que a Física permite: se alguém desconfiar das ideias exageradamente originais do arquiteto, pode contratar um engenheiro a fim de confirmar tecnicamente a viabilidade delas...

Outro exemplo: uma pessoa constrói uma casa em um terreno não muito firme e, planejando expandi-la para um sobrado, pergunta: será que a estrutura da fundação suporta um novo andar? Ela contrata um engenheiro para dar um parecer - custa caro, mas, com certeza, mediante a resposta, decidirá se deve edificar seu sobrado ou não.

Ao construirmos nossas casas, temos tais preocupações, mas ao desenvolvermos aplicações (software), não deveríamos ter o mesmo cuidado?

Alguém responderia: "Sim, a casa malfeita incorre em vítimas fatais, mas um "software" não...

Será?

Imagine um astronauta viajando, na década de 1960 (quando os computadores não eram tão sofisticados como hoje), para aterrissar na Lua. Se ocorresse um pequeno problema de cálculo, custaria sua vida.

Imagine-se usando um marca-passo: uma falha de milésimos de segundo no programa do *chip* custaria sua vida.

Outra situação: você investe tudo o que guardou a vida inteira em um título na Bolsa de Valores e, por causa de um erro de previsão, perde tudo e amanhece falido.

Você está precisando declarar seu imposto de renda via Internet, no último dia, e a concorrência de acessos não lhe permite fazê-lo: multa...

Creio que os exemplos são suficientes e permitem claramente resumir a questão nos seguintes termos: "Nenhum sistema é importante ou desimportante; dependendo do contexto do usuário, qualquer sistema é crítico!".

Essa conclusão permite chamar sua atenção para um conceito muito importante: não interessa o porte ou a finalidade do sistema - deve-se ter responsabilidade sobre o pleno funcionamento dele. Em resumo, profissionalismo em relação ao usuário, principalmente.

Mas o que esse discurso todo tem a ver com especificações técnicas?

No tempo da arte e da pesquisa em computação (lá pelo anos de 1950 e início de 1960), o planejamento de uma aplicação era restrito a quem programava: o contexto não era tão complexo como hoje. E a informação, com sua velocidade de atualização, não era crítica e estratégica para as empresas. Até se dizia que, em meados dos anos de 1990, a informática se resumiria em seis megacomputadores tomando conta de toda informação mundial... Ninguém previra o evento da Internet e da evolução tecnológica dos microcomputadores, telefonia celular, satélites etc.

Para melhor explicar o conceito de responsabilidade para com o cliente, vamos citar quatro cenários que, infelizmente, não são fictícios.

1.1 Com a Cara e a Coragem (e um pouco de sorte)

Imagine-se um programador *treineé* em uma empresa qualquer...

Você, a duras penas, foi aprendendo os segredos e "macetes" da linguagem de programação e as vicissitudes de atender os clientes a contento.

Um dia você decide trabalhar por conta!

Você reuniu experiência e, como inteligente que é, não viu nenhum problema na aventura de ser "dono de seu próprio nariz".

Começou com uma carteira de clientes modesta, mas, conforme foi entregando os trabalhos, geralmente por indicação, aumentou essa carteira (que bom!), mas chegou a um ponto em que não dava mais conta de exercer as tarefas de diretor comercial, diretor técnico, diretor financeiro e, principalmente, o que você mais gostava de fazer, de desenvolver os sistemas de qualidade que sempre desenvolveu.

Você então decide que, para crescer mais, precisa contratar pessoas para delegar um pouco de suas tarefas em razão da sobrecarga e do estresse eminentes.

Boa ideia! Afinal, sua empresa vai crescer...

Você contrata pessoas de faro comercial e financeiro até melhor que o seu: ótimo - deu certo!

Você contrata programadores (muito competentes, aliás) para dar manutenção aos sistemas já existentes e aos que estão chegando. Mas você cresceu tanto, possui tantos clientes, que não consegue passar seu conhecimento aos bons programadores que contratou. Por quê? Para início de conversa (aliás, início de problema), você nunca documentou sequer um sistema e, pior, devido à demanda e à necessidade do prazo, não comentou sequer uma linha de código produzido.

Nesse ponto você reflete: se eu tivesse adotado "o jogo de cintura" para pedir ao cliente dois dias além do prazo, poderia ter produzido uma documentação mínima.

Você chega a um impasse: ou paro no patamar de trabalhar sozinho ou aceito o desafio de crescer... Você volta a trabalhar sozinho: o negócio do sistema está em sua cabeça e assim ficará.

1.2 Oportunidade por Competência

Você trabalhou alguns anos para uma empresa e sempre fez um excelente trabalho. Acontece que seu principal cliente percebeu, tardiamente, que quem provia as soluções e mantinha o sistema em funcionamento era apenas você. Então o cliente lhe fez uma proposta: você sai da empresa em que trabalha e executará os serviços de forma direta a ele (o cliente).

Você não tem recursos próprios e, então, associa-se a um colega que possui capital para investir em instalações e equipamentos (que bom!). Seu primeiro cliente o indica para um segundo e este, por sua vez, para um terceiro... Progresso em progressão geométrica (sem trocadilhos)!

Seu sócio, como investidor, quer ter o retorno do capital, mas você não se preocupa com isso, pois, para não perder dinheiro, "vai fazendo".

Ah, um detalhe: o terceiro cliente é grande e usa base de dados SQL, mas isso "não é sua praia", mas tudo bem, vamos criando o banco com base no que já existia e tudo vai dai certo... (não há tempo para um curso de SQL).

Depois de três anos de labuta e sem férias, você resolve descansar umas semanas e, em conversas com amigos, descobre que a solução é adotar métodos formais e a necessidade de reciclar tecnicamente o empreendimento. E, quem sabe, galgar voos mais altos com um certificado de qualidade. Porém, você nem mais programa: possui dezenas de programadores, três gerentes comerciais e, dado o número de clientes, quarenta funcionários no suporte (help desk): todos perdidos, pois não há documentação de sistema... O suporte demora, as alterações demoram, os clientes crescem... E, ainda, seu sócio quer ver o retorno do investimento...

O que fazer? Será que tudo foi culpa da falta de documentação e de estabelecimento de padrões desde o início do negócio?

1.3 Esse Mundo Existe...

Você trabalhou vários anos com VB6 e Delphi: começou como programador, depois passou a analista e, sempre interessado em arquitetura e qualidade de código, até aprendeu um pouco de Java; enfim, conseguiu uma colocação em uma grande empresa para participar de um projeto em .NET/C#. Fala consigo mesmo: "Esse mundo existe!".

Como você sempre foi um estudioso da Orientação a Objetos, não ficou nenhum um pouco preocupado em especificar o sistema para os desenvolvedores, porém descobre que a empresa trabalha rigidamente sobre processo e é certificada em CMMI. Você descobre que as especificações que fazia antes eram boas, mas no atual contexto, elas são precárias e superficiais, mesmo porque a fábrica de software está localizada em outro Estado e você praticamente não tem como comunicar-se com os desenvolvedores: as especificações devem ser confeccionadas de tal forma que, praticamente, os desenvolvedores e testadores não podem ter dúvidas sobre o que deve ser feito.

1.4 Antes Mal Acompanhado do que Só

Um cliente, amigo seu, solicita a construção de um sistema. Vocês se reúnem e ele lhe explica informalmente o que quer: você estipula um preço e ele concorda (ah, detalhe: você adora UML e a utiliza em seus trabalhos).

Você desenha à mão algumas telas e apresenta o que pretende fazer. Seu amigo faz algumas correções e você começa o trabalho: constrói as telas, cria a base de dados e codifica a aplicação. Em seguida, efetua alguns testes, instala a aplicação no cliente e explica-lhe o funcionamento. Ele solicita algumas mudanças, pois antes não tinha uma ideia muito precisa de suas necessidades, mas, agora, como tem em mãos algo concreto, as necessidades ficam mais claras e as ideias começam a brotar: você ajusta a aplicação em sucessivas versões, indo e vindo, corrigindo erros etc.

Depois de a aplicação estar em produção, você ainda é chamado para efetuar alguns ajustes e eliminar alguns bugs.

Ao final, você calcula o tempo gasto para entregar o produto, incluindo suas idas e vindas, transporte, estacionamento, alimentação, energia elétrica, telefone etc. e chega à conclusão de que, se não houve prejuízo, seu lucro foi muito pequeno, fora o desgaste resultante, mas tudo bem... Afinal, seu cliente também é seu amigo! E como ele gostou do produto, é bem possível que ele o indique para outras pessoas...

E, de fato, você é indicado para executar um projeto um pouco maior e o processo todo se repete, mas, desta feita, o cliente não é seu amigo... Você se preocupa? Confia plenamente "no seu taco" mais uma vez?

Se você documentou todo o processo de desenvolvimento, não para si, mas para todos quantos se interessassem no sistema, é claro que confia (pois você até usou informalmente alguns princípios de UML).

Mas, se você aderiu ao primeiro contexto (com a cara e a coragem)... É melhor ler novamente o item.

1.5 Conclusão

Nos tópicos anteriores, citamos algumas vezes o termo "documentação". Não entenda por isso um documento em formato Word ou PDF, mas, de uma forma mais ampla, qualquer artefato que demonstre algum aspecto de funcionalidade do sistema, como, por exemplo, um modelo MER (Modelo Entidade-Relacionamento), um protótipo (uma figura de tela ou produto de uma ferramenta para *Wireframe*), um diagrama de fluxo (de sequência ou atividades) etc.

E qualquer artefato, por premissa, é o resultado, o produto de um processo, ainda que informal.

Quando citamos o conceito de passar conhecimento, é claro que estamos tratando de passar informação, pois esta depende de quem a recebe para formular seu próprio conhecimento de acordo com seu poder de assimilação - quanto melhor a qualidade da informação, melhor o poder de assimilação e conhecimento do receptor (meio neurociência, não?).

Com base no conjunto (o mais amplo possível) da documentação e na qualidade dela, é sim possível afirmar que ninguém pode ter dúvidas sobre o que deve ser confeccionado - nem os desenvolvedores e também os próprios requisitantes do sistema, isto é, o cliente e/ou usuário.

No item 1.4 (*Antes Mal Acompanhado do que Só*), podemos notar, sem a existência de qualquer metodologia, um indício de bom-senso: o desenho, ainda que informal, de uma solução (em termos técnicos, um protótipo), a realização de testes e a explicação do funcionamento da aplicação - isto só é possível com uma estratégia formal, ditada implícita ou explicitamente por uma especificação, como veremos ao longo deste trabalho.

A motivação básica deste trabalho deve-se à situação comum em qualquer projeto (seja de porte pequeno ou grande) ou empresa (adotando metodologias e processos ou não): o material entregue para a equipe de desenvolvimento é precário e, frequentemente, o desenvolvedor precisa entrar em contato com a equipe de análise para dirimir suas dúvidas, quando o correto deveria receber uma documentação completa que não deixasse incerteza alguma sobre o que deve ser desenvolvido.

Mesmo quando uma empresa adota um processo rígido, inclusive com uma equipe de controle de qualidade vistoriando todos os artefatos, ela tem dificuldades em contratar recursos humanos para cumprir as normas definidas pela metodologia adotada ou processos.

Portanto, o propósito é ajudar analistas de negócios (ou de requisitos) e analistas de sistemas (com ou sem prática em programação) a entregar especificações compreensíveis não só aos desenvolvedores, mas a qualquer interessado no sistema, inclusive o cliente (geralmente leigo).

O autor passou por experiências em grandes corporações financeiras (com um processo extremamente rígido e maduro, com CMMI5) e empresas com um programa de padronização de vários projetos com critérios e paradigmas particulares diversos que carecem de normalização; trabalhou também em dois projetos menores em que as consultorias, como estavam crescendo rapidamente, decidiram começar fazendo o certo, evitando, no futuro, gastos que outras empresas estão tendo ao tentar pôr em prática uma cultura de "escutar o cliente", entendê-lo e, somente depois de devidamente especificar a solução, pô-la em prática - é a isso que se deve, segundo entendemos, a importância estratégica de uma especificação, tanto funcional como técnica.

Você até pode galgar um posto de especificador, mas sem tal compreensão, sua rotina será exaustiva, senão sem sucesso. Embora nosso modesto trabalho não pretenda transformá-lo em um "expertise", mesmo porque não o somos, certamente o ajudará em um trabalho mais tranquilo.

Antes de continuar o estudo, lembre-se de duas coisas:

- Qualquer projeto, por menor que seja, é importante e crítico para seu cliente, daí invocar a responsabilidade ética-profissional.
- Você é um engenheiro (esqueça o "de *software*"), em menor ou maior grau, portanto deve construir um produto que dure o quanto puder durar, iniciado em bases sólidas, e isso só é possível com o maior grau de qualidade que o custo e o tempo do projeto permitam.

Como o título deste capítulo sugere, especificamos um software não porque uma metodologia ou processo nos obrigue a fazê-lo, mas porque o bom-senso e a responsabilidade profissional levam a um exercício prévio de resolução e cuidadosa análise sobre o produto a entregar, antes de escrever uma linha de código que seja.

Enfim, o estágio atual do desenvolvimento de soluções em TI não admite mais "a análise em papel de pão", mesmo que o desenvolvimento seja "solitário".

2 Conceito de Especificação Técnica e Funcional

Neste capítulo, trataremos de:

- ✓ *O que é uma especificação*
- ✓ *Diferenças entre especificação funcional e especificação técnica*

Segundo o Dicionário Aurélio, o termo "especificação" significa uma "*descrição rigorosa e minuciosa das características que um material, uma obra ou um serviço deverão apresentar*" e também "*cada item de tal descrição*".

Podemos destacar nessa definição termos importantes para nosso propósito, quais sejam: "*descrição rigorosa e minuciosa*" e também "*cada item de tal descrição*".

Uma especificação certamente é uma descrição rigorosa e minuciosa, mas em termos de sistema de software, ela é subdividida em mais de um documento: a visão do sistema, que explica seu propósito geral e não entra em maiores detalhes de cada requisito ou função, e várias especificações funcionais e técnicas específicas descrevendo uma função do sistema ou um pequeno conjunto de funções afins.

Como o sistema é composto por várias funções, a segunda definição é perfeitamente válida: a descrição **rigorosa e minuciosa** de cada item de uma descrição geral.

Exemplificando com uma mala direta de clientes - um documento pode apresentar uma visão geral nos seguintes termos: "*O sistema, com base em clientes cadastrados, emite mensagens específicas de promoções e congêneres, seja via e-mail ou impressão em texto, em lote para clientes de determinadas regiões e/ou ramos de atividade*".

Especificações voltadas a "*cada item de definição*" seriam resumidas, por exemplo, em cadastrar clientes no sistema, cadastrar regiões e ramos de atividades, cadastrar produtos, promoções etc. e, enfim, envio das mensagens aos clientes conforme um filtro de seleção.

Mas, antes de continuar, vamos analisar definições de outros dicionários.

Segundo o Merriam-Webster Dictionary, especificação é "*uma apresentação detalhada e precisa de algo ou de um plano ou proposta de algo*".

Aqui, podemos ampliar a ideia acrescentando o conceito de "*plano ou proposta de algo*". Em comparação com a primeira definição, que simplesmente cita que algo "*deverá apresentar*", a definição sugere que há um **plano** ou **proposta**.

Mas, ainda descontentes com que os dicionários nos oferecem até aqui, vamos analisar mais uma definição (American Heritage Dictionary): "*a declaração detalhada, exata de particulares, especialmente declaração de prescrição de materiais, dimensões e qualidade do trabalho de algo para ser construído, instalado ou manufaturado*" e "*um único item ou artigo que tenha sido especificado*".

Os termos que chamam a atenção, e que complementam as definições anteriores, são "*declaração... exata de particulares, **especialmente prescrição** de materiais... **qualidade do trabalho** de algo a ser construído*".

Portanto, para resumir, uma especificação não se restringe à descrição minuciosa e rigorosa do que deve ser feito, mas também que tal descrição deve basear-se em uma prescrição (ou plano), cumprir princípios de qualidade do trabalho e, por extensão, do produto final.

Essa conclusão **resume o propósito deste trabalho**: uma especificação baseia-se em um plano, que pode ser traduzido em vários artefatos normativos, como padrões de arquitetura, documento de visão, padrões de interface de usuário, padrões de nomenclatura de modelo de dados, além de requisitos, casos de uso etc.

No último capítulo será possível a compreensão do significado de especificação (temos um "bom chão" até lá).

Podemos concluir que uma especificação não é apenas uma descrição detalhada de algo a ser construído, mas um conjunto de artefatos que deixa explícito, de forma clara e suficiente, que produto os desenvolvedores devem construir de forma a satisfazer o que os clientes esperam e, por outro lado, um instrumento de fácil entendimento para que os usuários finais (o cliente) possam confirmar seus desejos ou necessidades de forma testável, compreensível e clara.

Retomando o exemplo de sua casa, você contrata um pedreiro para quê? Para fazer a fundação, levantar os cômodos, fazer o acabamento (azulejos, pias etc.), fazer a instalação elétrica, instalar os encanamentos, realizar a pintura etc. Se sim, você é um leitor de sorte que encontrou um *faz-tudo*... Mas não se faz tudo da melhor forma...

Bem, o fato é que você tem um projeto geral e, de forma coordenada (quem dera que fosse, e nada contra pedreiros, pintores e eletricistas), cada um tem uma função: há um projeto básico, ditado por um engenheiro, e os demais, cada um em sua especialidade, seguem um pacote de tarefas específicas de seu ramo, dentro do ideal: cada pacote de tarefas especializadas em harmonia com o projeto geral.

A especificação não está ligada ao projeto geral, mas a cada especialidade de serviço, mas quem especifica, no caso do bom engenheiro de obras, é alguém que, embora não conheça detalhadamente cada tarefa, no geral conhece o projeto como um todo e pode planejar e, inclusive, estipular prazos para a conclusão da obra.

Em termos de software, a especificação é o resultado de um projeto em que cada área específica (sem redundância) atua para entregar sua parte ao todo, cumprindo rigorosamente o escopo do projeto.

2.1 Especificação Funcional

No capítulo anterior, mostramos cenários de diversas situações, não impossíveis ou abstratas, mas reais.

Em todas elas o produto a ser entregue é o **software**, não um edifício, uma usina hidrelétrica ou produto semelhante, mas nem por isso deixa de ser concreto: o termo concreto aqui é relativo, pois embora software não seja um produto em que, por definição, não se toque de forma concreta, influencia bens tangíveis: sua qualidade de vida, seus bens imóveis, sua vida...

Não sei qual sua idade, mas antes de 1983, o cliente de um banco no Brasil enfrentava filas para sacar dinheiro: mostrava um cheque, o caixa abria uma gaveta e procurava o cartão de assinatura do cliente e, após conferi-la, fazia o pagamento.

Com o advento da informática, compramos a tecnologia vigente no primeiro mundo: os caixas eletrônicos, porém a cultura de nosso povo à época (se bem que hoje ainda há pessoas que não sabem operá-lo) obrigou a uma reformulação: um relevantamento de requisitos para ajustar a utilidade do ATM ao nível tecnocultural de nosso povo.

Em termos funcionais, uma especificação funcional seria praticamente a mesma: o cliente identifica-se (seja por conferência de uma assinatura, de senha no caixa ATM ou via Internet) e recebe seu pagamento (saque) seja via papel, plástico ou crédito, não é?

O que mudou no contexto, então?

A tecnologia...

Bem, quanto à especificação funcional, até certo ponto, ainda tem sentido: o cliente se identifica, identificação aprovada e dinheiro garantido. Mas a forma como funcionalmente o processo ocorre... Tanto que muitos vovôs se atrapalham diante de um caixa eletrônico e alguns papais mais de idade têm medo de movimentar sua conta por meio da Internet, de um celular ou notebook.

Moral da história: o que completamente especifica um sistema é o próprio sistema. Há um contexto de negócio que, conforme exemplificamos, é bastante estável, mas, por outro lado, há um contexto tecnológico que muda rapidamente, conforme as propostas tecnológicas aparecem.

2.2 Especificação Técnica

Podemos concluir, portanto, que existem dois tipos de especificação: a especificação funcional e a especificação técnica.

Embora o foco principal deste trabalho seja a especificação técnica, não poderíamos omitir a especificação funcional, pois como expusemos até aqui, a parte técnica provêm da parte funcional.

A especificação funcional descreve como um produto funciona na perspectiva do usuário (lembre-se do exemplo de saque bancário). Ela não se preocupa como o produto é implementado, mas descreve os recursos, sem telas, menus, caixas de diálogo etc.

Já a especificação técnica descreve a implementação interna da aplicação. Refere-se às estruturas de dados, modelos de bancos de dados relacionais, a linguagens de programação, ambientes de desenvolvimento, ferramentas, algoritmos, interface gráfica de usuário etc.

A especificação técnica define os requisitos técnicos que atendem (realizam) os requisitos funcionais (o negócio) do cliente que serão abordados pelo projeto.

Se o leitor é do sexo feminino, então leitora, ou se for do sexo masculino metido a chefe de cozinha, vamos a um exemplo bem prático:

Especificação para um pão com recheio

Ingredientes

- 2 copos e 1/2 de água morna
- 2 colheres de sopa de açúcar
- 1 colher de sal
- 1 ovo
- 1 copo de óleo
- 1 kg de farinha de trigo
- 50 g de fermento de padaria

Modo de preparo (de 100 ou mais anos atrás)

- Misturar o fermento de batata na água morna.
- Bater no batedor de clara por alguns minutos o açúcar, o óleo, o sal, o ovo e a água com o fermento.
- Colocar em uma bacia grande essa mistura e acrescentar o trigo aos poucos, misturando com as mãos (a quantidade de trigo suficiente se dá quando a massa não grudar em suas mãos).
- Deixar crescer por 1 hora.
- Dividir a massa em partes e enrolar os pães.
- Deixar crescer novamente por 40 minutos.
- Enrolar em folhas de bananeira e levar para assar por mais ou menos 90 minutos no forno de barro.
- Se desejar: substituir o óleo por banha de porco.
- Acrescentar à massa já pronta torresmo ou linguiça.

Modo de preparo em casa (nos dias atuais)

- Misturar o fermento de padaria na água morna.
- Levar ao liquidificador o açúcar, o óleo, o sal, o ovo e a água com o fermento.
- Bater por alguns minutos.
- Colocar em uma bacia grande essa mistura e acrescentar o trigo aos poucos, misturando com as mãos (a quantidade de trigo suficiente se dá quando a massa não grudar em suas mãos).
- Deixar crescer por 1 hora.
- Dividir a massa em partes e enrolar os pães.
- Deixar crescer novamente por 40 minutos.
- Levar para assar por mais ou menos 30 minutos.
- Se desejar: substituir o óleo por banha.
- Acrescentar à massa já pronta torresmo ou linguiça.

Modo de preparo em casa (em ambiente industrial)

- Pesar todos os ingredientes separadamente.
- Caso utilize fermento fresco, dissolver o fermento em água morna (a ser descontada do volume total de água usado no processo).
- Colocar em um liquidificador o fermento dissolvido, o açúcar,o reforçador, evitando-se a perda de material pela lavagem com água gelada (a ser descontada do volume total de água usado no processo).
- Colocar a farinha na amassadeira. Ligar o aparelho (em velocidade 1 por 3 minutos, depois passar à velocidade 2) e acrescentar a mistura liquidificada e o sal.
- Adicionar água gelada aos poucos, até a massa adquirir coesão (cerca de 30 minutos).
- Acrescentar à massa torresmo ou linguiça devidamente medidos e picados à tolerância da amassadeira.
- Caso utilize fermento em pó, instantâneo, colocar torresmo ou linguiça devidamente picados, com exceção da gordura, direto na amassadeira; seguir as mesmas indicações de tempo e velocidade.
- Desligar a amassadeira, untar e colocar a gordura na massa de maneira homogênea. Ligar o equipamento por mais dez minutos, na velocidade 2.
- Desligar o equipamento e deixar a massa em repouso por 20 minutos, cobrindo-a com um pano.
- Dividir a massa em porções de aproximadamente 2,0 kg e levar à divisora, onde serão divididos os pães.
- Colocar na modeladora (regular em 4 dentes para pães de 50 g), onde será dada a forma do pão francês.

- Untar as bandejas do armário. Colocar os pães no armário (26°C) por 1 hora.
- Levar o pão ao forno (1800C° a 2000C°) por cerca de 10 minutos.

O que mudou nos três modos de preparo?

Os ingredientes são os mesmos e o produto, segundo a receita, é um delicioso pão recheado com torresmo e linguiça.

Temos que os passos de todos os modos de preparo obedecem a uma sequência "lógica" para a obtenção do mesmo produto, mas os modos em si diferem, sendo que a proposta industrial não serve para as quantidades de ingredientes sugeridas, mas mesmo em escala maior (digamos cem vezes mais) não mudam a proporção.

A regra do negócio (produção do pão) é básica nos ingredientes e o modo de preparo possui uma sistemática que não pode ser mudada; caso contrário, o resultado não seria o esperado.

Uma especificação funcional para a confecção do pão descreveria os ingredientes e a sequência de preparo. Já uma especificação técnica envolveria itens como usar as mãos, um liquidificador, amassadeira, regulagem de temperatura etc.

Enfim, especificações técnicas podem ser diferentes, porque diferentes tipos de problemas técnicos podem produzir níveis diferentes de detalhe e qualidade no produto final.

Qual o risco de erro nesse exemplo?

Seria a receita básica ou os detalhes de "implementação" dela?

Note que a produção em escala industrial é mais complexa e requer mais cuidados que a produção artesanal de cem anos atrás...

Uma especificação técnica deve especificar o suficiente para que a solução, em qualquer implementação, seja a mesma: um pão recheado de torresmo e linguiça devidamente saboroso.

Se o leitor está com fome, por favor, desculpe-nos, pois não foi a intenção provocá-lo, embora psicólogos afirmem que discursos como este, em determinadas circunstâncias, ajudem na fixação de conceitos.

2.3 Resumo

- Uma especificação não descreve apenas detalhes do produto a ser construído em um único documento, mas é constituída de um conjunto de artefatos que abordam de forma clara e inteligível a todos os envolvidos, cobrindo aspectos técnicos e funcionais do produto.
- A especificação funcional é relativamente estável e documenta o negócio do cliente como de fato funciona.
- A especificação técnica descreve aspectos relacionados à tecnologia e ao ambiente disponíveis, usados ou pretendidos pelo cliente para continuar a realizar seu negócio, entregando de forma mais renovada, com mais qualidade e rapidez o mesmo produto que sempre entregou (a questão da marca é importante também).

3 Visão e Especificação de Requisitos

Neste capítulo, trataremos de:

- ✓ *Benefícios do documento de visão de negócio*
- ✓ *Identificação inicial do problema a partir de uma breve descrição do sistema*
- ✓ *Identificação dos envolvidos e dos usuários do sistema*
- ✓ *Levantamento de requisitos funcionais e não funcionais*
- ✓ *Definição dos principais casos de uso do sistema*
- ✓ *Confecção do documento de visão*
- ✓ *Matriz de rastreabilidade*

No capítulo anterior, apresentamos, sucintamente, a diferença entre uma especificação funcional e uma especificação técnica e vimos que a segunda não pode ser confeccionada antes da primeira: antes de especificar uma solução técnica para o negócio, é preciso entendê-lo e detalhá-lo em uma especificação funcional.

Vamos exemplificar com uma função (ou "funcionalidade", como denominam alguns) de cadastro de produtos. Uma especificação técnica, como veremos ao longo deste trabalho, definiria artefatos como diagramas de dados apresentando uma tabela de clientes e os seus relacionamentos com outras tabelas do modelo, diagramas de classes para cada camada de uma arquitetura escolhida, documentos de padronização tanto para o modelo de dados como para tal arquitetura e assim por diante.

Entretanto, os elementos da solução técnica precisariam ser especificados com base em informações fornecidas pelo cliente, o solicitante do sistema; caso contrário, a solução correria um alto risco de não atender suas necessidades.

Por exemplo, a especificação técnica define um campo para código do produto como um número inteiro, mas no negócio do cliente, tal informação é tratada como um código estruturado de oito caracteres, em que os três primeiros representam o código de categoria do produto e os cinco restantes o código do produto em si, podendo conter inclusive letras:

Categorias

Código	Descrição
B1	Bebidas
C1	Condimentos
L3	Laticínios

Produtos

Código	Descrição
B1456900	Chai
B1987690	Xarope de anis
C1567600	Molho de Cranberry Northwoods
L3888436	Queijo Cabrales

No exemplo, listamos cinco produtos: os códigos dos dois primeiros começam com "B1" representando a categoria "Bebidas", o terceiro começa com "C1" representando a categoria "Condimentos" e o quarto começa com "L3" representando a categoria "Laticínios".

Em termos de solução técnica, como, por exemplo, normalização do modelo de dados, o especificador poderia definir um campo do tipo inteiro como chave primária para a tabela de produtos, mas **o negócio do cliente sempre vai trabalhar com o código estruturado**, seja por hábito (todos estão familiarizados com ele) ou por questões de negócio mesmo (existem sistemas que trabalham com tal codificação).

Esse exemplo, embora simples e, aparentemente, banal, permite compreender a importância do conhecimento do negócio ("o domínio") para a construção de uma solução que esteja realmente de acordo com as necessidades do cliente.

3.1 Visão do Negócio

Uma especificação funcional é, portanto, precondição para uma especificação técnica. Porém, uma especificação funcional, como o próprio nome sugere, refere-se a uma função ("funcionalidade") ou conjunto de funções do sistema, como, por exemplo, cadastro de clientes, cadastro de produtos, emissão de pedidos etc. Ela descreve detalhadamente um item a ser solucionado e não todas as necessidades de negócio que o sistema atenderá.

René Descartes, já no século XVII, em seu *Discurso sobre o Método*, sugeria que, para adquirir conhecimento, estudar algo, é preciso partir do todo e, em seguida, "dividir, ordenar e classificar". Não vamos excursionar pela Filosofia (nossa praia é TI!), mas essa obra de Descartes nos ensina que devemos partir do todo, adquirindo uma visão geral, para, depois, dividir o problema, ordená-lo e classificá-lo: assim, cada especificação funcional é o resultado da divisão, ordenação e classificação de um elemento maior: o negócio.

Quando um cliente entra em contato para desenvolver um sistema, você não precisa conhecer todo o negócio, a menos que seja para desenvolver sistemas para controlar todo o negócio! Neste caso, parabéns, pois você estará garantido por muito tempo...

É claro que, quanto mais você conhecer o negócio do cliente, melhor será, mas, de modo geral, precisará conhecer apenas uma parte, como, por exemplo, logística, faturamento, contabilidade etc.

Conhecendo muito ou nada do negócio do cliente, o fato é que, para entregar uma determinada solução, você precisará **abstrair** apenas uma parte do negócio. Nessa etapa do projeto, a palavra-chave é **abstração**. Segundo o Aurélio, *"abstração é o ato de separar mentalmente um ou mais elementos de uma totalidade complexa (coisa, representação, fato), os quais só mentalmente podem subsistir fora dessa totalidade"*.

Resumindo, antes de partir para a especificação funcional, é preciso elaborar algo, um documento, que exprima a visão do negócio, não em sua totalidade, mas apenas as partes que interessam para a solução do problema - partes abstraídas da totalidade do negócio. Esse documento é normalmente denominado **Visão**.

Neste ponto, você poderia hipoteticamente argumentar: "o sistema que o cliente me pediu é muito simples; vou desenvolvê-lo sozinho; já produzi algo semelhante anteriormente; tenho tudo em minha cabeça - não preciso de documento algum... Isso é burocracia!". Lembre-se, porém, dos cenários ilustrados no primeiro capítulo...

Além de registrar o funcionamento atual do negócio e o que o sistema fará para atender suas necessidades, o documento de visão traz também outros benefícios:

- Apresenta ao cliente uma percepção mais realista do produto a ser desenvolvido.
- Serve de acordo ou contrato entre todas as partes envolvidas no projeto.
- Garante maior credibilidade ao projeto e uma compreensão comum do produto final.
- Ajuda a evitar imprevistos e equívocos não só durante o projeto, mas também depois de o produto ser entregue.
- Delimita o escopo do projeto: o que o sistema fará e, principalmente, o que ele não fará.

Além disso, às vezes, acontece uma situação curiosa: para elaborar o documento de visão, como veremos mais adiante, é preciso realizar uma análise dos processos de negócio e o levantamento de requisitos. Quando o cliente visualiza o resultado, ele fica surpreso com alguns detalhes de funcionamento do processo de negócio atual, aspectos que sempre lhe passaram despercebidos...

Finalmente, e talvez o maior benefício, o documento de visão dá uma noção exata dos ganhos que o sistema trará quando estiver concluído e também de futuras possibilidades para o negócio.

Embora o documento de visão seja confeccionado pelo analista, ele é o resultado das perspectivas ou pontos de vista de cada envolvido no sistema, pois, como vimos, um dos benefícios é uma compreensão comum do produto final.

Isso justifica uma sugestão: depois de concluído, o documento de visão deve ser divulgado para todos os envolvidos, quais sejam: clientes, usuários do futuro sistema, equipe de desenvolvimento e, se for o caso, até mesmo para acionistas, investidores, empregados etc.

Quando usamos o termo "interessado no sistema", podemos ampliar o conceito: originalmente, cada envolvido no projeto possui interesses que podem ou não ser comuns, como satisfação de necessidades, retorno financeiro, aumento de produtividade etc.

Assim, ao desenvolver a visão de negócio, é interessante (e se for necessário) mapear outros interessados indiretos e colocar-se no lugar deles, como, por exemplo, fornecedores, comunidade onde a empresa atua, instituições governamentais e concorrentes (a estes últimos, geralmente, o interesse maior é que o sistema não dê certo!).

Às vezes, o documento de visão permite ao cliente constatar que o sistema, pelo menos por enquanto, não é necessário: a revisão ou ajustes no processo atual são suficientes para solucionar o problema (que pena... você precisará buscar outro projeto...).

Mais adiante, apresentaremos a estrutura de um documento de visão e os passos necessários para sua confecção, porém é importante ressaltar, desde já, que essa estrutura varia de acordo com o escopo, porte e objetivo do projeto: se você trabalha por conta, seu documento de visão será o mais simples possível; se trabalha em uma pequena equipe, o conteúdo será mais substancial; se trabalha em uma empresa que adota um processo complexo de desenvolvimento, o documento de visão será bastante abrangente e detalhado, podendo até constituir-se de mais de um documento.

Entretanto, muitos itens do documento de visão são comuns a qualquer estrutura, versão ou tipo, independente do porte do projeto ou do contexto de desenvolvimento.

3.2 Identificação do Problema

O contratante não importa: se é um amigo seu, uma pessoa para a qual você foi indicado, uma grande empresa, um órgão governamental - tanto faz.

O contratado também não vem ao caso: pode ser um prestador de serviços autônomo, uma pequena empresa de desenvolvimento de software, um escritório de projetos de uma corporação etc.

A forma de contato pode ser um simples telefonema, um e-mail, uma conversa durante um almoço, uma licitação ou coleta de preços, um contrato preestabelecido de prestação de serviços etc.

O fato é que alguém entra em contato com outro: em suma, há sempre um primeiro contato - o *big bang* do projeto. E o formato da solicitação também pode variar desde uma conversa informal até um documento de ordem de serviço formalizado, estruturado e detalhado.

Independente do contexto, sempre é possível definir um resumo do problema para o qual se necessita uma solução realizável e também uma justificativa enumerando as razões ou situações que levaram o contratante a solicitar o sistema: este é o ponto de partida para os trabalhos.

Mais adiante, apresentaremos um exemplo que nos guiará ao longo de todo o estudo e ele começará com uma breve descrição do problema e as motivações que levaram nosso cliente hipotético a solicitar nossos serviços.

Após obter uma breve descrição do problema, o próximo passo é identificar os envolvidos no sistema (também conhecidos como *stakeholders*). Essa identificação compreende listar nomes, cargos ou, conforme o contexto, o papel desempenhado no sistema por cada envolvido, e principalmente uma frase que exprima suas necessidades particulares e os seus problemas diante do sistema atual (é claro, se existir tal sistema).

Nem todo envolvido no sistema será seu usuário. O presidente de uma instituição financeira, por exemplo, financia o sistema, mas sequer sabe como funciona: o que lhe interessa são os resultados que ele entregará à instituição quando estiver em produção, isto é, funcionando plenamente e entregando valor ao negócio.

Portanto, após descrever o problema e identificar os envolvidos, o próximo passo consiste em listar os usuários do sistema e também as necessidades de cada um deles. Geralmente, esses usuários são classificados não individualmente, mas pelo papel exercido na utilização do sistema, como, por exemplo, cliente, fornecedor etc. Essa identificação deve considerar não apenas os atuais, mas também utilizadores potenciais, isto é, aqueles que futuramente poderão usar o sistema.

Com a breve descrição do problema, as listas de envolvidos e de interessados, é possível avançar para o próximo passo do processo de confecção da visão.

3.3 Elicitação de Requisitos

Uma das coisas mais interessantes para o analista é que cada projeto oferece oportunidade de adquirir novos conhecimentos em áreas distintas. Podemos dizer que a análise de negócios permite o ecletismo, uma certa "interdisciplinaridade" individual.

Depois de obter a descrição inicial e sumária do sistema a ser desenvolvido, é importante preparar-se para os passos subsequentes. Esse preparo envolve pesquisas e, com o advento da Internet, ninguém pode alegar que não existe fonte de informação sobre qualquer assunto que seja; outras fontes são bibliotecas e livros técnicos ou, em última instância, uma consultoria especializada.

É certo que a experiência do negócio está nas mãos (ou melhor, na cabeça) do cliente, mas quando ele percebe que o analista possui um conhecimento do negócio, ainda que mínimo, sente-se mais confortável e confiante de que a solução será bem analisada e desenvolvida.

Portanto, a compreensão do domínio e do projeto ao qual se refere é muito importante para a boa comunicação entre as partes envolvidas, isto é, entre o analista e o cliente.

No início, os interessados fornecem as primeiras informações, mas a identificação dos requisitos não deve limitar-se a essas informações, pois a fonte mais rica está, na verdade, nos utilizadores do sistema.

Explicando, a hierarquia administrativa de uma empresa caracteriza-se por um corpo diretivo que toma as decisões estratégicas do negócio, um corpo gerencial que coordena a execução dessas decisões e um corpo operacional que efetivamente materializa tais decisões, executando diversas operações.

Dado um determinado aspecto do negócio, a visão do diretor (ou dono da empresa) é estratégica, enquanto a visão de operário da fábrica, por exemplo, é estritamente operacional.

O autor deste livro já testemunhou, e não apenas uma vez, que procedimentos ditados pela diretoria, os quais acreditava-se estarem sendo seguidos à risca, foram modificados na prática, não por desobediência, mas para uma adequação realista a uma forma até mais produtiva do que o esperado. Isso porque há diferentes visões dentro de uma mesma estrutura administrativa.

Resumindo, ouça todos os envolvidos e, principalmente, os utilizadores. Em seguida, identifique os problemas e defina os requisitos com o maior consenso possível e proponha as soluções de acordo com todas as partes interessadas.

Parece simples e fácil, não?!

As dificuldades começam quando os envolvidos possuem interesses conflitantes. Até aí, tudo bem, pois sempre é possível chegar a um consenso (ou quando alguém de maior influência "impõe" seus interesses).

O problema é que cada interessado pode colocar o mesmo requisito de formas distintas... Mas é aí que um bom conhecimento do negócio faz a diferença, permitindo identificar tais situações.

Além disso, podem ser identificados requisitos não realistas, impossibilidade de implementação, questões econômicas, conflito entre áreas etc.

Mas requisitos sinônimos, conflitantes ou faltantes podem ser resolvidos de uma forma ou de outra. A dificuldade maior acontece quando o cliente não sabe exatamente o que quer, ou não consegue transmitir ou expressar o que quer. Isso leva a um dos mais críticos fatores de risco para um projeto - requisitos instáveis, e, creia, é a dificuldade mais comum.

Não vamos nos aprofundar muito no assunto referente ao levantamento de requisitos. Caso o leitor deseje obter uma abordagem mais detalhada, sugerimos consultar *Análise e Gestão de Requisitos de Software*, de Felipe Nery Machado, e *UML 2.3 - Do Requisito à Solução*, ambos publicados pela Editora Érica, além, é claro, de pesquisas na Internet (há muitos artigos bons sobre o assunto).

Existem várias técnicas para levantamento de requisitos. Você pode utilizar uma ou algumas, dependendo da natureza do projeto ou do contexto e cultura dos interessados. Por exemplo:

- **Entrevistas e questionários:** uma técnica bastante simples, desde que haja um plano de entrevista, predisposição dos entrevistados e que o entrevistador desenvolva uma relação de empatia e liberdade de expressão com o entrevistado.
- **Workshop:** uma reunião estruturada na qual todos os envolvidos, analistas e representantes do cliente, discutem e tomam decisões sobre os requisitos. Essa técnica também é conhecida como JAD (Joint Application Design - Arquitetura de Aplicações em Conjunto) e é útil quando o número de interessados é grande ou o tempo disponível não permite uma entrevista particular com cada um deles.
- **Cenários:** o analista convida os interessados a imaginar o comportamento do sistema por meio de exemplos práticos, seja por meio da transcrição de uma sequência de eventos e passos anotada num quadro branco ou (o mais ideal) com a prática de encenações simuladas.
- **Prototipagem:** embora o uso de protótipos (*wireframes*) seja, de certa forma, polêmico em algumas metodologias, ele tem se revelado bastante útil, tanto na confecção de uma versão inicial do sistema, quando apresenta as funções mais básicas, quanto numa fase mais adiantada do levantamento. De modo geral, o esboço de uma interface gráfica ajuda o cliente a melhor visualizar a solução. Atualmente, há diversas ferramentas que permitem a construção de protótipos de forma rápida, elegante e funcional, como, por exemplo, o Axure Pro.
- **Observação *in loco*:** o analista, por algum tempo, envolve-se no dia a dia da organização a fim de observar e descrever as atividades realizadas. Geralmente, e havendo tempo para tal, é possível confeccionar um diagrama de fluxo de processo que não só permite uma melhor compreensão do negócio, no contexto operacional, como (e isso não é raro) pode sugerir à direção uma revisão de alguns ou vários processos da empresa, de certa forma, relembrando a diferença de visão administrativa citada no início deste item.

Neste estudo, a proposta é apresentar aspectos que devem ser levados em conta para a confecção de especificações técnicas e também para especificações funcionais. A intenção é evitar, dentro do possível, qualquer ligação direta com algum tipo de metodologia ou processo. Porém, se você já trabalha ou não sob algum método formal, como, por exemplo, RUP, Praxis, Scrum etc., notará que as práticas e orientações colocadas neste estudo são, em geral, comuns à maioria deles, pois trata-se de uma lógica natural de análise.

Por exemplo, independente de haver método formal ou não, sempre há um primeiro contato com o cliente, em que se obtém uma breve descrição do produto, após o que o analista identifica os envolvidos e realiza o levantamento dos requisitos.

Processos à parte, os requisitos sempre são classificados em dois tipos principais: os requisitos **funcionais** e os **não funcionais**.

Os requisitos funcionais, como o próprio termo indica, referem-se à funcionalidade do sistema, isto é, às funções que serão disponibilizadas pelo sistema para atender o negócio e suas regras.

Os requisitos não funcionais referem-se a exigências técnicas e de ambiente, como, por exemplo, desempenho, segurança, prevenção de falhas etc.

O levantamento de requisitos produz uma lista de requisitos funcionais e não funcionais que fará parte do documento de visão.

Para finalizar, ao compilar a lista de requisitos, verifique e elimine eventuais ambiguidades, com descrição muito longa ou difícil de ser entendida. Procure evitar confusões entre requisitos funcionais e não funcionais. Entenda também que é perfeitamente natural encontrar dificuldades no agrupamento de requisitos conforme sua natureza, principalmente os não funcionais.

3.4 Casos de Uso

Depois de levantar os requisitos, o próximo passo consiste em determinar a funcionalidade do sistema para atendê-los. Cada função que o sistema entregar para satisfazer um ou mais requisitos é traduzida como um caso de uso do sistema.

O documento de visão apresenta, portanto, uma seção listando as necessidades do negócio - os requisitos - e as funções que atendem tais necessidades - os casos de uso.

Para certificar-se de que todos os requisitos são satisfeitos por um ou mais casos de uso, monte uma **matriz de rastreabilidade**, que não só exibe a associação dos requisitos com os casos de uso, mas também permite o gerenciamento dos requisitos durante o ciclo de vida do projeto, pois eles mudam ao longo do tempo - uns são aprimorados, outros descobertos durante o detalhamento de uma função e, ainda, outros tornam-se supérfluos ou obsoletos.

Os processos formais, de modo geral, propõem uma área de gerência de mudanças (ou de requisitos) com o objetivo de controlar e registrar alterações de requisitos durante as etapas do projeto, onde cada requisito possui atributos, como, por exemplo, identificador único, descrição, data e motivo da inclusão, prioridade, critério de aceitação etc.

A matriz de rastreabilidade, portanto, não é uma ferramenta utilizada apenas para elicitação de requisitos e definição de casos de uso, mas também para gerenciamento do projeto.

A maioria das ferramentas CASE para modelagem em UML oferece recursos para mapear requisitos e casos de uso em uma matriz de rastreabilidade, mas você pode confeccioná-la simplesmente em uma planilha eletrônica.

Mais adiante, em nosso projeto de exemplo, confeccionaremos uma matriz de rastreabilidade para revisar os requisitos.

O documento de visão apenas enumera os casos de uso com seu nome e uma breve descrição de seu objetivo. A inclusão de um diagrama de casos de uso em nível macro no documento permite ao cliente visualizar as funções que o sistema implementará.

A definição dos casos de uso, neste ponto do levantamento, é relativamente fácil, pois você já possui as listas de requisitos, envolvidos e utilizadores. Se você usou um protótipo para levantar requisitos, melhor ainda...

Certamente, cada utilizador (usuário) é um ator no diagrama de casos de uso, mas podem existir outros atores não classificados como utilizadores, como, por exemplo, outros sistemas que fornecerão ou receberão informações do sistema a ser desenvolvido, fornecedores de produtos etc.

Definidos os atores, a melhor maneira de identificar os primeiros casos de uso é responder às seguintes perguntas considerando cada ator encontrado:

- Dos processos de que o ator participa, em quais atinge algum objetivo de negócio?
- Como o ator utiliza os serviços do sistema em cada processo?

Cada processo encontrado nas respostas refere-se a um caso de uso.

Como sugestão, seria interessante frisar no documento de visão que os casos de uso mapeados referem-se a uma primeira versão e que, ao longo do projeto, eles serão devidamente detalhados e, com certeza, serão criados outros casos de uso de inclusão, extensão, generalização etc., e também que novos atores podem ser descobertos no futuro.

3.5 Estrutura do Documento

Até aqui, já dispomos dos elementos básicos para confeccionar a primeira versão do documento de visão. Após a apresentação ao cliente e demais envolvidos, ela será aprimorada para efetivamente servir como um acordo entre todas as partes e delimitar o escopo do projeto.

Definir um padrão para esse documento é difícil, pois sua estrutura varia conforme o processo ou modelo adotado em cada empresa. Vamos propor uma estrutura próxima do padrão mais trivial, com os tópicos mais comuns, lembrando que ela pode variar de acordo com as características do projeto, processo formal ou outras circunstâncias.

1. Introdução

- **Propósito do documento de visão**, explicando a finalidade do documento de visão.
- **Referências**, enumeração de documentos, artigos, páginas Web etc. e, principalmente, artefatos do próprio projeto que serão confeccionados futuramente.

2. Visão do Produto

- **Breve descrição do produto**, descrevendo o propósito da aplicação.
- **Mercado**, relatando os motivos mercadológicos que levaram à construção da aplicação e qual a posição ou nicho de mercado que o produto pretende alcançar ou atingir. Esse item é opcional, pois a aplicação pode surgir em função de outras necessidades não associadas diretamente ao mercado.
- **Perspectiva do produto**, fornecendo uma ideia do produto e sua interação com elementos externos (fornecedores, clientes, sistemas externos etc.). Geralmente este tópico apresenta um diagrama mostrando as interações.
- **Sumário das capacidades**, resumindo as vantagens que o produto proporcionará e também suas principais características.
- **Suposições e dependências**, considerações referentes a dependências de elementos externos e também exportação de dados para outros sistemas. É importante não entrar em detalhes que condicionem o produto a requisitos não funcionais ou a alguma arquitetura específica.
- **Custo e preço**, justificando o custo do produto e, se possível, antecipando seu preço, se for o caso. Os benefícios devem justificar o custo do produto.

3. Descrição dos Envolvidos e Usuários

- **Envolvidos**, uma tabela apresentando os interessados no produto que não sejam usuários dele. A tabela deve apresentar nome, cargo e suas responsabilidades em relação ao projeto (patrocinador, gerente de projeto etc.).
- **Usuários**, uma tabela apresentando os nomes dos papéis exercidos por cada utilizador do sistema (administrador, vendedor, cliente, fornecedor etc.). A tabela deve apresentar nome do papel, atividades e ambiente de trabalho (indicando, se for o caso, ferramentas e ambientes usados atualmente).

4. Requisitos

- **Requisitos funcionais**, refere-se à lista dos requisitos elicitados anteriormente. Caso a lista seja muito extensa, é interessante agrupar os requisitos em módulos conforme a natureza de cada um.
- **Requisitos não funcionais**, uma lista de requisitos associados a aspectos técnicos, como usabilidade, confiabilidade, desempenho etc.
- **Casos de uso**, uma lista dos casos de uso contendo o nome e uma breve descrição de cada um deles. É interessante preceder a lista com um diagrama de casos de uso em nível macro. Se a lista for muito extensa, agrupe os casos de uso em pacotes conforme sua natureza.

5. Documentação, relacionando os documentos que serão elaborados futuramente e que complementarão o produto

- **Manual de usuário**, especificando seu conteúdo e finalidade.
- **Ajuda on-line**, especificando sua estrutura, conteúdo e recursos.

- **Guias de instalação e configuração**, contendo as instruções e os procedimentos para instalação e configuração do produto.
- **Glossário**, apresentando os termos técnicos e de negócio utilizados nos artefatos e demais documentos.

A estrutura aqui apresentada, por sua simplicidade, pode, eventualmente, omitir itens que o leitor conheça ou possa vir a conhecer. Há subitens que, em alguns contextos, são descritos como itens do documento e até mesmo documentos à parte, como, por exemplo, a justificativa de mercado.

Porém, nossa intenção limita-se a obter um documento que apenas sirva como ponto de partida para a confecção de especificações.

3.6 NorthWind MVC: Visão

Uma boa especificação técnica é confeccionada com base em algum padrão preestabelecido documentado em artefatos, como, por exemplo, Guia ou Padrão de Arquitetura, Padrão de Nomenclaturas etc.

Neste estudo, vamos utilizar um projeto muito simples desenvolvido com base no banco de dados NorthWind, disponível para estudos do MS SQL Server e também do MS Access.

Na página http://www.microsoft.com/en-us/download/details.aspx?id=23654, você encontra o script para criação dessa base de dados, embora o arquivo de exemplo para download no site da Editora também o disponibilize (em português).

De certa forma, o conteúdo, isto é, a linguagem (no caso C#), o ambiente (MS Visual Studio 2010) e outros fatores não são a parte mais importante do estudo - o que importa é a estrutura e o conteúdo das especificações. Se o ambiente escolhido para exemplo fosse Java, você teria de produzir os mesmos artefatos, com praticamente o mesmo conteúdo e objetivos, baseando-se em conceitos de orientação a objetos e UML.

O projeto exemplo desenvolvido em ASP.NET MVC baseia-se na seguinte premissa: nosso estudo limita-se a confeccionar especificações que permitam à equipe de desenvolvimento realizar suas tarefas da melhor maneira possível. Não vamos abordar itens de desenvolvimento ou linguagem de programação.

Vamos especificar um sistema que já existe... Isso vai permitir uma compreensão mais abrangente e palpável por poder executar e depurar o resultado final, rodando a solução Nwind.sln, parte integrante do pacote de exemplo anteriormente mencionado.

3.6.1 Os Contatos Iniciais

Vamos imaginar que você trabalha na empresa ***ACME*** (gosto desse nome porque lembra qualidade de produtos) e que um cliente hipotético, denominado ***MVC***, transmita-lhe a seguinte necessidade:

"Queremos uma loja virtual de artigos diversos (bebidas, condimentos, confecções, doces etc.) em que o cliente, sem maiores complicações, monte seu pedido selecionando produtos de várias categorias e informando os dados de entrega. Ele também pode consultar todos os itens de seu pedido a qualquer momento da compra."

Com isso, temos o *big bang* de nosso projeto de exemplo. O próximo passo é identificar os envolvidos no sistema. Após um contato com a MVC, você obtém informações para confeccionar a seguinte lista de envolvidos:

Nome/Papel (*)	Cargo/Empresa	Responsabilidades/Atividades
Laércio Braga	Patrocinador (MVC)	Financiador do projeto.
Antonio Oliveira	Gerente de Vendas (MVC)	Marketing e vendas; proponente do sistema.
Sabrina Farias	Gerente de TI (MVC)	Administração dos recursos financeiros do projeto, coordenação e provimento de informações solicitadas pela ACME.
Pascoal Duarte	Gerente de Projeto (ACME)	Alocação de recursos, ajuste de prioridades, coordenação de interações com clientes e usuários, controle de prazos, orçamento e especificações técnicas.
Dalila Fernandes	DBA (ACME)	Administração do banco de dados.
Bartolomeu Eger	Arquiteto de Aplicação (ACME)	Manutenção da metodologia; consultoria, controle e coordenação do desenvolvimento.
Magno Fachini	Analista (ACME)	Levantamento e análise de requisitos; confecção de especificações funcionais e técnicas.
Cliente	-	Público-alvo: seleciona e solicita produtos através do *site*.
Administrador	MVC	Responsável pela manutenção do cadastro de produtos do *site*.
Faturamento/Expedição	MVC	Consulta de pedidos para emissão de boletos de cobrança e envio dos produtos para o cliente.

(*) Qualquer semelhança é mera coincidência.

A lista de envolvidos oferece as primeiras informações sobre o sistema, como, por exemplo, a existência de um cadastro de produtos, emissão de boletos e envio dos produtos para o cliente. Mas isso é muito pouco... Vamos para o próximo passo: a elicitação de requisitos e, parece-nos, a pessoa mais indicada para começar os trabalhos é o Gerente de Vendas, o idealizador do sistema.

Após a entrevista, você consegue o seguinte relatório:

"Todo produto está associado a uma categoria e um fornecedor. Além disso, ele possui um nome e um preço.

As categorias, por enquanto, são fixas e resumem-se a condimentos, confecções, laticínios, grãos e cereais, carnes e aves, doces e frutos do mar, mas seria interessante providenciar um cadastro de categorias para qualquer eventualidade.

O cliente seleciona um dos produtos sugeridos inicialmente (os dez mais vendidos) ou, se preferir, os produtos referentes a uma categoria escolhida e, em seguida, adiciona-o a um carrinho de compras (o pedido).

Quando o cliente decidir fechar o pedido, ele deve cadastrar-se informando uma senha e um endereço de e-mail. Em seguida, informa os dados para entrega e confirma o pedido.

Somente o administrador pode incluir, alterar ou excluir um produto do catálogo.

O faturamento e o envio dos produtos para o cliente serão realizados por outro sistema, que consultará a base de dados de pedidos do site."

Diante dos resultados, constatamos que um envolvido foi eliminado da lista de entrevistas: o Faturamento/Expedição, pois trata-se de um sistema que acessará a base de dados do site para dar prosseguimento ao processo de venda.

O próximo passo é entrevistar a Gerente de TI da MVC (lembre-se: ouça todos os envolvidos). Depois disso, você consegue o seguinte relatório:

"O sistema deverá estar disponível 24 horas por dia durante todos os dias da semana e deverá tratar quantas transações ocorrerem sem comprometer o desempenho.

As consultas de produtos e do carrinho de compras não deverão demorar mais que três segundos.

O administrador só pode efetuar a manutenção dos produtos depois de estar devidamente autenticado e o cliente só poderá fechar um pedido se estiver autenticado no sistema.

O sistema operacional dos servidores de aplicações e de dados será Windows Server 2008 e o banco de dados MS SQL Server 2008.

O site deve funcionar perfeitamente em qualquer tipo de navegador (IE, Firefox, Chrome etc.).

Por enquanto, o cadastro de categorias não será implementado - ficará para uma segunda etapa, quando outros requisitos serão contemplados. Tanto ele como o cadastro de fornecedores serão estáticos e carregados automaticamente durante a primeira execução do sistema."

Enquanto a primeira entrevista forneceu diversas informações de teor funcional, a segunda primou por aspectos técnicos, e podemos observar dois pontos dignos de atenção: o cliente só poderá fechar um pedido se estiver autenticado, isto é, *logado* no sistema - isso complementa um requisito da primeira entrevista. Mas temos um conflito - enquanto o primeiro solicitou a implementação de um cadastro de categorias, o segundo informou que isso será atendido em outra etapa (a situação foi inserida apenas a título de ilustração).

Antes de prosseguir, não foram informados ainda os dados do cliente para fechamento do pedido. Após novo contato com o Gerente de Vendas, você obtém os seguintes dados:

"O cliente deve informar nome, endereço, cidade, estado, código postal e país, além de telefone e e-mail. Todos esses dados são obrigatórios."

3.6.2 Levantamento de Requisitos

O próximo passo consiste em analisar as informações obtidas e, depois, produzir as listas de requisitos funcionais e não funcionais. Note que faltou um envolvido a ser entrevistado: o cliente, mas como ele é inacessível neste caso, elegemos o Gerente de Vendas como seu representante. Poderíamos considerar também o arquiteto da aplicação, mas "ele é da casa".

Uma boa maneira de identificar e classificar requisitos é analisar os substantivos presentes nos relatórios obtidos. Analisando cada um, encontramos: administrador, produto, fornecedor, cliente, faturamento/expedição, categoria, pedido e sistema.

A partir disso, podemos associar as sentenças relativas a cada um já antecipando o tipo de requisito a que se refere cada uma delas:

- **Administrador**
  - Somente o administrador, devidamente autenticado, pode incluir, alterar ou excluir um produto do catálogo (Funcional).
- **Produto**
  - Possui um nome e um preço e está associado a uma categoria e um fornecedor (Funcional).
- **Fornecedor**
  - Os nomes dos fornecedores deverão ser carregados previamente no sistema (Funcional).
- **Cliente**
  - O cliente deve informar nome e último nome, endereço, cidade, estado, código postal e país, além de telefone e-mail. Todos esses dados são obrigatórios (Funcional).
- **Faturamento/Expedição**
  - O faturamento e o envio dos produtos para o cliente serão realizados por outro sistema, que consultará a base de dados de pedidos do *site* (Funcional).
- **Categoria**
  - As categorias são fixas e resumem-se a condimentos, confecções, laticínios, grãos e cereais, carnes e aves, doces e frutos do mar. Esses nomes deverão ser carregados previamente no sistema (Funcional).
- **Pedido**
  - O cliente poderá escolher um ou mais produtos e adicioná-los ao carrinho de compras (Funcional).
  - Para fechar o pedido, o cliente deve estar cadastrado e autenticado como usuário do sistema (com um nome de usuário, senha e endereço de e-mail) e com os dados de entrega devidamente informados (Funcional).
  - Um pedido deve possuir, no mínimo, um item (Funcional).
- **Sistema**
  - O sistema deve inicialmente apresentar os dez produtos mais vendidos (Funcional).
  - O sistema deverá estar disponível 24 horas por dia durante todos os dias da semana e deverá tratar quantas transações ocorrerem sem comprometer o desempenho (Não Funcional).

- As consultas de produtos e do carrinho de compras não deverão demorar mais que três segundos (Não Funcional).
- O administrador só pode efetuar a manutenção dos produtos depois de estar devidamente autenticado; o mesmo deverá acontecer com o cliente no fechamento do pedido (Não Funcional).
- O sistema operacional dos servidores de aplicações e de dados é Windows Server 2008 e o banco de dados MS SQL Server 2008 (Não Funcional).
- O *site* deve funcionar perfeitamente em qualquer tipo de navegador (IE, Firefox, Chrome etc.) (Não Funcional).

3.6.3 Casos de Uso

Os casos de uso podem ser obtidos a partir da análise dos relatórios obtidos nas entrevistas e requisitos encontrados no item anterior.

Como nosso exemplo é bastante simples, não encontraremos nenhuma dificuldade nessa tarefa, mas, na prática profissional, nos deparamos com vários problemas e obstáculos devido ao grande número de requisitos levantados.

Quase sempre os casos de uso, por serem muitos, são classificados e agrupados em pacotes que, na fase de implementação, são traduzidos em módulos entregáveis em etapas num processo iterativo.

Neste estudo, adotamos a ferramenta Enterprise Architect para modelagem UML, disponível em http://www.sparxsystems.com, mas você pode utilizar qualquer outra, pois o que importa é o resultado final.

Em termos de utilização do sistema, podemos identificar três atores: o cliente, o administrador do *site* e o sistema de faturamento/expedição.

No item 3.4 deste capítulo, sugerimos iniciar o levantamento dos casos de uso tomando cada ator e procurando responder a duas perguntas:

- Dos processos de que o ator participa, em quais atinge algum objetivo de negócio?
- Como o ator utiliza os serviços do sistema em cada processo?

Para abreviar, reproduzimos a seguir o diagrama de casos de uso resultante desse processo de levantamento, embora seja interessante que você procure identificar por si mesmo os casos de uso do exemplo:

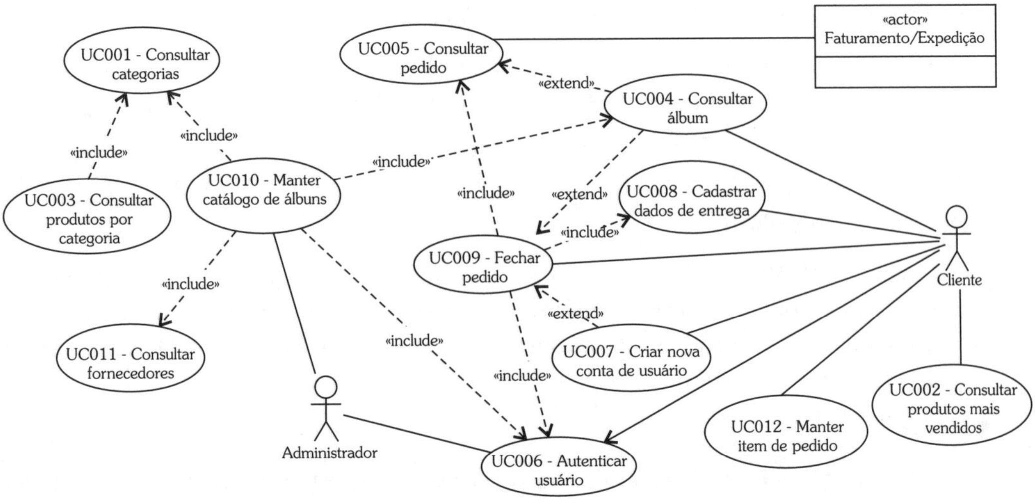

Figura 3.1. Diagrama de casos de uso do sistema NorthWind MVC.

3.6.4 NorthWind MVC: Confecção do Documento de Visão

Com os elementos obtidos, podemos finalmente confeccionar o documento de visão do projeto de exemplo, procurando seguir a estrutura proposta no item 3.5 deste capítulo.

Por uma questão de comodidade, limitamo-nos a apresentar apenas o conteúdo do documento, omitindo elementos de formatação, como logotipos, numeração de páginas, data de criação, rodapés etc.

Título do documento: Documento de Visão - Versão 1.0

1. Introdução

- **Propósito do documento de visão**

  Este documento apresenta uma visão geral do produto NorthWind MVC, descrevendo os envolvidos em sua construção e também os requisitos e as respectivas funções que os implementarão.

- **Referências**

  Ao longo do desenvolvimento, serão produzidos em momento oportuno os seguintes documentos:

  - **Especificação Funcional** de cada função ou grupo de funções, detalhando os passos básicos e alternativos que realizarão os requisitos enumerados neste documento.
  - **Especificação Técnica** associada a cada especificação funcional, detalhando os elementos de interface (protótipo) e suas respectivas ações, além de diagramas de classe, sequência e modelo de dados.

- **Glossário** explicando os termos técnicos e funcionais.
- **Guia de Arquitetura** especificando a arquitetura de desenvolvimento e os padrões de nomenclatura para os diversos objetos e elementos de implementação.

2. Visão do Produto

- **Descrição do produto**

  O NorthWind MVC é uma loja virtual de artigos diversos em que o cliente, sem maiores complicações, pode montar seu pedido selecionando produtos de várias categorias e informando os dados de entrega. Ele também pode consultar todos os itens de seu pedido a qualquer momento da compra.

- **Mercado**

  O comércio virtual tem-se revelado um excelente instrumento de negócio com grandes vantagens competitivas, a um custo reduzido e alcançando clientes dos mais variados perfis, os quais podem utilizar serviços a qualquer hora do dia ou da noite sem precisar sair de casa. O NorthWind MVC visa explorar essas vantagens e oferecer a seus clientes um diferencial para a aquisição de diversos gêneros.

- **Perspectiva do produto**

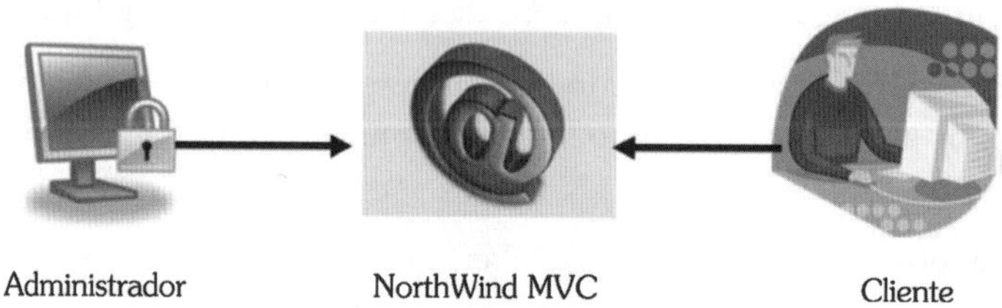

Figura 3.2

O *site* pode ser acessado pelo cliente sem maiores complicações. O administrador do sistema garante, entre outras coisas, a atualização do catálogo de produtos.

- **Sumário das capacidades**

  A principal característica do NorthWind MVC é a facilidade que o cliente encontra em selecionar os produtos que deseja, adicioná-los ao seu carrinho de compras e, após informar os dados de entrega, fechar o pedido sem maiores complicações. Além da interface intuitiva, o leque de produtos disponíveis é um diferencial muito importante em termos de variedade de opções.

- **Suposições e dependências**

  O NorthWind MVC disponibilizará os dados para entrega e faturamento para o sistema de Faturamento/Expedição da MVC. Esses dados estarão sempre disponíveis a fim de garantir uma entrega rápida e segura aos clientes.

3. Descrição dos Envolvidos e Usuários

Envolvidos

Nome	Cargo/Empresa	Responsabilidades
Laércio Braga	Patrocinador (MVC)	Financiador do projeto.
Antonio Oliveira	Gerente de Vendas (MVC)	Marketing e vendas; proponente do sistema.
Sabrina Farias	Gerente de TI (MVC)	Administração dos recursos financeiros do projeto, coordenação e provimento de informações solicitadas pela ACME.
Pascoal Duarte	Gerente de Projeto (ACME)	Alocação de recursos, ajuste de prioridades, coordenação de interações com clientes e usuários, controle de prazos, orçamento e especificações técnicas.
Dalila Fernandes	DBA (ACME)	Administração do banco de dados.
Bartolomeu Eger	Arquiteto de Aplicação (ACME)	Manutenção da metodologia; consultoria, controle e coordenação do desenvolvimento.
Magno Fachini	Analista (ACME)	Levantamento e análise de requisitos; confecção de especificações funcionais e técnicas.

Usuários

Papel	Responsabilidades/Atividades
Cliente	Público-alvo: seleciona e solicita produtos através do *site*.
Administrador	Responsável pela manutenção do cadastro de produtos do *site*.
Faturamento/Expedição	Consulta de pedidos para emissão de boletos de cobrança pedidos e envio dos produtos para o cliente.

4. Requisitos

Requisitos funcionais

RF01 - Administrador: somente o administrador, devidamente autenticado, pode incluir, alterar ou excluir um produto do catálogo.

RF02 - Produto: todo produto possui um nome e um preço e está associado a uma categoria e um fornecedor.

RF03 - Fornecedor: os nomes dos fornecedores deverão ser carregados previamente no sistema.

RF04 - Cliente: o cliente deve informar nome, endereço, cidade, estado, código postal e país, além de telefone e e-mail. Todos esses dados são obrigatórios.

RF05 - Faturamento/Expedição: o faturamento e o envio dos produtos para o cliente serão realizados por outro sistema, que consultará a base de dados de pedidos do *site*.

RF06 - Categoria: as categorias são fixas e resumem-se a condimentos, confecções, laticínios, grãos e cereais, carnes e aves, doces e frutos do mar. Esses nomes deverão ser carregados previamente no sistema.

RF07 - Pedido: o cliente poderá escolher um ou mais produtos e adicioná-los ao carrinho de compras.

RF08 - Fechamento de Pedido: para fechar o pedido, o cliente deve estar cadastrado e autenticado como usuário do sistema (com um nome de usuário, senha e endereço de e-mail) e com os dados de pagamento e de entrega devidamente informados.

RF09 - Item de Pedido: um pedido deve possuir, no mínimo, um item.

RF10 - Sugestão de Produtos: o sistema deve inicialmente apresentar os dez produtos mais vendidos.

Requisitos não funcionais

RNF01 - Disponibilidade («Confiabilidade»): o sistema deverá estar disponível 24 horas por dia durante todos os dias da semana e deverá tratar quantas transações ocorrerem sem comprometer o desempenho.

RNF02 - Desempenho («Performance»): as consultas de produtos e do carrinho de compras não deverão demorar mais que três segundos.

RNF03 - Administração («Segurança»): o administrador só pode efetuar a manutenção dos produtos depois de estar devidamente autenticado, o mesmo ocorrendo com o cliente no fechamento de um pedido.

RNF04 - Sistema Operacional («Compatibilidade»): o sistema operacional dos servidores de aplicações e de dados será Windows Server 2008 e o banco de dados MS SQL Server 2008.

RNF05 - Compatibilidade («Compatibilidade»): o *site* deve funcionar perfeitamente em qualquer tipo de navegador (IE, Firefox, Chrome etc.).

⅄ Casos de uso

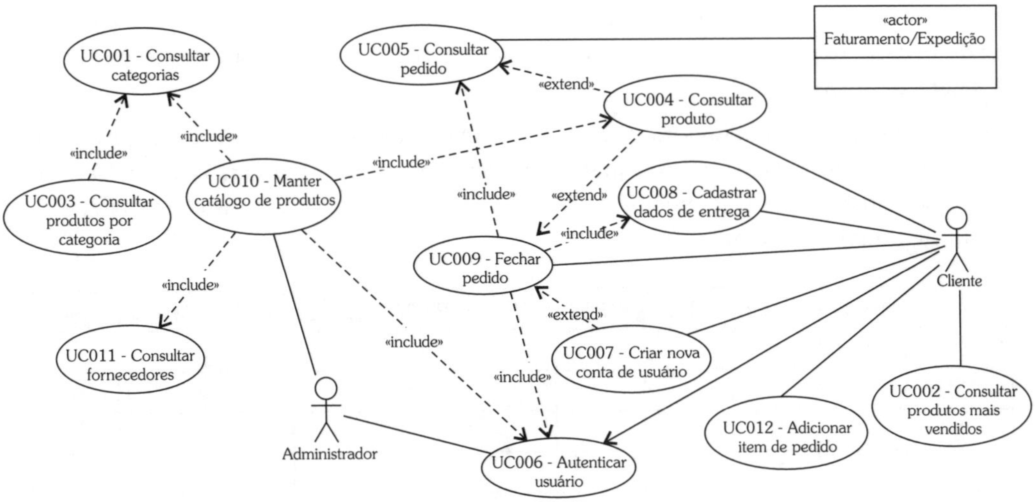

Figura 3.3

UC001 - Consultar categorias: o sistema busca e retorna as categorias dos produtos existentes no sistema.

UC002 - Consultar produtos mais vendidos: o sistema busca e retorna os dez produtos mais vendidos.

UC003 - Consultar produtos por categoria: o sistema busca e retorna todos os produtos de uma categoria informada.

UC004 - Consultar produto: o sistema busca os dados de um produto informado.

UC005 - Consultar pedido: o sistema busca e retorna todos os itens de um pedido informado.

UC006 - Autenticar usuário: o sistema autentica o acesso de um usuário mediante *login* e senha informados.

UC007 - Criar nova conta de usuário: o cliente cria uma nova conta de usuário incluindo *login*, e-mail e senha.

UC008 - Cadastrar dados de entrega: o cliente cadastra os dados de entrega.

UC009 - Fechar pedido: o cliente fecha o pedido com seus respectivos itens conforme o usuário (*login*) informado.

UC010 - Manter catálogo de produtos: manutenção do cadastro de produtos (inclusão, alteração e exclusão).

UC011 - Consultar fornecedores: o sistema busca e retorna todos os fornecedores existentes cadastrados.

UC012 - Adicionar item de pedido: permite ao cliente adicionar um produto ao seu pedido.

5. Documentação

Além dos artefatos citados no item 1 (Introdução - Referências), este projeto prevê a entrega do **Guia de Instalação e Configuração**, contendo as instruções e os procedimentos para instalação e configuração do produto.

Antes de finalizar este capítulo, vamos reproduzir a matriz de rastreabilidade dos requisitos funcionais. Cada coluna refere-se a um requisito funcional e cada linha a um caso de uso. Um requisito deve ser satisfeito por pelo menos um caso de uso e, por sua vez, um caso de uso deve atender pelo menos um requisito:

	RF01	RF02	RF03	RF04	RF05	RF06	RF07	RF08	RF09	RF10
UC001						X				
UC002										X
UC003		X								
UC004		X								
UC005					X					
UC006	X									
UC007							X			
UC008				X						
UC009								X	X	
UC010	X									
UC011			X							
UC012							X			

Se algum caso de uso não estiver associado a nenhum requisito funcional, significa que ele foi definido desnecessariamente ou então está faltando algum requisito funcional. Por outro lado, se algum requisito não estiver associado a nenhum caso de uso, ou ele é desnecessário ou, então, está faltando algum caso de uso.

Em ambos os casos, pode acontecer também de simplesmente estar faltando uma associação entre um requisito e um caso de uso.

Devido à natureza de nosso projeto, sua matriz de rastreabilidade é muito simples, pois, na prática, quanto maior a complexidade ou porte do projeto, mais difícil é realizar o mapeamento e, posteriormente, manter a rastreabilidade.

Muitas vezes ferramentas, inclusive o Enterprise Architect, permitem construir e manter a matriz de rastreabilidade durante todo o ciclo de vida do projeto.

3.7 Resumo

- Uma especificação funcional é precondição para uma especificação técnica.
- Para entender e entregar uma determinada solução, é preciso abstrair apenas uma parte do negócio.

- Antes da especificação funcional, elabora-se um documento para exprimir a visão do negócio, não em sua totalidade, mas apenas as partes que interessam para a solução do problema.
- O documento de visão traz vários benefícios, como uma percepção mais realista do produto a ser desenvolvido, serve de acordo ou contrato entre todas as partes envolvidas no projeto, garante maior credibilidade e compreensão comum do produto final, ajuda a evitar imprevistos e delimita o escopo do projeto.
- Para elaborar o documento de visão, é preciso realizar uma análise dos processos de negócio e o levantamento de requisitos.
- Depois de concluído, o documento de visão deve ser divulgado para todos os envolvidos.
- Após obter uma breve descrição do problema, o próximo passo na confecção da visão é identificar os envolvidos no sistema. Nem todo envolvido será necessariamente seu usuário - deve-se listar os usuários do sistema e também suas respectivas necessidades.
- Existem várias técnicas para levantamento de requisitos: entrevistas e questionários, *workshop*, cenários, prototipagem, observação *in loco* etc.
- Os requisitos são classificados em dois tipos principais: os funcionais e os não funcionais. O levantamento de requisitos produz uma lista de requisitos que fará parte do documento de visão.
- Depois de levantar os requisitos, deve-se determinar as funções do sistema: cada função é traduzida como um caso de uso.
- A matriz de rastreabilidade permite verificar se todos os requisitos são satisfeitos por um ou mais de casos de uso - ela não só exibe a associação dos requisitos com os casos de uso, mas também permite o gerenciamento dos requisitos durante o ciclo de vida do projeto.
- Cada utilizador é um ator no diagrama de casos de uso, mas podem existir outros atores não classificados como utilizadores.
- Definidos os atores, a melhor maneira de identificar os primeiros casos de uso é responder às seguintes perguntas considerando cada ator encontrado: dos processos de que o ator participa, em quais atinge algum objetivo de negócio? Como o ator utiliza os serviços do sistema em cada processo? Cada processo encontrado nas respostas refere-se a um caso de uso.
- A estrutura básica de um documento de visão contém introdução (com o propósito do documento e referências), visão do produto, descrição dos envolvidos e usuários, requisitos funcionais e não funcionais, casos de uso e lista de documentação complementar.

3.8 Exercício Proposto

Procure na Web algum *site* que ofereça um produto de software e leia a página de apresentação: analise seus recursos e características, requisitos de software e hardware etc. Em seguida, tente listar e classificar os requisitos funcionais e não funcionais do produto escolhido.

4 Especificação Funcional

Neste capítulo, trataremos de:

- ✓ *Significado e técnicas de prototipagem*
- ✓ *Desenvolvimento do protótipo do projeto de exemplo (NorthWind MVC)*
- ✓ *Confecção das especificações funcionais do projeto de exemplo*
- ✓ *Detalhamento de casos de uso*

No capítulo anterior, confeccionamos o documento de visão contendo, além da visão geral do produto, uma lista de requisitos funcionais e não funcionais, e também os primeiros casos de uso do sistema.

Como garantia de consenso, o documento de visão, de modo geral, é enviado primeiro aos membros da equipe, se não todos, pelo menos aos coordenadores ou responsáveis de cada setor, a fim de que cada um avalie e opine sobre os assuntos que se refiram à sua especialidade; o desenvolvedor, por exemplo, dedica atenção aos requisitos não funcionais, embora possa (e até deva) dar seu parecer sobre outros tópicos, como requisitos funcionais, casos de uso etc.

O procedimento mais comum é enviar o documento de visão ao cliente antes de ser realizada a reunião para aprovação de seu conteúdo. Isso permite uma pré-avaliação para levantamento de dúvidas e outras questões.

Aprovado o documento de visão, e efetuadas eventuais correções e ajustes, o próximo passo consiste, se for o caso, na elaboração de uma proposta técnica e/ou comercial, contendo, entre outros assuntos, o cronograma do projeto. Cada empresa adota uma ferramenta ou método para fazer estimativas e, a partir disso, elabora um cronograma inicial; é possível, por exemplo, adotar o método de estimativas por pontos de caso de uso. Embora alguns critiquem tal método, o fato é que, como os principais casos de uso do sistema já conhecidos, nada impede de utilizar essa técnica para uma primeira versão de cronograma para, pelo menos, visualizar o tamanho de projeto em termos de esforço.

4.1 Prototipagem

O documento de visão, como vimos, registra de forma escrita e formal uma definição clara do projeto, permitindo inclusive controlar eventuais mudanças ao longo do projeto, as quais podem causar problemas e aumento de custos.

Assim, uma vez que os principais requisitos e casos de uso foram aprovados, é importante consolidar o que foi escrito de forma discursiva utilizando um recurso visual que simule a aparência e a funcionalidade do sistema, permitindo que não apenas o cliente, mas também analistas e desenvolvedores visualizem e percebam de forma mais concreta e interativa a realização dos requisitos, ajudando a avaliar, alterar e aprovar as características mais importantes da interface.

Antes de avançar para as primeiras especificações, é interessante dar ao cliente uma visão de como vai ser a interface do sistema (localização e aparência de botões, logotipo, a navegação pelas páginas, os resultados das consultas etc.). Enfim, criar um modelo que simule o funcionamento e a aparência do produto final.

A prototipagem é um processo interativo que faz parte da etapa de análise. Entrega uma versão inicial do sistema que permita aos envolvidos fazer verificações e simulações para avaliação das características que o sistema apresentará ao final do projeto.

Quando alguém deseja comprar um apartamento, dirige-se ao estande da construtora e, além do prospecto com informações detalhadas, dispõe também de uma maquete do edifício e até mesmo de um apartamento construído a título de demonstração. O desenvolvimento de um protótipo de software possui a mesma intenção - ajuda a testar e melhorar o sistema antes de ser construído, facilitando sua compreensão ainda na fase de levantamento e validação de requisitos.

A visualização da interface é importante porque o usuário conhece e aprova a aparência do sistema antes de ele ser desenvolvido, além de permitir a validação dos requisitos de forma mais eficiente juntamente com os usuários, mostrando um esboço de como cada requisito será apresentado e realizado visualmente.

O uso de protótipos na construção de sistemas vem tendo aceitação cada vez maior, pois ajuda a prevenir eventuais falhas de especificação e de implementação, principalmente se o cliente possui objetivos genéricos, sem muitos detalhes, se o desenvolvedor não tem muita certeza sobre alguns itens de implementação e também se existir o risco de uma interação usuário-aplicação não ser muito bem aceita pelo cliente.

Depois de aprovados os requisitos, constantes no documento de visão e no protótipo de telas, é mais fácil especificar as necessidades do cliente para a equipe de desenvolvimento, principalmente porque a simulação do fluxo de informações e a sucessão lógica dos módulos e funções já foram realizadas.

O protótipo pode ser usado de forma evolutiva - ele é aperfeiçoado conforme o desenvolvimento da aplicação avança, ou ser completamente descartado, após a etapa de levantamento e análise.

O principal objetivo do protótipo, portanto, é auxiliar na captura das necessidades do usuário de uma forma mais efetiva e concreta, permitindo encontrar falhas difíceis de detectar por meio da comunicação escrita ou verbal. Como é confeccionado logo na fase de levantamento e análise, pode reduzir o tamanho do sistema, simplificando o desenho, e o custo de desenvolvimento em até 40%.

Concluímos então que a prototipagem traz diversas vantagens, como a participação do usuário no processo de desenvolvimento, ele sabe o que esperar do sistema; maior satisfação do usuário; eliminação precoce de ambiguidades e esclarecimento de requisitos obscuros etc.

Porém, a prototipagem apresenta alguns riscos, como, por exemplo, se construído sem o devido cuidado, mesmo que o usuário considere-o muito bom, pode não estar satisfazendo plenamente suas necessidades porque, apesar de apresentar uma solução, pode, na realidade, não ser a melhor solução.

Além disso, pode resolver o problema errado - pode parecer muito bom, mas não ir ao encontro das necessidades do usuário. Pode menosprezar passos fundamentais do desenho, levando a uma primeira solução simples, mas não à melhor solução.

Como o protótipo também faz parte do "acordo" (ou contrato) com o usuário, dependendo da ferramenta ou técnica utilizada, o analista pode oferecer uma solução excelente do ponto de vista do usuário, mas totalmente impraticável ou de alto custo do ponto de vista técnico.

O autor deste trabalho já testemunhou protótipos que ofereciam uma interface extremamente versátil para o usuário, mas sem condições de implementação devido ao ambiente e à linguagem de programação escolhidos...

Por outro lado, se o protótipo estiver muito bem feito, permitindo uma navegação profunda e detalhada, dependendo do conhecimento técnico do usuário ou do cliente, isso pode induzi-lo a pensar que a aplicação já está praticamente pronta, desconsiderando ou deixando em segundo plano outros aspectos e etapas de desenvolvimento. É preciso conscientizar o cliente de que as telas são apenas uma parte do projeto e que os componentes mais importantes são subjacentes e não possuem interface gráfica.

Neste aspecto, outra situação muito comum, principalmente se o protótipo for visualmente bem-acabado, é que o cliente vê seu funcionamento, aponta alguns acertos e exige sua implementação o mais rápido possível, entendendo que a codificação do protótipo pode ser a definitiva. Ao saber que o protótipo é descartável, ele pode encarar o trabalho como perda de tempo, não compreendendo que trata-se de uma garantia de que o sistema o atenderá plenamente.

O analista deve estar em sintonia com a equipe de desenvolvimento para evitar os problemas citados anteriormente e também evitar que o cliente espere uma performance do sistema igual ou melhor à do protótipo.

A confecção do protótipo, dependendo do porte ou complexidade do sistema, pode ocupar uma considerável fatia de tempo e, consequentemente, aumentar o custo do projeto. Portanto, isso deve ser considerado pelos engenheiros e acertado antecipadamente com o cliente.

4.1.1 Técnicas e Ferramentas de Prototipagem

As técnicas de prototipagem podem ser resumidas em:

- ***Storyboard*:** apresentando imagens de certas situações para validação dos elementos de tela (como páginas, listas, caixas de texto, botões de ação etc.). Esse tipo de protótipo pode ser confeccionado usando, por exemplo, MS PowerPoint e, geralmente, a técnica é combinada com a técnica da máquina de cenários.
- **Protótipo em papel:** desenho em *flip chart* ou lousa, em que os usuários interagem com a interface em papel.
- **Assistentes ou *wireframes*:** simuladores de entradas usando a interface real. Exemplos de assistentes muito populares são *Axure Pro* (http://www.axure.com), *Pencil* (http://*pencil.evolus.vn), Serena* (http://www.serena.com) etc.
- **Máquina de cenários:** geralmente usada junto com o *storyboard*; usa-se o princípio do "se" e "como" - se acontecer isso, como solucioná-lo...; emprega o princípio da sequência lógica de cenários.
- **Ambiente de Desenvolvimento Integrado (IDE):** como se fosse uma versão prévia da aplicação, é geralmente elaborado já no ambiente em que a aplicação será desenvolvida.

Embora tenhamos citado alguns nomes, são várias as ferramentas e alternativas de prototipagem, que vão desde esquemas em papel, para depois desenvolver um protótipo funcional com um assistente, ou um ambiente integrado que permite desenhar as telas e compilar o protótipo na linguagem a ser usada no desenvolvimento.

Já vimos protótipos desenhados em MS Excel e MS Access, devidamente apresentados e discutidos com o cliente e seus usuários sem maiores problemas.

A prototipagem dá trabalho, mas seus benefícios justificam o esforço, pois, em suma, não há margens para discussões ou colocações como "ficou faltando isso", ou "não era bem isso que eu esperava" etc.

4.1.2 NorthWind MVC: Protótipo

Revisitando o capítulo 3 e analisando os requisitos funcionais e os casos de uso que foram definidos, podemos fazer um agrupamento conceitual de casos e uma sequência lógica de execução:

1. Exibir as categorias e os produtos mais vendidos (*UC001 - Consultar categorias* e *UC002 - Consultar produtos mais vendidos*).
2. O usuário escolhe uma categoria (*UC003 - Consultar produtos por categoria*).
3. O usuário seleciona um produto (*UC004 - Consultar produto*), o que implica buscar a categoria a que o produto pertence (*UC001 - Consultar categorias*) e também o nome do fornecedor (*UC011 - Consultar fornecedores*).
4. O usuário adiciona um produto ao pedido (*UC012 - Adicionar item de pedido*).

5. O usuário consulta seu pedido (*UC005 - Consultar pedido*). Isso implica uma opção de menu.

6. O usuário fecha o pedido (*UC009 - Fechar pedido*), o que implica os seguintes passos prévios: autenticação (*UC006 - Autenticar usuário*); cadastrar-se como usuário, se for o caso (*UC007 - Criar nova conta de usuário*); e cadastrar dados de pagamento e entrega (*UC008 - Cadastrar dados de entrega*).

7. Deve também existir uma opção de menu para manutenção do cadastro, função restrita ao administrador (*UC010 - Manter catálogo de produtos*), que envolve os casos de uso *UC003 - Consultar produtos por categoria* e *UC011 - Consultar fornecedores.*

Partindo destes passos lógicos, podemos idealizar as primeiras páginas (telas) do sistema. Para isso, iremos utilizar a ferramenta **Axure Pro**, disponível para *download* em www.axure.com. A cópia de avaliação pode ser utilizada durante trinta dias.

Não vamos explicar como funciona o Axure Pro, apenas reproduzir o resultado do trabalho, isto é, as páginas do protótipo, pois, desta forma, você pode utilizar a ferramenta de prototipagem que melhor lhe convier.

Uma boa alternativa de validação do protótipo com o cliente é reuni-lo com os casos de uso em um só documento: isso permite acompanhar visualmente cada página com os passos dos cenários de cada caso de uso.

Portanto, vamos ilustrar as páginas do protótipo associando-as com os respectivos casos de uso e, no próximo tópico deste capítulo, confeccionaremos as especificações funcionais detalhando os cenários desses casos.

4.1.2.1 Página Principal

Após uma análise do conteúdo de acordo com os requisitos e os casos de uso encontrados no capítulo anterior, concluímos que a página principal deve conter os seguintes elementos:

- logotipo
- menu
- lista de categorias para seleção
- os dez produtos mais vendidos

É importante salientar que o processo de definição do protótipo deve contar também com a efetiva participação do Web Designer - o profissional mais indicado para o desenvolvimento de uma interface não apenas visualmente "bonita", mas que garanta o entendimento claro e fácil do conteúdo e também a qualidade de navegação pelas páginas.

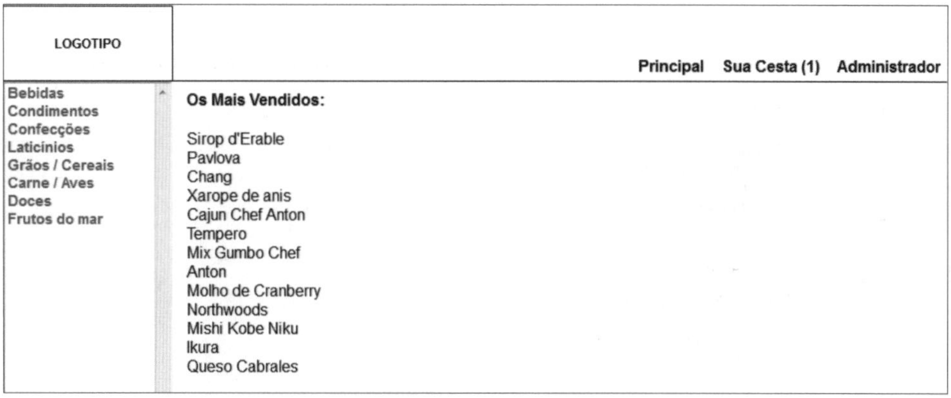

Figura 4.1. Página principal.

A página principal, ao ser carregada, executa os casos de uso *UC001 - Consultar categorias*, para preencher a lista de categorias, *UC002 - Consultar produtos mais vendidos* e *UC005 - Consultar pedido*, para obter a quantidade de itens existentes no pedido atual.

O menu principal conterá três opções:

- **Principal**, para retornar à página da Figura 4.1.
- **Sua Cesta(n)**, para visualização do pedido (carrinho de compras), sendo *n* o número de itens (produtos) do pedido (caso de uso *UC005 - Consultar pedido*).
- **Administrador**, para acesso à página de manutenção do cadastro de produtos, de acesso restrito a usuários com perfil de administrador.

Tanto a parte superior da página (logotipo e menu) como a lista de categorias do lado esquerdo, na verdade, são elementos que não farão parte da página principal em si, mas de um elemento denominado **Master Page**, que em ASP.NET e outros ambientes traduz-se em uma parte fixa que se repete em todas as páginas do *site*. Assim, as páginas serão exibidas numa região principal logo abaixo do menu e à esquerda da lista de categorias.

4.1.2.2 Produtos por Categoria

Quando o usuário selecionar uma determinada categoria na lista à esquerda da página, deverão ser exibidos todos os produtos associados à categoria selecionada.

Esta página executa os casos de uso *UC001 - Consultar categorias*, para consultar e informar o nome do nome da categoria logo acima da lista de produtos, e *UC003 - Consultar produtos por categoria*, para consultar e listar o nome de cada produto associado à categoria.

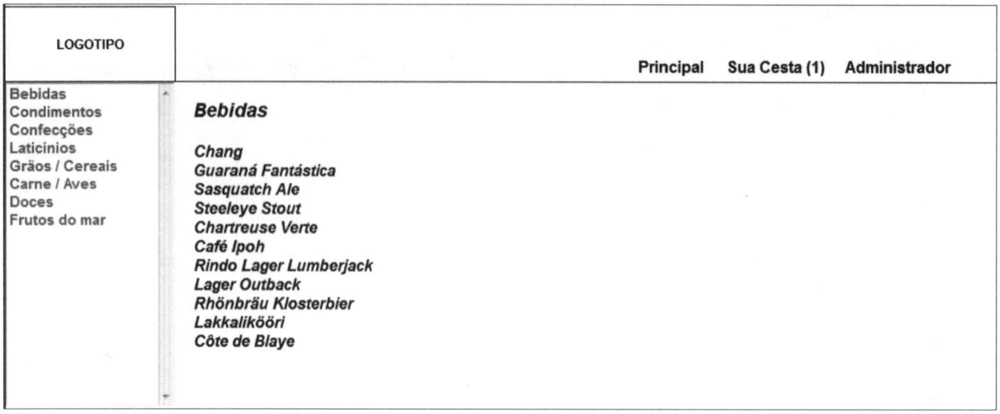

Figura 4.2. Produtos por categoria.

4.1.2.3 Seleção de Produto

Tanto na página principal como na página de produtos por categoria, o usuário pode selecionar um item para visualizar os detalhes do produto e, se desejar, adicioná-lo ao pedido.

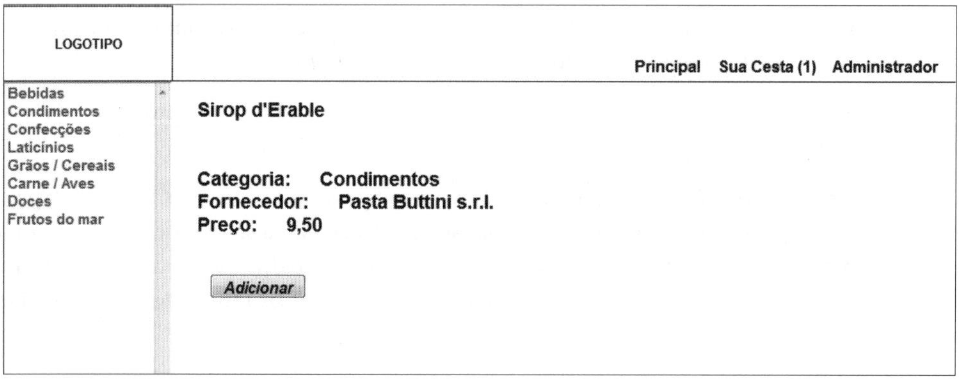

Figura 4.3. Adição de produto ao pedido.

Esta página, ao ser carregada, executa o caso de uso *UC004 - Consultar produto* com base no identificador do produto selecionado na página anterior, exibindo seus dados em tela e oferecendo a opção de adicioná-lo ao pedido (carrinho de compras).

Caso o usuário escolha adicionar o produto ao pedido, o sistema executará o caso de uso *UC012 - Adicionar item de pedido* e, em seguida, exibirá a página do carrinho de compras mostrando a situação atual do pedido.

4.1.2.4 Carrinho de Compras

A página do carrinho de compras exibe a situação atual do pedido, permitindo o seu fechamento (conclusão) ou a exclusão de qualquer item (produto).

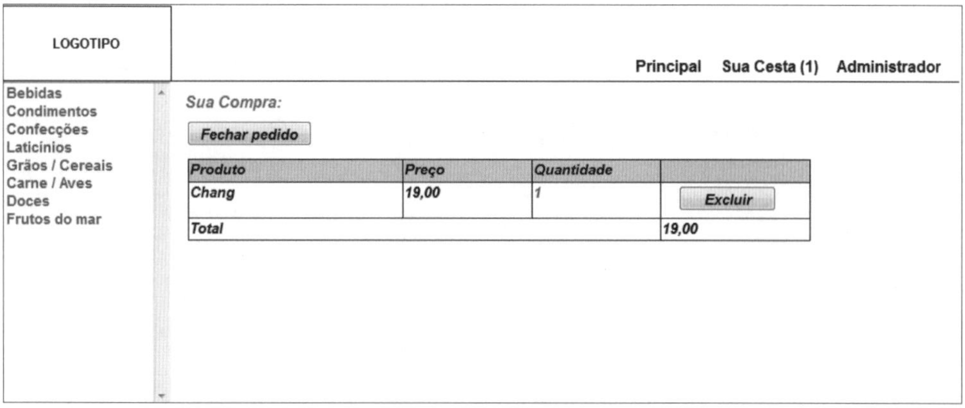

Figura 4.4. Carrinho de compras.

Esta página executa inicialmente o caso de uso *UC005 - Consultar pedido*, consultando e retornando todos os itens do pedido em aberto.

A página oferece duas opções: fechar o pedido, executado pelo caso de uso *UC009 - Fechar pedido*, e remover um item (produto) do pedido...

Opa! Não definimos um caso de uso para excluir um item do pedido!

Na verdade, as operações de inclusão, alteração e exclusão, de modo geral, são reunidas em um único caso de uso de manutenção. Isso tem sentido, pois, em termos de granularidade, se fôssemos definir um caso de uso para cada uma dessas operações, povoaríamos os diagramas e, em caso de estimativas por pontos de caso de uso, obteríamos um esforço exagerado para uma simples manutenção, como, por exemplo, o caso presente - a manutenção de itens de pedido.

Portanto, em vez de criarmos mais um caso de uso, a solução mais sensata é ampliar o objetivo do caso de uso **UC012**: em vez de apenas adicionar um item de pedido, uma operação de manutenção, esse caso de uso também será responsável pela exclusão de um item existente - outra operação de manutenção.

Mas não basta renomear o caso de uso para *UC012 - Manter item de pedido*. É preciso ajustar o documento de visão, ajustando inclusive sua descrição: *"Permite adicionar ou remover um produto do pedido"*. É importante, pois, inserir em cada documento do projeto um quadro para histórico de revisões, permitindo manter um histórico de versões de cada documento, apontando a data, o que foi modificado no documento e quem é o autor da alteração. É claro que isso deve ser feito com a anuência e o conhecimento de todos os envolvidos.

Ao escolher a exclusão de um produto do pedido, o caso de uso UC012 será executado e, em seguida, a página da Figura 4.4 será atualizada, mostrando o carrinho de compras sem o item recém-excluído.

4.1.2.5 Fechamento de Pedido

Para fechar o pedido, o cliente precisa primeiro estar autenticado, isto é, ter efetuado o *log on*. O sistema verifica isso e, conforme o caso, abre a página de *Log On* para que o usuário se identifique.

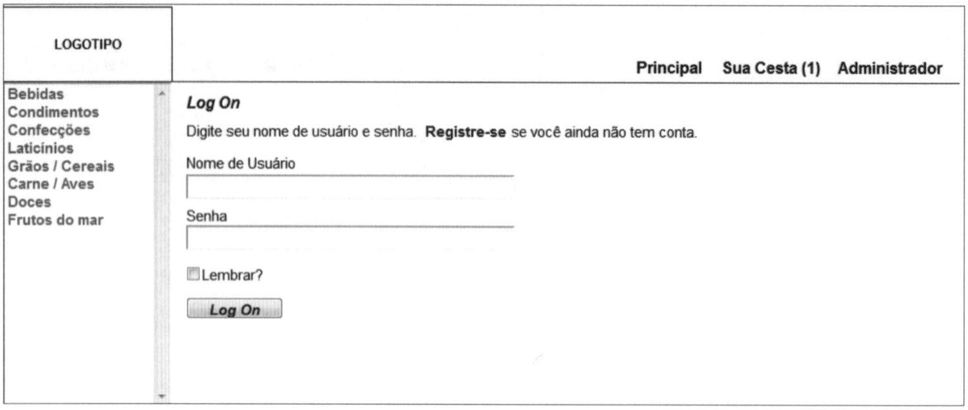

Figura 4.5. Log On.

Após informar seu *login* e senha, o usuário pode escolher que o sistema memorize sua senha para a próxima vez que acessar a página, preenchendo automaticamente o campo de senha (isso pode depender também do navegador utilizado). Esse procedimento refere-se ao caso de uso *UC006 - Autenticar usuário.*

Após acionar o botão *Log On*, será aberta a página para preenchimento dos dados de entrega do pedido.

Se o usuário ainda não estiver cadastrado, ele tem a opção de registrar-se acionando a opção *Registre-se*, que o remeterá à página de cadastro de conta.

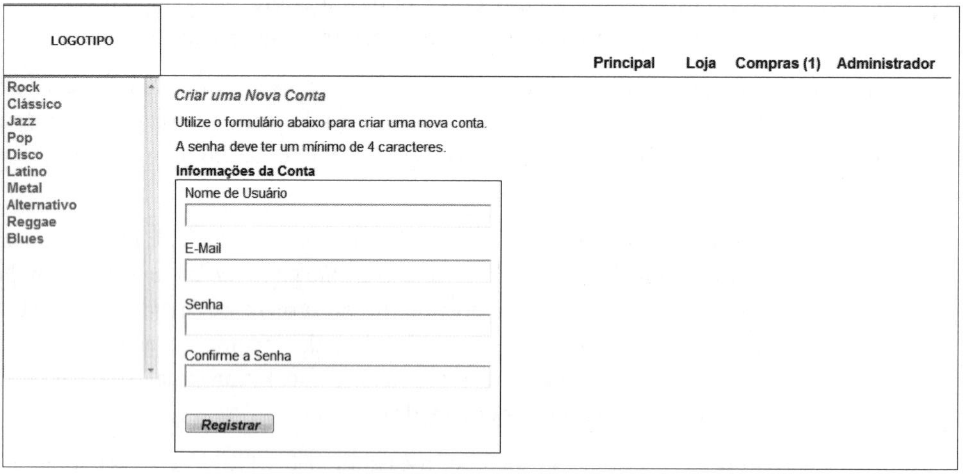

Figura 4.6. Página de registro.

Para registrar-se (caso de uso *UC007 - Criar nova conta de usuário*), basta que o cliente informe seu nome de usuário e sua senha, confirmando-a em seguida, e acionando o botão **Registrar**. Em seguida, o sistema prossegue com o fechamento do pedido, abrindo a página de dados de entrega.

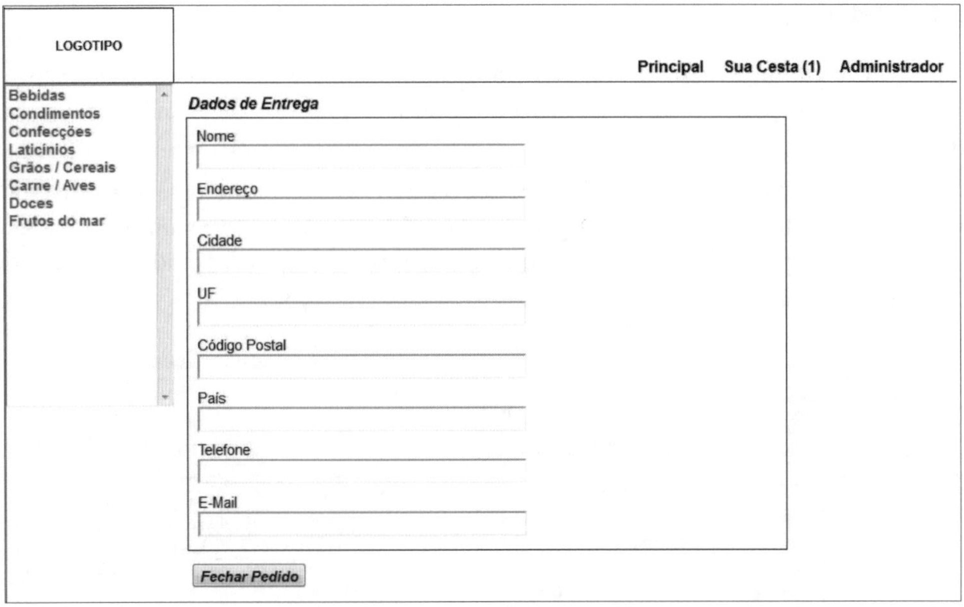

Figura 4.7. Dados de entrega do pedido.

Após preencher os dados de entrega e pagamento (caso de uso *UC008 - Cadastrar dados de entrega*) e acionar o botão **Fazer pedido**, o sistema exibirá uma página informando que a compra foi completada.

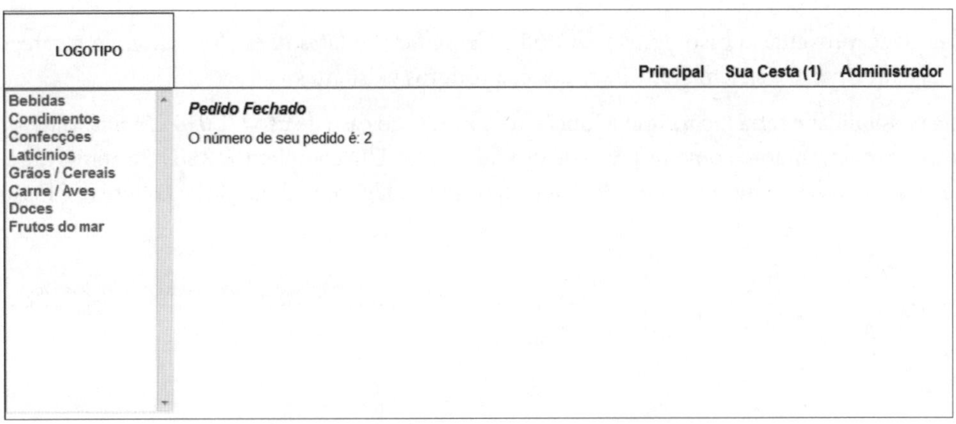

Figura 4.8. Página de compra completada.

A página de compra completada informa o número de pedido. Isso significa que o caso de uso *UC009 - Fechar pedido* foi executado e bem-sucedido.

4.1.2.6 Administração

Completando o protótipo, basta definir as páginas para visualização e manutenção do catálogo de produtos, lembrando que o cadastro de categorias e fornecedores será alimentado por uma carga inicial de dados.

Quando a opção de menu **Administrador** for selecionada, o sistema verificará se o usuário está autenticado - se não estiver, será exibida a página de *log on* (*UC006 - Autenticar usuário*). Após a autenticação, se o usuário possuir perfil de administrador, será exibida a página dos produtos cadastrados.

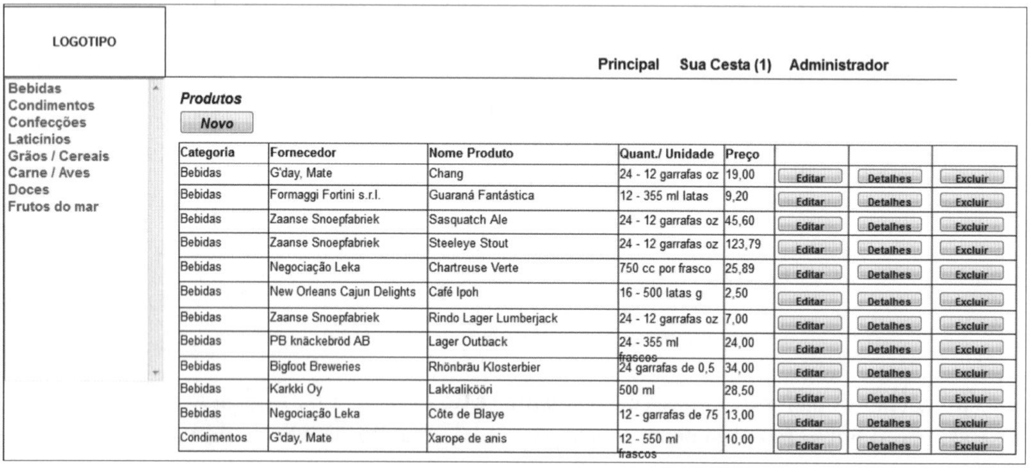

Figura 4.9. Catálogo de produtos.

Podemos reaproveitar o caso de uso *UC003 - Consultar produtos por categoria*. Caso a categoria não seja informada, o sistema retorna todos os produtos existentes.

Outra possibilidade seria incorporar a função de consulta ao caso de uso *UC010 - Manter catálogo de produtos*, caraterizando-o como um caso de uso do tipo CRUD completo. CRUD é a abreviatura em inglês das funções **Create** (inclusão), **Retrieve** (consulta), **Update** (alteração) e **Delete** (exclusão).

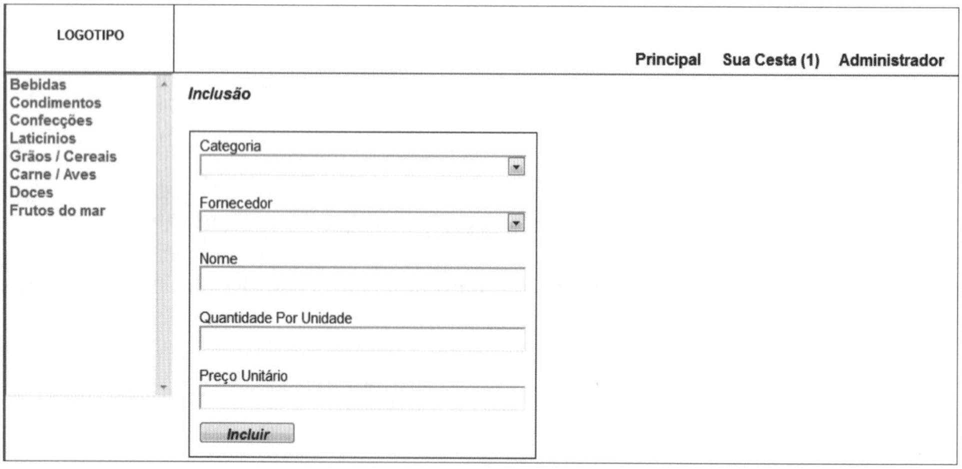

Figura 4.10. Inclusão de produto.

Após listar todos os produtos, a página também disponibiliza quatro funções: incluir, editar, excluir (executadas pelo caso de uso *UC010 - Manter catálogo de produtos*) e exibir detalhes de cada produto da grade (caso de uso *UC004 - Consultar produto*).

A página de inclusão de produtos executa inicialmente os casos de uso *UC001 - Consultar categorias*, para preencher a lista de categorias, e *UC011 - Consultar fornecedores*, para preencher a lista de fornecedores.

Após preencher os campos e acionar o botão **Incluir**, o sistema executa o caso de uso *UC010 - Manter catálogo de produtos* no modo de inclusão.

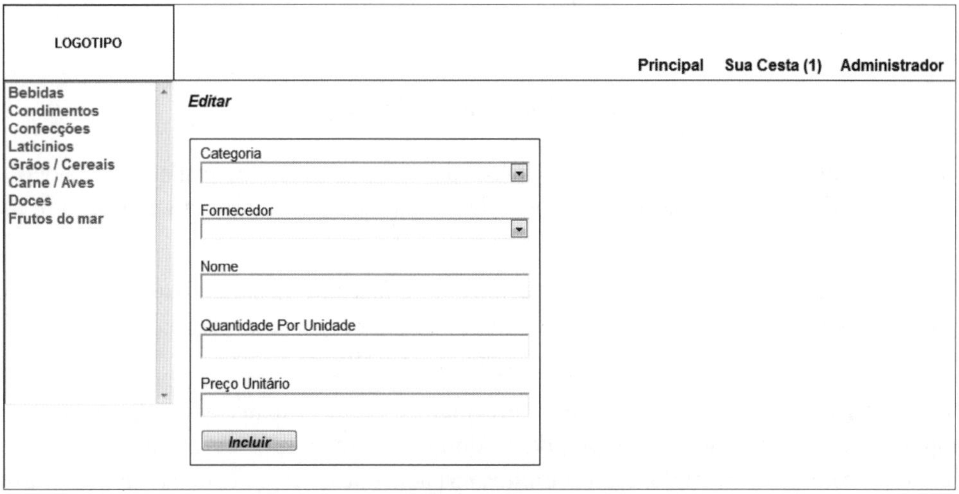

Figura 4.11. Alteração de produto.

A página de edição permite alterar os dados de um produto e em seguida salvá-los, executando o caso de uso *UC010 - Manter catálogo de produtos* no modo de alteração.

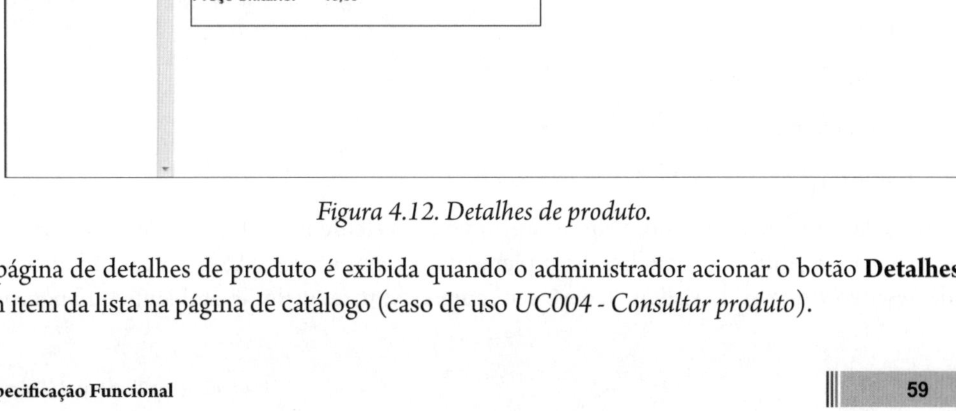

Figura 4.12. Detalhes de produto.

A página de detalhes de produto é exibida quando o administrador acionar o botão **Detalhes** de um item da lista na página de catálogo (caso de uso *UC004 - Consultar produto*).

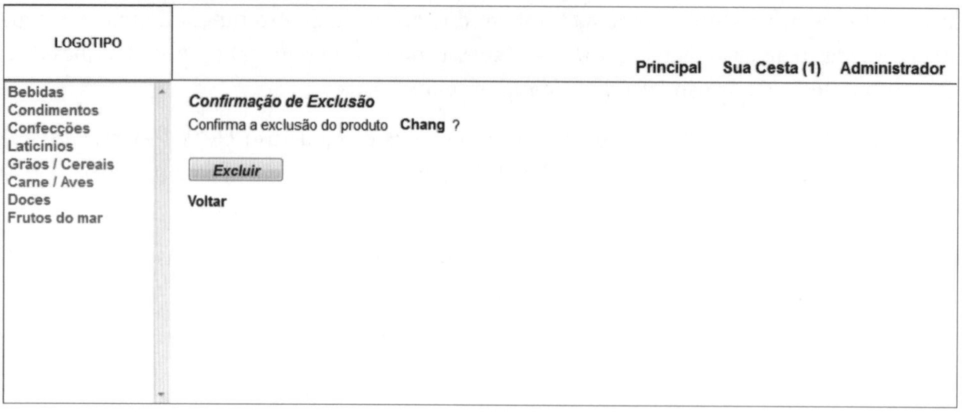

Figura 4.13. Exclusão de produto.

Quando o administrador acionar o botão **Excluir** de um item da lista na página de catálogo, será exibida a página para confirmação de exclusão. Note que o nome do produto é exibido (caso de uso *UC004 - Consultar produto*).

O administrador pode desistir da exclusão acionando o *link* **Voltar para a lista**, ou conformá-la acionando o botão **Excluir** (o caso de uso *UC010 - Manter catálogo de produtos* no modo de exclusão e, em seguida, o controle retorna para a página de catálogo).

Na confecção das páginas deste protótipo, procuramos seguir a lógica presente no projeto de exemplo disponibilizado no *site* Editora, de modo que alguns pontos da interface poderiam ser melhorados, como, por exemplo, listar produtos na página de catálogo com base em um filtro de busca ou categoria selecionada, inserir uma autenticação de cliente separada da autenticação de administrador de forma a ocultar a opção de administração no menu conforme o perfil do usuário etc.

4.2 Especificação Funcional

Com base no protótipo, podemos agrupar o sistema em seis grupos lógicos, cada um representando uma especificação funcional:

- Página Principal
- Produtos por Categoria
- Seleção de Produto
- Carrinho de Compras
- Fechamento de Pedido
- Administração

Uma especificação funcional, como vimos, documenta os elementos relacionados à funcionalidade do sistema sem entrar em detalhes de implementação, mas serve de base para as próximas etapas de desenvolvimento do sistema e deve ser compatível para qualquer ambiente ou linguagem de programação, pois refere-se estritamente ao negócio, deixando de lado questões que serão detalhadas em artefatos posteriores (a especificação técnica do sistema).

A estrutura do documento de especificação funcional pode variar desde uma simples descrição dos casos de uso e suas ações até um documento amplamente formal. Vamos conceber uma estrutura suficiente para a compreensão de qualquer leitor, seja ele técnico ou não:

- título do documento
- objetivo
- diagrama de casos de uso
- requisitos funcionais atendidos
- protótipo de tela
- casos de uso (objetivo, atores envolvidos, fluxo básico, fluxos alternativos e exceções)

Dependendo dos padrões adotados, a estrutura também inclui uma seção destinada ao histórico de revisões, registrando um número de versão do documento, data da publicação, motivo da revisão (ajustes, correções, mudanças etc.) e autor da versão.

4.2.1 EF-01 - Página Principal

NorthWind MVC	Especificação Funcional EF-01 - Página Principal
1. Objetivo	
Descrever os casos de uso para exibição da página principal do sistema NorthWind MVC.	
2. Diagrama de Casos de Uso	

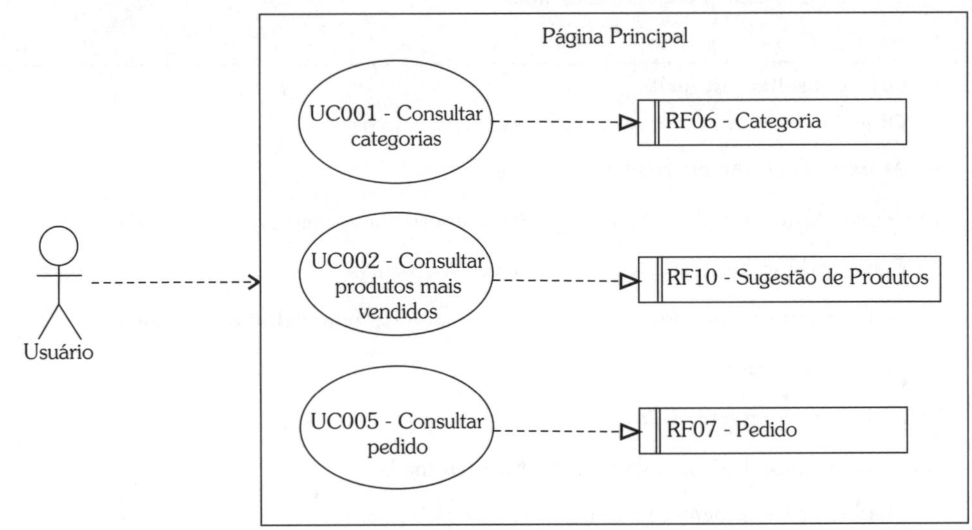

3. **Requisitos Funcionais Atendidos**

- **RF06 - Categoria:** as categorias são fixas e resumem-se a bebidas, condimentos, confecções, laticínios, grãos e cereais, carne e aves, doces e frutos do mar. Esses nomes deverão ser carregados previamente no sistema.
- **RF07 - Pedido:** o cliente poderá escolher um ou mais produtos e adicioná-los ao carrinho de compras.
- **RF10 - Sugestão de Produto:** o sistema deve inicialmente apresentar os dez produtos mais vendidos.

4. **Protótipo**

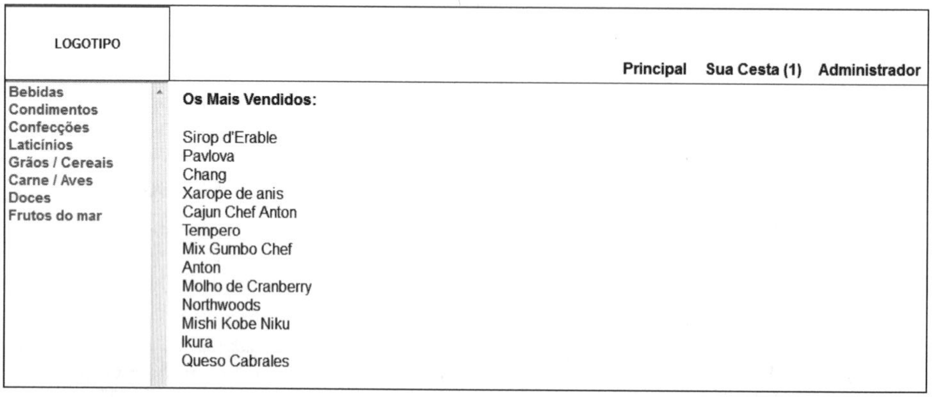

5. **Casos de Uso**

- UC001 - Consultar categorias
- UC002 - Consultar produtos mais vendidos
- UC005 - Consultar pedido

5.1. **UC001 - Consultar categorias**

- **Objetivo:** buscar e retornar as categorias existentes no sistema.
- **Atores:** Cliente, Administrador.

FB - Fluxo Básico: este fluxo inicia-se quando o ator acessa a página principal do *site*.

1. O sistema busca todas as categorias existentes no sistema.
2. O sistema retorna uma lista com os nomes das categorias retornadas no passo anterior.
3. Fim de caso de uso.

FE1 - Nenhum item retornado

No passo 1 do fluxo básico, nenhuma categoria é retornada.

1. O sistema retorna mensagem de nenhuma categoria retornada.
2. Fim de caso de uso.

5.2. UC002 - Consultar produtos mais vendidos

- **Objetivo:** buscar e retornar os dez produtos mais vendidos.
- **Atores:** Cliente, Administrador.

FB - Fluxo Básico: este fluxo inicia-se quando o ator acessa a página principal do *site*.

1. O sistema busca os dez produtos mais vendidos.
2. O sistema retorna os nomes dos produtos obtidos no passo anterior.
3. Fim de caso de uso.

5.3. UC005 - Consultar pedido

- **Objetivo:** buscar e retornar a quantidade de itens de um pedido informado.
- **Atores:** Cliente, Administrador.

FA1 - Fluxo alternativo: este fluxo inicia-se quando o ator acessa a página principal do *site*.

1. O sistema obtém o número do pedido atual.
2. O sistema busca a quantidade de itens do pedido atual.
3. O sistema retorna a quantidade obtida no passo anterior.
4. Fim de caso de uso.

Considerações sobre a Especificação

- O diagrama de casos de uso apresenta o ator **Usuário**, uma generalização para os atores **Cliente** e **Administrador**, pois ambos podem acessar a página principal. Note que o diagrama associa os casos de uso aos requisitos que eles realizam, isto é, satisfazem, obedecendo ao que foi definido na matriz de rastreabilidade apresentada no capítulo anterior.
- Os fluxos dos casos de uso receberam um prefixo para identificar sua natureza: **FB** para fluxo básico, **FA** para fluxo alternativo (possíveis caminhos do caso de uso) e **FE** para fluxo de exceção (possíveis caminhos a serem percorridos na ocorrência de algum erro que impeça a finalização normal do caso de uso).
- No caso de uso *UC001 - Consultar categorias,* se nenhuma categoria existir no sistema, não apenas o caso de uso é finalizado como o próprio sistema não pode ser executado, pois um produto deve obrigatoriamente estar associado a uma categoria - não existindo este, nenhum produto pode ser cadastrado no sistema.
- No caso de uso *UC005 - Consultar pedido*, preferimos especificar a consulta da quantidade de itens como um fluxo alternativo, reservando o fluxo básico para a consulta de todos os itens do pedido na página de exibição do carrinho de compras.

Essa especificação funcional é muito simples, pois a página resume-se em apresentar resultados de consultas. Nos próximos tópicos, apresentaremos as demais especificações e, embora pareça entediante, a proposta é definir todas as especificações funcionais com protótipo, requisitos e casos de uso. Elas seriam apresentadas ao cliente, e somente depois da aprovação delas é que partiríamos para as respectivas especificações técnicas.

Em projetos de médio e grande porte, nos quais as equipes de desenvolvimento não podem esperar tanto tempo (seriam muitas especificações funcionais), a melhor prática é subdividir o projeto em fases ou módulos mais gerenciáveis. Por exemplo, um sistema de gestão empresarial poderia ser dividido em módulos de compras, estoque, faturamento etc., cada um com as etapas de levantamento, análise, construção e implantação; e cada módulo, por sua vez, dividido em submódulos. Isso permite uma forma de trabalho contínua: enquanto o desenvolvimento implementa uma primeira fase, estão sendo confeccionadas as especificações da segunda fase, e assim por diante.

4.2.2 EF-02 - Consulta de Produtos por Categoria

NorthWind MVC	Especificação Funcional EF-02 - Consulta de Produtos por Categoria

1. Objetivo

Descrever o caso de uso para exibição dos produtos de uma categoria.

2. Diagrama de Caso de Uso

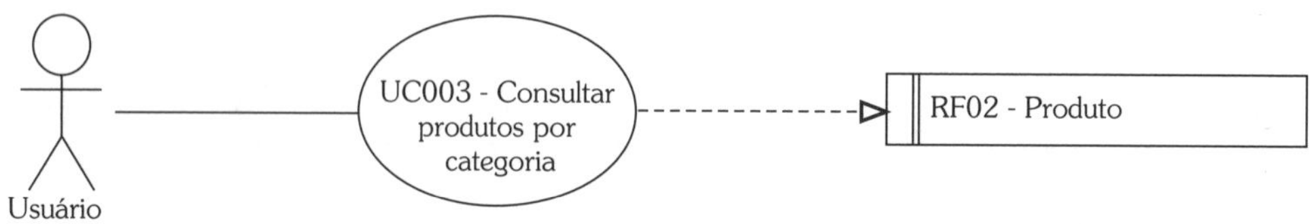

3. Requisito Funcional Atendido

- **RF02 - Produto:** todo produto possui um título, um preço e está associado uma categoria e um fornecedor.

4. Protótipo

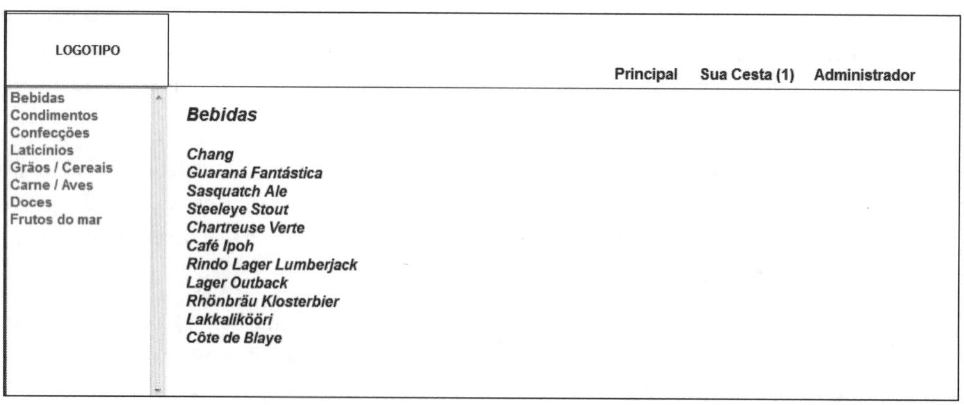

5. Caso de Uso

- UC003 - Consultar produtos por categoria

5.1. Caso de Uso: UC003 - Consultar produtos por categoria

- **Objetivo:** buscar e retornar os produtos de uma categoria informada.
- **Atores:** Cliente, Administrador.

FB - Fluxo Básico: este fluxo inicia-se quando o ator seleciona uma categoria na lista de categorias da página principal.

1. O sistema busca o nome da categoria referente ao identificador informado.
2. O sistema retorna o nome da categoria obtido no passo anterior.
3. O sistema busca todos os produtos com base no identificador da categoria informado.
4. O sistema retorna nome de cada item obtido no passo anterior.
5. Fim de caso de uso.

Considerações sobre a Especificação

Normalmente, procura-se evitar a utilização de termos relacionados à implementação, como, por exemplo, "página", "menu" etc. Entretanto, como estamos incluindo o protótipo na especificação, tais termos beneficiam o entendimento do caso de uso pelo cliente.

4.2.3 EF-03 - Seleção de Produto

A próxima especificação refere-se à seleção e exibição de um determinado produto.

A divisão das especificações é um tanto desproporcional. Assim como as anteriores, ela também é relativamente simples, enquanto as próximas, como veremos, são mais extensas e complexas. Entretanto, isso é didaticamente intencional, tendo em vista os temas subsequentes que, por serem mais técnicos, exigirão uma abordagem mais cuidadosa e "homeopática", ok?

NorthWind MVC	Especificação Funcional EF-03 - Seleção e Adição de Produto ao Pedido

1. Objetivo

Descrever os casos de uso para seleção e adição de produto ao pedido (carrinho de compras).

2. Diagrama de Casos de Uso

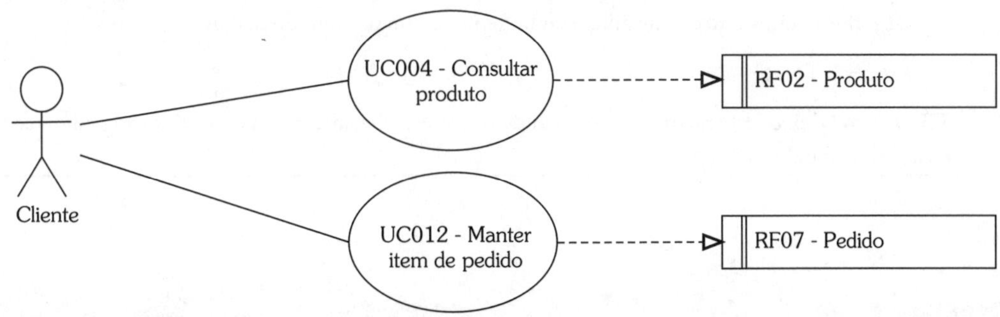

3. Requisitos Funcionais Atendidos

- **RF02 - Produto:** todo produto possui um nome e um preço e está associado a uma categoria e um fornecedor.
- **RF07 - Pedido:** o cliente poderá escolher um ou mais produtos e adicioná-los ao carrinho de compras.

4. Protótipo

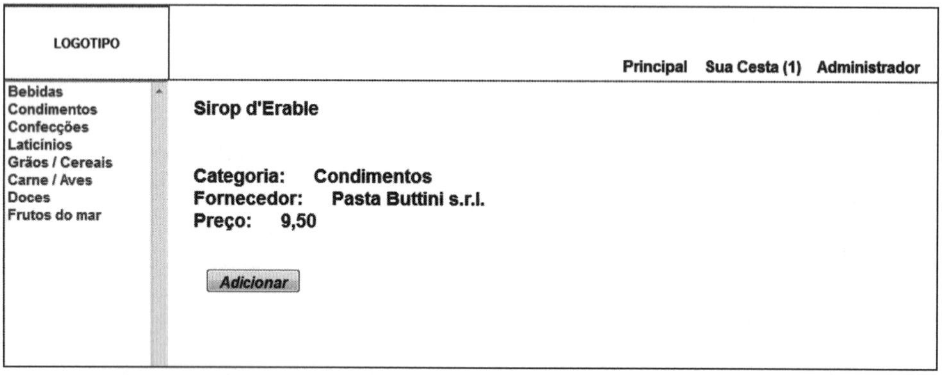

5. Casos de Uso

- UC004 - Consultar produto
- UC012 - Manter item de pedido

5.1. Caso de Uso: UC004 - Consultar produto

- **Objetivo:** buscar os dados de um produto informado.
- **Atores:** Cliente.

FB - Fluxo Básico: este fluxo inicia-se quando o ator seleciona um produto na lista de produtos mais vendidos ou na lista produtos de uma categoria.

1. O sistema busca os dados do produto com base em um identificador informado.
2. O sistema retorna os dados do produto obtido no passo anterior: nome, identificador da categoria e preço.
3. Fim de caso de uso.

5.2. Caso de Uso: UC012 - Manter item de pedido

- **Objetivo:** permite ao cliente adicionar ou remover um produto do pedido. (*)
- **Atores:** Cliente.

FB - Fluxo Básico: este fluxo inicia-se quando o ator escolhe adicionar um produto ao pedido corrente (carrinho de compras).

1. O sistema busca os dados do produto selecionado.
2. O sistema adiciona o produto ao pedido informando o número do pedido, identificador do produto, quantidade (1 unidade) e o preço do pedido retornado no passo anterior.
3. Fim de caso de uso.

(*) Nesta especificação, será tratada apenas a adição de item ao pedido.

FE1 - Erro de atualização

No passo 2 do fluxo básico, ocorre um erro na inclusão do produto no pedido.

1. O sistema retorna mensagem descrevendo o erro ocorrido.
2. Fim de caso de uso.

Considerações sobre a Especificação

A adição do produto ao pedido, em termos de implementação, refere-se a uma operação de inclusão (INSERT) na base de dados, a qual, eventualmente, pode não ser bem-sucedida, por isso definimos um fluxo de exceção. Embora, tecnicamente, as linguagens de programação possuam recursos para tratar exceções, é preciso lembrar que a especificação funcional também é utilizada para a confecção de casos de teste do sistema, os quais devem considerar tais exceções.

4.2.4 EF-04 - Carrinho de Compras

O ASP .NET oferece uma arquitetura de provedores (*providers*) - componentes que fornecem serviços para autenticação de usuários (**MemberShip**), vínculo com grupos (papéis ou perfis) de usuários (**Roles**) e armazenagem de informações personalizadas por usuário (**Profile**). Todos os controles de *login* são configurados para usar autenticação de formulários com os provedores **MemberShip SQL**, **Role** e **Profile**.

MemberShip é uma classe usada pelo ASP .NET para validar as credenciais do usuário e gerenciar suas configurações.

Embora seja um recurso interessante do ASP .NET, a maioria dos desenvolvedores prefere outras soluções por meio de componentes próprios ou de terceiros, principalmente para sistemas de grande porte ou forte concorrência de acesso. Outro problema é que essa arquitetura baseia-se em atribuição de privilégios a pastas da aplicação, onde, por exemplo, as páginas referentes à administração do *site* estão localizadas em uma pasta específica e restrita a usuários com papel (*role*) que possua permissão para acessá-la.

Há também aqueles que preferem personalizar esses provedores adaptando-os às suas necessidades, mas o resultado não é muito diferente da estrutura original.

O projeto de exemplo, NorthWind MVC, utiliza essa arquitetura para administrar os pedidos criados no *site*. O usuário adiciona os itens ao carrinho de compras e, ao selecionar a opção de fechar o pedido, o sistema verifica se ele efetuou *log on*. Em caso afirmativo, abre a página para cadastro dos dados de entrega; e pagamento; caso contrário, abre a página de *Log On* para autenticação.

NorthWind MVC	Especificação Funcional EF-04 - Carrinho de Compras

1. Objetivo

Descrever o caso de uso para busca e edição do conteúdo do pedido (carrinho de compras).

2. Diagrama de Caso de Uso

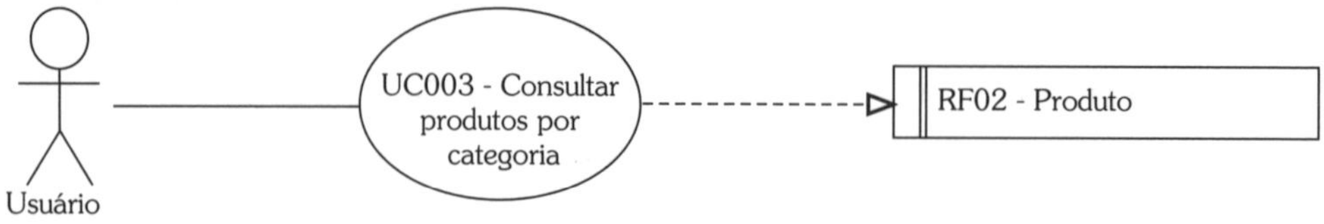

3. Requisito Funcional Atendido

- **RF07 - Pedido:** o cliente poderá escolher um ou mais produtos e adicioná-los ao carrinho de compras.

4. Protótipo

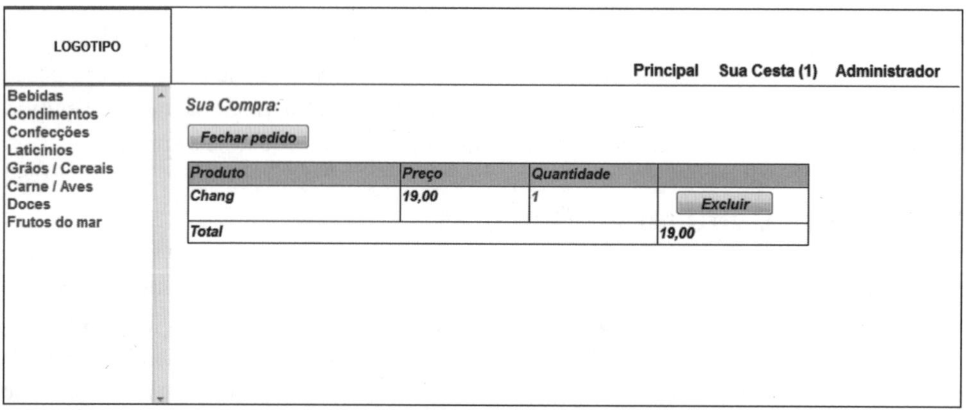

5. Casos de Uso

- UC005 - Consultar pedido
- UC012 - Manter item de pedido

5.1. Caso de Uso: UC005 - Consultar pedido

- **Objetivo:** buscar os dados dos itens e o total de um pedido informado.
- **Atores:** Cliente.

FB - Fluxo Básico: este fluxo inicia-se quando o ator escolhe visualizar o conteúdo total de um pedido.

1. O sistema busca os itens de um pedido com base em um identificador informado.
2. O sistema retorna os dados dos itens obtidos no passo anterior: nome, preço unitário e quantidade total do item.
3. O sistema busca o total do pedido com base em um identificador informado.
4. O sistema retorna o valor total obtido no passo anterior.
5. Fim de caso de uso.

5.2. Caso de Uso: UC012 - Manter item de pedido

- **Objetivo:** remover (excluir) um item do pedido informado.
- **Atores:** Cliente.

FA - Exclusão de pedido: este fluxo inicia-se quando o ator escolhe remover um item de um pedido.

1. O sistema exclui o item com base em um identificador de item e um identificador de pedido informado.
2. Fim de caso de uso. (*)

(*) No contexto do protótipo, após a exclusão, o caso de uso *UC005 - Consultar pedido* é executado novamente a fim de atualizar a página do carrinho de compras, apresentando-o já sem o item recém-excluído.

Considerações sobre a Especificação

Os passos do fluxo básico do caso de uso de consulta de pedido foram desdobrados em duas etapas: consulta dos itens do pedido e totalização. Poderiam ser definidos dois fluxos diferentes, mas, dado o tamanho do caso de uso, procuramos ser convenientes, embora, mais tarde, na especificação técnica, sejam definidos dois métodos distintos.

O sistema foi construído de forma a não permitir a especificação de uma quantidade de produto maior que 1 (uma) unidade por seleção: se você desejar três unidades de um mesmo produto, terá de efetuar a operação três vezes: se o produto já existir na cesta, a quantidade será acrescentada em um 1 (um).

4.2.5 EF-05 - Fechamento de Pedido

Conforme explicamos no item anterior, o NorthWind MVC utiliza a arquitetura de provedores (*providers*) do ASP .NET. Assim, quando o botão **Fechar pedido** da página de compras for acionado, o sistema se servirá desses provedores para efetivar o pedido na base de dados.

Temos, portanto, uma especificação funcional mais complexa.

NorthWind MVC	Especificação Funcional EF-05 - Fechamento de Pedido

1. Objetivo

Descrever os casos de uso para autenticação do usuário, entrada de dados de entrega e efetivação do pedido (fechamento do carrinho de compras).

2. Diagrama de Casos de Uso

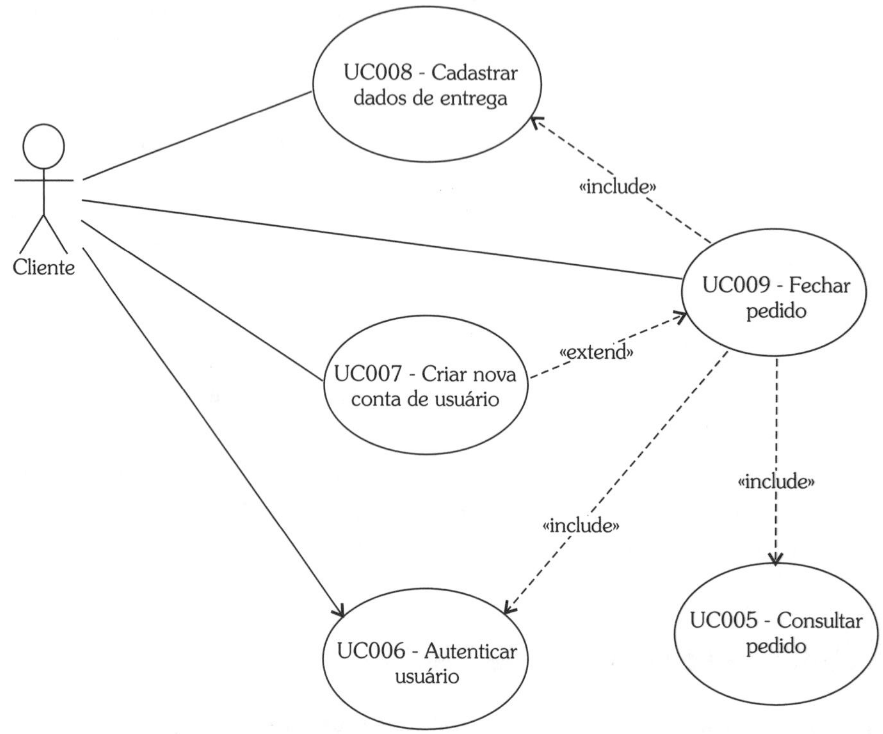

3. Requisitos Funcionais Atendidos

- **RF04 - Cliente:** o cliente deve informar nome, endereço, cidade, estado, código postal e país, além de telefone e e-mail. Todos esses dados são obrigatórios.
- **RF08 - Fechamento de Pedido:** para fechar o pedido, o cliente deve estar cadastrado e autenticado como usuário do sistema (com um nome de usuário, senha e endereço de e-mail) e com os dados de entrega devidamente informados.
- **RF09 - Item de Pedido:** um pedido deve possuir, no mínimo, um item.

4. Protótipo

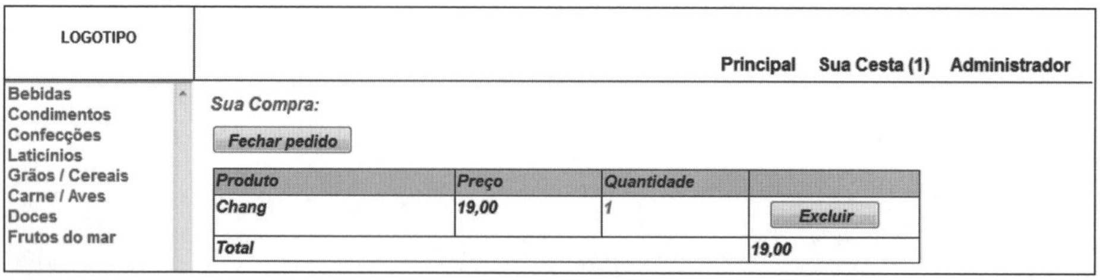

Carrinho de Compras

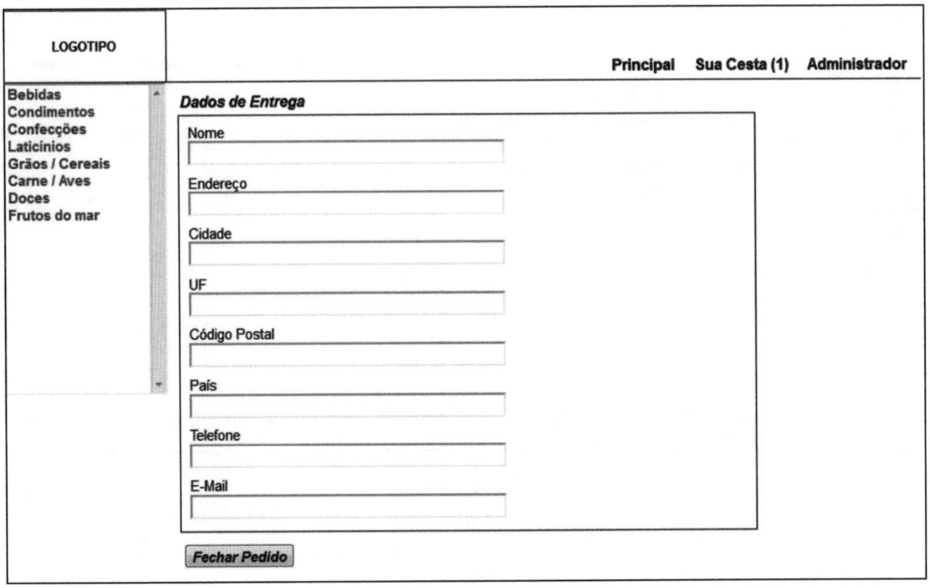

Dados de Entrega do Pedido

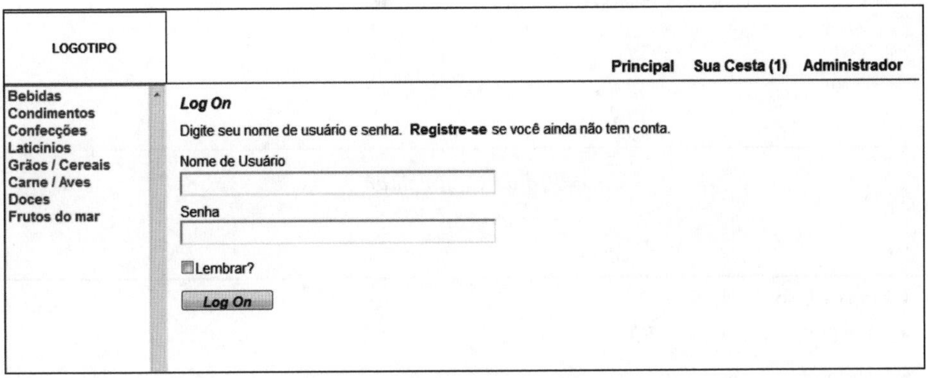

Log On

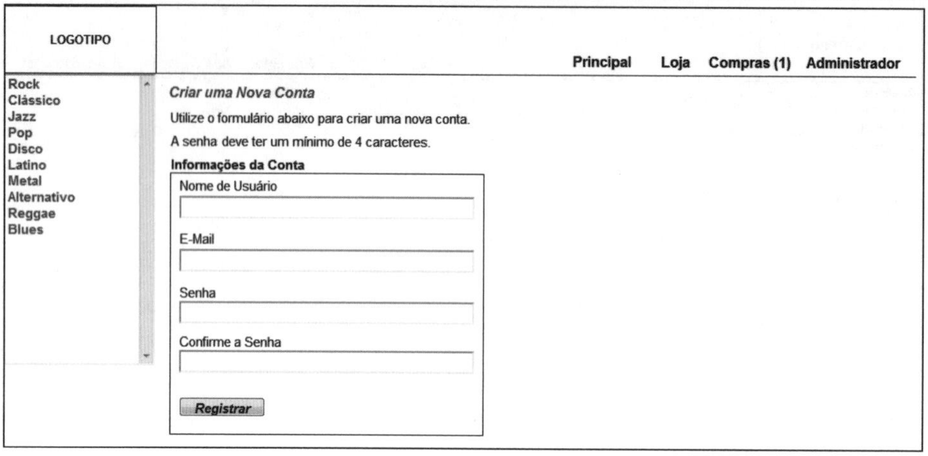

Nova Conta

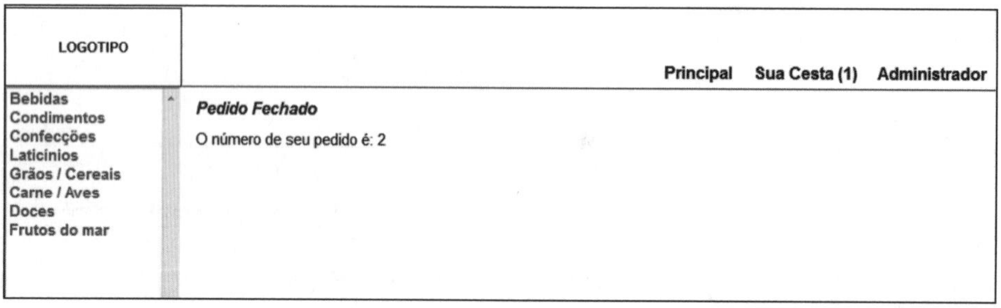

Pedido Completado

5. Casos de Uso

- UC005 - Consultar pedido
- UC006 - Autenticar usuário
- UC007 - Criar nova conta de usuário
- UC008 - Cadastrar dados de entrega do pedido
- UC009 - Fechar pedido

5.1. Caso de Uso: UC009 - Fechar pedido

- **Objetivo:** fechar o pedido com seus respectivos itens para o usuário (cliente) informado.
- **Atores:** Cliente.

FB - Fluxo Básico: este fluxo inicia-se quando o ator escolhe fechar seu pedido.

1. O sistema busca os itens do pedido com base em um identificador de pedido informado (*UC005 - Consultar pedido*).
2. O sistema verifica se o ator está autenticado (*UC006 - Autenticar usuário*).
3. O sistema solicita os dados de entrega (*UC008 - Cadastrar dados de entrega)*.
4. O ator confirma o fechamento do pedido.
5. O sistema calcula o valor total do pedido com base na quantidade e preço unitário de cada item retornado no passo 1.
6. O sistema efetiva o pedido.
7. O sistema esvazia o carrinho de compras.
8. O sistema retorna mensagem de compra completada e exibe o número do pedido retornado no passo 6.
9. Fim de caso de uso.

FA1 - Ator não confirma fechamento do pedido

No passo 4 do fluxo básico, o ator não confirma o fechamento do pedido (botão Fazer pedido da página *Dados de Entrega do protótipo*).

1. Fim de caso de uso.

FE1 - Pedido sem itens

No passo 1 do fluxo básico, o sistema constata que o pedido não possui nenhum item adicionado.

1. O sistema retorna uma mensagem de erro.
2. Fim de caso de uso.

FE2 - Erro no fechamento do pedido

No passo 6 do fluxo básico, ocorre um erro na efetivação do pedido.

1. O sistema retorna mensagem informando o erro ocorrido.
2. Fim de caso de uso.

5.2. Caso de Uso: UC005 - Consultar pedido

- **Objetivo:** buscar os itens de um pedido.
- **Atores:** Cliente.

FB - Fluxo Básico

1. O sistema busca os itens de um pedido com base em um identificador informado.
2. O sistema retorna os dados dos itens obtidos no passo anterior: nome, preço unitário e quantidade total do item.
3. Fim de caso de uso.

5.3. Caso de Uso: UC006 - Autenticar usuário

- **Objetivo:** solicitar nome e senha de usuário e efetuar *log on*.
- **Atores:** Cliente, Administrador.

FB - Fluxo Básico

1. O ator informa nome de usuário e senha e solicita autenticação.
2. O sistema valida o nome de usuário e a senha e efetua *log on*.
3. Fim de caso de uso.

FA1 - Usuário não cadastrado

No passo 1 do fluxo básico, o sistema constata que o usuário não existe.

1. O sistema solicita a criação de nova conta (*UC007 - Criar nova conta de usuário*).
2. Continua no passo 2 do fluxo básico.

FE1 - Nome de usuário ou senha não informada

No passo 1 do fluxo básico, o sistema constata que o nome de usuário ou a senha não foram informados.

1. O sistema retorna mensagem de *login* malsucedido e solicita nova tentativa.
2. Volta para o passo 1 do fluxo básico.

FE2 - Nome de usuário ou senha incorreta

No passo 1 do fluxo básico, o sistema constata que o nome de usuário ou a senha estão incorretos.

1. O sistema retorna mensagem informando que o nome de usuário ou a senha fornecida estão incorretos e solicita nova tentativa.
2. Volta para o passo 1 do fluxo básico.

5.4. Caso de Uso: UC008 - Cadastrar dados de entrega

- **Objetivo:** efetuar o cadastro de dados de entrega de pedido.
- **Atores:** Cliente.

FB - Fluxo Básico

1. O ator informa os dados de entrega (nome, endereço, cidade, UF, código postal, país, telefone e e-mail).
2. O ator confirma o fechamento do pedido.
3. O sistema efetua a consistência dos dados.
4. Continua no passo 4 do fluxo básico do caso de uso UC009.
5. Fim de caso de uso.

FE1 - Dados obrigatórios não informados

No passo 3 do fluxo básico, o sistema constata que um ou mais dados de endereço não foram informados.

1. O sistema retorna mensagem de preenchimento obrigatório.
2. Volta para o passo 1 do fluxo básico.

5.5. Caso de Uso: UC007 - Criar nova conta de usuário

- **Objetivo:** incluir novo usuário no sistema.
- **Atores:** Cliente.

FB - Fluxo Básico

O fluxo inicia-se quando o ator escolhe registrar-se como novo usuário.

1. O ator informa nome de usuário, e-mail, senha e a confirmação da senha.
2. O sistema efetua a consistência dos dados.
3. O sistema inclui o novo usuário.
4. Fim de caso de uso.

FE1 - Dados obrigatórios não informados

No passo 2 do fluxo básico, o sistema constata que um ou mais dados não foram informados.

1. O sistema retorna mensagem de preenchimento obrigatório.
2. Volta para o passo 1 do fluxo básico.

FE2 - Senha com menos de seis caracteres

No passo 2 do fluxo básico, o sistema constata que a senha informada possui menos de seis (6) caracteres.

1. O sistema retorna mensagem de senha inválida.
2. Volta para o passo 1 do fluxo básico.

FE3 - Confirmação de senha inválida

No passo 2 do fluxo básico, o sistema constata que a senha informada não confere com sua confirmação.

1. O sistema retorna mensagem de confirmação inválida.
2. Volta para o passo 1 do fluxo básico.

Considerações sobre a Especificação

No passo 4 do caso de uso *UC008 - Cadastrar dados de entrega*, informamos um desvio para outro caso de uso, o que não é muito usual. A intenção foi apenas manter um curso lógico adequado ao protótipo e à dependência do caso de uso de fechamento de pedido.

Embora esta especificação seja extensa, sua lógica não apresenta maiores problemas. Basta considerar o caso de uso *UC009 - Fechar pedido* como chamador principal das ações.

O fluxo básico especifica o que acontece normalmente na execução do caso de uso - nada ocorre de errado. Um fluxo alternativo descreve um desvio causado por uma determinada condição - ao final de sua execução, o controle retorna para o fluxo básico, como, por exemplo, a criação de nova conta de usuário, ou encerra-se, mas também de forma normal: o objetivo do caso de uso é atingido.

Fluxos de exceção, como o próprio nome indica, são executados quando alguma anormalidade (exceção) ocorre durante a execução de um fluxo básico ou dos fluxos alternativos. Se a exceção ocorrida impedir a continuação do caso de uso, como, por exemplo, a efetivação de um pedido sem item, ele é encerrado sem cumprir seu objetivo; porém, se a exceção implicar apenas uma correção (ela é "tratável"), o controle de execução retorna para o passo apropriado.

Os fluxos também são conhecidos por **cenários de caso de uso**.

Os casos de uso possuem precondições, que devem ser satisfeitas para que o caso de uso seja iniciado, e pós-condições, que deixam o sistema em um estado que permite a execução de outros casos de uso. Uma pós-condição de um caso de uso geralmente se traduz numa precondição de um segundo caso.

Há também a condição em processo, que ocorre durante a execução do caso de uso: se você analisar o conteúdo dos casos especificados até aqui, notará que utilizamos condições em processo em vários pontos, como, por exemplo, quando o sistema constata que dados obrigatórios não são informados.

4.2.6 EF-06 - Administração

Em capítulo posterior, vamos tratar de arquitetura em camadas, entre as quais a camada de negócio ou de controle. No projeto NorthWind MVC, foi definida uma classe de controle denominada ***AdminController***, destinada à manutenção do catálogo de produtos; ela possui um atributo que indica ser acessada apenas por usuários com papel (perfil) de administrador, definido por meio dos provedores do ASP .NET.

Depois de antecipar essa informação, vamos à última especificação funcional.

NorthWind MVC	Especificação Funcional EF-06 - Administração
1. Objetivo	
Descrever os casos de uso para manutenção do catálogo de produtos, de acesso exclusivo para usuários com perfil de administrador.	

2. Diagrama de Casos de Uso

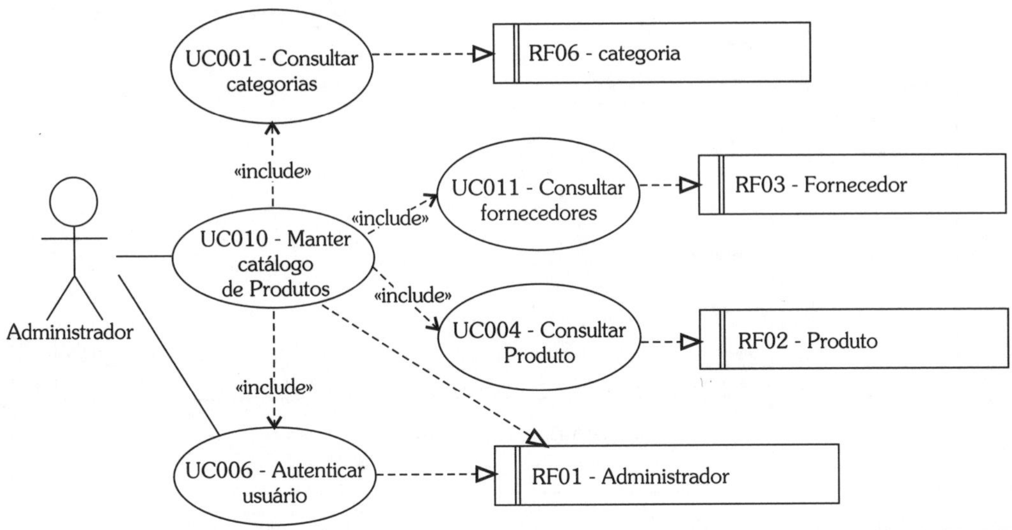

3. Requisitos Funcionais Atendidos

- **RF01 - Administrador:** somente o administrador, devidamente autenticado, pode incluir, alterar ou excluir um produto do catálogo.
- **RF02 - Produto:** todo produto possui um nome e um preço e uma imagem da capa e está associado a uma categoria e um fornecedor.
- **RF03 - Fornecedor:** os nomes dos fornecedores deverão ser carregados previamente no sistema.
- **RF06 - Categoria:** as categorias são fixas e resumem-se a condimentos, confecções, laticínios, grãos e cereais, carnes e aves, doces e frutos do mar. Esses nomes deverão ser carregados previamente no sistema.

4. Protótipo

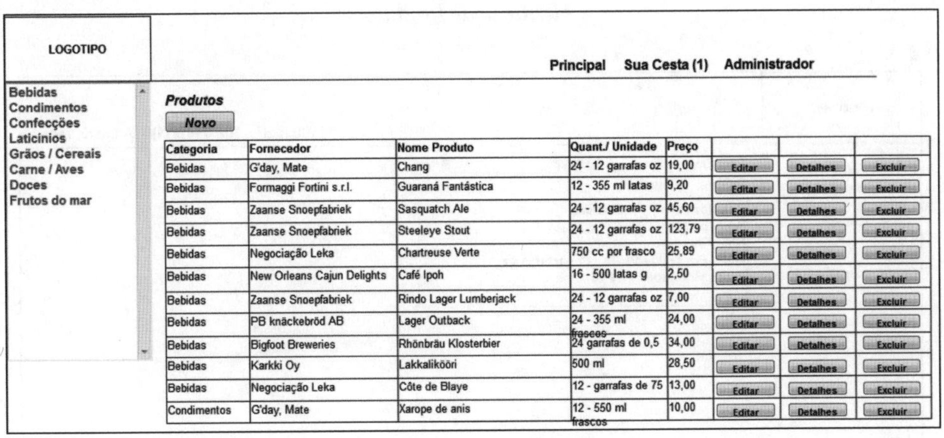

Catálogo de Produtos

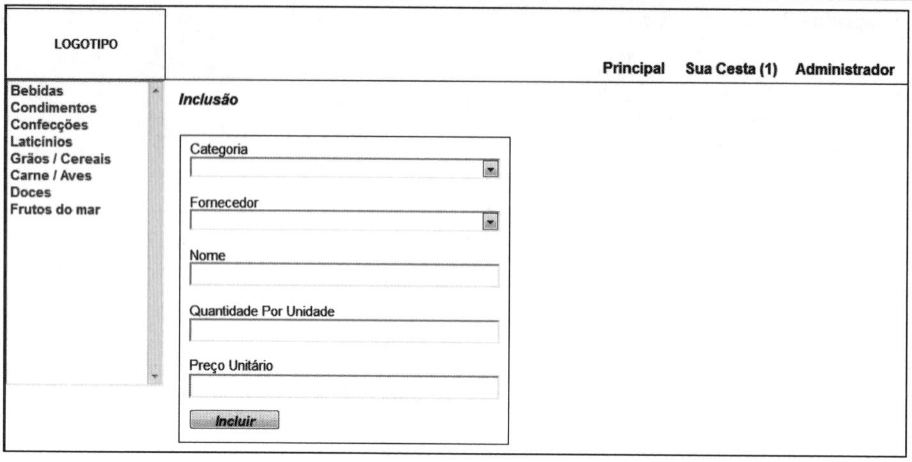

Inclusão de Produto

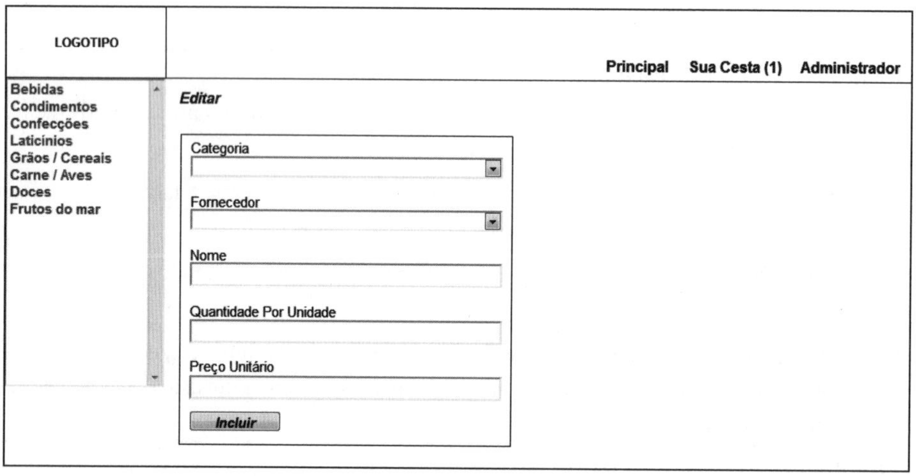

Alteração de Produto

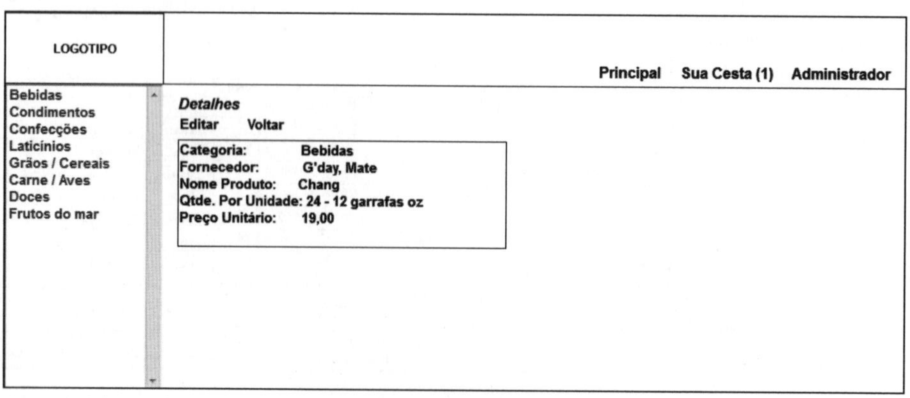

Detalhes de Produto

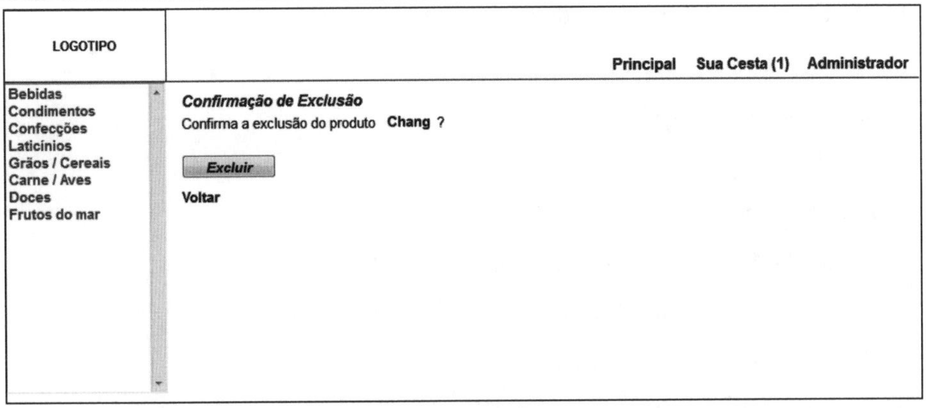

Exclusão de Produto

5. Casos de Uso

- UC001 - Consultar categorias (especificado na EF-01 - Página Principal)
- UC004 - Consultar produto
- UC006 - Autenticar usuário
- UC010 - Manter catálogo de produtos
- UC011 - Consultar fornecedores

5.1. Caso de Uso: UC010 - Manter catálogo de produtos

- **Objetivo:** manutenção do catálogo de produtos do sistema (inclusão, alteração e exclusão).
- **Atores:** Administrador.

FB - Fluxo Básico

1. O sistema autentica o usuário com o perfil de administrador (*UC006 - Autenticar usuário*).
2. O sistema busca todos os produtos existentes no sistema (*UC004 - Consultar produto*).
3. O sistema preenche a lista com os produtos obtidos no passo anterior.
4. O ator escolhe editar um produto da lista.
5. O sistema entra no modo de edição.
6. O sistema busca as categorias existentes (*UC001 - Consultar categorias*).
7. O sistema preenche a lista de categorias com os itens retornados no passo anterior.
8. O sistema busca os fornecedores existentes (*UC011 - Consultar fornecedores*).
9. O sistema preenche a lista de categorias com os itens retornados no passo anterior.
10. O sistema busca os dados com base no identificador do produto selecionado no passo 4 (*UC004 - Consultar produto*).
11. O sistema edita os dados retornados no passo anterior: categoria, fornecedor, nome e preço do produto.

12. O ator informa os dados do produto e solicita sua efetivação.

13. O sistema efetua a consistência dos dados informados.

14. O sistema efetiva os dados do produto.

15. Fim de caso de uso.

FA1 - Inclusão de novo produto

No passo 4 do fluxo básico, o ator escolhe incluir um novo produto.

1. O sistema limpa o conteúdo dos campos e entra no modo de inclusão.
2. Continua no passo 6 do fluxo básico.

FA2 - Exclusão de produto

No passo 4 do fluxo básico, o ator escolhe excluir um produto selecionado.

1. O sistema busca o nome do produto selecionado (*UC004 - Consultar produto*).
2. O sistema informa o nome do produto e solicita confirmação da exclusão.
3. O ator confirma a exclusão do produto.
4. O sistema efetua a exclusão do produto.
5. Volta para o passo 2 do fluxo básico.

FA3 - Visualização de detalhes

No passo 4 do fluxo básico, o ator escolhe visualizar os detalhes do produto selecionado.

1. O sistema busca os dados do produto selecionado (*UC004 - Consultar produto*).
2. O sistema exibe os dados retornados no passo anterior.
3. O ator escolhe editar os dados do produto.
4. Continua no passo 5 do fluxo básico.

FA4 - Retorno à lista

No passo 12 do fluxo básico (no modo de edição), no passo 3 do fluxo FA3 ou no passo 3 do fluxo FA2, o ator escolhe retornar à lista de produtos.

1. Volta para o passo 4 do fluxo básico.

FA5 - Exclusão não confirmada

No passo 3 do fluxo FA2, o ator não confirma a exclusão do produto.

1. Volta para o passo 4 do fluxo básico.

FE1 - Erro de autenticação

No passo 1 do fluxo básico, ocorre um erro na autenticação do usuário.

1. Fim de caso de uso.

FE2 - Dados obrigatórios não informados

No passo 13 do fluxo básico, o sistema constata que um ou mais dados não foram informados.

1. O sistema retorna mensagem informando os campos com preenchimento obrigatório.
2. Volta para o passo 12 do fluxo básico.

FE3 - Erro na efetivação dos dados

No passo 14 do fluxo básico, ocorre um erro na efetivação dos dados.

1. O sistema retorna mensagem informando o erro ocorrido.
2. Fim de caso de uso.

FE4 - Erro na exclusão do produto

No passo 4 do fluxo FA2, ocorre um erro na exclusão do produto.

1. O sistema retorna mensagem informando o erro ocorrido.
2. Fim de caso de uso.

5.2. Caso de Uso: UC004 - Consultar produto

- **Objetivo:** buscar os dados de um produto informado ou todos os produtos existentes no sistema.
- **Atores:** Administrador.

FB - Fluxo Básico

1. O sistema busca os dados do produto com base em um identificador informado.
2. O sistema retorna os dados do produto obtido no passo anterior: nome, identificador da categoria e preço.
3. Fim de caso de uso.

FA1 - Consultar todos os produtos

Nenhum identificador de produto é passado para o caso de uso.

1. O sistema busca todos os produtos existentes.
2. O sistema retorna uma lista dos itens retornados no passo anterior contendo identificador e nome da categoria, identificador e nome do fornecedor, identificador, nome e preço unitário do produto.
3. Fim de caso de uso.

5.3. Caso de Uso: UC006 - Autenticar usuário

- **Objetivo:** solicitar nome e senha de usuário e efetuar *log on* com o perfil de administrador.
- **Atores:** Administrador.

FB - Fluxo Básico

1. O ator informa nome de usuário e senha e solicita autenticação.
2. O sistema valida o nome de usuário e a senha e efetua *log on*.
3. Fim de caso de uso.

FA2 - Usuário com perfil de administrador

O caso de uso autentica o usuário com perfil de administrador.

1. O ator informa nome de usuário e senha e solicita autenticação.
2. O sistema valida o nome de usuário e a senha e efetua *log on* para o perfil de administrador.
3. Fim de caso de uso.

5.4. Caso de Uso: UC011 - Consultar fornecedores

- **Objetivo:** buscar todos os fornecedores existentes no sistema.
- **Atores:** Administrador.

FB - Fluxo Básico

1. O sistema busca todos os fornecedores existentes.
2. O sistema retorna uma lista de todos os itens retornados no passo anterior contendo identificador e nome dos fornecedores.
3. Fim de caso de uso.

O caso de uso para manutenção do catálogo de produtos é do tipo CRUD, contemplando as operações de inclusão, alteração, exclusão e consulta.

Esse tipo de caso de uso geralmente levanta dúvidas sobre qual tipo de operação eleger como fluxo básico.

Alguns propõem a operação de consulta e, a partir dela, criar fluxos alternativos para as operações de atualização. Outros sugerem subdividir o caso de uso gerando extensões para cada operação.

Particularmente, preferimos criar um caso de uso exclusivamente para consultas, pois uma entidade, como, por exemplo, produto, pode requerer vários tipos de consulta, como consultar os dados de um produto, produtos de uma categoria ou todos os produtos. Assim, elege-se um tipo de consulta como fluxo básico e as demais como fluxos alternativos.

As operações de inclusão, alteração e exclusão são definidas em um caso de uso à parte.

Nesta especificação, elegemos a operação de alteração como fluxo básico porque cobre todos os passos: consulta, edição, alteração dos dados e efetivação.

4.3 Resumo

- A prototipagem é um processo interativo que faz parte da etapa de análise e permite verificações e simulações para avaliação das características que o sistema apresentará ao final do projeto.
- O uso de protótipos ajuda a prevenir eventuais falhas de especificação e de implementação, principalmente se o cliente possui objetivos genéricos, se o desenvolvedor não tem muita certeza sobre alguns itens de implementação e se existir o risco de uma interação não ser muito bem aceita pelo cliente.
- O principal objetivo do protótipo, portanto, é auxiliar na captura das necessidades do usuário de uma forma mais efetiva e concreta, permitindo encontrar falhas difíceis de detectar por meio da comunicação escrita ou verbal.
- A prototipagem apresenta riscos, como construção sem o devido cuidado; pode resolver o problema errado menosprezando passos fundamentais do desenho; se o protótipo estiver muito bem feito, pode induzir o cliente a pensar que a aplicação já está praticamente pronta.
- O analista deve estar em sintonia com a equipe de desenvolvimento para evitar os problemas na geração de um protótipo.
- As técnicas mais comuns de prototipagem são *storyboard*, protótipo em papel, assistentes ou *wireframes*, máquina de cenários e ambiente de desenvolvimento integrado (IDE).
- Uma boa alternativa de validação do protótipo com o cliente é reuni-lo com os casos de uso em um só documento.
- O processo de definição do protótipo deve contar também com a efetiva participação do Web Designer - o profissional mais indicado para o desenvolvimento de uma interface.
- Na verdade, as operações de inclusão, alteração e exclusão, de modo geral, são reunidas em um único caso de uso de manutenção.
- Uma especificação funcional documenta os elementos relacionados à funcionalidade do sistema sem entrar em detalhes de implementação, mas serve de base para as próximas etapas de desenvolvimento do sistema e deve ser compatível para qualquer ambiente ou linguagem de programação.
- A estrutura do documento de especificação funcional pode variar desde uma simples descrição dos casos de uso e suas ações até um documento amplamente formal.
- A estrutura básica de um documento de especificação funcional consiste de título do documento, objetivo, diagrama de casos de uso, requisitos funcionais atendidos, protótipo de tela e casos de uso. Ela também pode incluir uma seção destinada ao histórico de revisões.
- É interessante prefixar os fluxos dos casos de uso para identificar sua natureza: **FB** para fluxo básico, **FA** para fluxo alternativo e **FE** para fluxo de exceção.
- Em projetos de médio e grande porte, a melhor prática é subdividir o projeto em fases ou módulos mais gerenciáveis, cada um com as etapas de levantamento, análise, construção e implantação.

- Normalmente, procura-se evitar a utilização de termos relacionados à implementação, como, por exemplo, "página", "menu" etc. Entretanto, tais termos podem beneficiar o entendimento do caso de uso.
- Embora as linguagens de programação possuam recursos para tratar exceções, lembre-se de que a especificação funcional também é utilizada para casos de teste do sistema.
- O fluxo básico especifica o que acontece normalmente na execução do caso de uso - nada ocorre de errado. Um fluxo alternativo descreve um desvio causado por uma determinada condição. Fluxos de exceção são executados quando alguma anormalidade (exceção) ocorre durante a execução de um fluxo básico ou dos fluxos alternativos.
- Os fluxos também são conhecidos por **cenários de caso de uso**.
- Os casos de uso possuem precondições, que devem ser satisfeitas para que o caso de uso seja iniciado, e pós-condições, que deixam o sistema em um estado que permite a execução de outros casos de uso. Uma pós-condição de um caso de uso geralmente se traduz numa precondição de um segundo caso.

4.4 Exercício Proposto

Eleja uma rotina de seu dia a dia, como, por exemplo, a ida para o trabalho ou para a escola. Registre por escrito o caminho normal e os caminhos alternativos, considerando eventos já ocorridos ou com probabilidade de ocorrer. Procure analisar os possíveis percalços (exceções).

Lembre-se de que o segredo do bom analista não é encontrar o fluxo básico ou vários fluxos alternativos, visualizando o que pode dar certo, mas a capacidade de prever exceções - o que pode dar errado...

5 Documentação

Neste capítulo, trataremos de:

✓ *Importância da documentação de sistemas*

✓ *Artefatos mais comuns que compõem a documentação do projeto*

✓ *Documentos para implementação, teste, homologação e implantação*

✓ *Documentação de código*

✓ *Padronização de documentos*

✓ *Documentação de usuário*

✓ *Sugestões e dicas para confeccionar uma boa documentação*

Vimos que o documento de visão e, de certo modo, também as especificações funcionais servem como um contrato entre o cliente e o fornecedor, delimitando o que será feito e o que não será feito em termos de produto.

Sem essa documentação, imagine como seria o início do projeto... E, mesmo com ela, se não fosse bem elaborada, o cliente se sentiria à vontade para alterar requisitos, com o risco de comprometer os prazos e o custo do projeto, além de gerar insatisfação à equipe de desenvolvimento (projetos que nunca acabam). Confeccionar protótipos, documentos de requisitos e casos de uso, como veremos nos próximos capítulos, traz benefícios de clareza, redução de custos e de retrabalho, além de outras vantagens, algumas já citadas anteriormente.

Antes de continuarmos nosso estudo, trataremos de alguns aspectos referentes à documentação, para que você compreenda melhor a importância das especificações técnicas no contexto do projeto, os pré-requisitos para elaborá-las e os artefatos e fases do ciclo de vida do projeto que dependem dela.

Todos os envolvidos no projeto compreendem, uns mais, outros menos, a necessidade da documentação: o problema é o nível de prioridade que lhe é dada no ciclo de vida do projeto, principalmente em relação aos artefatos não entregáveis ao cliente (trataremos desses artefatos mais adiante).

Não é raro desenvolvermos sistemas para clientes que não conheçam muito sobre TI ou clientes "impacientes", que desejam receber o mais rápido possível a parte palpável e operacional do produto, isto é, as páginas (ou telas) funcionando plenamente e implementando o que foi solicitado. Nesses casos, é preciso um trabalho de aculturação do cliente e, creia, também de alguns membros da equipe, pois estes entendem que a documentação pode ser confeccionada depois (o que dificilmente se realiza, principalmente quando o projeto é concluído).

O curioso é que em alguns ramos de atividade, como, por exemplo, a construção civil, a maioria das pessoas entende perfeitamente a necessidade de projetos de plantas, cálculo de custo e quantidade dos materiais e mão de obra etc. Porém, em projetos de *software*, há sempre a tendência de reduzir custos eliminando ou reduzindo abaixo do ideal uma série de artefatos ou atividades, como, por exemplo, plano de testes, sua execução e suas respectivas evidências, os quais ainda são classificados como um suplemento dispensável do desenvolvimento - os testes são feitos conforme o tempo disponível - se não houver tempo... Bem, eles podem ser realizados quando o sistema estiver em produção: isso não é documentação, mas "engenharia reversa" (!?).

Alguns entendem que as metodologias ágeis, como Extreme Programming, Scrum etc., dispensam a documentação, o que é um engano, pois elas necessitam sim de documentação, ainda que mínima.

A documentação pode ser tediosa em alguns aspectos e, como veremos, ela não deve ser delegada ao estagiário (acredite que isso ainda acontece)...

Eliminar ou tentar "enxugar" a documentação implica perda de qualidade, pois ela é um meio de comunicação entre os envolvidos no projeto (como os artefatos que desenvolvemos nos capítulos anteriores), fornece informações para aqueles que futuramente farão a manutenção ou administração do sistema, instrui os usuários sobre como utilizar o sistema e, também, como veremos mais adiante, provê informações à gerência nas atividades de planejamento e controle do projeto.

Neste livro, não pretendemos nos atrelar a nenhuma metodologia ou modelo de gestão de projetos em particular, mas abordar especificações funcionais e técnicas com os elementos essenciais e comuns à maioria das metodologias e processos atuais de maneira que, caso venha a trabalhar (ou já trabalhe) com eles, consiga adaptar esses elementos aos modelos e padrões utilizados nas empresas ou departamentos de TI.

Por outro lado, se você trabalha (ou pretende trabalhar) por conta, independente de adotar ou não alguma metodologia, esteja capacitado a confeccionar as especificações conforme suas necessidades. Nesse caso, você pode inspirar-se no conteúdo dos documentos expostos neste capítulo para melhor comunicar-se com seus clientes de forma que (por que não?) eles visualizem seu trabalho, serviços e sistemas de forma profissional e organizada.

A classificação da documentação varia conforme a metodologia, os processos e a arquitetura adotados, porém preferimos categorizar a documentação em três tipos:

- **Documentação de projeto:** reúne os artefatos de planejamento e controle de execução do projeto.
- **Documentação de sistema:** guias, modelos, padrões, especificações funcionais e especificações técnicas.
- **Documentação de usuário:** manuais de usuário, guias de configuração e instalação etc.

Dependendo da capacidade e experiência da equipe e outros fatores ao longo do projeto, o sistema pode apresentar diferenças em relação ao planejado (os requisitos, por exemplo, como já dissemos, geralmente mudam durante o ciclo de vida do projeto). Assim, as documentações de projeto, de sistema e de usuário devem ser continuamente atualizadas.

5.1 Documentação de Projeto

No capítulo 3, iniciamos o projeto de exemplo com a confecção de um documento de visão e a elicitação dos requisitos. Devido ao tamanho do projeto, não vimos necessidade de subdividir o detalhamento das especificações funcionais em etapas ou iterações, assim elas foram confeccionadas todas de uma vez.

Há clientes que adotam essa estratégia, independente do tamanho do projeto, acontecendo inclusive de contratarem uma empresa para elaborar todas as especificações funcionais, e somente depois de concluídas e aprovadas é que se inicia o desenvolvimento pela mesma empresa ou por outra (nesse caso, o projeto, na prática, traduz-se em dois projetos: um de especificação funcional e outro de desenvolvimento propriamente dito).

Em um projeto grande, normalmente os clientes subdividem-no em etapas ou, conforme a complexidade, até mesmo em projetos menores e melhor gerenciáveis.

A partir do documento de visão e, se for o caso, também das especificações funcionais, é possível calcular o esforço e os prováveis riscos, a partir do que são feitos primeiro o planejamento e, em seguida, a documentação para implementação, testes, homologação e implantação do sistema.

O planejamento normalmente é responsabilidade do gerente de projetos, embora conte com a participação de todos os envolvidos, inclusive a equipe de desenvolvimento (pelo menos, deveria ser assim).

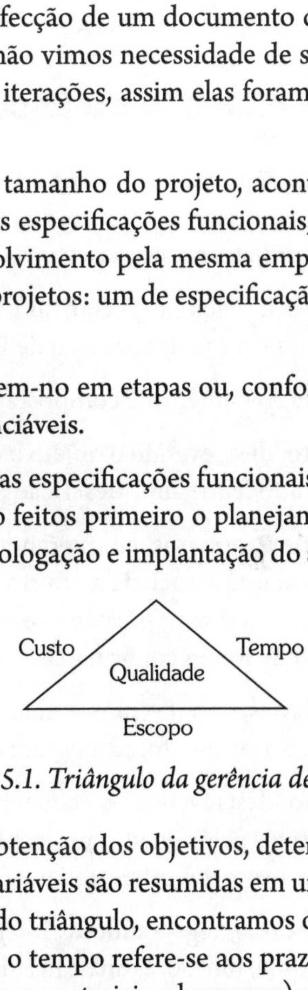

Figura 5.1. Triângulo da gerência de projeto.

Essa fase consiste em definir os meios disponíveis para a obtenção dos objetivos, determinando o menor prazo, o menor custo e a melhor qualidade. Essas variáveis são resumidas em um triângulo muito conhecido em gerenciamento de projetos. Na base do triângulo, encontramos o escopo do projeto, isto é, o que será feito no projeto. No lado direito, o tempo refere-se aos prazos. No lado esquerdo, o custo (o conjunto de todos os gastos financeiros, materiais e humanos) necessário à realização do projeto. O equilíbrio dessas variáveis é que garante a qualidade do produto final.

O resultado da fase de planejamento é um conjunto de documentos denominado Plano de Projeto - uma documentação consistente e coerente, que serve de guia de execução e controle do projeto. Dependendo do modelo de gestão, contém o termo de abertura do projeto (plano sumário do projeto ou *Project Charter*), descrição da abordagem ou estratégia da gerência de projetos, declaração de escopo que inclui os objetivos e os subprodutos do projeto, estrutura analítica do trabalho (EAT), estimativas de custos, datas programadas para início das atividades e atribuições de responsabilidade no nível adequado da EAT, linhas de base de medida de desempenho para prazo e custo, principais marcos e suas datas previstas, mão de obra chave ou necessária, principais riscos, incluindo restrições e suposições, e as respostas planejadas para cada um deles, planos auxiliares de gerenciamento, incluindo os planos de gerência de escopo e de prazos, questões por resolver e decisões pendentes.

O planejamento também pode incluir saídas de outros processos de planejamento, isto é, informação ou documentação adicional gerada durante o desenvolvimento do plano, como requisitos, especificações e desenhos, documentação sobre padrões a serem considerados etc.

Vejamos o conteúdo de alguns documentos que, conforme dissemos, você pode aproveitar para elaborar seus próprios modelos.

5.1.1 Declaração de Escopo

A Declaração de Escopo é um dos documentos mais importantes do projeto. Ela descreve produtos que serão entregues, premissas e restrições, e também o que faz e, principalmente, o que não faz parte do projeto, ou seja, apenas os itens descritos na declaração de escopo serão entregues.

Necessidades, desejos e expectativas dos interessados (*stakeholders*) devem ser analisados e transcritos em requisitos na Declaração de Escopo.

Sua estrutura, geralmente, é composta pelos seguintes itens:

- **Projeto**, descrevendo o objetivo ou a justificativa do projeto (o que é o projeto e por que ele está sendo feito), uma descrição do projeto e os resultados esperados.
- **Lista de Premissas**, enumerando as verdades assumidas para efeito de planejamento. Toda premissa está associada a um risco, uma vez que nem tudo ocorre conforme o previsto. Devem ser descritas as premissas específicas associadas ao escopo do projeto e as consequências se elas não forem confirmadas.
- **Restrições**, descrevendo os fatores que limitam as opções da equipe, como insuficiência de recursos, orçamento, cronograma, escopo etc.
- **Escopo**, descrevendo as características do produto alvo do projeto, identificando inclusive os motivos pelos quais o projeto está sendo criado, as necessidades e expectativas do cliente e de outras partes interessadas.
- **Assinaturas**, registrando os integrantes que elaboraram e/ou concordaram com a declaração (nome, função, assinatura e data).

5.1.2 Plano de Gerenciamento de Riscos

O Plano de Gerenciamento de Riscos é o resultado do processo de decidir a forma de abordagem e planejamento para o gerenciamento dos riscos relacionados ao projeto.

Os riscos são identificados, determinando os mais prováveis de afetar o projeto, e documentadas as características de cada um. A identificação e a reavaliação dos riscos devem ser realizadas com certa frequência ao longo do projeto e abrangem tanto os riscos internos (que a equipe do projeto pode controlar ou influenciar, tais como designação de pessoas e estimativas de custos) quanto os externos (que estão além do controle ou influência da equipe, tais como mudanças no mercado ou ação governamental).

O desenvolvimento de respostas aos riscos envolve definir os passos necessários para o aproveitamento das oportunidades e respostas às ameaças. As respostas às ameaças geralmente se enquadram em uma das três categorias: evitar, mitigar e aceitar.

De forma bastante simples, a estrutura do documento deve conter:

- **Identificador do risco**, um número para itemização e identificação do risco.
- **Descrição.**
- **Nível de impacto**, determinação do nível de severidade do risco.
- **Ocorrência**, resultado do exame das probabilidades de ocorrência do risco no projeto.
- **Nível de efetividade**, o índice de efetividade para solução do risco (prevenção ou mitigação).
- **Nível de prioridade**, definindo a priorização do modo de falha e as ações para redução ou eliminação do risco.
- **Nome ou cargo do responsável** pela identificação e ação a ser tomada.
- **Ação tomada**, descrevendo a ação a ser executada na detecção ou iminência do risco.

5.1.3 Estrutura Analítica de Trabalho

A Estrutura Analítica de Trabalho (EAT ou WBS), como o próprio nome sugere, enumera todas as atividades realizadas em todas as fases do ciclo de vida do projeto. Ela pode estar associada às atividades e tarefas ditadas por uma metodologia ou processos e é resultante do detalhamento do escopo, mostrando a subdivisão dos principais subprodutos do projeto (conforme identificados na declaração do escopo) em componentes menores e mais manejáveis, permitindo melhorar a precisão das estimativas de custo, tempo e recursos, definir um linha base para medir e controlar o desempenho e facilitar uma atribuição clara de responsabilidades na confecção do cronograma do projeto.

A definição apropriada do escopo é um ponto crítico para o sucesso do projeto. Se a definição for pobre, é bem provável esperar um custo final mais alto por causa de inevitáveis mudanças que rompem com o ritmo do projeto, causam retrabalho, aumentam os prazos e diminuem a produtividade.

A EAT pode ser representada graficamente em uma estrutura de árvore, mostrando inicialmente os pacotes maiores de trabalho, os quais vão se decompondo até um nível gerenciável. Essa representação gráfica permite uma compreensão mais clara por parte dos envolvidos sobre o que deve ser feito no projeto. Além disso, facilita a avaliação e a negociação das mudanças de escopo.

5.1.4 Cronograma

É um instrumento básico para o planejamento e gerenciamento do projeto e também como fonte de relatórios para acompanhamento do cliente. Ele se resume em uma planilha enumerando nome das atividades, esforço, datas de início e término, responsáveis e custo de cada uma. As atividades são previstas em uma ordem de precedência.

Se as datas de início e fim não forem realísticas, é improvável que o projeto termine como o planejado, e o processo de desenvolvimento do cronograma deve frequentemente ser repetido, revisando as estimativas das durações e de custos.

Ferramentas como o Microsoft Project agilizam a confecção do cronograma, disponibilizando facilidades como utilização de recursos humanos, gráfico de Gantt, linhas de base etc.

O cronograma não deve limitar-se às atividades da equipe de desenvolvimento, mas também àquelas de responsabilidade do cliente e do usuário, como reuniões, entrevistas, avaliação de artefatos, aceites etc. Além disso, as estimativas devem ser realizadas consultando-se os membros da equipe mais habituados com as atividades específicas ao seu papel.

A utilização de técnicas, como, por exemplo, Análise de Pontos de Função (APF), Pontos de Caso de Uso etc., facilita o processo de estimativa de esforço, prazo e custo. Porém, conforme a base histórica de projetos cresce (conforme veremos adiante), o resultado torna-se mais preciso e realista.

5.1.5 Solicitação de Mudanças

Em nosso projeto de exemplo, os requisitos funcionais encontram-se registrados no documento de visão e nas especificações funcionais, que, após aprovação do cliente, definem o escopo do projeto.

O sistema também inclui requisitos não funcionais e técnicos, que são especificados no documento de padrão de arquitetura (tema do próximo capítulo) e detalhados nas especificações técnicas.

Portanto, qualquer envolvido no projeto pode solicitar mudanças por diversos motivos e isso se refere ao gerenciamento do escopo do projeto.

O controle de mudanças do escopo consiste em avaliar os fatores que criam mudanças no escopo para garantir que elas sejam benéficas, determinar e registrar que uma mudança ocorreu e gerenciar as mudanças reais, quando e se elas ocorrem. O controle das mudanças de escopo deve ser completamente integrado com os outros processos de controle (controle de prazo, de custo, de qualidade e outros).

O documento de solicitação permite registrar, avaliar e acompanhar (se aprovada) qualquer requisição de mudança do escopo. Além desse documento, muitos processos utilizam uma planilha apresentando todas as solicitações compiladas para facilitar acompanhamento e controle delas.

Segue um exemplo da estrutura de solicitação de mudanças. É importante que, na apresentação do plano do projeto, fique bem claro a todos os envolvidos que uma mudança não será avaliada e acatada sem um processo de análise, estabelecimento de prioridade e, se aprovada, o planejamento de sua implementação. Além disso, de modo geral, uma mudança só poderá referir-se a uma medida corretiva e não à inclusão de novas funções no escopo.

Um bom exemplo de estrutura do documento de solicitação de mudança de escopo deve ser composto por três seções: identificação de mudança, avaliação e decisão de aceite.

A seção de identificação é preenchida pelo solicitante e contém os seguintes itens:

- Número do controle de mudança
- Data
- Título
- Tarefa(s) afetada(s), de acordo com o cronograma
- Nome do solicitante
- Anexos de referência, indicando eventuais arquivos com detalhes ou complemento justificativo
- Tipo de pedido, se de planejamento, recursos, recursos críticos, prazo
- Descrição da mudança
- Motivo da mudança

O preenchimento da seção de avaliação é feito pelo gerente de projeto ou delegado a outro membro da equipe e contém os seguintes itens:

- Impacto e custo estimado da mudança em produtos ou tarefas
- Impacto e custo estimado da mudança no plano de projeto
- Impacto e quantidade em dias do adiamento no prazo do projeto
- Descrição dos riscos, descrevendo os riscos associados à realização ou não do desenvolvimento das atividades relacionadas à mudança
- Recomendações
- Nome do avaliador
- Data de avaliação

O preenchimento da seção de aceite é feito pelo gerente de projeto e devidamente aprovado pelo gerente executivo e contém os seguintes itens:

- Tipo de decisão (cancelada, adiada, integrada ao projeto)
- Data da reconsideração (se for o caso)
- Assinaturas do solicitante, gerente de projeto e gerente executivo

5.1.6 Orçamento

A natureza e a finalidade do orçamento de um projeto dependem do contexto e de quem é o fornecedor do sistema.

Se, por exemplo, o projeto for desenvolvido por um departamento de TI de uma empresa, o orçamento deve obedecer a regras e diretrizes de outros departamentos, principalmente o financeiro, e provavelmente fazer parte, isto é, estar em um orçamento geral. Há contextos em que ele deve atender a um valor definido por um centro de custo de TI no orçamento da empresa. Nesse caso, o orçamento não envolve lucro para o departamento de TI, mas redução de custos para a empresa como um todo.

Entre outras possibilidades, vamos considerar que você vai desenvolver um projeto para um cliente seu. Bem, ninguém trabalha de graça... Então, como orçar um software?

O tema é amplo e, se este trabalho tratasse de gerência de projetos, caberia um ou mais capítulos apenas tratar do assunto. Mesmo porque, por exemplo, o PMBOK dedica uma de suas áreas ao gerenciamento de custo do projeto, definindo processos para planejamento de recursos, estimativa, orçamento e controle de custos.

O planejamento dos recursos procura determinar quais recursos físicos (pessoas, equipamentos e materiais) e quais quantidades de cada um devem ser usados para a realização das atividades do projeto. Esse planejamento é feito com base na EAT (ou já pelo cronograma, se for o caso), na declaração de escopo ou no documento de visão, no quadro de recursos disponíveis, na estimativa de duração das atividades, em informações históricas (obtidas na realização de projetos anteriores) e políticas organizacionais.

O próximo passo consiste em estimar os custos dos recursos necessários à realização das atividades do projeto. Quando o projeto é realizado sob um contrato, devem ser tomados cuidados para distinguir custos estimados de preço. A estimativa dos custos envolve elaborar uma avaliação quantitativa dos resultados prováveis (quanto custará para a organização o fornecimento do produto ou serviço envolvido). O preço é uma decisão de negócio - quanto a organização cobrará pelo produto ou serviço - que usa as estimativas de custo como uma das várias considerações.

Os dados utilizados para estimar os custos são a EAT, os recursos necessários e o custo unitário deles, as estimativas da duração de cada atividade, o plano de contas da empresa, informações históricas e, se for o caso, publicações sobre estimativas.

Feitas as estimativas de custo, usando a EAT e o cronograma, já é possível realizar o orçamento alocando as estimativas dos custos globais aos itens individuais de trabalho com a finalidade de estabelecer uma linha de base de custo para medir o desempenho do projeto.

O orçamento deve considerar fatores como as restrições impostas ao projeto, como prazo, tecnologias atuais e novas tecnologias a adotar, código a reutilizar, interfaces com outros softwares etc.

No caso de mão de obra contratada, considerar o salário mensal médio de cada recurso, mais 40% aplicado sobre esse salário para encargos trabalhistas, e sobre esse total aplicar mais 20% para outros gastos.

Considerar também a necessidade de aquisição de recursos (componentes, licenças, equipamento, livros etc.) e se algum treinamento será exigido para que a equipe tenha as habilidades necessárias para o desenvolvimento do projeto.

Se a ideia do sistema for sua, lembre-se também do custo intelectual. E, ah, sim: não se esqueça dos impostos...

Os itens mais comuns do orçamento são:

- Aquisições e locações
- Mão de obra
- Produtos ou entregas
- Outros, como viagens, transporte, impostos etc.

Estes itens devem apresentar o custo unitário, a quantidade e o total de cada um.

O orçamento também deve detalhar:

- Riscos, detalhando o valor total para mitigação dos riscos e o valor esperado total dos riscos
- Reserva gerencial ou de contingência

Ao final, aplica-se um percentual de margem (ou desvio) sobre o total geral.

5.1.7 Relatório de Desempenho (Status Report)

O Relatório de Desempenho abrange a coleta e a disseminação das informações de desempenho aos interessados, indicando como os recursos estão sendo utilizados para alcançar os objetivos do projeto. Ele descreve a situação atual (status), o progresso e previsões (situação e progresso futuros do projeto), geralmente envolvendo informações do escopo, cronograma, custo e qualidade. Muitos projetos também exigem informações de risco e aquisições.

O relatório pode ser preparado de forma abrangente ou baseado em exceções. A coleta é feita com base no plano do projeto, resultados do trabalho e outros registros.

Normalmente, o relatório de desempenho é apresentado em uma reunião com o cliente e outros interessados, havendo uma reunião prévia com a equipe de desenvolvimento. Os assuntos tratados são indicadores de prazo e custo do projeto, cumprimento do cronograma, problemas em aberto, controle de riscos e plano de ações futuras. Eventualmente, a reunião gera solicitações de mudanças corretivas.

5.1.8 Outros Documentos

Além dos documentos apresentados nos tópicos anteriores, podemos citar:

- **Lista de Entregas** dos produtos ou serviços a serem entregues pelo projeto, detalhando produto ou serviço, especificação e data prevista.
- **Matriz de Responsabilidades**, especificando a equipe do projeto, com nome, função e tipo de responsabilidade de cada um (responsável pela atividade, aprovador, consultor, participante da atividade ou se deve simplesmente ser informado) para as atribuições de planejamento, gestão, escopo, execução e validação.
- **Lista de Aquisições**, descrevendo o produto ou serviço a ser adquirido, data e custo estimados para a aquisição.

- **Atas de Reunião**, registrando data, início e término da reunião, local, tema e pauta, nomes dos participantes, assuntos discutidos, definições acertadas, pendências e responsabilidades (descrevendo a pendência, o nome do responsável e a data de entrega ou solução).
- **Memorandos e E-Mails** padronizados.

No final deste livro, você encontra alguns anexos exemplificando artefatos referentes a uma clínica médica hipotética, quais sejam:

- Plano Sumário e Declaração de Escopo do Projeto.
- Fatores de Risco Potenciais, um exemplo baseado na metodologia de Análise do Tipo e Efeito de Falha, conhecida como FMEA (do inglês *Failure Mode and Effect Analysis*), uma ferramenta para análise de riscos potenciais e propostas de ações de melhoria.
- Plano de Comunicação, uma planilha exemplificando um plano de comunicação.
- Plano de Gerenciamento de Recursos Humanos contendo um organograma de projeto e uma matriz de responsabilidades.
- Plano de Gerenciamento da Qualidade.
- Um exemplo de cronograma baseado na arquitetura em três camadas para desenvolvimento de projeto, incluindo também atividades de planejamento e controle de execução inspiradas no PMBOK.

5.2 Documentação do Sistema

Você deve ter notado que a documentação de projeto, em grande parte, baseia-se no documento de visão e nas especificações funcionais, principalmente os casos de uso.

O segundo grupo de documentos, que resolvemos denominar de **documentação do sistema**, também se serve dos mesmos documentos para produzir os artefatos necessários à implementação, testes, homologação e implantação do sistema, contendo instruções sobre o que a equipe de desenvolvimento deve fazer e como deve fazer.

O processo de confecção dos artefatos de sistema obedece a uma sequência lógica e intuitiva: com base no documento de visão e nas especificações funcionais, produzimos primeiro as especificações técnicas, compostas por diagramas e textos técnicos complementares que permitem aos programadores e administradores de dados realizar suas atividades.

Em seguida, os artefatos de implementação também incluem os artefatos necessários à realização das atividades referentes a testes, homologação e implantação (plano de testes unitários, plano de testes funcionais, evidências de testes, plano de homologação, evidência de validação, plano de implantação, termo de aceite etc.).

Resumindo, a documentação do sistema descreve em detalhes a implementação, desde a especificação dos requisitos até o plano de testes. Ela deve ser estruturada de forma a permitir revisões e controle de detalhes conforme os trabalhos de especificação e desenvolvimento progridem.

Como o propósito principal deste livro é abordar a confecção dos documentos de sistema, não entraremos em maiores detalhes sobre o conteúdo deles.

5.2.1 Documentação de Código

Um aspecto muito importante da documentação do sistema, que alguns desconhecem ou negligenciam, é a documentação do código produzido, ainda que toda linguagem de programação ofereça recursos para inserir comentários no código.

Não sei se você já passou uma ou algumas das seguintes situações, mas perceba o problema supondo que você precise documentar ou realizar a manutenção de um sistema já existente, de cujo desenvolvimento você não participou.

Primeira situação: qual o caminho mais óbvio? Resposta: abrir a base de dados e analisar as tabelas e *procedures*; porém, ao fazê-lo, nota que elas não estão comentadas, mas, como possui experiência, você consegue deduzir a finalidade da maioria dos objetos de dados.

Bem, o próximo passo é analisar as telas e o código dos respectivos programas, mas o único comentário são as legendas dos campos das telas, pois os programas não possuem comentário algum.

Ao questionar os responsáveis, você ouvirá justificativas, como, por exemplo, "o prazo era apertado e não tínhamos tempo a perder com esses detalhes", ou "não vimos necessidade disso, pois a própria lógica do código explica a finalidade de cada programa", e assim por diante.

O tempo economizado anteriormente vai ser despendido em quantidade maior agora, até você compreender o sistema, e, com certeza, depois. Programas não se explicam por sua lógica, principalmente se ele pertencer à categoria do famoso "código espaguete" - a depuração desse tipo de código (o Ministério da Saúde adverte) pode causar danos aos olhos.

Segundo exemplo de situação: o código possui comentários, mas eles são óbvios e superficiais, como, por exemplo, um método denominado "inserir" contendo o seguinte comentário "inclui o registro na tabela"...

Você constata ainda que trechos importantes do código que implementam complexas regras de negócio não foram devidamente comentados. E mesmo um trecho comentado mais detalhadamente não permite saber quem foi o autor, quando foi desenvolvido, muito menos se houve alteração e o que foi alterado.

Vamos ficar apenas com esses dois exemplos, pois poderíamos nos lembrar de outras situações, como o desenvolvedor que confunde internacionalização de código com nomear objetos e propriedades em inglês...

Comentários devem ser usados para explicar o que o código faz, que objetivo ele atende no contexto do sistema.

O comentário de um código pode ser dividido em dois formatos: introdutório e funcional.

O comentário introdutório é inserido no início de cada módulo ou classe, descrevendo o propósito, possíveis interfaces com outros módulos, quando e como é invocado, além dos parâmetros recebidos, variáveis, restrições, tipo de retorno etc.

Além dessas informações, como exemplificamos anteriormente, é importante que o comentário de introdução descreva também o nome do autor, a data de criação e o histórico de alterações realizadas (contendo o nome de cada alterador, data da alteração e o que foi alterado).

Assim como procedemos com as especificações funcionais, as especificações técnicas recebem um número identificador: se preferir, você pode referenciá-lo no comentário de introdução, permitindo evidenciar que a classe implementa determinada especificação técnica.

O comentário funcional descreve cada método ou função de uma classe ou módulo, inclusive seu autor ou revisor, de forma semelhante ao comentário de introdução. Ele descreve o que cada bloco faz, em vez do "poluidor" e incipiente comentário linha por linha.

Espaços em branco e endentações não são compilados, portanto não aumentam o tamanho do código binário resultante. Isso permite que você insira linhas em branco para facilitar a localização e leitura dos comentários.

A endentação permite uma leitura mais clara, pois organiza visualmente o código. Nesse aspecto, procure usar um único comando por linha.

5.2.2 Padronização

Outro aspecto importante da documentação é a nomenclatura utilizada, como, por exemplo, os nomes atribuídos a objetos e suas propriedades: eles devem ser significativos em relação ao que fazem ou ao que representam.

Nomes mais extensos melhoram a compreensão do código, entretanto procure especificar nomes não muito grandes, pois dificultam a digitação e podem provocar erros.

Para facilitar as coisas, é importante considerar a adoção de um documento que estabeleça padrões de nomenclatura e convenções de código, especificando nomes para classes, *namespaces*, objetos etc.

Um padrão de nomenclatura estabelece regras para estrutura de diretórios, prefixos de controles de interface de usuário e demais objetos, nomes de tabelas e outros objetos de dados etc.

Citemos alguns exemplos com prefixos de três caracteres:

- **Nomenclatura de arquivos:** "frm" para formulário, "cls" para classe etc. O nome que sucede o prefixo deve ser significativo, como, por exemplo, frmMenu, clsProduto etc.
- **Tipos de dados:** "str" para string, char etc., "bln" para boolean; empregados, por exemplo, como prefixo de strNome, blnAtivo etc.
- **Controles:** "txt" para TexBox, ou "lbl" para Label; empregados como prefixo para txtNome, lblCategoria etc.
- **Objetos de dados:** "tbl" para tabelas, ou "dte" para campos do tipo datetime (tblCliente, dteEmissao etc.).

A padronização de nomenclaturas, se bem pensada e acurada, evita que alguém nomeie os elementos como lhe aprouver e confere uma boa homogeneidade ao código.

Qualquer artefato de um projeto é passível de padronização definida em guias ou manuais, como diagramas, casos de uso, especificações etc. Você pode definir guias para confecção de casos de uso, levantamento de requisitos etc.

A título de exemplo, vamos citar alguns guias emprestados do RUP:

- **Guia de Design**, descrevendo diretrizes a serem seguidas durante o design, o design de arquitetura e a implementação.
- **Guia de Modelagem de Casos de Uso**, descrevendo como modelar e escrever casos de uso.
- **Guia de Interface de Usuário**, especificando como definir janelas, quais as dimensões visuais para seus elementos internos e como aproveitar os recursos para gerenciamento delas.
- **Guia de Estilo**, descrevendo convenções e diretrizes de estilo de ortografia, frases e questões para materiais de suporte a usuários finais.
- **Guia de Teste**, contendo orientações de boas práticas a serem seguidas na construção de planos de teste.
- **Guia para Confecção de Matriz de Rastreabilidade**.
- **Guia de Nomenclatura para Banco de Dados**.

Até aqui, vimos uma série de documentos que você pode usar no planejamento e controle de um projeto. Para evitar que cada um crie esses documentos como julgar melhor, é interessante implementar modelos (*templates* ou gabaritos) contendo uma estrutura e estilo básicos, semelhantes a formulários prontos a serem preenchidos.

Imagine, por exemplo, o quão desagradável pode ser um cliente receber dois documentos de visão de projetos distintos com conteúdo e aparência diferentes... A utilização de modelos evita isso, principalmente se existir um guia para preenchimento do documento.

5.3 Documentação de Usuário

A documentação de usuário compreende os artefatos entregáveis ao cliente e, de modo geral, refere-se à forma como o sistema pode ser usado: manual de usuário, suporte etc.

Assim como no caso da documentação de sistema, a documentação de implementação, principalmente as especificações funcionais, serve de base para a confecção da documentação de usuário.

Além do Código de Defesa ao Consumidor, que também abrange a aquisição de aplicativos e serviços de informática, a Lei 9609, de 1998, dita o seguinte:

Art. 11 - Nos casos de transferência de tecnologia de programa de computador, o Instituto Nacional de Propriedade Industrial fará o registro dos respectivos contratos, para que produzam efeitos em relação a terceiros.

Parágrafo único - Para o registro de que trata este artigo, é obrigatória a entrega, por parte do fornecedor ao receptor de tecnologia, da documentação completa, em especial do código-fonte comentado, memorial descritivo, especificações funcionais internas, diagramas, fluxogramas e outros dados técnicos necessários à absorção da tecnologia.

Assim, dependendo do acordo feito com o cliente, podemos considerar como entregáveis documentos como visão, especificação funcional, cronograma, planos de implantação, teste e homologação, ou outros documentos que facilitem o entendimento e uso do sistema.

O cliente também pode solicitar documentação de acordo com seus padrões e modelos, conforme acordo entre as partes. Muitas empresas, principalmente as de grande porte e/ou detentoras de certificados de qualidade, exigem que vários documentos obedeçam aos padrões e modelos determinados por sua metodologia ou processos adotados.

Esse tipo de documentação deve considerar o perfil de cada usuário. Por exemplo, um usuário final pouco se importa com detalhes técnicos e utiliza o sistema como ferramenta de trabalho em suas atribuições; já um administrador de sistema, como o próprio nome indica, precisa de tantos detalhes técnicos quanto possível para realizar suas tarefas.

Vamos descrever brevemente os principais artefatos que fazem parte da documentação do usuário:

- **Descrição Funcional do Sistema**, que descreve os requisitos gerais e a funcionalidade fornecidos pelo sistema.
- **Manual de Introdução**, explicando em linguagem menos técnica possível o funcionamento geral do sistema e como os usuários podem utilizá-lo.
- **Manual de Referência**, descrevendo de maneira técnica e formal os recursos do sistema e a forma de utilizá-lo; diferente dos anteriores, contém uma lista das mensagens de erro e como agir caso eles ocorram.
- **Manual de Instalação e Configuração**, explicando como instalar o sistema e quais os requisitos mínimos de *hardware* e *software* necessários para fazê-lo.
- **Manual de Administração**, detalhando as melhores práticas para administração do sistema.
- **Ajuda On-Line**, apresentando informações sobre como executar determinada tarefa ou descrevendo elementos de interface relacionados; deve ser escrita em uma linguagem objetiva e clara (em língua portuguesa), com conteúdo objetivo e prático, de preferência com conteúdo ilustrado, tutoriais, soluções para problemas técnicos e uma seção de perguntas e respostas mais frequentes.

5.4 Considerações Finais

A documentação serve de fundamento para a criação e manutenção contínua de uma base histórica de projetos. Essa base ajuda a melhorar a precisão das métricas e os processos de desenvolvimento da empresa ou setor de TI, resultando assim em menores custos e prazos, confiabilidade e competitividade de mercado.

A qualidade da documentação é tão importante quanto a qualidade do código. Por isso, antes de qualquer documento ser confeccionado, ele deve ser planejado e obedecer a princípios de garantia de qualidade, e, como vimos, de preferência, seguir um padrão estabelecido.

Qualquer documento do projeto deve conter uma identificação, uma estrutura e histórico de revisões (versões) registrando as mudanças nele efetuadas.

Quanto ao estilo e conteúdo, deve-se levar em conta o público-alvo, isto é, o perfil do usuário a quem o documento se destina. Neste aspecto, infelizmente, nós, profissionais de TI, temos o terrível hábito de escrever em "informatiquês", acreditando que nossos leitores têm a obrigação de conhecer tal dialeto. E mais: poluímos nossos documentos e artefatos com termos em outros idiomas, esquecendo que o leitor não tem obrigação de falar senão o português.

Além disso, é preciso estar atento para a correção gramatical (já vi situações constrangedoras sobre isso).

Lembre-se também de, dentro do possível, ser conciso e usar sentenças e parágrafos curtos.

5.5 Resumo

- Todos os envolvidos no projeto compreendem a necessidade da documentação: o problema é o nível de prioridade que lhe é dado no ciclo de vida do projeto.
- Metodologias ágeis, como Extreme Programming, Scrum etc., também empregam documentação, ainda que mínima.
- A documentação é um meio de comunicação entre os envolvidos no projeto, fornece informações para quem fará a manutenção ou administração do sistema, instrui sobre como usar o sistema e provê informações para as atividades de planejamento e controle do projeto.
- A documentação pode ser classificada em três tipos: documentação de projeto, de sistema e de usuário.
- A documentação de projeto reúne os artefatos de planejamento e controle de execução do projeto.
- O resultado da fase de planejamento é um conjunto de documentos denominado Plano de Projeto - uma documentação consistente e coerente, que serve de guia de execução e controle do projeto.
- Os principais artefatos que compõem a documento de projeto são Declaração de Escopo, Plano de Gerenciamento de Riscos, Estrutura Analítica de Trabalho (EAT), Cronograma, Solicitação de Mudanças, Orçamento e Relatório de Desempenho (*Status Report*), além de outros como Lista de Entregas, Matriz de Responsabilidades, Lista de Aquisições, Atas de Reunião, Memorandos e E-Mails.
- A documentação de sistema compreende documentos como guias, modelos, padrões, especificações funcionais e técnicas. Ela descreve em detalhes a implementação, desde a especificação dos requisitos até o plano de testes.
- Quanto à documentação de código, ela é feita por meio de comentários, que podem ser divididos em dois formatos: introdutório (inserido no início de cada classe ou módulo) e funcional (descrevendo cada método ou função de uma classe ou módulo).
- Um padrão de nomenclatura estabelece regras para estrutura de diretórios, prefixos de controles de interface de usuário e demais objetos, nomes de tabelas e outros objetos de dados etc.

- Qualquer artefato de um projeto é passível de padronização definida em guias ou manuais, como diagramas, casos de uso, especificações etc.
- A documentação de usuário compreende os artefatos entregáveis ao cliente e, de modo geral, refere-se à forma como o sistema pode ser usado: manual de usuário, suporte etc.
- Os principais artefatos que fazem parte da documentação do usuário são Descrição Funcional do Sistema, Manual de Introdução, Manual de Referência, Manual de Instalação e Configuração, Manual de Administração e Ajuda On-Line.
- A documentação serve de fundamento para a criação e manutenção contínua de uma base histórica de projetos.
- A qualidade da documentação é tão importante quanto a qualidade do código. Por isso, todo documento deve ser planejado, obedecer a princípios de garantia de qualidade e seguir um padrão estabelecido.

5.6 Exercícios Propostos

1. Nos capítulos 3 e 4, desenvolvemos o documento de visão e as especificações funcionais para nosso projeto de exemplo: analisando o conteúdo desses documentos e o que estudamos até aqui, proponha os respectivos modelos (templates) e os manuais para confeccionar esses artefatos em futuros projetos.
2. No final do livro, o anexo A contém um exemplo de cronograma. Analise as fases e atividades do projeto e monte uma Estrutura Analítica de Trabalho para o projeto NorthWind MVC.

6 Arquitetura

Neste capítulo, trataremos de:

- ✓ *Importância da arquitetura num projeto de software*
- ✓ *O que são e quais os padrões de projeto utilizados em arquitetura*
- ✓ *A divisão do software em camadas*
- ✓ *Documento de arquitetura do projeto e documento de referência de arquitetura*
- ✓ *Estrutura do padrão MVC*

No capítulo 2, dissemos que a especificação técnica deriva da especificação funcional e ambas constituem um conjunto de artefatos necessários para o projeto atingir seu principal objetivo: entregar um sistema que atenda os requisitos estabelecidos.

Seria precário, senão impossível, continuar o estudo partindo para os artefatos que fazem parte da especificação técnica, sem antes tratar de um tema extremamente importante - arquitetura de software.

6.1 Fundamentação

Desenvolver software não é fácil, pois além da complexidade natural na identificação dos problemas, existe a preocupação de como o sistema resolverá esses problemas com eficácia e qualidade.

Suponha, por exemplo, um sistema cuja funcionalidade básica seja efetuar um cálculo financeiro complexo. O resultado é perfeitamente correto e preciso, porém o tempo de processamento e resposta é maior do que o tempo que o usuário possui ou está disposto a esperar - a experiência (desagradável) do uso pode levar ao abandono do sistema.

Conclusão: um requisito não funcional (desempenho) não foi atendido, embora um requisito funcional (o cálculo complexo) sim.

A solução do problema de desempenho, isto é, a redução do tempo de execução dos cálculos, pode ser complexa e demorada, dependendo das decisões tomadas no início e durante o desenvolvimento do sistema na concepção de sua estrutura e organização interna, podendo exigir, por exemplo, a alteração de vários pontos do código e/ou de outras funcionalidades relacionadas direta ou indiretamente.

Vimos, anteriormente, que os requisitos funcionais são identificados e percebidos pelos interessados e espera-se que o sistema entregue uma solução para eles, mas que a implementação dessa solução exige outros requisitos (não funcionais) a serem atendidos, inclusive alguns que não tenham sido solicitados pelo usuário, isto é, são requisitos implícitos que devem ser identificados e compreendidos pelos desenvolvedores (arquitetos, analistas e projetistas).

A forma como o sistema implementará suas funcionalidades é um conjunto denominado atributos de qualidade, os quais podem ser classificados em três tipos, sendo atributos do produto, atributos organizacionais e atributos externos.

Atributos de produto são aqueles que ditam como o sistema vai se comportar. Exemplos são escalabilidade, desempenho, disponibilidade, nível de entendimento, portabilidade etc.

Atributos organizacionais referem-se a políticas, processos, padrões ou regras impostas por uma ou mais organizações envolvidas e que o sistema deve respeitar.

Atributos externos não são impostos pelo processo de desenvolvimento, pelo projeto do sistema ou por políticas organizacionais, mas leis governamentais, requisitos de interoperabilidade de sistemas etc.

É preciso considerar também a possibilidade de requisitos de um mesmo interessado serem conflitantes entre si, como, por exemplo, um requisito de segurança exigir que determinadas ações de um usuário no sistema não sejam afetadas por ações de outros usuários. Isso pode afetar outro requisito, como a usabilidade, pois as ações precisarão ser interrompidas para o tratamento de autorizações e bloqueios.

Portanto, para projetar e desenvolver produtos com qualidade, é preciso estudar e analisar características do projeto e examinar as técnicas disponíveis a fim de atender todos os requisitos, funcionais e não funcionais. Este é o objetivo principal da arquitetura de software.

Para exemplificar e fixar a importância da arquitetura, vamos fazer uma analogia clássica e comum: a construção de uma casa. Depois de definida a planta, com quantidade e metragem dos cômodos e outros itens, e até mesmo considerando a posição das portas e janelas em relação ao nascer do Sol, estilo etc., o próximo passo consiste em quais materiais e técnicas utilizar na construção. Muitos materiais não estarão visíveis ao futuro morador, e a maioria das técnicas nunca será conhecida por ele, mas são importantes para determinar a qualidade e durabilidade do edifício, as quais, com o passar do tempo, poderão ser percebidas e devidamente avaliadas, de modo que qualquer julgamento completo, no momento de receber a casa pronta, pode ser prematuro.

Entre várias alternativas, podemos citar, por exemplo, casas com estruturas de concreto fabricadas no local, pré-moldados, casas pré-fabricadas (e até mesmo transportáveis) etc.

Isso, com suas características particulares, também acontece com o software: o tempo de uso e a multiplicação dos dados armazenados, as necessidades de atualização tecnológica e as mudanças no negócio é que realmente determinam a qualidade do produto implantado. Além dos requisitos funcionais, é preciso considerar e satisfazer requisitos não funcionais, que dizem respeito aos aspectos técnicos da aplicação, muitos não percebidos imediatamente pelos usuários.

Embora o objetivo deste trabalho não inclua abordar detalhadamente o tema, precisamos de uma conceituação básica de arquitetura para a produção de especificações técnicas que sejam corretas e úteis para a equipe de desenvolvimento (programadores, administradores de bancos de dados, testadores, técnicos de infraestrutura etc.), cujo trabalho deve entregar um produto com a qualidade esperada e, se possível, um pouco mais além, de forma a surpreender o cliente.

6.2 Definição de Arquitetura

Neste ponto, você poderia indagar: "Ótimo, entendi e gostei, mas o que vem a ser arquitetura de software?".

Segundo a ANSI/IEEE Std 1471-2000, **arquitetura** é "a organização fundamental de um sistema, incorporada em seus componentes, suas relações entre si e ao meio ambiente e os princípios que regem a sua concepção e evolução, onde a arquiteto de dados se concentra principalmente nos aspectos relacionados aos dados" (colhida em http://en.wikipedia.org/wiki/Data_architect).

O RUP (Rational Unified Process da IBM Rational) cita que o artigo Working Group on Architecture da IEEE define a arquitetura como "o conceito de nível mais alto de um sistema em seu ambiente" [IEEE98]. Também abrange a "adequação" à integridade do sistema, às restrições econômicas, às preocupações estéticas e ao estilo. Não se limita a um enfoque interno, mas leva em consideração o sistema como um todo em seu ambiente de usuário e de desenvolvimento, ou seja, um enfoque externo.

Portanto, podemos definir que arquitetura de software é uma subárea da Engenharia de Software cujo objetivo é estudar os componentes do sistema, suas propriedades externas e seus relacionamentos com outras aplicações. Consiste em uma estrutura e organização internas, definidas por análise e tomada de decisões para garantir que o sistema satisfaça os requisitos exigidos pelo cliente, não só de negócio, mas também de desempenho, segurança, disponibilidade, portabilidade, integridade, escalabilidade, flexibilidade, facilidade de uso etc.

A arquitetura de software também define, como veremos mais adiante, as camadas que formarão o sistema, compreendendo componentes de software (o enfoque interno), aplicativos externos e sistemas legados (o enfoque externo), além de outras propriedades.

De acordo com o Standard Computer Dictionary, usado no padrão ISO/IEEE 1471-2000, um componente é uma das partes que compõem o sistema. Desta maneira, "componente" pode ser substituído por "módulo", "unidade" ou mesmo "elemento" de software. Segundo Kai Qian, componente é "um pedaço de código autocontido e autoimplantável com uma funcionalidade bem definida e que pode ser agregado com outros componentes através de sua interface".

O trabalho de definição da estrutura é (ou, pelo menos, deveria ser) feito pelo arquiteto de software.

Segundo o RUP, "o arquiteto ideal deve ser uma pessoa erudita, um matemático, familiarizado com estudos históricos, um estudioso aplicado de filosofia, conhecedor de música, que não desconheça medicina, detentor de saber jurídico e familiarizado com astronomia e cálculos astronômicos" (citação de Vitruvius, há aproximadamente 25 anos a.C.). "O arquiteto de software ou os membros da equipe de arquitetura devem combinar as seguintes habilidades: experiência, liderança, comunicação, orientação por metas e proatividade".

O arquiteto escolhe a estrutura mais apropriada às características, premissas e restrições do projeto dentre as alternativas existentes, dividindo o sistema em elementos e relações adequados para alcançar a qualidade esperada. Sua decisão pode basear-se em experiências bem-sucedidas em sistemas similares, pela utilização geral e consagrada de um determinado padrão, por lições aprendidas em projetos anteriores etc., mas seja qual for a base, ela deve ser fundamentada em padrões de projeto (*design patterns*) e é denominada **decisão arquitetural**.

Além de classes, módulos, serviços e outros elementos, uma decisão arquitetural também deve considerar e evolução do sistema, estabelecendo regras a serem seguidas durante todo o ciclo de vida do projeto. Por exemplo, a migração de um banco de dados antigo para um novo banco deve considerar estratégias e procedimentos de substituição e carga dos dados no ambiente de produção.

6.2.1 Padrões de Projeto

O conceito de padrão de projeto foi proposto pela primeira vez por Christopher Alexander, um arquiteto, matemático e urbanista austríaco. Segundo ele, "cada padrão descreve um problema que ocorre frequentemente em nosso ambiente e então descreve a essência da solução deste problema, de tal forma que você possa usar a mesma solução milhões de vezes, sem nunca utilizá-la da mesma forma". (Christopher Alexander - A Pattern Language).

Com base no conceito de Alexander, Kent Beck e Ward Cunningham propuseram os primeiros padrões para a computação, mas o tema propagou-se de fato com a publicação do livro "Design Patterns: Elements of Reusable Object-Oriented Sofware" ("Padrões de Projeto: Soluções Reutilizáveis de Software Orientado a Objetos"), cujos autores são Erich Gamma, Richard Helm, Ralph Johnson e John Vlissides, conhecidos como a "Gangue dos Quatro" (Gang of Four ou **GoF**). Esse livro especifica e descreve 23 padrões, divididos em três categorias: criacionais, estruturais e comportamentais, e até hoje são considerados básicos em qualquer abordagem do assunto.

De acordo com a GoF, padrões de projeto são "descrições de objetos que se comunicam e classes que são adaptadas para resolver um problema genérico de projeto em um contexto específico". São aplicados para alcançar qualidade na engenharia de software usando classes e métodos em linguagens orientadas a objeto.

6.2.1.1 Padrões Criacionais

Os padrões criacionais, ou de criação, são padrões de projeto que lidam com os mecanismos de criação de objetos de forma adequada para a situação, pois a forma básica de criação poderia resultar em problemas ou maior complexidade do projeto.

Esses padrões definem a melhor forma possível de criar um objeto considerando a reutilização e a mutabilidade. Eles descrevem a melhor maneira de lidar com instanciação.

São os seguintes padrões de criação:

- **Factory** (fábrica): fornece uma maneira de usar a instância de uma fábrica de objeto, a qual pode retornar uma instância de uma das várias classes possíveis em uma hierarquia de classes, dependendo dos dados fornecidos.
- **Abstract Factory** (fábrica abstrata): fornece uma forma de encapsular um conjunto de fábricas (factories) individuais correspondentes a um contexto comum.
- **Builder** (construtor): um padrão que pode ser utilizado para facilitar a construção de um objeto complexo a partir de objetos simples. Ele também separa a construção de um objeto complexo da sua representação de modo que o mesmo processo de construção possa ser usado para criar outra composição de objetos.
- **Prototype** (protótipo): é basicamente a criação de instâncias por meio de instâncias de clonagem existentes. Ao criar um protótipo, outros objetos são criados copiando esse protótipo.
- **Singleton** (objeto único): permite garantir a existência de apenas uma instância de uma classe, mantendo um ponto global de acesso ao seu objeto.

6.2.1.2 Padrões Estruturais

Padrões de projeto estruturais, ou de estrutura, são aqueles que facilitam o projeto pela identificação de um modo simples de realizar relações entre as entidades.

Eles descrevem como objetos e classes podem ser combinados para formar estruturas. Há padrões de objetos e de classe. A diferença é que os padrões de classe descrevem as relações e estruturas com a ajuda de herança, enquanto os de objeto, por outro lado, descrevem como os objetos podem ser associados e agregados para formar estruturas maiores e mais complexas.

São os seguintes padrões estruturais:

- **Class Adapter** e **Object Adapter** (adaptador): usado para traduzir a interface de uma classe em outra interface, permitindo que as classes trabalhem em conjunto, o que, de outra forma, seria impossível por causa de interfaces incompatíveis. Um adaptador de classe usa herança múltipla (estendendo uma classe ou implementando uma ou mais classes) para adaptar uma interface a outra.
- **Bridge** (ponte): permite desacoplar uma classe abstrata ou uma interface de sua implementação, de modo que as duas possam variar de forma independente. Esse padrão separa claramente a abstração da implementação.
- **Composite** (combinação ou padrão composto): auxilia na criação de estruturas de árvore de objetos sem a necessidade de forçar os clientes a diferenciar os nós (ramos e folhas) em relação ao uso, isto é, permite que os clientes tratem objetos individuais e composições de objetos uniformemente.
- **Decorator** (decorador): conecta responsabilidades adicionais e modifica dinamicamente uma funcionalidade de instância. Usando composição em vez de herança, esse padrão fornece uma alternativa flexível para subclasses por extensão da funcionalidade.

- **Facade** (fachada): permite uma interface unificada para um conjunto de interfaces em um subsistema. Ele define uma interface de nível mais alto que faz com que o subsistema seja mais fácil de usar. A fachada é um objeto que fornece uma interface simplificada para um corpo maior de código, como uma biblioteca de classes.
- **Flyweight** ("peso leve"): fornece um mecanismo para evitar a criação de um grande número de objetos dispendiosos e, em vez disso, reutilizar instâncias existentes para novos objetos.
- **Proxy**: permite encapsular um objeto por meio de outro que possua a mesma interface, de forma que o segundo objeto, conhecido como "Proxy", controle o acesso ao primeiro.

6.2.1.3 Padrões Comportamentais

Padrões de projeto comportamentais são aqueles que identificam padrões comuns de comunicação entre objetos. Isso permite aumentar a flexibilidade na realização dessa comunicação.

Os padrões comportamentais se concentram nas interações de objetos que cooperam entre si. Essas interações devem ocorrer de tal forma que, enquanto os objetos comunicam-se, seja mantido o mais baixo acoplamento possível, princípio básico em arquiteturas multicamadas:

- **Interpreter** (interpretador): permite criar uma representação para a gramática da linguagem de programação, em que um interpretador utiliza essa representação para interpretar os comandos da linguagem. Esse padrão, portanto, pode ser utilizado para representar e resolver problemas recorrentes que possam ser expressos sob a forma de uma linguagem formal simples.
- **Chain-Of-Responsibility** (cadeia de responsabilidade): implementa um encadeamento de objetos receptores para o processamento de uma série de solicitações diferentes. Esses receptores passam a solicitação ao longo da cadeia até que um ou mais objetos a tratem. Isso permite um baixo acoplamento por evitar a associação explícita do remetente de uma solicitação ao seu receptor e dar a mais de um objeto a oportunidade de tratar a solicitação.
- **Command** (comando): usado para criar objetos que representam ações e eventos em uma aplicação. Um objeto de comando encapsula uma ação ou evento e contém todas as informações necessárias para entender exatamente o que aconteceu. Isso melhora o fluxo da aplicação, encapsulando as requisições feitas como objetos.
- **Iterator** (iterador): fornece uma maneira de acessar os elementos de um objeto agregado sequencialmente sem expor sua representação subjacente.
- **Mediator** (mediador): a comunicação entre os objetos é encapsulada com um objeto mediador. Os objetos não se comunicam diretamente uns com os outros, mas por meio do mediador. Isso resulta em uma implementação mais coesiva da lógica e diminui o acoplamento entre os objetos.
- **Memento** (lembrança): permite reter o estado interno de um objeto sem violar o encapsulamento e recuperá-lo mais tarde, sem o conhecimento do objeto original. O objeto de "lembrança" armazena um instantâneo do estado interno de outro objeto.
- **Observer** (observador): permite que um ou mais objetos interessados sejam avisados da mudança de estado ou outros eventos que ocorrem em outro objeto.

- **State** (estado): permite que um objeto altere seu comportamento quando ocorrer uma mudança em seu estado interno. Usando herança e deixando subclasses representarem diferentes estados e funcionalidades, é possível realizar mudanças durante a execução. Esta é uma maneira limpa de um objeto mudar parcialmente o seu tipo em tempo de execução.
- **Strategy** (estratégia): para definir um conjunto de algoritmos, encapsular cada um e torná-los intercambiáveis. Esse padrão permite que o algoritmo varie independentemente dos clientes que o utilizam.
- **Visitor** (visitante): cria uma outra operação sem que se mude a classe dos elementos sobre os quais ela opera. É uma forma de separar um algoritmo da estrutura de um objeto, habilitando a capacidade de adicionar novas funcionalidades a estruturas de um objeto preexistente sem a necessidade de modificá-las.

Essas definições foram baseadas no livro "GoF Design Patterns - with examples using Java and UML2" (de Christiansson, Forss e outros autores), que fornece exemplos em Java de cada padrão, além da aplicabilidade, benefícios, desvantagens e consequências de cada um.

Para C#, o livro "C# 3.0 Design Patterns" (de Judith Bishop) explica e exemplifica ricamente cada um desses padrões de projeto, inclusive as situações em que devem ser utilizados ou combinados.

Assim, quando anteriormente dissemos que o arquiteto deve a estrutura mais apropriada para o desenvolvimento do sistema, significa que ele deve definir a arquitetura considerando (e conhecendo) esses padrões de projeto. Além disso, é preciso considerar que uma arquitetura compreende estrutura (os elementos ou componentes), relações e decisões (ou princípios).

6.2.2 Elementos Arquiteturais

Quanto à estrutura, a arquitetura de um sistema deve definir os elementos que formarão o software. Esses elementos podem ser estáticos ou dinâmicos e definem como o software é dividido em pedaços menores a fim de ser gerenciado e compreendido.

Os elementos estáticos definem as partes do sistema e a sua organização. Podem ser elementos de software (módulos, classes, pacotes, procedimentos, serviços autocontidos), elementos de dados (entidades e tabelas de bancos de dados, arquivos de dados, classes de dados) e elementos de hardware (computadores em que o sistema será executado ou outros tipos de hardware que o sistema utilizará, como roteadores, cabos, impressoras etc.).

Elementos estáticos não consistem apenas em partes estáticas do sistema, mas também em como eles se relacionam entre si, isto é, associações, composições e outros tipos de relação entre elementos de software, de dados e de hardware formam o aspecto estático da arquitetura.

Os elementos dinâmicos definem o comportamento do sistema durante sua execução e incluem processos, módulos, protocolos ou classes que realizam comportamento. Elementos dinâmicos também descrevem como o sistema reage a estímulos internos e externos.

Um exemplo de elemento dinâmico pode ser um processo executado em diversos servidores, como servidor de aplicação, servidor de dados, e também cada estação de usuário que acessa o sistema por meio de um navegador.

Ao analisar os elementos arquiteturais, é preciso considerar as suas relações, tanto os estáticos quanto os dinâmicos, pois especificam a comunicação e o controle da informação e do comportamento do sistema como um todo.

Por exemplo, é preciso analisar quais dados de um objeto de uma classe são visíveis por objetos de uma segunda classe, ou quantas leituras solicitadas por essas classes concorrentes são feitas para um determinado elemento, ou ainda como um elemento é autorizado a escrever dados em outro elemento etc.

Essas relações possuem propriedades e restringem como os elementos devem interagir de forma a satisfazer os objetivos do sistema. Nesse sentido, um aspecto importante a considerar é a separação de responsabilidades, dividindo os elementos para atender os atributos de qualidade.

Está complicado? Então vamos exemplificar essa separação de responsabilidades pensando primeiro nos elementos de dados, em que temos um banco de dados responsável por informações textuais, um banco responsável por imagens e um terceiro responsável por arquivos de multimídia. Essa divisão, ou "especialização", é muito comum e atende vários requisitos, como, por exemplo, desempenho, tempo de resposta etc. Vale lembrar que, em muitos casos, imagens e arquivos de mídia são armazenados em pastas (diretórios) de um determinado servidor e não especificamente em um banco de dados (no sentido em que se entende hoje o termo "banco de dados").

Além dos elementos de dados, podemos citar também a lógica de negócio, em que um elemento de processamento é responsável por incluir, alterar, consultar e excluir clientes, outro responsável pelas mesmas operações, mas referentes a produtos, e, ainda, um terceiro elemento responsável por distribuir informações multimídia numa rede etc.

No que se refere à separação de responsabilidades, temos uma terceira categoria, os elementos de conexão, responsáveis pela comunicação com bancos de dados (como a API JDBC), o protocolo HTTP para transferência de imagens, o protocolo FTP etc.

6.2.3 Arquitetura em Camadas

Para melhor compreender a arquitetura em três camadas, vamos recuar no tempo para uma "visitinha" às arquiteturas anteriores, por volta dos anos de 1980. Até essa época, a arquitetura dominante era centralizada, e um computador de grande porte (*mainframe*) processava (e ainda processa) um grande volume de informações, servindo milhares de usuários por meio de terminais conectados a ele através de uma rede ou diretamente com uma interface não muito amigável.

Sucedendo essa arquitetura, surgiram sistemas para aproveitar os computadores pessoais (PCs), integrando-os aos dados corporativos por meio de uma interface gráfica. Esses sistemas eram concebidos em uma arquitetura em duas camadas denominada cliente-servidor, em que um servidor utilizava um Sistema de Gerenciamento de Banco de Dados (SGBD) para tratar dos dados (camada de servidor), e uma segunda camada cliente era responsável pela interface de usuário e pela lógica de negócio, permitindo assim melhorar a escalabilidade dos sistemas.

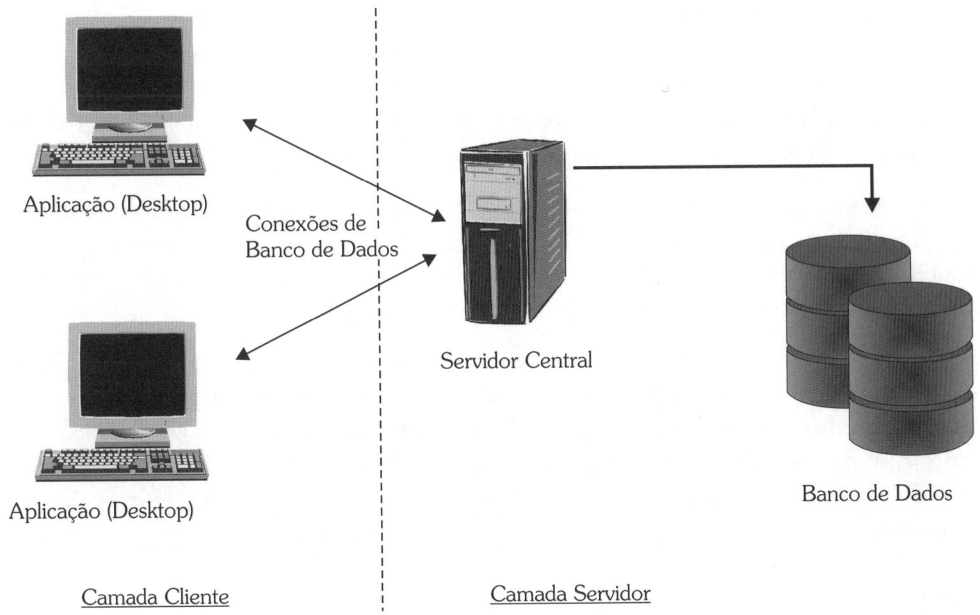

Figura 6.1. Arquitetura cliente-servidor.

Mas, mesmo quanto à escalabilidade, a arquitetura cliente-servidor ficava a desejar no que se referia a conexões a bancos de dados. Também havia dificuldades para acessar dados de sistemas com arquitetura centralizada, como, por exemplo, IBM 3270. Além disso, a manutenção era extremamente difícil, pois qualquer mudança na aplicação, por menor que fosse, implicava novas instalações em cada estação cliente.

Sucedendo a essa arquitetura, foi criada uma outra cuja aplicação é organizada em três camadas lógicas, sendo uma camada de apresentação (UI - de *User Interface*), uma de negócios, contendo a lógica da aplicação, e uma de persistência para armazenamento e recuperação de dados.

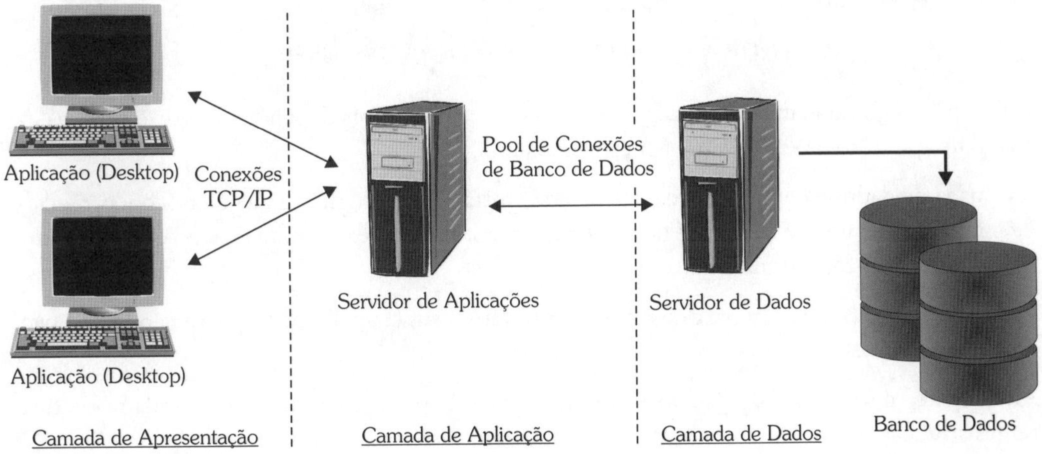

Figura 6.2. Arquitetura em três camadas.

A arquitetura em três camadas reduziu os problemas de manutenção, pois eventuais alterações nas camadas de negócio ou de dados não implicam, na maioria das vezes, novas instalações nos clientes, isto é, o software executado em cada camada pode ser substituído sem prejuízo para o sistema, de modo que atualizações e correções de defeitos podem ser feitas sem prejudicar as demais camadas, pois geralmente há separação física de máquinas.

Entretanto, essa versão de arquitetura em três camadas não permite a instalação da aplicação na estação cliente (camada de apresentação) se esta não estiver sob seu domínio, como, por exemplo, Internet, fornecedores etc. Além disso, mudanças nessa camada ainda geram problemas e custos de manutenção, principalmente por se tratar da primeira instalação.

Porém, com a Internet e o conceito de Intranet, os usuários da Web podem acessar aplicações sem a necessidade de instalá-las em suas máquinas - o cliente rico passa a ser um cliente pobre ou magro (*thin client*), pois a lógica de apresentação reside em uma camada lógica e física em um servidor com o qual o cliente se comunica por meio de um navegador, enviando solicitações e recebendo respostas em código HTML gerado pela aplicação executada naquele servidor. A camada de apresentação é, portanto, dividida em duas: Web e aplicação.

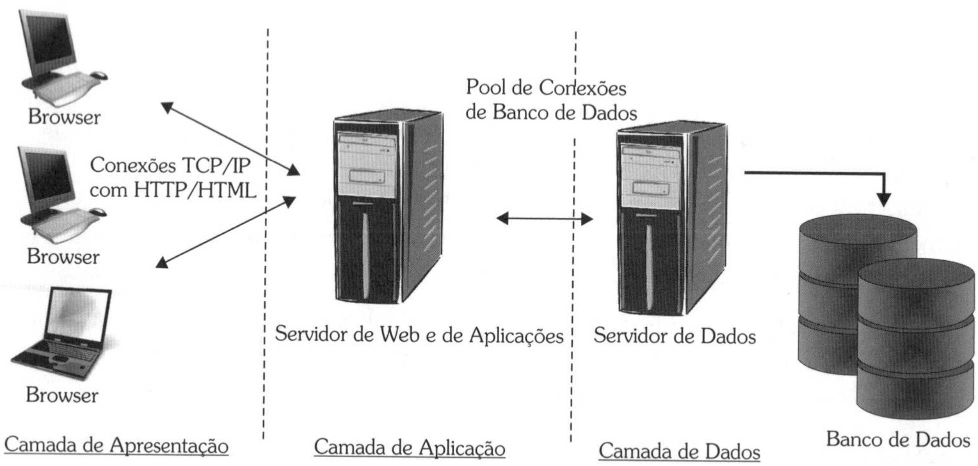

Figura 6.3 Arquitetura em três/quatro camadas Web.

O termo "arquitetura em três camadas" continua a ser usado, pois dependendo do volume, as camadas de aplicação e Web rodam na mesma máquina.

A camada de dados é compartilhada por diversas instâncias da lógica de negócio (concorrência), de modo que, se uma instância lhe faz uma requisição, ela será respondida mesmo que outras instâncias estejam fazendo o mesmo.

Poderíamos encerrar esta breve descrição de arquitetura em camadas por aqui, se não fosse a evolução tecnológica...

Atualmente, aplicações desenvolvidas em linguagens de programação distintas rodam em diferentes sistemas operacionais e plataformas e utilizam diferentes protocolos de comunicação... E precisam se comunicar para trocar informações e compartilhar recursos em um ambiente distribuído!

Além disso, é preciso prover suporte para novos clientes, como PDA (*Personal Digital Assistant* - Assistente Pessoal Digital), mais conhecido como *palmtop*, celular, *smart phone* e até TV digital. Todos com possibilidade de conexão com um computador pessoal e uma rede informática sem fios (Wi-Fi) para acesso a e-mail e Internet.

A criação de componentes reutilizáveis e de aplicações distribuídas é muito mais difícil, sem contar a solução de problemas complexos, como gerenciamento de transações distribuídas, balanceamento de carga, tolerância a falhas etc.

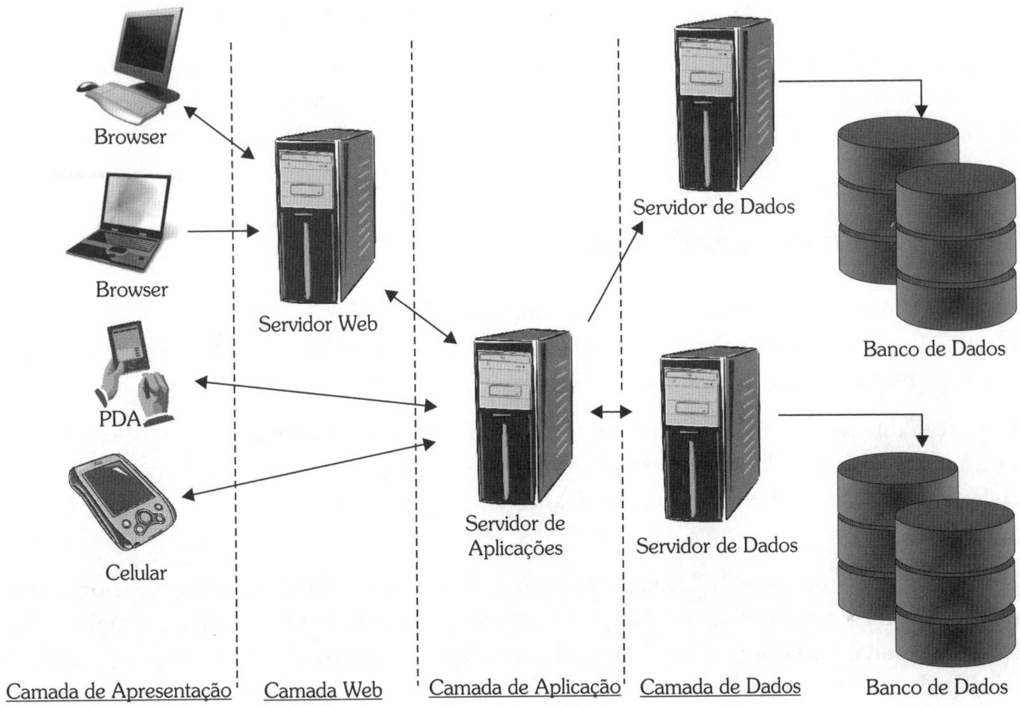

Figura 6.4. Arquitetura distribuída em "n" camadas.

Middleware (mediador), como o próprio nome indica, é um software que faz a mediação entre as aplicações desenvolvidas em diversas linguagens de programação e de diferentes protocolos de comunicação, plataformas e dependências do sistema operacional, transportando informações e dados entre elas. Assim, ele facilita o desenvolvimento de aplicações, notadamente as distribuídas, e a integração de sistemas legados ou desenvolvidos de forma não integrada automaticamente.

Para atingir seu objetivo, um *middleware* possui APIs de alto nível ocultando a heterogeneidade das aplicações e permitindo uma programação mais rica e produtiva, com soluções baseadas em componentes, como, por exemplo, Net e J2EE, inseridas num servidor de aplicações.

A divisão do sistema em camadas lógicas permite maior coesão, pois cada elemento é desenvolvido com um objetivo claro e definido: fazer parte da apresentação, da lógica ou da persistência do sistema.

Outro benefício importante é a portabilidade. Quanto menos acopladas as camadas, mais fácil realizar mudanças para disponibilizar o sistema operacional para uma nova plataforma de hardware. Além disso, influencia na divisão em pacotes, serviços e processos, facilitando a manutenção do sistema.

No que se refere à rastreabilidade de requisitos, a arquitetura facilita o entendimento do sistema, pois qualquer interessado pode navegar pelos elementos que o compõem, partindo do nível mais abstrato para seus elementos mais concretos, isto é, dos requisitos para as estruturas arquiteturais, como módulos, bibliotecas, classes e serviços. A navegação também pode ser feita em sentido contrário: dos elementos concretos da arquitetura para os níveis mais abstratos.

Se algum requisito é atendido apenas parcialmente ou não é contemplado, a arquitetura permite descobrir quais elementos estão envolvidos na insatisfação desses requisitos. Além disso, no caso de uma mudança ou manutenção, é possível identificar quais requisitos serão afetados por um ou mais elementos.

6.2.4 Evolução do Software

Como dissemos anteriormente, uma decisão arquitetural também deve considerar e evolução do software, isto é, o conjunto de sucessivas mudanças que ocorrem no software ao longo do tempo e em suas múltiplas versões, desde seu início até sua desativação.

A evolução está relacionada com a manutenção do código ao longo do ciclo de vida do software. A organização em camadas facilita essa manutenção, principalmente porque a regra é que a camada de apresentação deve comunicar-se apenas com a lógica de negócio e nunca com a camada de persistência.

As mudanças em uma camada devem afetar somente sua camada imediatamente superior; assim, uma mudança na camada de persistência afeta apenas a camada de negócio. Por exemplo, se for necessário mudar a assinatura dos métodos da camada de persistência, apenas a lógica de negócio será afetada por essas mudanças, pois não há acoplamento entre a apresentação e a persistência.

Durante a existência do software, a intenção das mudanças para sua manutenção é melhorar atributos externos de qualidade do software, aqueles que são percebidos pelos usuários, como desempenho, disponibilidade, tolerância a falhas etc., e também atributos internos, percebidos pelos envolvidos no desenvolvimento, como testabilidade, legibilidade, reusabilidade etc. Por outro lado, tais mudanças também podem diminuir a qualidade.

Assim, ao tomar decisões sobre a arquitetura, é preciso que elas contribuam efetivamente para a preservação da qualidade do sistema durante seu ciclo de vida. Nesse sentido, a divisão em camadas, ao diminuir o acoplamento entre os elementos internos, além de promover o desenvolvimento independente, facilita também a manutenção porque a mudança em um elemento afeta muito pouco os demais.

6.3 Documento de Arquitetura

Conforme os projetos acontecem e são entregues, é possível, em versões cada vez mais aperfeiçoadas, produzir um documento que não diz respeito especificamente ao projeto a ser desenvolvido, mas a uma base geral de referência. Na medida em que vários projetos são entregues, a empresa ou equipe de desenvolvimento reúne experiências e práticas, as quais, devidamente revistas e refinadas, compõem um corpo de conhecimento, distinto até mesmo das propostas de metodologia, processo ou arquitetura que serviram de inspiração para esse corpo.

O RUP, por exemplo, oferece uma vasta gama de orientações, modelos de processo, artefatos e diretrizes, mas ao ser adotado por uma empresa ou equipe de desenvolvimento, conforme os projetos acontecem, proporciona uma metodologia particular de quem o adota. Inclusive, é comum o uso do termo "My RUP" ("meu RUP"), unindo os princípios propostos com a experiência da equipe. E isso também acontece com outras metodologias.

A proposta deste livro, como dissemos, não se prende a nenhum processo ou metodologia. O exemplo do RUP apenas busca salientar o fato de que, adotada uma metodologia, ainda assim é importante a experiência da equipe para adquirir um nível ótimo de definição de um padrão de arquitetura, refinado e personalizado de acordo com o perfil da empresa ou da equipe.

Em termos de arquitetura, geralmente existem dois documentos, sendo um de padrão de arquitetura, também denominado documento de arquitetura de referência, e outro de arquitetura do projeto. O primeiro está associado ao que abordamos até aqui, neste tópico - um documento baseado na metodologia e nas experiências da empresa ou equipe de desenvolvimento vividas em projetos passados; o segundo refere-se especificamente ao projeto a ser desenvolvido, com objetivos bem definidos e já documentados em artefatos como documento de visão, casos de uso e documentos derivados desses, como modelo de implementação, implantação, enfim, artefatos constituintes do pacote que, a partir do próximo capítulo, compõem a especificação técnica.

Segundo o RUP e outras metodologias, o documento de arquitetura de referência faz parte "da base de ativos reutilizáveis de uma organização", ou seja, o resultado da experiência dos trabalhos em projetos anteriores - a base histórica do desenvolvimento, com características e uso comprovados de sua eficiência e eficácia.

É papel do arquiteto definir uma sugestão de arquitetura com base nos preceitos que expusemos até aqui. Ele cria um ponto de partida para o desenvolvimento da arquitetura, e os artefatos produzidos podem variar, considerando mecanismos e estruturas (*frameworks*) disponíveis para uso e com eficiência de solução comprovada.

O documento de referência também é conhecido como documento de padrão de arquitetura. O ideal é estabelecer padrões para pequenos projetos, em que uma metodologia ágil é mais aconselhável para adoção, um outro padrão mais encorpado para projetos de porte médio e, finalmente, uma arquitetura mais robusta usando uma metodologia mais rígida e bem documentada para projetos de grande porte.

O documento de referência apresenta uma arquitetura geral, podendo inclusive definir padrões de nomenclatura para vários elementos, como classes e atributos, tabelas de dados, *namespaces* etc. Ele serve de inspiração para o documento de arquitetura do projeto. Ambos são úteis para a comunicação entre a equipe do projeto e o arquiteto, principalmente para os membros recém-chegados familiarizarem-se com o sistema, entendendo como as partes funcionam.

O documento de arquitetura de software do projeto é confeccionado durante a fase de elaboração do projeto e evolui junto com ele. Seu conteúdo varia, mas podemos apontar um conjunto mínimo de tópicos, alguns só possíveis de detalhamento depois de iniciado o projeto. Por exemplo, a visão de implementação é difícil de ser definida no início do projeto, pois envolve o empacotamento de componentes que só podem ser conhecidos concretamente durante o desenvolvimento do código, o que geralmente é feito em várias iterações.

Além da comunicação, o documento de arquitetura também permite o levantamento dos custos, como, por exemplo, a aquisição de licenças da IDE de desenvolvimento, banco de dados, componentes de geoprocessamento etc. Outra utilidade refere-se principalmente aos analistas, como veremos nos próximos capítulos, servindo como um guia para confecção dos artefatos que compõem as especificações técnicas.

É importante salientar que, apesar de o arquiteto ser responsável pelo documento de arquitetura, outros interessados devem participar de sua definição, colaborando com suas avaliações para garantir a realização das funções do sistema, sua qualidade e sucesso ainda na fase de elaboração.

6.3.1 Estrutura do Documento de Arquitetura

A elaboração do documento de arquitetura baseia-se na análise do documento de visão, nos casos de uso, requisitos e protótipo, além, é claro, do documento de referência da arquitetura.

Embora, à primeira vista, essa elaboração pareça fácil, o arquiteto deve lidar com a complexidade da arquitetura adotada, o tamanho do sistema e a necessidade de manter o documento atualizado e sempre de acordo com os componentes desenvolvidos, garantindo a perfeita rastreabilidade deles em relação aos requisitos identificados.

Além disso, é preciso considerar que o público leitor não se restringe à equipe de desenvolvimento, mas a qualquer interessado, principalmente o cliente. Disso surge a necessidade de uma abordagem por meio de visões, como veremos adiante.

Antes, porém, vamos citar a estrutura básica do documento de arquitetura com as seguintes seções:

- **Histórico de Revisões**, registrando cada alteração feita no documento, com o devido versionamento, data e nome do responsável pela alteração.
- **Introdução**, descrevendo o objetivo e os assuntos abordados no documento.
- **Visão Geral**, sendo um resumo da arquitetura do sistema, normalmente apresentado por meio de uma figura demonstrando tecnicamente a arquitetura e suas camadas.
- **Requisitos não Funcionais**, sendo uma lista detalhando os requisitos não funcionais identificados, como, por exemplo, portabilidade, facilidade de uso, desempenho etc.
- **Mecanismos Arquiteturais**, sendo uma lista dos mecanismos arquiteturais, evidenciando que todos os aspectos técnicos da arquitetura foram analisados e identificados, como, por

exemplo, implementação da persistência por meio do MS SQL Server ou Oracle, mecanismo de comunicação com sistemas legados por meio de XML etc.

- **Fundamentação**, detalhando e justificando as principais decisões arquiteturais adotadas e também descrevendo quais alternativas foram rejeitadas e os motivos que levaram à sua rejeição.
- **Visão de Caso de Uso**, uma lista dos principais casos de uso e requisitos funcionais que exemplificam e fundamentam a arquitetura adotada, inclusive justificando a escolha dos casos para tal demonstração.
- **Componentes (Visão de Implementação)**, um diagrama de implementação apresentando os prováveis componentes e seus relacionamentos e uma lista evidenciando as responsabilidades de cada um.
- **Implantação**, sendo um diagrama de implantação que apresenta a distribuição física dos componentes.

Estes tópicos representam a estrutura mínima de qualquer modelo adotado, pois o conteúdo pode variar, incluindo a eventual necessidade de documentar componentes reutilizáveis de sistemas anteriores, exigências de interface com sistemas legados, restrições operacionais, *frameworks* etc.

6.3.2 Visões

Alguns modelos de documento de arquitetura costumam adotar o conceito de visões. Mesmo que elas não sejam documentadas, servem como uma técnica para confeccionar o documento.

A **Visão de Casos de Uso**, como vimos, descreve os casos de uso mais significativos. Ela serve para explicar de forma não técnica ao interessado leigo (principalmente o cliente) as funcionalidades que o sistema implementará, ao mesmo tempo quer serve de base para uma eventual subdivisão do sistema em módulos ou pacotes entregáveis.

A **Visão Lógica**, isto é, o diagrama de classes do sistema, é considerada obrigatória em alguns modelos de documento de arquitetura. Entretanto, ela pode ser usada como ferramenta para confecção das seções componentes e de implantação do tópico anterior. A partir dos casos de uso e das camadas da arquitetura proposta, é possível identificar as principais classes de visualização, controle e persistência do modelo e, em seguida, definir os pacotes e subsistemas da solução.

A **Visão de Processos** é particularmente útil em sistemas com processos concorrentes (*threads*), em que, por exemplo, uma funcionalidade é executada enquanto outros processos realizam outras operações. Isso permite a análise e a solução de requisitos não funcionais.

A **Visão de Implantação**, embora citada como item básico do documento de arquitetura, só é relevante se houver vários nós com diferentes capacidades e responsabilidades. Em um sistema com um único servidor, o diagrama de implantação é simples e, até certo ponto, sem muita relevância.

A **Visão de Dados** refere-se ao modelo de dados (modelo Entidade-Relacionamento) do sistema. Em alguns contextos, essa visão é obrigatória e apresenta não só as tabelas de dados, como também *stored procedures, triggers, views* e índices, de modo a proporcionar uma análise mais detalhada de requisitos associados ao desempenho do banco de dados. Normalmente, o arquiteto conta com a colaboração do Administrador de Dados (DBA) para definir esse modelo, podendo utilizá-lo também para o correto mapeamento das classes da camada de persistência em relação ao banco de dados.

Os itens do tópico anterior e as visões expostas também servem de subsídio para adicionar ao documento de arquitetura um item referente a requisitos não funcionais relevantes, como tamanho e desempenho do sistema, tempo de resposta para funcionalidades importantes, consumo de disco e memória na execução do sistema etc.

Outros itens de qualidade também podem ser adicionados, como tempo médio entre falhas, tempo de inatividade não programado, portabilidade em relação a sistemas operacionais, proteção, privacidade etc.

6.4 Padrão MVC

O nosso projeto exemplo para estudo, NorthWind MVC, como o próprio nome indica, baseia-se na arquitetura MVC. Neste tópico, a própria explicação desse padrão de arquitetura justifica sua adoção para a confecção de nossas especificações técnicas.

Já explicamos a estratégia de dividir o sistema em camadas, principalmente se o sistema for grande e complexo, pois tal divisão permite organizá-lo e gerenciá-lo, facilitando o desenvolvimento e a atribuição de responsabilidades aos diversos componentes e o controle de inevitáveis modificações ao longo do ciclo de vida do projeto, principalmente no que se refere ao gerenciamento da interface com o usuário.

Segundo o Wikipédia, o padrão MVC (**Model-View-Controller**) "é um modelo de desenvolvimento de software, atualmente considerado uma "arquitetura padrão", utilizado na Engenharia de Software. O modelo isola a "lógica" (a lógica da aplicação) da interface do usuário (inserir e exibir dados), permitindo desenvolver, editar e testar separadamente cada parte".

Originalmente, o MVC foi criado como padrão de arquitetura para o ambiente Smalltalk, mas sua utilização, ao longo do tempo, estendeu-se para qualquer aplicação interativa escrita em qualquer linguagem, principalmente em aplicações Web, em que a camada View (Visualização) é geralmente uma página HTML e a camada Controller (Controlador) gera dinamicamente os dados em HTML, enviando-os para a camada de visualização (ou de apresentação). A camada Model (Modelo) é representada pelo conteúdo, geralmente armazenado em bancos de dados ou também em arquivos no formato XML.

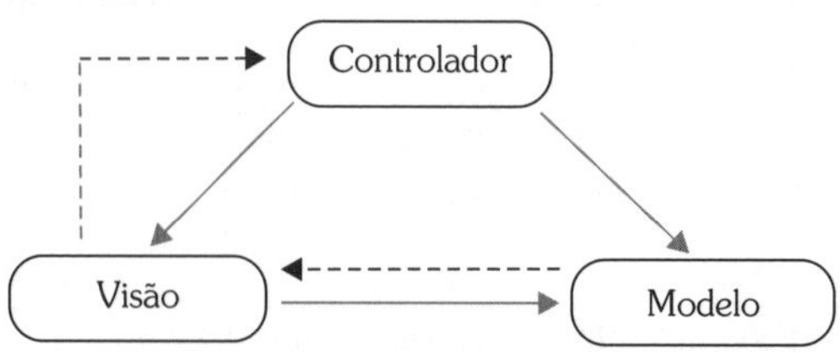

Figura 6.5. Modelo MVC.

A Figura 6.5 exemplifica o modelo MVC. As linhas sólidas indicam associação direta e as tracejadas indicam associação indireta entre as camadas.

Essa separação entre lógica de interface de usuário (visualização), lógica de negócio (modelo) e lógica de entrada (controlador) permite um baixo acoplamento e um enfoque de implementação em separado com desenvolvimento em paralelo. Ou seja, um membro da equipe pode trabalhar com a interface de usuário, um segundo preocupar-se com a lógica de controle e um terceiro membro cuidar do desenvolvimento da lógica de negócios.

6.4.1 Camada de Visualização

A camada de visualização, ou de apresentação, refere-se à interface visual que recebe os dados inseridos pelo usuário e exibe as respostas geradas pelo sistema. Essa interface é composta pelos diversos elementos de interface de usuário, como caixas de texto, listas, botões de ação, caixa de verificação, grades etc.

Os componentes de nível mais alto, como, por exemplo, formulários e painéis, contêm outros componentes, numa estrutura hierárquica. Quando o controlador envia as informações para a camada de visualização, o componente de maior nível as recebe e encarrega-se de "renderizá-las" em uma forma adequada para interação.

A camada de visualização (ou visão) não contém nenhuma lógica de negócio e deve apresentar o estado do modelo. Se esse estado muda, o modelo notifica as visões dele dependentes para que elas sejam atualizadas. Isso significa que um modelo pode estar ligado a diferentes visões com diferentes formas de apresentação. Em suma, o modelo processa as informações e repassa-as para as visões associadas.

Tomemos como exemplo a classe *Cesta* da camada *Model* do projeto *NorthWind MVC*. Entre vários métodos, temos:

```
public static Cesta ObterCesta(Controller controller)
{
return ObterCesta(controller.HttpContext);
}
```

O método *ObterCesta* devolve à camada de controle o objeto *controller.HttpContext*:

```
[ChildActionOnly]
public ActionResult ResumoCesta()
{
var cesta = Cesta.ObterCesta(this.HttpContext);
ViewData["CartCount"] = cesta.ObterQuantidade();
return PartialView("ResumoCesta");
}
}
```

O método *ResumoCesta* anterior pertence à classe *CestaController* que, como podemos ver, devolve à camada de visualização o resumo do carrinho de compras (*ResumoCesta*). O código a seguir mostra como a classe *Resumo.cshtml* providencia a exibição dos dados:

```
@Html.ActionLink("Compras (" + ViewData["QuantidadeCesta"] + ")",
"Index",
"Cesta",
new { id = "cart-status" })
```

6.4.2 Camada de Controle

O controlador organiza decisões, estratégias e eventos da arquitetura, de modo que a interface preocupe-se apenas em exibir os dados e aguardar as ações do usuário. Além disso, como o exemplo anterior demonstra, o controlador invoca alterações na camada de modelo.

A visão limita-se a exibir as informações, enquanto o controlador manipula e responde às ações do usuário, coordenando as requisições entre as duas camadas. O controle, portanto, rege o comportamento da aplicação, interpretando as solicitações feitas pelo usuário, comunicando-se com o modelo e atualizando a interface de usuário com a *view* retornada, controlando e mapeando as ações.

Reiterando, o método *ResumoCesta* do exemplo anterior recebe o resultado de *Cesta ObterCesta(this.HttpContext)*, guardando-o em ***var cesta***; em seguida, retorna o resultado *(return PartialView("ResumoCesta")* para a camada de visualização.

6.4.3 Camada de Modelo

A camada de modelo contém toda a lógica da aplicação, representando os dados e as regras em SQL e de negócio para sua manipulação. Essa camada atua isoladamente e não conhece as interfaces que irão atualizar os dados. Ela acessa os dados e disponibiliza-os para o controlador encaminhá-los para a camada de apresentação.

O modelo MVC não descreve claramente a camada de acesso a dados porque entende-se que esse acesso está encapsulado na camada de modelo.

Podemos resumir o funcionamento do padrão MVC nos seguintes passos:

1. O usuário interage com a interface gráfica na camada de visualização.
2. O controlador trata o evento da interface e, com base na interação do usuário, acessa a camada de modelo para as devidas atualizações.
3. Em algumas situações, a camada de visualização pode invocar a camada de modelo para uma interface particular, mas o modelo não conhece diretamente a visualização.

Resumindo, a camada de visualização apresenta páginas em formato HTML geradas via JSP, ASP, PHP; a camada de controle governa as regras de negócio; já a camada de modelo representa o domínio e a interação com os mecanismos de persistência.

Alterações de leiaute não afetam a manipulação de dados e estes, por sua vez, quando reconstruídos, não alteram a camada de apresentação. O controlador despacha as solicitações ao modelo e uma visão "observa" o modelo.

6.4.4 Padrões de Projeto e "Frameworks"

No item 6.2.1, abordamos os padrões de projeto. É importante citar que o MVC utiliza esses padrões em suas camadas, principalmente Composite, Observer e Strategy.

A visualização emprega o Composite para aguardar a ocorrência de um evento - quando este é disparado, o controlador é avisado sobre sua ocorrência e avisa a visão para que se atualize enquanto envia mensagem para o modelo a fim de atender o evento. Depois disso, o modelo fica disponível para acesso pela visualização, que, por sua vez, atualiza-se aguardando novo evento do usuário.

O padrão Observer permite manter o modelo independente das demais camadas, tornando possível o uso de múltiplas visualizações ao mesmo tempo. Já o controlador emprega o padrão Strategy para tomar as decisões sobre o comportamento da interface, mantendo, portanto, a visualização desconectada do modelo.

A arquitetura MVC também utiliza outros padrões, como Factory, para especificar o controlador para uma visualização, e Decorator, para permitir a rolagem de página em uma visualização.

O padrão MVC pode ser implementado nas seguintes linguagens e respectivas *frameworks*:

- **ActionScript 3:** Cairngorm (da Adobe) e PureMVC.
- **ASP:** ASP Xtreme Evolution, Toika e AJAXED.
- **Java:** Apache Struts, Mentawai, Tapestry, Vraptor, WebWork, Neo Framework, Spring MVC, JSF e Click Framework.
- **Perl:** Catalyst.
- **PHP:** CakePHP e CodeIgniter (para PHP 4); Kohana Framework; LightVC, PHPonTrax, PRADO, Spaghetti, Symfony, XPT e Zend Framework (para PHP 5).
- **Python:** Django e TurboGears.
- **Ruby:** Rails.
- **ASP .NET MVC Framework:** *framework* MVC nativo para desenvolvimento de aplicativos ASP.NET.

O **ASP .NET MVC Framework** oferece uma alternativa para criação de aplicações Web em ASP .NET no padrão MVC. Ele permite separar as tarefas da aplicação (camadas de apresentação, controle e modelo) e também recursos para testes da aplicação sem a necessidade de executar o controlador, tornando o teste unitário mais flexível.

Os componentes do ASP .NET MVC são planejados de forma a facilitar uma substituição ou personalização. O mapeamento de URL permite construir aplicações com URLs compreensíveis, dispensando o uso de extensões de arquivo.

O ASP.NET MVC permite recursos como autenticação de formulários e do Windows, saída e armazenamento em *cache* de dados, gerenciamento de perfil etc.

Neste estudo, adotamos o ASP.NET MVC como padrão, mas o conteúdo dos vários artefatos que vamos confeccionar pode ser perfeitamente adaptado a outras linguagens e à *framework* MVC escolhida.

Um bom livro para estudar o ASP.NET MVC é o "*Professional ASP.NET MVC 3*", de Galloway, Haack, Wilson e Scott Allen, que explica detalhadamente todas as camadas, além de outros temas, como, por exemplo, injeção de dependência, AJAX, segurança da aplicação etc.

Quando uma aplicação ASP.NET MVC é criada com o Visual Studio, ele cria automaticamente as seguintes pastas no projeto:

- /**Controllers**, contendo as classes Controller que manipulam as solicitações URL.
- /**Models**, para as classes que representam e manipulam dados e objetos de negócio.
- /**Views**, para os arquivos de interface de usuário responsáveis pela renderização de saída no formato HTML.
- /**Scripts**, contendo arquivos e scripts JavaScript (extensão .js).
- /**Content**, para arquivos de imagens e folhas de estilo (CSS) e outros conteúdos não dinâmicos.
- /**App_Data**, para os arquivos de dados.

As aplicações ASP.NET MVC dependem de algumas convenções que eliminam preocupações com algumas configurações. Por exemplo, as classes controladoras possuem o mesmo nome das pastas de visão, só que acrescentando o sufixo "Controller" - a classe CestaController refere-se a uma subpasta do diretório Views denominada Cesta.

6.5 Resumo

- Existem requisitos implícitos que devem ser identificados e compreendidos pelos desenvolvedores (arquitetos, analistas e projetistas). A forma como o sistema implementa suas funcionalidades é um conjunto denominado atributos de qualidade, os quais podem ser classificados em três tipos, sendo atributos do produto, organizacionais e externos.
- Atributos de produto são aqueles que ditam como o sistema vai se comportar. Exemplos são escalabilidade, desempenho, disponibilidade, nível de entendimento, portabilidade etc.
- Atributos organizacionais referem-se a políticas, processos, padrões ou regras impostas por uma ou mais organizações envolvidas que o sistema deve respeitar.
- Atributos externos não são impostos pelo processo de desenvolvimento, pelo projeto do sistema ou por políticas organizacionais, mas leis governamentais, requisitos de interoperabilidade de sistemas etc.

- Para projetar e desenvolver produtos com qualidade, é preciso estudar e analisar as características do projeto e examinar as técnicas disponíveis a fim de atender todos os requisitos, funcionais e não funcionais. Este é o objetivo principal da arquitetura de software.
- Arquitetura de software é uma subárea da Engenharia de Software cujo objetivo é estudar os componentes do sistema, suas propriedades externas e seus relacionamentos com outras aplicações. Consiste em uma estrutura e organização internas, definidas por análise e tomada de decisões para garantir que o sistema satisfaça os requisitos exigidos pelo cliente, não só de negócio, mas também de desempenho, segurança, disponibilidade, portabilidade, integridade, escalabilidade, flexibilidade, facilidade de uso etc.
- O trabalho de definição da estrutura é feito pelo arquiteto de software. Ele escolhe a estrutura mais apropriada às características, premissas e restrições do projeto dentre as alternativas existentes, dividindo o sistema em elementos e relações adequados para alcançar a qualidade esperada.
- Além de classes, módulos, serviços e outros elementos, uma decisão arquitetural também deve considerar e evolução do sistema, estabelecendo regras a serem seguidas durante todo o ciclo de vida do projeto. Por exemplo, a migração de um banco de dados antigo para um novo banco deve considerar estratégias e procedimentos de substituição e carga dos dados no ambiente de produção.
- De acordo com a GoF, padrões de projeto são "descrições de objetos que se comunicam e classes que são adaptadas para resolver um problema genérico de projeto em um contexto específico". São aplicados para alcançar qualidade na engenharia de software, usando classes e métodos em linguagens orientadas a objeto.
- Os padrões criacionais, ou de criação, são padrões de projeto que lidam com os mecanismos de criação de objetos de forma adequada para a situação, pois a forma básica de criação poderia resultar em problemas ou maior complexidade de projeto.
- Padrões de projeto estruturais, ou de estrutura, são aqueles que facilitam o projeto pela identificação de um modo simples de realizar relações entre as entidades.
- Padrões de projeto comportamentais são aqueles que identificam padrões comuns de comunicação entre objetos. Isso permite aumentar a flexibilidade na realização dessa comunicação.
- Quanto à estrutura, a arquitetura de um sistema deve definir os elementos que formarão o software. Esses elementos podem ser estáticos ou dinâmicos e definem como o software é dividido em pedaços menores a fim de ser gerenciado e compreendido.
- Os elementos estáticos definem as partes do sistema e sua organização. Podem ser elementos de software (módulos, classes, pacotes, procedimentos, serviços autocontidos), de dados (entidades e tabelas de bancos de dados, arquivos de dados, classes de dados) e de hardware (computadores em que o sistema será executado ou outros tipos de hardware que o sistema utilizará, como roteadores, cabos, impressoras etc.).
- Os elementos dinâmicos definem o comportamento do sistema durante sua execução e incluem processos, módulos, protocolos ou classes que realizam comportamento. Elementos dinâmicos também descrevem como o sistema reage a estímulos internos e externos.

- Os usuários da Web podem acessar aplicações sem a necessidade de instalá-las em suas máquinas - *thin client*, pois a lógica de apresentação reside em uma camada lógica e física em um servidor com o qual o cliente se comunica por meio de um navegador, enviando solicitações e recebendo respostas em código HTML gerado pela aplicação executada naquele servidor. A camada de apresentação é, portanto, dividida em duas: Web e aplicação.
- A camada de dados é compartilhada por diversas instâncias da lógica de negócio (concorrência), de modo que, se uma instância lhe faz uma requisição, ela será respondida mesmo que outras instâncias estejam fazendo o mesmo.
- **Middleware** (mediador), como o próprio nome indica, é um software que faz a mediação entre as aplicações desenvolvidas em diversas linguagens de programação e de diferentes protocolos de comunicação, plataformas e dependências do sistema operacional, transportando informações e dados entre elas. Assim, ele facilita o desenvolvimento de aplicações, notadamente as distribuídas, e a integração de sistemas legados ou desenvolvidos de forma não integrada automaticamente.
- A divisão do sistema em camadas lógicas permite maior coesão, pois cada elemento é desenvolvido com um objetivo claro e definido: fazer parte da apresentação, da lógica ou da persistência do sistema.
- A evolução do software está relacionada com a manutenção do código ao longo do ciclo de vida do software. A organização em camadas facilita essa manutenção, principalmente porque a regra é que a camada de apresentação deve comunicar-se apenas com a lógica de negócio e nunca com a camada de persistência.
- As mudanças em uma camada devem afetar somente sua camada imediatamente superior; assim, uma mudança na camada de persistência afeta apenas a camada de negócio.
- Em termos de arquitetura, geralmente existem dois documentos, um de padrão de arquitetura, também denominado documento de arquitetura de referência, e outro de arquitetura do projeto. O primeiro está baseado na metodologia e nas experiências da empresa ou equipe de desenvolvimento vividas em projetos passados; o segundo refere-se especificamente ao projeto a ser desenvolvido, com objetivos bem definidos e já documentados em outros artefatos.
- O documento de referência também é conhecido como documento de padrão de arquitetura. Ele apresenta uma arquitetura geral, podendo inclusive definir padrões de nomenclatura para vários elementos, como classes e atributos, tabelas de dados, *namespaces* etc. Ele serve de inspiração para o documento de arquitetura do projeto.
- A estrutura básica do documento de arquitetura possui as seguintes seções: Histórico de Revisões, Introdução, Visão Geral, Requisitos não Funcionais, Mecanismos Arquiteturais, Fundamentação, Visão de Caso de Uso, Componentes (Visão de Implementação) e Implantação.
- Alguns modelos de documento de arquitetura costumam adotar o conceito de visões. Mesmo que elas não sejam documentadas, servem como uma técnica para confeccionar o documento. São elas: **Visão de Casos de Uso**, **Visão Lógica**, **Visão de Processos**, **Visão de Implantação** e **Visão de Dados**.

- O padrão MVC (**Model-View-Controller**) "é um modelo de desenvolvimento de software, atualmente considerado uma "arquitetura padrão", utilizado na Engenharia de Software. O modelo isola a "lógica" (a lógica da aplicação) da interface do usuário (inserir e exibir dados), permitindo desenvolver, editar e testar separadamente cada parte".
- A separação entre lógica de interface de usuário (visualização), lógica de negócio (modelo) e lógica de entrada (controlador) permite um baixo acoplamento e um enfoque de implementação em separado com desenvolvimento em paralelo. Um membro da equipe pode trabalhar com a interface de usuário, um segundo preocupar-se com a lógica de controle e um terceiro membro cuidar do desenvolvimento da lógica de negócios.
- A camada de visualização, ou de apresentação, refere-se à interface visual que recebe os dados inseridos pelo usuário e exibe as respostas geradas pelo sistema. Essa interface é composta pelos diversos elementos de interface de usuário, como caixas de texto, listas, botões de ação, caixa de verificação, grades etc.
- O controlador organiza decisões, estratégias e eventos da arquitetura, de modo que a interface preocupe-se apenas em exibir os dados e aguardar as ações do usuário. Além disso, o controlador invoca alterações na camada de modelo.
- A camada de modelo contém toda a lógica da aplicação, representando os dados e as regras em SQL e de negócio para sua manipulação. Essa camada atua isoladamente e não conhece as interfaces que irão atualizar os dados. Ela acessa os dados e disponibiliza-os para o controlador encaminhá-los para a camada de apresentação.
- O **ASP .NET MVC Framework** oferece uma alternativa para criação de aplicações Web em ASP .NET no padrão MVC. Ele permite separar as tarefas da aplicação (camadas de apresentação, controle e modelo) e também recursos para testes da aplicação sem a necessidade de executar o controlador, tornando o teste unitário mais flexível.
- Neste estudo, adotamos o ASP.NET MVC como padrão, mas o conteúdo dos vários artefatos que vamos confeccionar pode ser perfeitamente adaptado a outras linguagens e à *framework* MVC escolhida.

6.6 Exercício Proposto

No capítulo 4, desenvolvemos uma especificação funcional para a página principal do projeto NorthWind MVC (*EF-01 Página Principal*). A partir do que foi exposto aqui, tente definir as classes para as três camadas referentes à página principal.

7 Realização de Casos de Uso

Neste capítulo, trataremos de:

- ✓ *Construção de interações com base da análise de casos de uso*
- ✓ *Captura e registro do comportamento de objetos*
- ✓ *Definição de atributos e métodos iniciais das classes de análise*

Até aqui, temos uma especificação funcional, que descreve os casos de uso, os requisitos funcionais e o protótipo de tela; além de um conjunto de documentos, elaborado pelo gerente de projetos, que define como o projeto será conduzido; e um documento de padrão de arquitetura, que orienta sobre as classes a serem criadas em cada camada.

Agora, portanto, estamos devidamente subsidiados para iniciar a confecção das especificações técnicas do sistema, tarefa um tanto árdua...

Uma especificação técnica deve fornecer todas as informações funcionais e técnicas necessárias para a equipe de desenvolvimento realizar seus trabalhos. A propósito disso, gostaria que o leitor permitisse abrir um parêntese sobre os membros da equipe de desenvolvimento.

Antes de continuar, vamos esclarecer e definir o termo "desenvolvedor" na forma como pretendemos utilizá-lo aqui. Cada membro da equipe contribui no aprimoramento da documentação, oferece sugestões de arquitetura, testes e até de implantação, sem contar que há diferentes tipos de programação, como Web, Java, C#, SQL etc. Cada membro da equipe, em nosso entender, é coautor do sistema, pois todos os membros contribuem em suas especialidades para o sucesso do projeto e a qualidade do produto final.

Assim, precisamos entregar artefatos que permitam:

- Ao *Web Designer* desenhar as páginas do sistema, definindo os controles de interface de usuário.
- Ao desenvolvedor do código (em nosso caso, C#) escrever as classes e seus métodos para cada camada definida pelo documento de arquitetura e definir os testes unitários.
- Ao responsável pelo banco de dados criar objetos como tabelas, procedimentos, índices etc.
- Ao testador criar os casos de teste de forma a satisfazer os requisitos funcionais e não funcionais do sistema.

A partir dos casos de uso e dos requisitos do sistema, a questão é conseguir os elementos necessários para a construção, organizando-os de forma a permitir rastreabilidade e perfeita compreensão do comportamento desses elementos que **realizam** os casos de uso.

A UML fornece um elemento denominado "realização de caso de uso", que, graficamente, é representado por uma elipse, cujas bordas são pontilhadas, e estabelece um relacionamento com um ou mais casos de uso. Porém, nossa proposta de análise não se refere a tal elemento, mas à tarefa de analisar os casos de uso e "realizá-los" em termos de objetos colaborando entre si e identificados por meio de um diagrama de interação (sequência). Esses objetos, descobertos por meio dessa técnica, permitem mapear as classes de análise do sistema.

Essas classes de análise não se prendem a nenhuma arquitetura, mas às entidades de negócio. A partir delas, são definidas as classes de cada camada da arquitetura. Por exemplo, uma entidade de negócio identificada como **produto** poderia gerar as seguintes classes para uma arquitetura em três camadas: *Produto.apsx* (responsável pela apresentação dos dados de produto), *ProdutoController.cs* (classe controladora) e *Produto.cs* (classe da camada de modelo).

Assim, este capítulo propõe a utilização de diagramas de sequência, ilustrando o fluxo de eventos de casos de uso a fim de obter objetos instanciados de classes que realizam os requisitos funcionais (e também não funcionais) do sistema expressados por aqueles casos de uso.

Para cada caso de uso, há uma realização traduzida por chamadas de métodos de objetos que colaboram entre si passando e recebendo dados, denotando associações, e que permitem definir classes que serão implementadas nas devidas camadas definidas pela arquitetura.

O objetivo desta etapa é capturar e registrar o **comportamento** dos objetos que realizam os passos de cada cenário dos casos de uso.

Depois de interpretar os casos de uso por meio de diagramas de sequência conceituais para identificar classes de análise e seus relacionamentos, serão produzidos os diagramas de sequência, em uma versão mais técnica, detalhando as interações entre as classes das camadas definidas pela arquitetura.

7.1 Análise e Realização dos Casos da Página Principal

Supondo que você resolveu o exercício proposto no capítulo anterior, vamos, inicialmente, recordar o teor da especificação funcional da página principal definida no capítulo 4 (caso de uso *UC001 - Consultar categorias*).

Reproduzindo o fluxo básico do caso de uso dessa especificação:

1. O sistema busca todas as **categorias** existentes no sistema.
2. O sistema retorna uma lista com os nomes das categorias retornadas no passo anterior.
3. Fim de caso de uso.

A dica para identificação de classes é muito simples: identificar substantivos candidatos a entidades de negócio. No caso, como salientado em negrito, temos um termo significativo: categoria.

Entretanto, observando o contexto, quem busca e lista as categorias é o sistema, de modo que deve existir um elemento de interface - a página principal do sistema, que embora não seja um objeto de uma classe de análise, permite melhor compreensão da interação do usuário com o sistema.

Assim, podemos compor o seguinte diagrama de sequência:

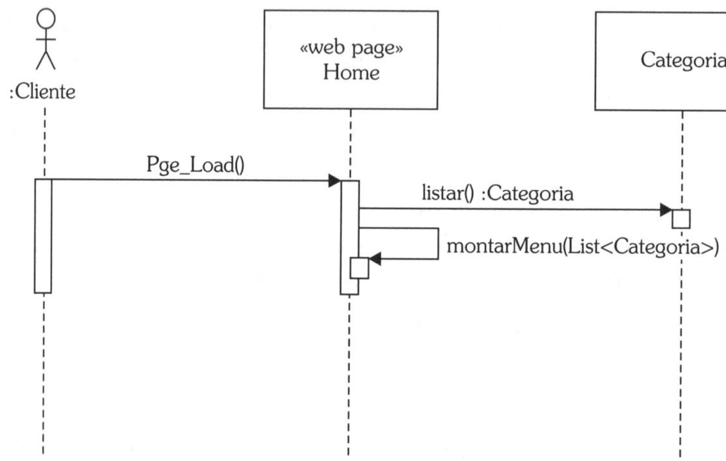

Figura 7.1. Interação para montagem da lista de categorias.

Pela leitura do primeiro caso de uso, determinamos que a página, ao ser carregada, deve invocar o método **listar()** de um objeto de uma primeira classe identificada: **Categoria.**

O método **Page_Load()**, dentro do contexto de análise, é conceitual, indicando o que deve acontecer na carga da página. Na implementação, dependendo da arquitetura adotada, não precisará receber necessariamente esse nome. Após receber a lista de categorias, o método encarrega-se de invocar um segundo método para montar o menu de categorias na página. O retorno List<tipo de objeto> representa uma lista de objetos fortemente tipados que podem ser acessados pelo índice.

O próximo caso de uso da primeira especificação funcional, *UC002 - Consultar produtos mais vendidos*, possui o seguinte fluxo básico:

1. O sistema busca os **dez produtos** mais vendidos.
2. O sistema retorna os nomes dos produtos obtidos no passo anterior.
3. Fim de caso de uso.

Identificamos, portanto, mais um objeto: **Produto**.

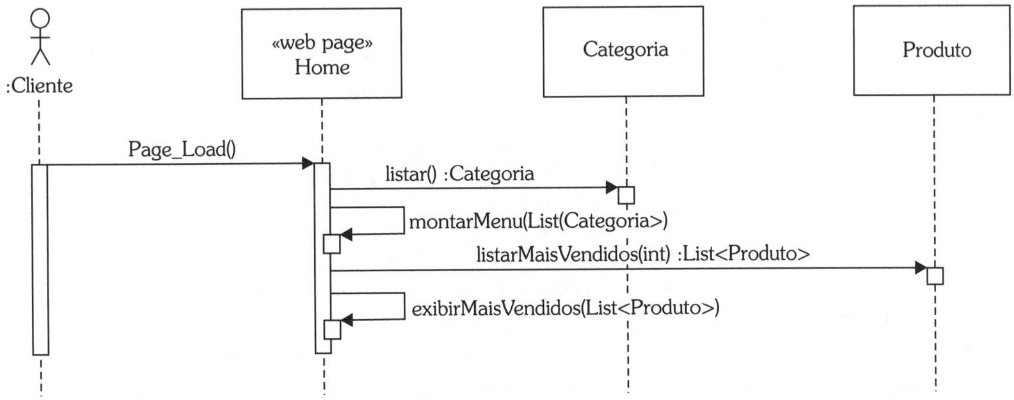

Figura 7.2. Interação acrescentando os produtos mais vendidos.

Após consultar os produtos mais vendidos, ainda na carga da página, são exibidos os produtos retornados pelo método **Produto.listarMaisVendidos()** por meio de um outro método privado da página (**exibirMaisVendidos(List<Produto>)**).

Finalmente, o caso de uso *UC005 - Consultar pedido* refere-se à apresentação do carrinho de compras com seus itens, cujo fluxo alternativo **FA1** contém os seguintes passos:

1. O sistema obtém o número do **pedido** atual.
2. O sistema busca a quantidade de **itens do pedido** atual.
3. O sistema retorna a quantidade obtida no passo anterior.
4. Fim de caso de uso.

Conforme os requisitos levantados no capítulo 3, o pedido, inicialmente, refere-se a um carrinho de compras - o usuário adiciona vários produtos ao carrinho, e somente quando o pedido for fechado é que efetivamente ele passará a existir no sistema. Assim, a entidade a ser tratada é o **Carrinho de Compras** - em uma especificação posterior ele será convertido em pedido.

O número do pedido é um identificador da sessão do carrinho de compras. Após obter esse número e também a quantidade total de itens, conforme mostra a Figura 7.3, o método **montarMenuPrincipal()** é executado, pois, conforme o protótipo, deve haver um menu com as opções **Principal, Compras()** e **Administrador**.

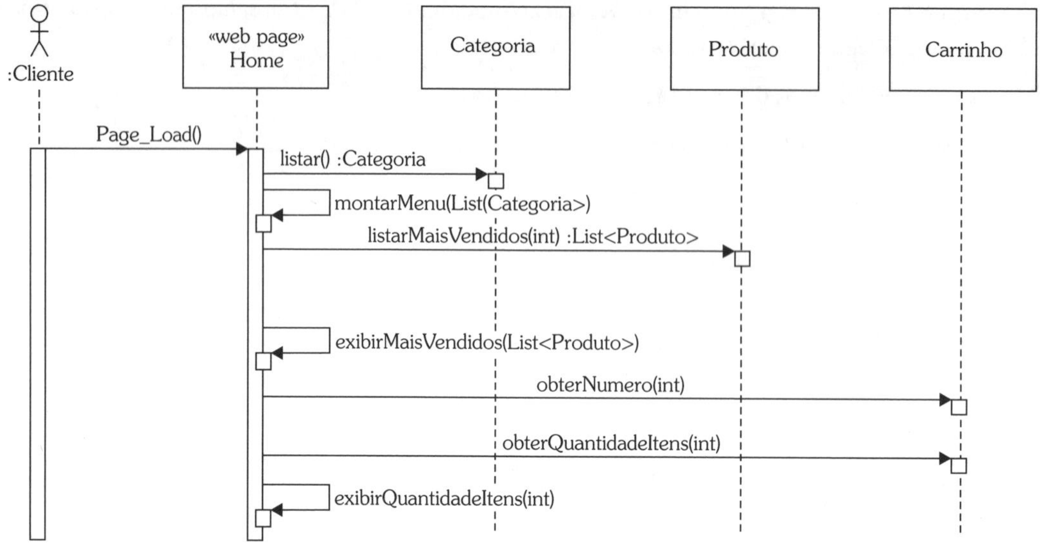

Figura 7.3. Interação da primeira especificação funcional.

Embora pudéssemos definir algumas propriedades, como número de pedido, nome da categoria, nome do produto etc., vamos deixar isso para a análise de outra especificação funcional que descreva as propriedades de forma mais completa. Isso também vale para o ator **Cliente**.

Conforme mostra a Figura 7.3, depois de analisar a primeira especificação, identificamos, portanto, três classes de análise: **Categoria**, **Produto** e **Carrinho**. Isso permite criar a primeira versão do diagrama de classes, bastando converter os objetos (linha de vida) do diagrama de sequência em classes de análise.

A nomenclatura do projeto NorthWind MVC, disponível para download no site da Editora, usa a base de dados NorthWind, traduzida para o português.

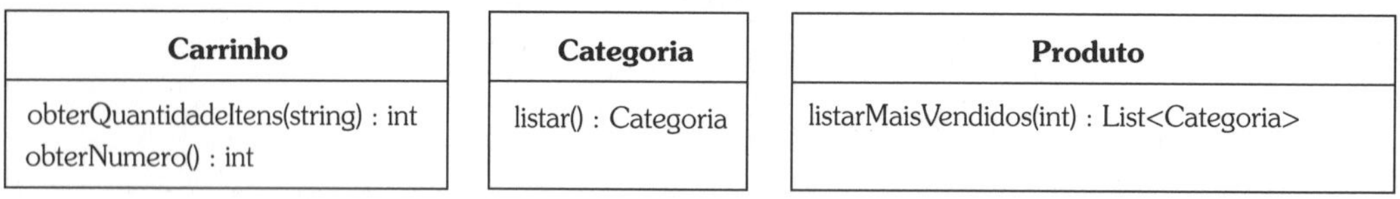

Figura 7.4. Diagrama de classes de análise: primeira versão.

A lista de categorias também será exibida em todas as páginas; isso é irrelevante, pois não conduz à descoberta de nenhum novo método.

O diagrama de classes de análise pode ser utilizado como base para qualquer linguagem de programação ou padrão de arquitetura, pois é genérico. No próximo capítulo, o diagrama de classes será devidamente refinado e complementado de forma a permitir essa utilização.

7.2 Consulta e Seleção de Produtos

Neste estudo, não obrigamos o uso de nenhuma ferramenta UML em particular, mas para ilustrar os artefatos, adotamos a Enterprise Architect.

Por enquanto, nosso projeto possui a seguinte estrutura:

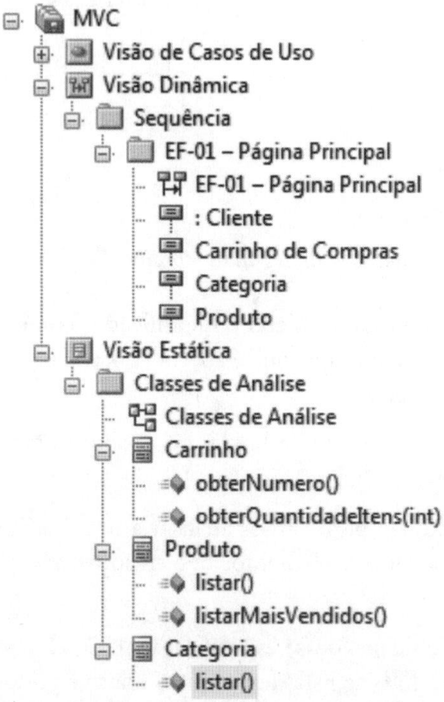

Figura 7.5. Projeto UML após primeira análise.

A segunda especificação funcional, *EF-02 - Consulta de produtos por categoria,* descreve o caso de uso *UC003 - Consultar produtos por categoria,* cujo fluxo inicia-se quando o ator seleciona uma categoria na lista de categorias da página principal ou qualquer outra página acessada do site:

1. O sistema busca o nome **da categoria** referente ao identificador informado.
2. O sistema retorna o nome **da categoria** obtido no passo anterior.
3. O sistema busca todos os **produtos** com base no identificador da categoria informada.
4. O sistema retorna **os nomes de** de cada item obtido no passo anterior.
5. Fim de caso de uso.

As classes de análise identificadas na leitura do fluxo, **Categoria** e **Produto**, já são de nosso conhecimento. Apenas precisamos determinar se existem novos métodos para essas classes.

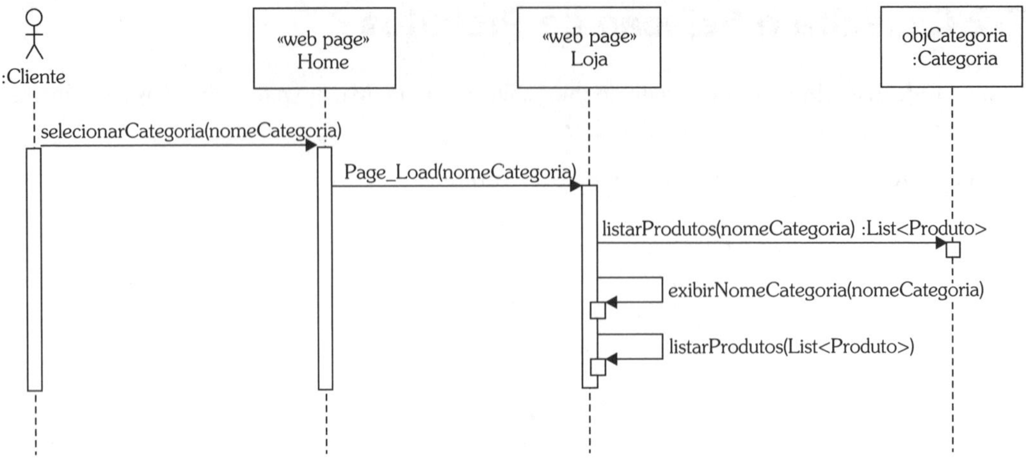

Figura 7.6. Interação da segunda especificação funcional.

No contexto deste caso de uso, vamos considerar o identificador como sendo o nome da categoria. A partir da seleção da categoria, outra página é aberta (Loja) para exibir o nome da categoria selecionada e os produtos a ela associados.

Na carga da página **Loja**, além do método de busca dos produtos, são invocados dois métodos privados: **exibirNomeCategoria() e listarProdutos()**.

A segunda especificação é muito simples: vamos analisar a terceira, *EF-03 - Seleção e adição de produto ao pedido*, cuja análise fornecerá elementos que enriquecerão bastante nosso modelo de classes.

O fluxo básico do primeiro caso de uso dessa especificação, *UC004 - Consultar produto*, inicia-se quando o ator seleciona um produto na lista de produtos mais vendidos ou na lista de produtos de uma categoria selecionada na Página Principal:

1. O sistema busca os dados do **produto** com base em um identificador informado.
2. O sistema retorna os dados do produto obtidos no passo anterior: **nome**, **fornecedor**, **categoria** e **preço**.
3. Fim de caso de uso.

Conforme ilustra a Figura 7.7, decidimos reaproveitar o diagrama de sequência anterior para a exibição de detalhes do produto selecionado. Note que existe um fragmento informando que a carga da página de detalhes pode ser invocada a partir da seleção de um dos produtos mais vendidos na página principal, ou quando o usuário seleciona um item da lista de produtos associados a uma categoria em uma página que chamaremos de Loja.

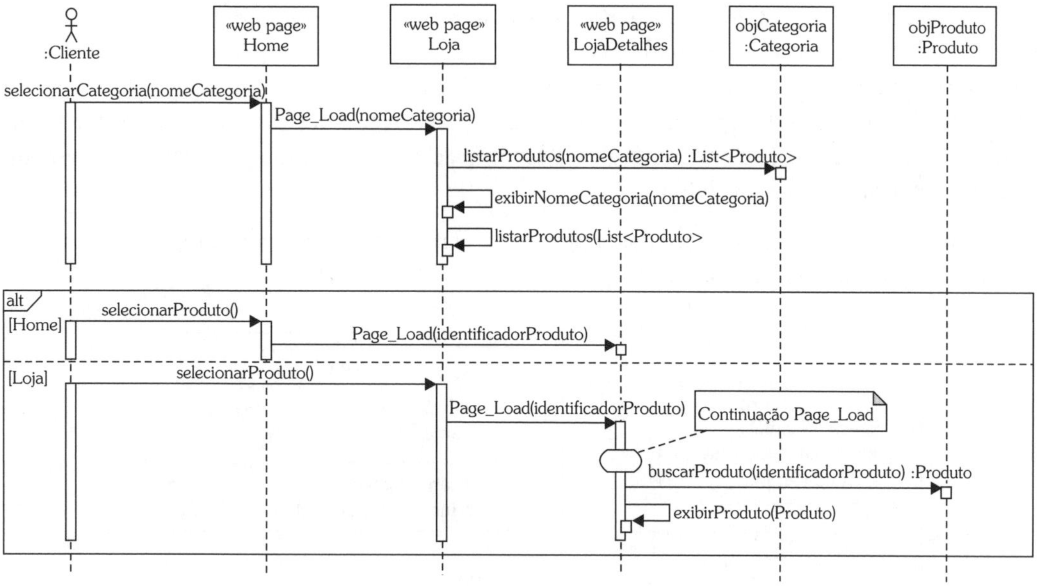

Figura 7.7. Interação para consulta de produtos e exibição de detalhes de produto.

Antes de atualizar o diagrama de classes, vamos analisar o segundo caso de uso da especificação **EF-03**: *UC012 - Manter item de pedido*, cujo fluxo básico inicia-se quando o ator escolhe adicionar um produto ao carrinho de compras.

1. O sistema busca os dados do **produto** selecionado.
2. O sistema adiciona o produto ao **pedido** informando o **número do pedido, identificador do produto, quantidade (1 unidade)** e o **preço do pedido** retornado no passo anterior.
3. Fim de caso de uso.

Quando o ator acionar um botão de adição de qualquer produto listado, o sistema busca os dados do produto selecionado e, em seguida, adiciona-o ao carrinho de compras.

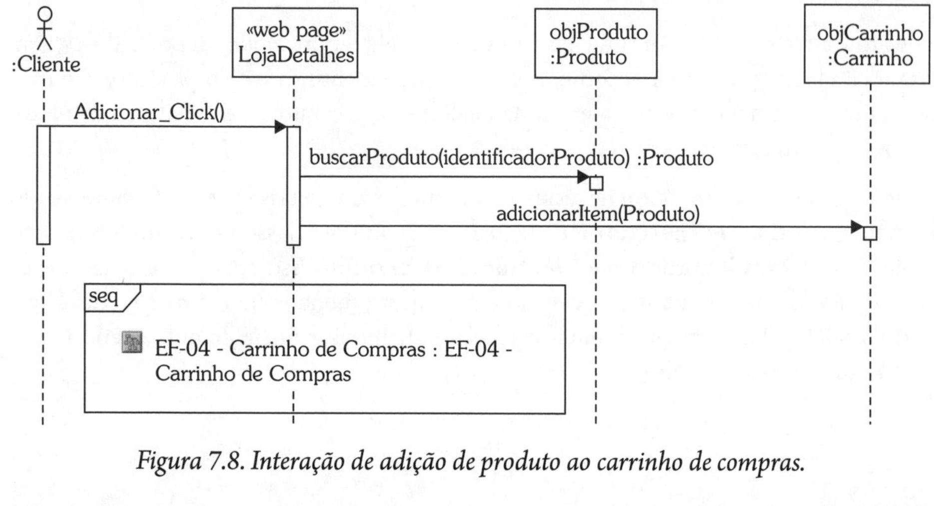

Figura 7.8. Interação de adição de produto ao carrinho de compras.

O diagrama da Figura 7.8 invoca os métodos necessários à adição do produto ao carrinho e, em seguida, especifica que a lógica continua com a sequência definida na especificação **EF-04 - Carrinho de Compras**. O fragmento de continuação foi inserido como exemplo, denotando que o diagrama de sequência da especificação referenciada não precisa, necessariamente, existir - a interação resolve um problema referente a uma especificação e sua continuação será tratada em um pacote posterior a ser desenvolvido.

Podemos atualizar o diagrama de classes de análise com os métodos e atributos descobertos na análise da especificação **EF-03**.

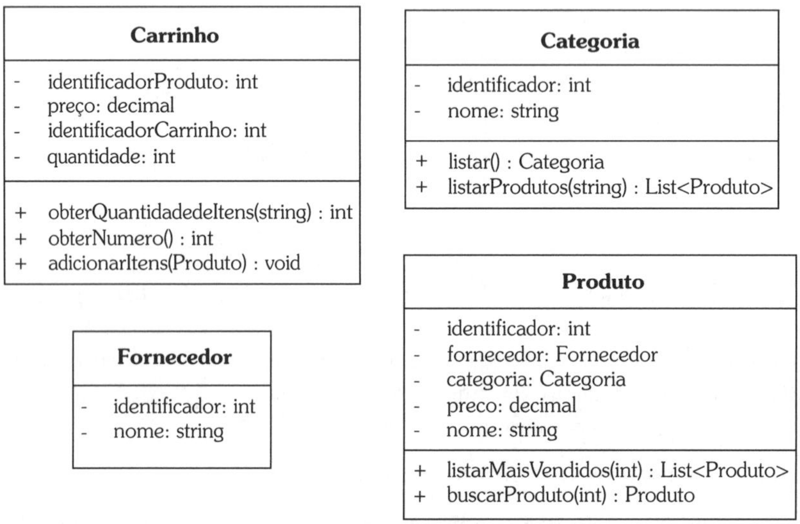

Figura 7.9. Diagrama de classes atualizado após EF-03.

Além dos métodos identificados nos diagramas de interação, mapeamos também uma nova classe, **Fornecedor**, em virtude do passo 2 do fluxo básico do caso de uso *UC004 - Consultar produto*. O protótipo especifica que o nome do fornecedor deve ser exibido, portanto inserimos esse atributo na classe e também um identificador.

A propósito do atributo identificador do fornecedor, vale lembrar que identificadores, a menos que sejam citados explicitamente, como, por exemplo, o identificador do produto, não precisam necessariamente ser definidos nessa etapa da análise - isso, geralmente, é feito na resolução das associações entre as classes.

Note que criamos os atributos **fornecedor** e **categoria** para a classe produto, como sendo, respectivamente, dos tipos **Fornecedor** e **Categoria**, enquanto na classe **Carrinho** foram definidos os atributos **identificadorProduto** e **identificadorCarrinho**. Isso apenas para denotar que tal tipo de questão não é relevante nesta etapa, pois, posteriormente, será realizado o devido refinamento do modelo. O importante é tentar mapear os atributos, principalmente quando o modelo contiver muitas classes de análise.

7.3 Carrinho de Compras

Nosso diagrama de classes está evoluindo: inicialmente identificamos métodos e, no tópico anterior, descobrimos os primeiros atributos...

Vamos analisar agora a próxima especificação, **EF-04 - Carrinho de Compras**, que descreve a busca e a edição do conteúdo do pedido provisório (carrinho de compras) e também a exclusão de itens do carrinho.

Lembre-se de que essa especificação envolve elementos da arquitetura de provedores do ASP .NET: eles não precisarão ser considerados, pois o próprio ASP .NET cuidará da autenticação de usuários (**MemberShip**) e persistência de informações personalizadas por usuário (**Profile**).

O fluxo básico do primeiro caso de uso da especificação **EF-04**, *UC005 - Consultar pedido*, inicia-se quando o ator escolhe visualizar o conteúdo e o total de um pedido, acionando a opção SuaCesta() do menu principal do site, ou quando ele adiciona um novo item, conforme especificado no diagrama da Figura 7.10.

1. O sistema busca os itens de um pedido com base em um identificador informado.
2. O sistema retorna os dados dos itens obtidos no passo anterior: **nome**, **preço unitário** e **quantidade total do item**.
3. O sistema busca o **total do pedido** com base em um identificador informado.
4. O sistema retorna o valor total obtido no passo anterior.
5. Fim de caso de uso.

Para satisfazer o passo do fluxo e retornar de forma apropriada o conteúdo do carrinho de compras, precisamos de uma nova classe para listar os itens do carrinho. Portanto, a interação pode ser resolvida conforme segue.

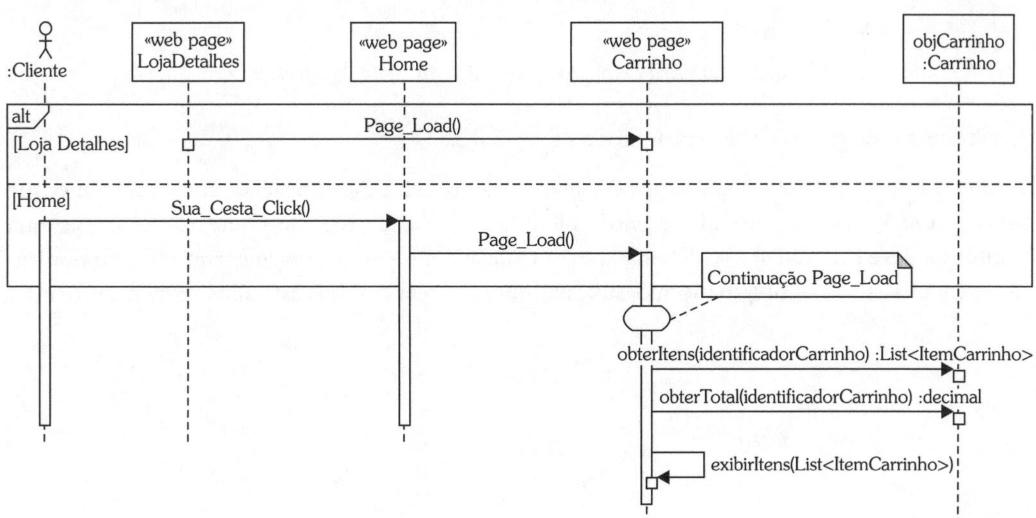

Figura 7.10. Interação para exibição dos itens do carrinho de compras.

Segundo o protótipo, a página de exibição do carrinho de compras contém a opção de fechar o pedido, efetivando o carrinho de compras no sistema.

Além disso, cada item de pedido listado possui um botão permitindo que ele seja removido, funcionalidade definida pelo caso de uso *UC012 - Manter item de pedido*, cujo fluxo alternativo **FA - Exclusão de Pedido** determina os seguintes passos:

1. O sistema exclui o item com base em um identificador de item e um identificador de pedido informado.

2. Fim de caso de uso.

Vamos reaproveitar o diagrama da figura anterior para descrever a operação de exclusão do item, mas apenas passando seu identificador, assumindo que o identificador de pedido não é necessário no contexto.

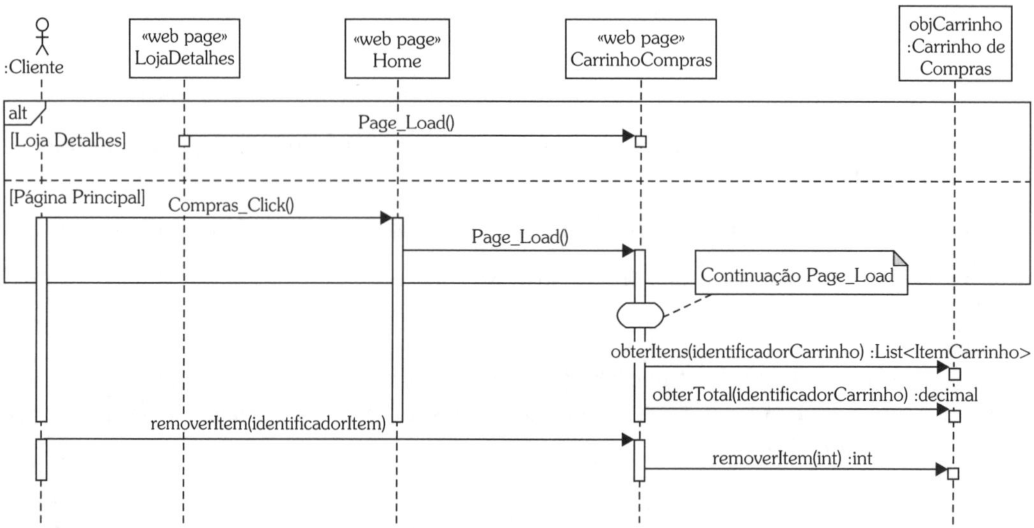

Figura 7.11. Interação para exibição e exclusão dos itens do carrinho de compras.

Atualizando o diagrama de classes, temos a Figura 7.12.

Se você comparar o que tínhamos após a análise da primeira especificação funcional com o que temos agora, é possível entender como a identificação das classes, no contexto de um sistema complexo, deve ser cuidadosa, detalhada e, se realizada em equipe, exige harmonia e comunicação entre os analistas. Por isso mesmo, subdividimos a tarefa em dois capítulos - este e o próximo.

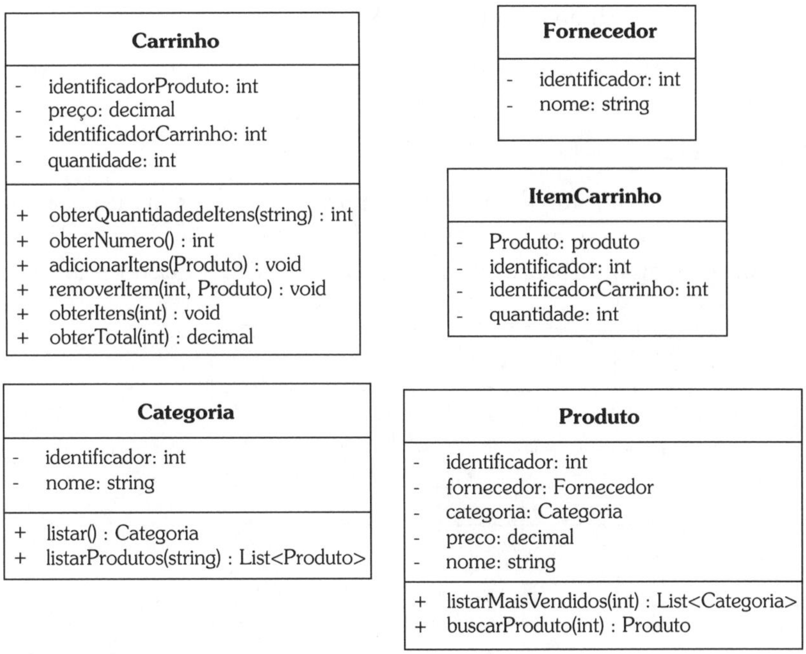

Figura 7.12. Diagrama de classes após análise da EF-04.

7.4 Fechamento do Pedido

A especificação mais complexa do projeto é a que se refere ao fechamento do pedido, pois envolve autenticação, eventual criação de conta de usuário, cadastro de dados do pedido e o fechamento propriamente dito.

O conjunto de interações (diagramas de sequência) que estamos desenvolvendo neste capítulo objetiva apenas a identificação de objetos de classes de análise. Portanto, não entraremos em maiores detalhes quanto aos fluxos alternativos e de exceção. Isso ficará para uma etapa posterior do processo de confecção de especificações técnicas.

O fluxo básico do caso de uso *UC009 - Fechar pedido* inicia-se quando o ator (cliente) escolhe fechar seu pedido e compreende os seguintes passos:

1. O sistema busca **os itens do pedido** com base em um identificador de pedido informado (*UC005 - Consultar pedido*).
2. O sistema verifica se o ator está autenticado (*UC006 - Autenticar usuário*).
3. O sistema solicita os dados de entrega (*UC008 - Cadastrar dados de entrega*).
4. O ator confirma o fechamento do pedido.
5. O sistema calcula **o valor total** do pedido com base na **quantidade** e **preço unitário** de cada item retornado no passo 1.
6. O sistema efetiva o pedido.

7. O sistema esvazia **o carrinho de compras.**

8. O sistema retorna mensagem de compra completada e exibe o número do **pedido** retornado no passo 6.

9. Fim de caso de uso.

Esse caso de uso efetiva o carrinho de compras como um pedido a constar no sistema. Não há muitas novas classes a descobrir, mas as que serão identificadas a partir dele e dos casos de uso correlatos têm suma importância para a integridade do modelo e a lógica de negócio do sistema.

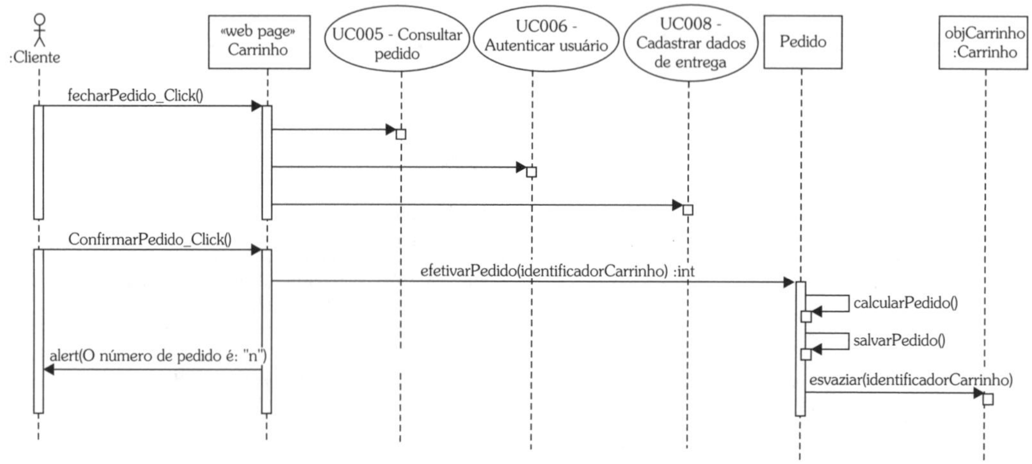

Figura 7.13. Interação de fechamento de pedido.

Como o caso de uso de fechamento de pedido possui relacionamentos com outros casos de uso pertencentes à mesma especificação, abstraímos esses casos de modo a detalhá-los em diagramas de interação próprios e também tornar a leitura mais fácil, como mostra a Figura 7.13.

O objeto **Pedido**, desta feita, não se refere ao carrinho de compras, mas ao pedido a ser efetivado no sistema. Note que existe uma classe implícita: **Item de Pedido.**

O caso de uso *UC005 - Consultar pedido* já foi detalhado anteriormente e refere-se à consulta do conteúdo do carrinho de compras. Assim, passemos ao caso de uso *UC006 - Autenticar usuário,* cujo fluxo básico descreve os seguintes passos:

1. O ator informa **nome de usuário** e **senha** e solicita autenticação.

2. O sistema valida o nome de usuário e a senha e efetua *log on.*

3. Fim caso de uso.

Se o usuário não estiver cadastrado, ele tem a opção de registrar-se, procedimento descrito pelo fluxo **FA1 - Usuário não cadastrado**:

1. O sistema solicita a criação de nova conta (*UC007 - Criar nova conta de usuário*).

2. Continua no passo 2 do fluxo básico.

A partir disso, podemos definir a seguinte interação:

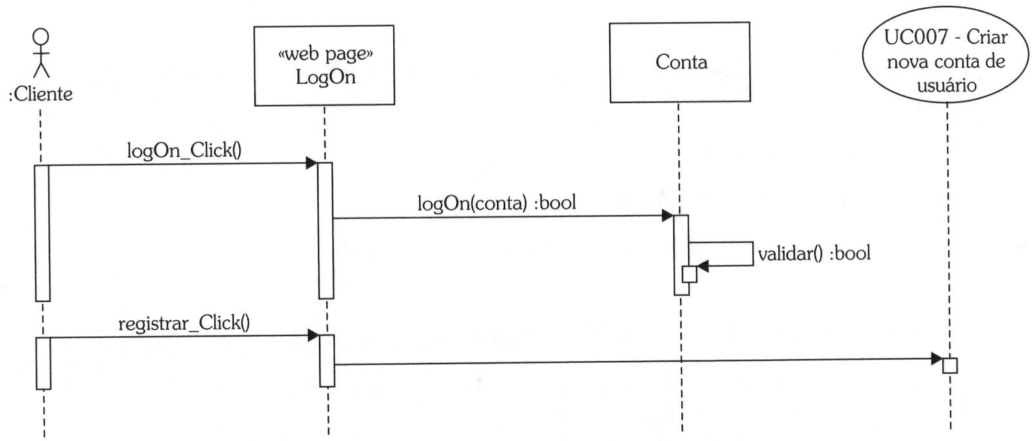

Figura 7.14. Interação de autenticação de usuário.

Aqui, descobrimos uma nova classe, **Conta**, responsável pelo controle de acesso de usuários ao sistema.

Vamos detalhar a interação considerando a criação de novas contas de usuário, especificada pelo caso de uso *UC007 - Criar nova conta de usuário*, cujo fluxo básico descreve os seguintes passos:

1. O ator informa nome de **usuário**, **e-mail**, **senha** e a confirmação da senha.
2. O sistema efetua a consistência dos dados.
3. O sistema inclui o novo usuário.
4. Fim de caso de uso.

A interação é muito simples de ser resolvida, conforme ilustra a Figura 7.15.

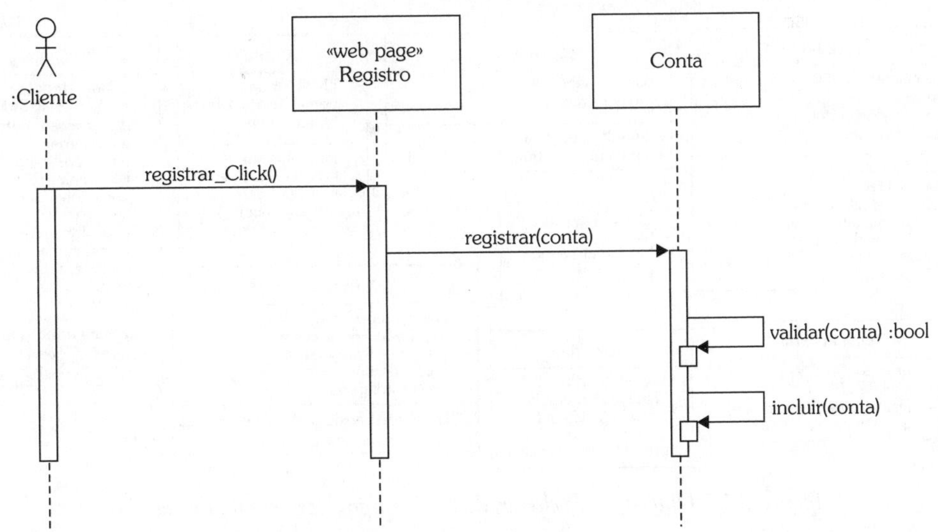

Figura 7.15. Interação de registro de novo usuário (cliente).

Finalmente, o último caso de uso relacionado ao processo de fechamento de pedido refere-se ao cadastro dos dados de entrega (*UC008 - Cadastrar dados de entrega*), cujo fluxo básico enumera os seguintes passos:

1. O ator informa os dados de entrega: nome, endereço, cidade, UF, código postal, país, telefone e e-mail.
2. O ator confirma o fechamento do pedido.
3. O sistema efetua a consistência dos dados.
4. Continua no passo 4 do fluxo básico do caso de uso UC009.
5. Fim de caso de uso.

Segue o diagrama de interação referente a esse caso de uso, muito simples, por sinal.

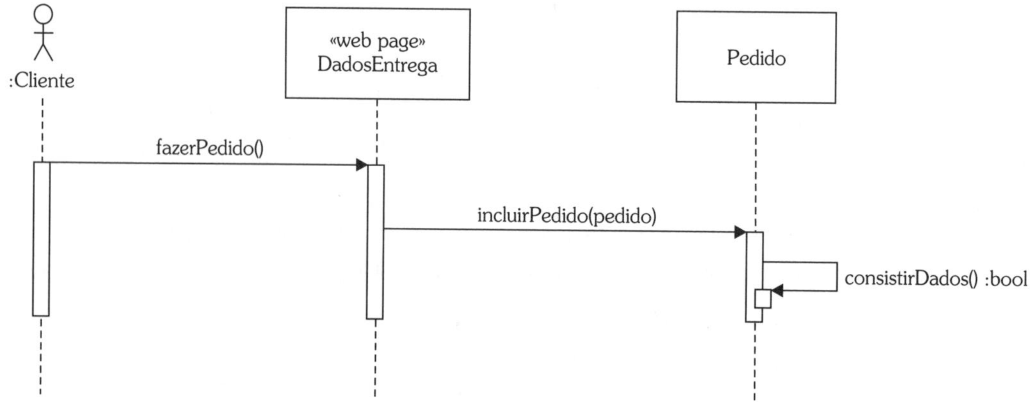

Figura 7.16. Interação de inclusão de pedido.

Os dados de entrega referem-se a atributos da classe **Pedido** e podemos novamente atualizar nosso diagrama de classes.

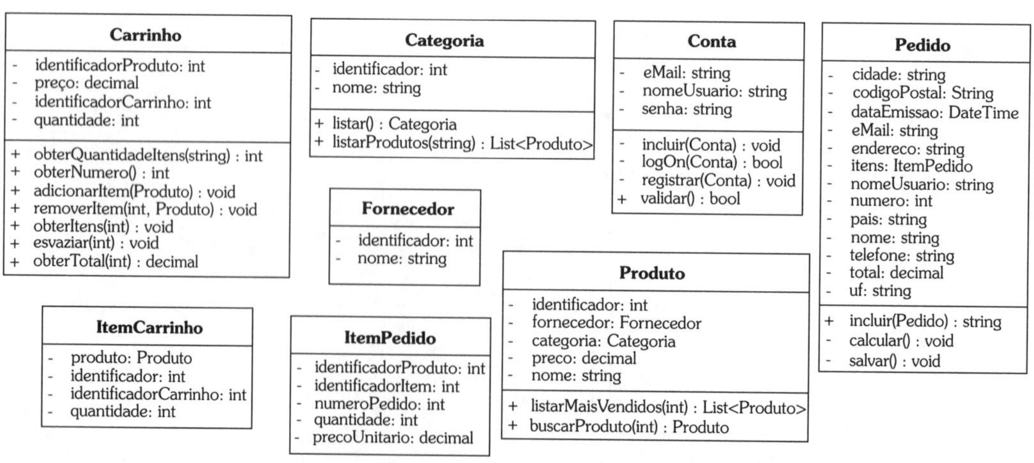

Figura 7.17. Diagrama de classes de análise após fechamento de pedido.

Embora o intuito deste capítulo seja obter um diagrama de classes independente de implementação, lembramos, mais uma vez, que não consideramos os elementos de autenticação controlados pelo mecanismo do ASP .NET, isto é, não foram explicitados elementos como **MemberShip** e **Profile**, pois considerou-se uma solução já pronta e definida pelo ambiente. Entretanto, em outros contextos que não utilizem tal mecanismo, isso pode (e deve) ser mapeado em um conjunto de classes denominado **Segurança Lógica**.

7.5 Administração

A última especificação de nosso projeto, *EF-06 - Administração*, refere-se à manutenção do catálogo de produtos, resumida basicamente em um caso de uso do tipo CRUD.

O fluxo básico do caso de uso *UC010 - Manter catálogo de produtos* refere-se à alteração e apresenta os seguintes passos:

1. O sistema autentica o **usuário** com o perfil de administrador (*UC006 - Autenticar usuário*).
2. O sistema busca todos os **produtos** existentes no sistema (*UC004 - Consultar produto*).
3. O sistema preenche a lista com os produtos obtidos no passo anterior.
4. O ator escolhe editar um produto da lista.
5. O sistema entra no modo de edição.
6. O sistema busca **as categorias** existentes (*UC001 - Consultar categoria*).
7. O sistema preenche a lista de categorias com os itens retornados no passo anterior.
8. O sistema busca os fornecedores existentes (*UC011 - Consultar fornecedores*).
9. O sistema preenche a lista de fornecedores com os itens retornados no passo anterior.
10. O sistema busca os dados com base no identificador do produto selecionado no passo 4 (*UC004 - Consultar produto*).
11. O sistema edita os dados retornados no passo anterior: categoria, fornecedor, nome, quantidade por unidade e preço unitário do produto.
12. O ator informa os dados do produto e solicita sua efetivação.
13. O sistema efetua a consistência dos dados informados.
14. O sistema efetiva os dados do produto.
15. Fim de caso de uso.

Uma das coisas interessantes na identificação das classes de análise de um projeto é que, conforme ela progride, a tarefa vai ficando mais fácil e rápida, pois, como esse caso de uso permite evidenciar, apenas alguns poucos métodos e atributos complementam o modelo de classes - a maioria já foi identificada em especificações anteriores.

Porém, um cuidado a ser tomado, mesmo em uma análise realizada por um único analista, é a identificação de métodos e atributos sinônimos, isto é, dependendo do descritivo de cada caso de uso, utilizar termos em seus passos que, após uma análise final, sejam redundantes e signifiquem semanticamente a mesma coisa.

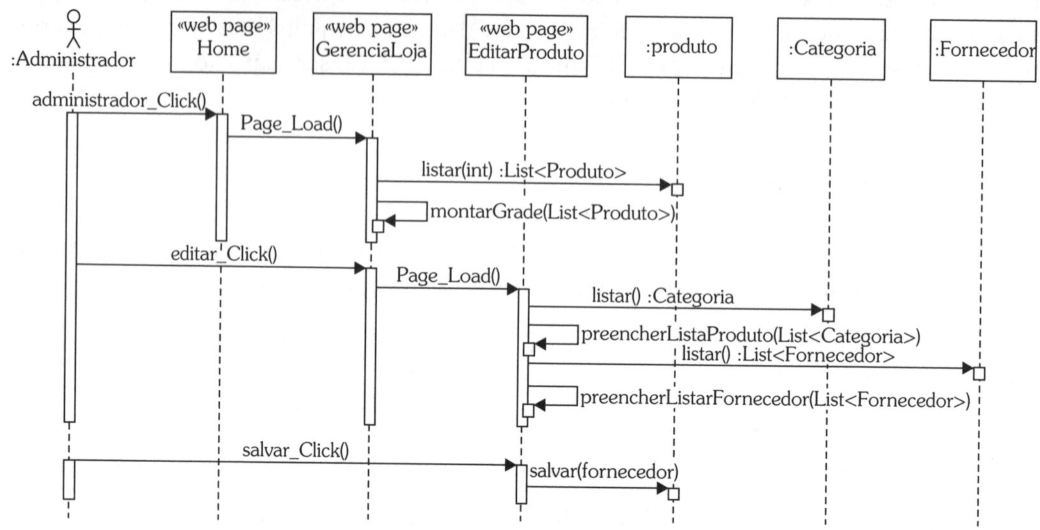

Figura 7.18. Catálogo de produtos - alteração.

A Figura 7.18 mostra a realização do fluxo básico do caso de uso para manutenção do catálogo de produtos, que foi confeccionado com base na execução do projeto de exemplo NorthWind MVC.

Você talvez ache a interface da aplicação projeto mal solucionada ou muito simples, mas nossa intenção não é trabalhar com um projeto profissional, mas desenvolver especificações abordando uma arquitetura fácil de estudar e compreender. O projeto exemplo é simples, mas prático, e emprega a arquitetura MVC. Além disso, é fácil de baixar e instalar, e utiliza os recursos do ASP .NET MVC Application.

O fluxo **FA1 - Inclusão de novo produto** possui os seguintes passos:

1. O sistema limpa o conteúdo dos campos e entra no modo de inclusão.
2. Continua no passo 6 do fluxo básico.

Sua realização é semelhante à do fluxo básico, porém, ao executar a aplicação NorthWind MVC, você notará que é aberta uma página com os campos em branco para inclusão de novo produto. O caso de uso não sabe disso e, funcionalmente, está correto. Feita essa ressalva, vejamos a interação de inclusão.

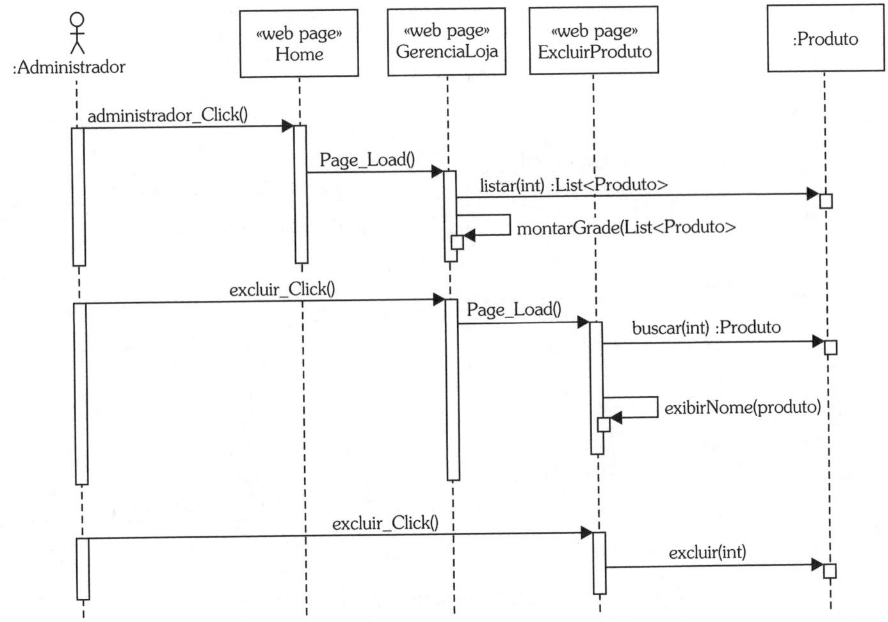

Figura 7.19. Catálogo de produtos - inclusão.

Os dois diagramas poderiam ser combinados em um único diagrama utilizando fragmentos para separar as mensagens particulares de alteração, inclusão e também a operação de exclusão. Portanto, se sua ferramenta UML contemplar fragmentos, você pode perfeitamente confeccionar um único diagrama de interação para casos de uso do tipo CRUD. Apenas tome cuidado de não "poluí-lo" com muitas anotações ou deixá-lo muito extenso, comprometendo assim sua interpretação.

O fluxo **FA2 - Exclusão de produto** descreve os seguintes passos:

1. O sistema busca o nome do produto selecionado (*UC004 - Consultar produto*).
2. O sistema informa o nome do produto e solicita confirmação da exclusão.
3. O ator confirma a exclusão do produto.
4. O sistema efetua a exclusão do produto.
5. Volta para o passo 2 do fluxo básico.

Como acontece com a maioria das sequências de exclusão, o diagrama é mais simples que os demais.

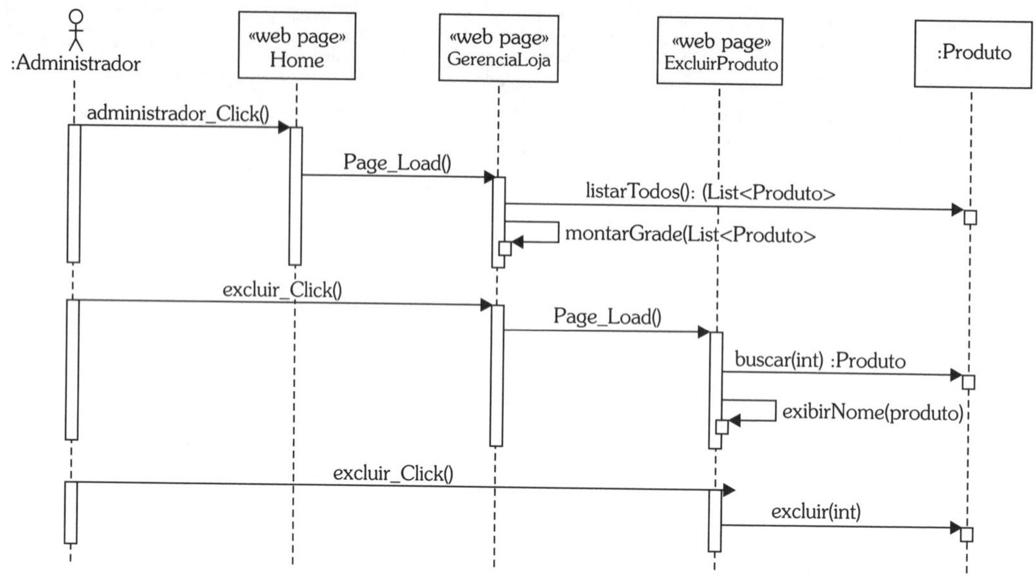

Figura 7.20. Catálogo de produtos - exclusão.

O último fluxo significativo do caso de uso *UC010 - Manter catálogo de produtos* refere-se à visualização de detalhes (**FA3**), isto é, todos os dados do produto:

1. O sistema busca os dados do produto selecionado (*UC004 - Consultar produto*).
2. O sistema exibe os dados retornados no passo anterior.
3. O ator escolhe editar os dados do produto.
4. Continua no passo 5 do fluxo básico.

Esse diagrama exemplifica o uso de fragmentos para definir opções de usuário. No caso, o fluxo pode continuar em outro diagrama de sequência (*EF-06 - Administração: UC010 - Alteração de produto*) através de um *hiperlink*, ou retornar à página anterior e encerrando a sequência.

Após a análise dos casos de uso, podemos atualizar o modelo de classes de análise, dando-o como finalizado nesta etapa.

A técnica de criar diagramas de interação por meio da leitura dos fluxos mais relevantes dos casos de uso pode ser demorada, mas, depois de empregá-la neste capítulo, cremos que foi possível observar benefícios como:

- revisão dos casos de uso, identificando erros na definição dos passos e omissões de fluxos e atributos;
- confirmação do protótipo e seu alinhamento com os casos de uso e a lógica de negócio;
- antecipação de eventuais problemas na especificação com relação à arquitetura e aos elementos de implementação;
- garantia de homogeneidade da nomenclatura de métodos e atributos.

Há outras técnicas para levantamento das classes de análise, como analisar o documento de visão e os casos de uso identificando classes a partir de nomes, pronomes, substantivos etc.

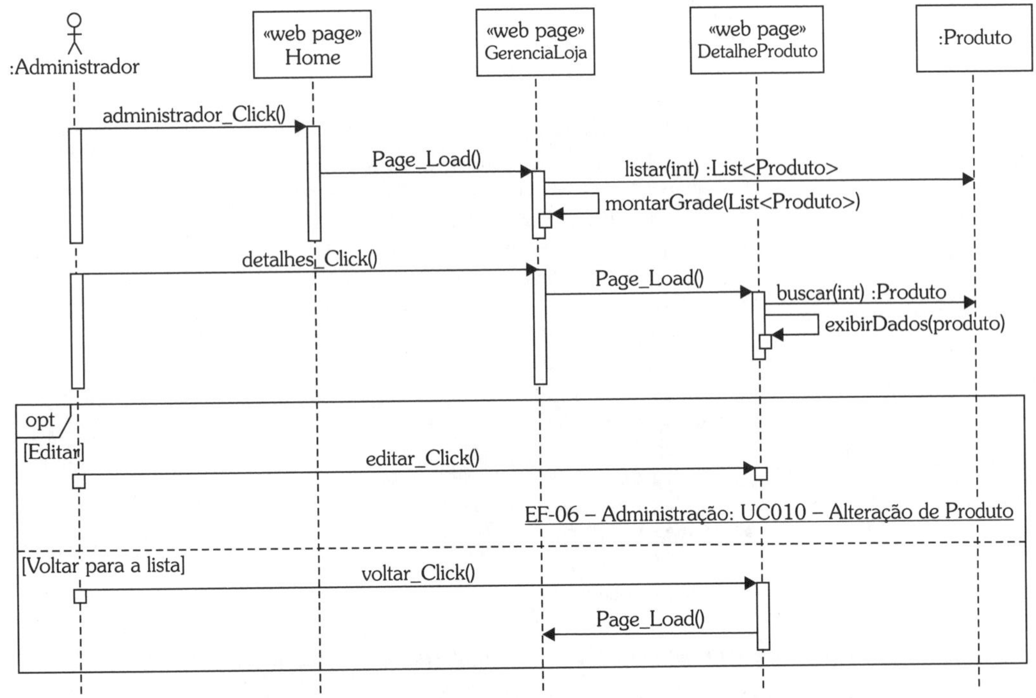

Figura 7.21. Catálogo de produtos - visualização de detalhes.

Outra técnica, que muitos ainda utilizam, são os cartões CRC (Classe-Responsabilidade-Colaboração).

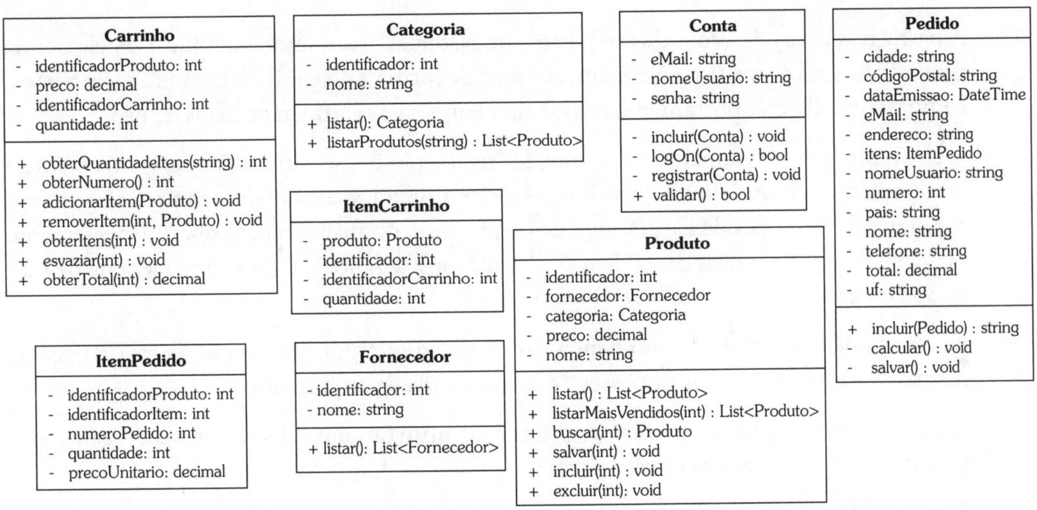

Figura 7.22. Modelo de classes de análise identificadas por realização.

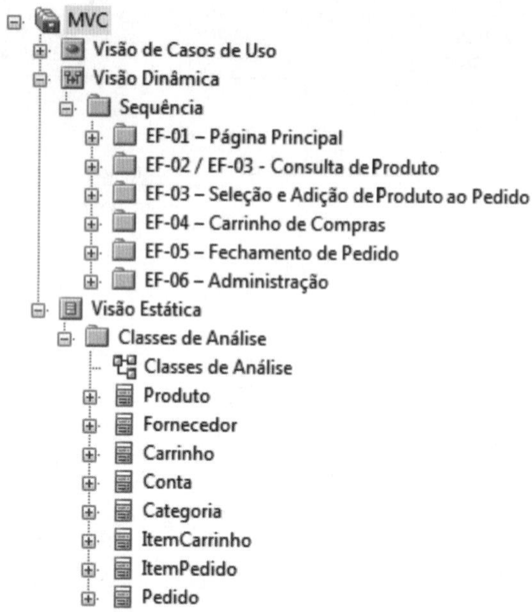

Figura 7.23. Projeto UML após identificação das classes de análise.

Ainda há muito o que fazer no modelo, como definir as associações, revisar atributos e tipos de dados e, eventualmente, descobrir novas classes.

7.6 Resumo

- A partir dos casos de uso e dos requisitos do sistema, precisamos identificar os elementos necessários para a construção, organizando-os de forma a permitir rastreabilidade e perfeita compreensão do comportamento desses elementos que **realizam** os casos de uso.
- A UML fornece um elemento denominado "realização de caso de uso", que, graficamente, é representado por uma elipse, cujas bordas são pontilhadas, e estabelece um relacionamento com um ou mais casos de uso. Porém, nossa proposta de análise não se refere a tal elemento, mas à tarefa de analisar os casos de uso e "realizá-los" em por meio de um diagrama de interação (sequência).
- As classes de análise não se prendem a nenhuma arquitetura, mas às entidades de negócio. A partir delas, são definidas as classes de cada camada da arquitetura.
- O objetivo desta etapa é capturar e registrar o **comportamento** dos objetos que realizam os passos de cada cenário dos casos de uso.
- Depois de interpretar os casos de uso por meio de diagramas de sequência conceituais para identificar classes de análise e seus relacionamentos, serão produzidos os diagramas de sequência, em uma versão mais técnica, detalhando as interações entre as classes das camadas definidas pela arquitetura.

- A dica para identificação de classes resume-se em identificar substantivos candidatos a entidades de negócio.
- Nos diagramas de interação aqui desenvolvidos, o método **Page_Load()**, dentro do contexto de análise, é conceitual, indicando o que deve acontecer na carga da página. Na implementação, dependendo da arquitetura adotada, não precisará receber necessariamente esse nome.
- O diagrama de classes de análise pode ser utilizado como base para qualquer linguagem de programação ou padrão de arquitetura, pois é genérico.
- Nosso exemplo envolve elementos da arquitetura de provedores do ASP .NET: eles não foram considerados, pois o próprio ASP .NET cuidará da autenticação de usuários (**MemberShip**) e persistência de informações personalizadas por usuário (**Profile**). Em outros contextos que não utilizem tal mecanismo, isso pode (e deve) ser mapeado em um conjunto de classes denominado **Segurança Lógica**.
- O conjunto de interações (diagramas de sequência) que estamos desenvolvendo neste capítulo objetiva apenas a identificação de objetos de classes de análise. Portanto, não entramos em maiores detalhes quanto aos fluxos alternativos e de exceção: isso ficará para uma etapa posterior do processo de confecção de especificações técnicas.
- Se sua ferramenta UML contemplar fragmentos, você pode perfeitamente confeccionar um único digrama de interação para casos de uso do tipo CRUD - apenas tome cuidado para não "poluí-lo" com muitas anotações ou deixá-lo muito extenso, comprometendo assim sua interpretação.
- A técnica de criar diagramas de interação por meio da leitura dos fluxos mais relevantes dos casos de uso pode ser demorada, mas oferece benefícios como revisão dos casos de uso, confirmação do protótipo e seu alinhamento com os casos de uso e a lógica de negócio, antecipação de eventuais problemas na especificação com relação à arquitetura e aos elementos de implementação e garantia de homogeneidade da nomenclatura de métodos e atributos.
- Há outras técnicas para levantamento das classes de análise, como analisar o documento de visão e os casos de uso identificando classes a partir de nomes, pronomes, substantivos etc. Outra técnica, que muitos ainda utilizam, são os cartões CRC (Classe-Responsabilidade--Colaboração).

7.7 Exercício Proposto

O projeto de exemplo NorthWind MVC está sendo utilizado na forma em que se encontra disponível para *download* para, caso lhe interesse, facilitar posteriores estudos. A partir das especificações funcionais, desenvolvidas no capítulo 4, e dos diagramas estudados neste capítulo, que alterações você faria nessa aplicação para torná-la mais "profissional"?

8 Classes de Análise

Neste capítulo, trataremos de:

- ✓ *Revisão da nomenclatura de classes, atributos e métodos*
- ✓ *Eliminação de redundâncias por meio de normalização*
- ✓ *Definição de propriedades para os atributos de classes*
- ✓ *Tipos de associação entre classes*
- ✓ *Importância da descrição e de comentários dos elementos do modelo*

No capítulo anterior, analisamos os casos de uso das especificações funcionais e, como resultado, definimos um modelo conceitual e primário das classes. Esse modelo foi definido em alto nível, isto é, não está associado a um ambiente ou a um padrão de arquitetura específico.

É importante ressaltar o conceito de classe de análise aqui utilizado em relação a algumas propostas vigentes, que incluem no modelo de análise três tipos, ou estereótipos, de classe:

- **Classe de fronteira**, referente à interação do sistema com o ambiente, como, por exemplo, interface gráfica de usuário (GUI), protocolo de comunicação etc.
- **Classe de entidade**, referente aos objetos persistentes do sistema.
- **Classe de controle**, que coordena o comportamento entre instâncias de classes de fronteira e de entidade.

Nosso modelo, porém, é uma abstração do modelo de desenho, omitindo detalhes de implementação a fim de fornecer uma visão geral da funcionalidade do sistema. A definição de classes de interface e de controle, como vimos no capítulo 6 (*Arquitetura*), será realizada posteriormente. De certa forma, as classes de nosso modelo poderiam ser classificadas, em sua maioria, como classes de entidade, mas, por enquanto, vamos evitar estereotipá-las, concentrando a atenção apenas nos conceitos básicos e na estrutura lógica do sistema.

O objetivo, neste capítulo, continua o mesmo do capítulo anterior: fazer um mapeamento preliminar do comportamento requerido para os elementos a serem implementados posteriormente, ou seja, identificar classes cujos atributos e, principalmente, métodos que devem ser implementados com base na arquitetura adotada.

Isso significa que um método de uma classe de modelo pode, por exemplo, ser especificado como método de uma classe de controle de acordo com o padrão de arquitetura.

O modelo obtido ao final do capítulo anterior é preliminar, portanto precário, e carece de refinamentos e adaptações para que possa servir de base sólida às atividades de especificação técnica e implementação.

Na revisão do modelo, vamos adotar a seguinte estratégia: abordar um problema por vez, como, por exemplo, rever primeiro a acentuação de nomes para todos os elementos, em seguida rever os nomes, depois os tipos de dado e assim por diante.

8.1 Nomenclatura dos Elementos

A primeira versão do diagrama de classes foi feita "a toque de caixa", sem outra preocupação senão capturar objetos de negócio. Por isso mesmo, alguns elementos foram mapeados sem maiores preocupações com linguagens de programação, porém é sabido que não é aconselhável utilizar acentuação, caracteres especiais e espaços na nomenclatura dos elementos.

A primeira providência a ser tomada é revisar os nomes dos elementos do modelo, eliminando acentos e "ç":

Nos próximos capítulos, por força dos recursos oferecidos pelo Visual Studio na criação de aplicação ASP.NET MVC, vamos revisar os nomes de alguns elementos, mas, como estamos tratando de classes de análise, que em uma primeira versão não deve prender-se a um padrão de arquitetura em particular, vamos manter a nomenclatura dos elementos em português, mesmo porque a base de dados NorthWind é disponibilizada na Web também em inglês.

Essas alterações baseiam-se no modelo da Figura 7.22, portanto é interessante que você reveja seu modelo, caso tenha nomeado os elementos por sua própria conta.

Note que, para simplificar, a classe *Carrinho de Compras* foi renomeada para *Carrinho*.

Nosso modelo adota o seguinte padrão de nomenclatura: nomes de classes iniciados com letra maiúscula; nomes de atributos, métodos e parâmetros simples iniciados com letra minúscula; nomes de atributos, métodos e parâmetros compostos iniciados com letra minúscula e os demais termos com letra maiúscula.

Resolvidos eventuais problemas de acentuação, o próximo passo consiste em rever semanticamente os nomes dos elementos a fim de verificar se os nomes usados expressam de forma clara a finalidade do elemento no contexto do modelo. Além disso, precisamos definir um padrão para atributos identificadores. De modo geral, o nome de um identificador é composto pelo nome da classe e do sufixo "Id".

Vamos analisar primeiro as classes **Produto, Fornecedor** e **Categoria.**

Começando pela classe Produto, temos o atributo identificador, que deve ser renomeado conforme o padrão <nome_classe> + "Id" (ProdutoId).

Ainda sobre a classe **Produto**, o método **salvar()** não exprime sua verdadeira finalidade: a alteração de dados do produto - **alterar()** seria um nome mais claro.

A classe **Fornecedor**, por ser muito simples, apenas requer renomear o atributo **FornecedorId** para **CategoriaId.**

O mesmo acontece com a classe **Categoria**: renomear o atributo **identificador** para **categoriaId.**

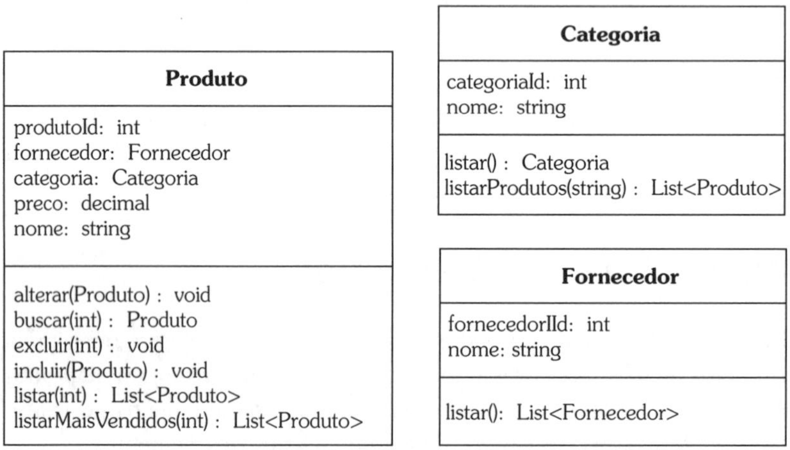

Figura 8.1. Nomenclatura revista das classes Produto, Fornecedor e Categoria.

Depois de revisar a nomenclatura das três primeiras classes, vamos analisar as classes **Pedido, ItemPedido** e **Conta.**

Depois de renomear o atributo identificador da classe **Pedido**, de **número** para **pedidoId**, note que ela possui o atributo **total**, calculado com base em valores que pertencem à classe **ItemPedido** - isso não é muito coerente. Assim, vamos remover esse atributo e criar o método **obterTotal** que receberá um identificador de pedido, efetuará o cálculo e devolverá um valor do tipo **decimal.**

A partir dessas correções, podemos revisar também a classe **ItemPedido**, renomeando o atributo **identificadorItem** para **itemPedidoId** e o atributo **numeroPedido** para **pedidoId.** Mantendo a coerência, o atributo **identificadorProduto** deve ser substituído por um atributo denominado **Produto**, cujo tipo de dado é a classe **Produto.**

Como veremos no próximo tópico, é perfeitamente natural que ocorram mudanças "drásticas" em relação a uma versão inicial das classes. Isso exige, frequentemente, reuniões de esclarecimento com o cliente e demais interessados.

A classe **Conta** é um bom exemplo da importância do processo de revisão do modelo e das mudanças que podem ocorrer. Primeiro porque o termo "conta" pode gerar confusão - é uma conta bancária? Contábil?... Analisando sua finalidade, concluímos que, na verdade, trata-se de uma entidade relacionada a usuários do sistema.

Se você considerar o mecanismo de cadastro e autenticação de usuários em outros sistemas, notará que quase sempre existe o recurso de o usuário poder alterar sua senha e que a nova senha não pode ser igual à anterior, bastando apenas que se preserve a senha antiga. Além disso, o nome de usuário (*login*) deve ser único no sistema e, geralmente, é atributo-chave da classe.

O esquema de autenticação de usuários do ASP.NET exige outra estrutura, mas, no momento, isso não pode influenciar nossa análise.

Portanto, vamos renomear a classe **Conta** para **Usuario** e criar um outro atributo, sendo **senhaAnterior**. Para evitar redundância, vamos renomear também o atributo **nomeUsuario** para **nome**.

De fato, essa classe precisa ser revisada! Os métodos **registrar()** e **incluir()** são ambíguos... Na verdade, o nome mais apropriado do primeiro deveria ser **alterar()**, ou, se preferir, **alterarSenha()**. Além disso, o método **logOn()**, semântica e tecnicamente, refere-se a um evento do sistema, que deve prover os devidos mecanismos de segurança por meio da verificação dos usuários e suas respectivas senhas - essa ação não é função da classe **Usuario**...

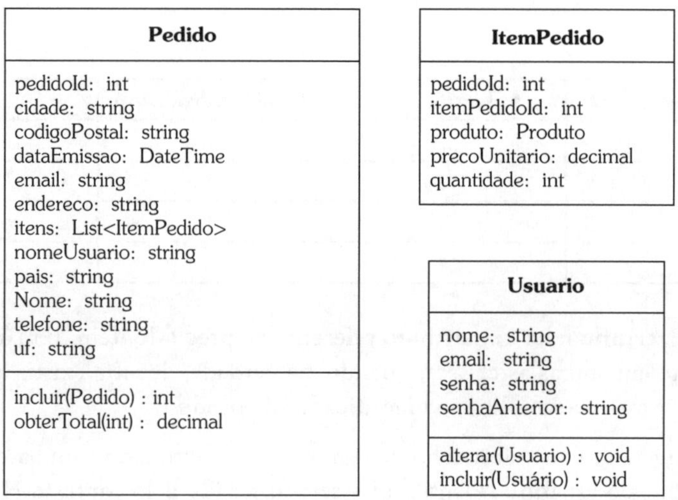

Figura 8.2. Nomenclatura revista das classes Pedido, ItemPedido e Usuario.

Note que removemos também o método **validar()** da classe **Usuario**, pois ele foi modelado "acidentalmente". As validações devem ser analisadas posteriormente e não agora.

8.2 Normalização

Como na modelagem de dados, um modelo orientado a objetos também precisa ser refinado a fim de eliminar redundância de atributos. Esse refinamento é denominado **normalização** e visa simplificar os atributos das classes para garantir a estabilidade e a integridade do modelo.

Considerando isso e a lógica do negócio, vamos analisar a classe **Carrinho**. Ela apresenta, por enquanto, os seguintes atributos: **identificadorProduto**, **identificadorCarrinho**, **preco** e **quantidade**.

Uma técnica bastante simples para testar a estrutura de uma classe é instanciar alguns objetos e observar a possibilidade de simplificação de sua estrutura:

identificadorProduto	identificadorCarrinho	Preco	Quantidade
1	1	10,00	1
2	1	12,00	2
1	2	10,00	2
3	2	14,00	1

Esse quadro resume quatro instâncias da classe **Carrinho**. Entretanto, analisando a lógica de negócio, um objeto dessa classe representa uma compra, que pode ser constituída de um ou mais itens. Conclusão: não tem sentido instanciar dois objetos referentes a um mesmo evento. O correto seria instanciar um único objeto da classe **Carrinho** e associá-lo aos itens por meio de uma segunda classe - **ItemCarrinho**.

Ↄ problema é agravado porque temos a classe **ItemCarrinho** cujos atributos são redundantes: **Produto**, **identificador**, **identificadorCarrinho** e **Quantidade** (?!)...

Vamos criar um segundo instanciando objetos da classe **ItemCarrinho** com base nos valores do primeiro quadro:

identificadorCarrinho	Identificador	Produto.ProdutoId	Quantidade
1	1	1	1
1	2	2	2
2	3	1	2
2	4	3	1

Na classe **ItemCarrinho** falta um atributo referente ao preço do item. E mais: o atributo de quantidade existe em ambas as classes, quando, na verdade, deveria existir apenas na classe **ItemCarrinho**. O mesmo se aplica ao identificador de produto.

Além disso, considerando que o carrinho de compras será controlado com base no contexto de uma sessão aberta pelo usuário, o identificador será fornecido pelo contexto HTTP do sistema, de modo que o tipo de dado mais adequado para identificação do carrinho de compras deve ser do tipo **texto** (*string*).

Portanto, podemos concluir que o único atributo a ser considerado para a classe **Carrinho** é seu identificador e a classe **ItemCarrinho** conterá os atributos efetivamente relacionados a cada item (produto) adicionado ao carrinho de compras.

Quanto aos métodos da classe **Carrinho**, como o atributo **identificadorCarrinho** deve ser renomeado para **carrinhoId**, é conveniente que o método **obterNumero()**, que retorna um inteiro (*int*), seja renomeado para **obterCarrinhoId()**, recebendo como parâmetro o contexto da sessão de usuário.

Além disso, como o identificador do carrinho passa a ser do tipo *string*, o método **obterTotal** passa a ter a seguinte assinatura: **obterTotal(string):decimal**.

Considerando também o mecanismo de criação de um pedido a partir do carrinho de compras, podemos, embora aparentemente fora da premissa de manter o modelo como conceitual, criar dois métodos: um para esvaziar o carrinho e outro para efetuar a migração de seu conteúdo para o pedido a ser efetivamente armazenado no sistema.

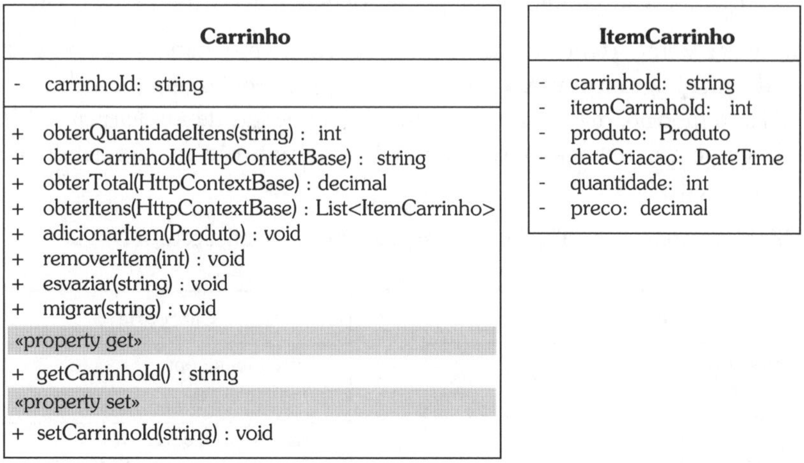

Figura 8.3. Classes Carrinho e ItemCarrinho após a revisão.

Nosso projeto de exemplo é relativamente simples, mas essa pequena simulação entre a definição do carrinho, feita no capítulo anterior, e sua revisão, neste tópico, serve para chamar a atenção sobre a importância de refinar o modelo em termos de normalização.

8.3 Encapsulamento e Propriedades

O encapsulamento, ou ocultação de informações, é um dos princípios básicos da orientação a objetos e consiste em separar aspectos externos dos internos da implementação de um objeto: determinados detalhes ficam ocultos aos demais objetos e dizem respeito apenas ao próprio objeto.

Isso permite que toda parte encapsulada seja modificada sem que os elementos que acessam a classe sejam afetados ou tomem conhecimento das mudanças, protegendo os atributos e dando maior flexibilidade ao modelo.

O encapsulamento de atributos assegura coesão e integridade do estado e do comportamento de um objeto e, normalmente, é implementado por métodos com base no padrão **get<nome_atributo>**, para ler o conteúdo de um atributo privado, e **set<nome_atributo>**, para modificá-lo.

Assim, o estereótipo <<**property**>> atribuído a um método significa que ele se refere a uma atribuição ou leitura de um atributo privado.

Exemplificando de forma bastante simples, considere a classe **Usuario** de nosso modelo. Ela possui o atributo **nome** (*login*) cujo conteúdo deve ser único, isto é, não podem existir dois usuários com o mesmo nome no sistema.

Na implementação, só seria possível detectar a duplicidade durante a execução do método de inclusão, mas, com a definição de um método de propriedade, denominado **setNome**, a duplicidade seria detectada no momento da atribuição: o método pesquisaria no sistema alguma ocorrência já existente e evitaria a atribuição do nome ao atributo.

Neste tópico, portanto, vamos implementar as propriedades dos atributos das classes do modelo.

Antes de continuar, é importante adotar uma linguagem de programação como padrão, pois os tipos variam de uma linguagem para outra. Como o projeto de exemplo foi construído em C#, vamos adotá-la no modelo, mas lembrando que as ferramentas de modelagem UML permitem substituir a linguagem de maneira bastante rápida e prática, não representando, portanto, nenhum problema de adaptação.

Vamos subdividir o modelo em três figuras, para facilitar a visualização.

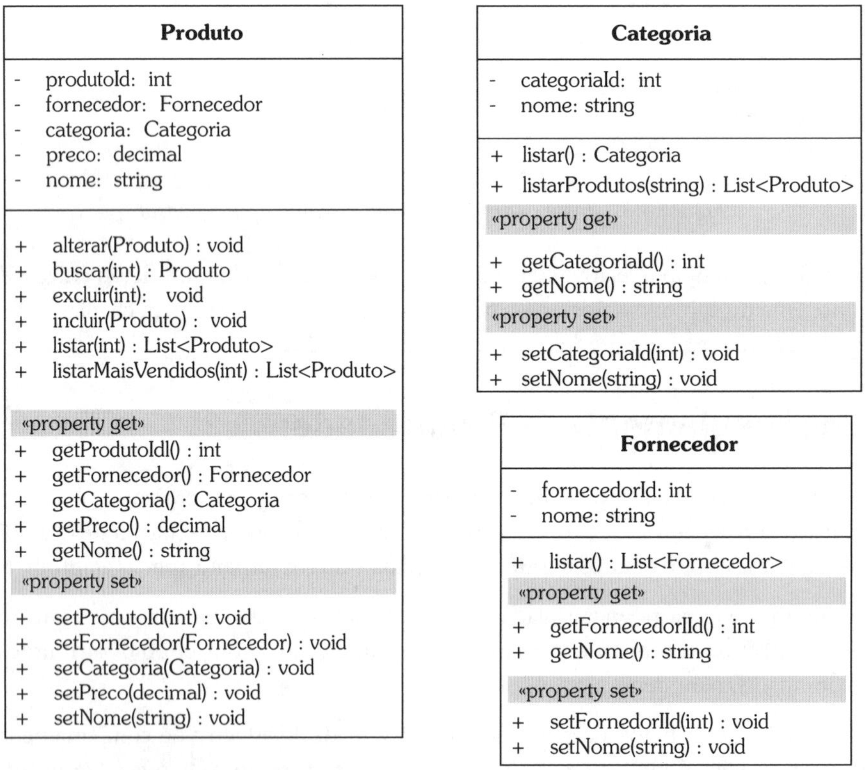

Figura 8.4. Propriedades das classes Produto, Fornecedor e Categoria.

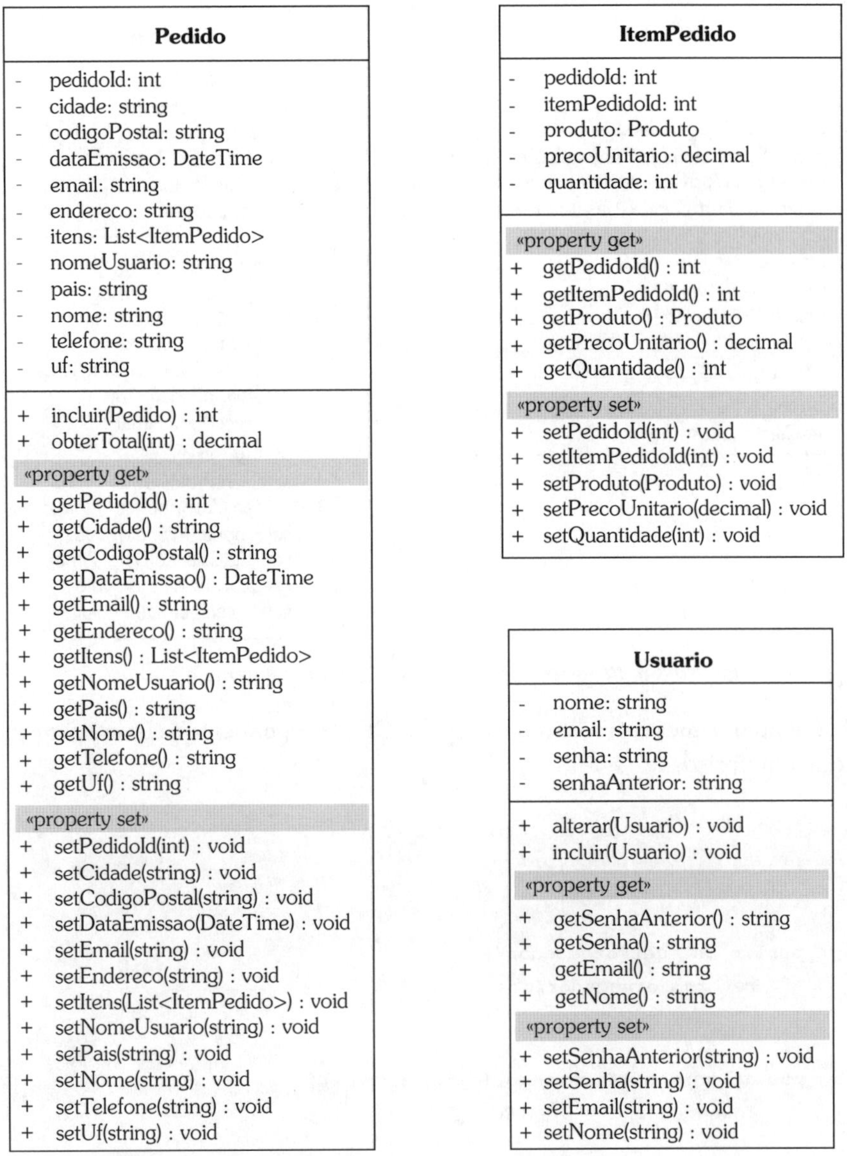

Figura 8.5. Propriedades das classes Pedido, ItemPedido e Usuario.

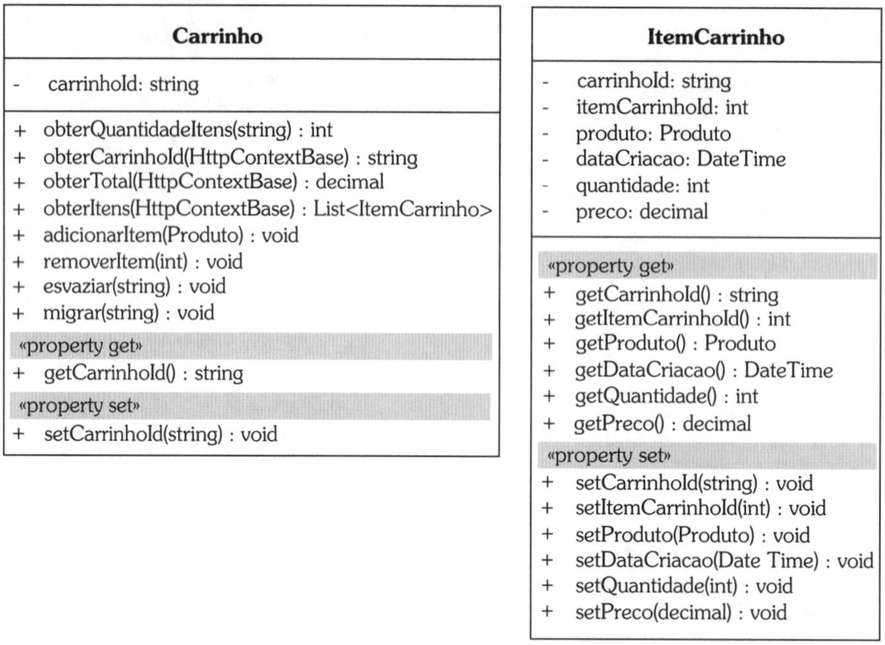

Figura 8.6. Propriedades das classes Carrinho e ItemCarrinho.

A título de exemplo, vamos reproduzir o código em C# correspondente à classe **Fornecedor**, evidenciando suas propriedades:

```
public class Fornecedor {
          private int Fornecedor;
          private string nome;

          public int getFornecedor(){
              return FornecedorId;
          }

          public void setFornecedorId(int newVal){
              FornecedorId =  newVal;
          }

          public string getNome(){
              return nome;
          }
          public void setNome(string newVal){
              nome =  newVal;
          }

          public List<Fornecedor> listar(){
              return null;
          }
}
```

O método **listar()**, obviamente, na implementação conterá o código necessário para obtenção de todos os fornecedores existentes no sistema e retornará uma lista de objetos **Fornecedor**.

8.4 Associações

Depois de revisar os atributos e métodos das classes e definir suas propriedades, o próximo passo consiste em determinar como elas associam-se, isto é, como dependem umas das outras para cumprir suas responsabilidades e suprir o comportamento necessário. As associações documentam os relacionamentos entre as classes e ajudam a entender as conexões para construir sistemas mais flexíveis.

Ligações entre classes indicam que objetos das duas classes necessitam comunicar-se e, como resultado, são criadas associações e agregações que representam e permitem que as mensagens sejam enviadas entre objetos de duas classes.

Para definir as associações de nosso modelo, precisamos considerar as seguintes regras de negócio:

- Um fornecedor pode lançar nenhum ou vários produtos.
- Uma categoria pode referir-se a nenhum ou vários produtos.
- Um produto pode ser incluído em nenhum ou vários itens de pedido.
- Um produto pode ser incluído em nenhum ou vários itens de compra.
- Um carrinho pode conter um ou mais itens de compra.
- Um pedido pode conter um ou mais itens.
- Um usuário pode fazer nenhum ou vários pedidos.

Analisando estas regras, podemos identificar que a classe **Produto** é a principal envolvida e não poderia ser diferente, pois o sistema destina-se à venda de produtos... Assim, vamos considerar as associações dessa classe **Produto** com as demais.

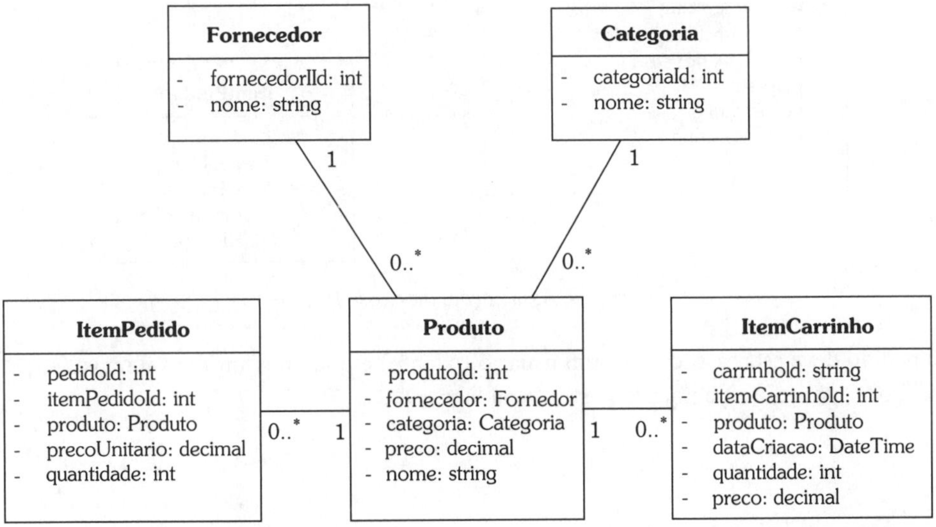

Figura 8.7. Associações da classe Produto.

As associações e a multiplicidade apresentadas na Figura 8.7 cumprem as regras de negócio relativas à classe **Produto**.

A associação do tipo agregação define que as informações de um objeto-todo precisam ser complementadas pelas informações contidas em um ou mais objetos-parte. Trata-se de um relacionamento conhecido como "todo/parte".

Assim, a associação ilustrada pela Figura 8.8 pode ser interpretada nos seguintes termos: um carrinho de compras pode possuir um ou mais itens e um item refere-se a apenas um carrinho. Na prática, isso é implementado por um atributo da classe **Carrinho** representando uma coleção (lista ou *array*) de objetos da classe **ItemCarrinho**; daí a adição do atributo **itens** à classe **Carrinho**.

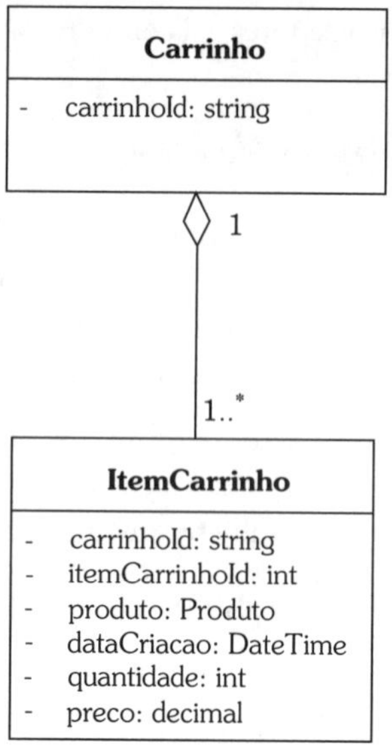

Figura 8.8. Agregação Carrinho-ItemCarrinho.

O mesmo se aplica ao pedido:

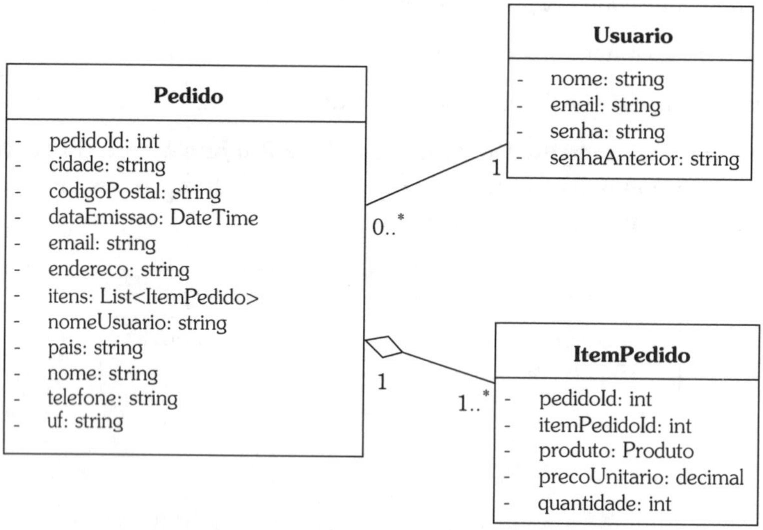

Figura 8.9. Associações da classe Pedido.

Todo pedido deve estar associado a um usuário (cliente) e pode possuir um ou mais itens. Nada de inédito, portanto, no fragmento ilustrado na Figura 8.9.

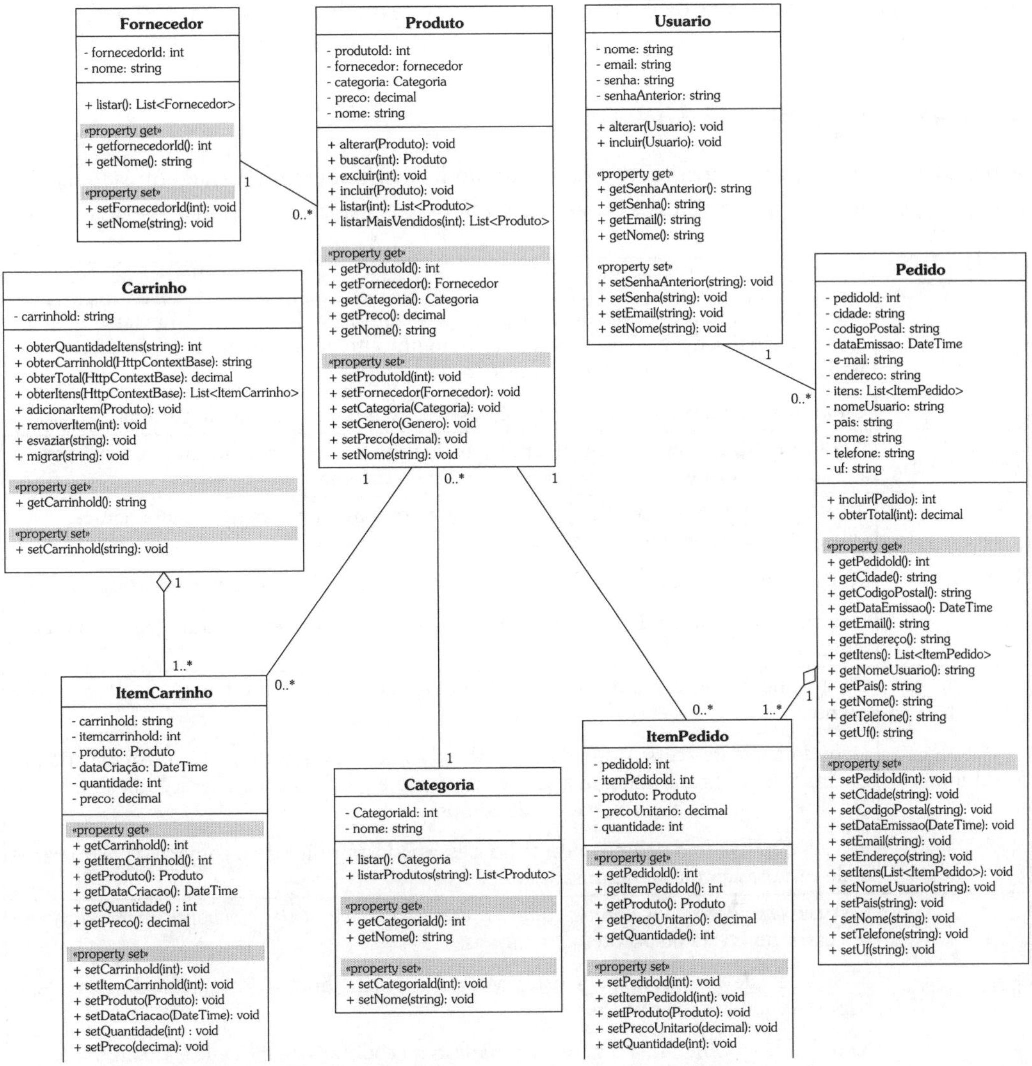

Figura 8.10. Versão final do modelo de classes de análise.

Depois de revisar e refinar o modelo de classes de análise, chegamos a uma versão que permite continuar com o processo de confecção das especificações técnicas do projeto.

8.5 Descrição dos Elementos

O resultado de nosso trabalho é um modelo que, dentro do possível, se autoexplica, isto é, os nomes de classes, atributos e métodos explicitam sua finalidade e as associações permitem interpretar claramente as regras de negócio.

Porém, mesmo que as ferramentas de modelagem UML não oferecessem recursos para descrever os elementos do modelo, precisaríamos encontrar um meio de fazê-lo a fim de não deixar dúvidas sobre a finalidade e outras características de cada classe, atributo e método. O diagrama não é suficiente para explicar o modelo.

Assim, é importante comentar os elementos registrando textualmente informações relevantes a qualquer interessado, o que também colabora na confecção do glossário do sistema.

8.5.1 Descrição das Classes

Vamos descrever as classes constituintes de nosso modelo, considerando os seguintes itens: descrição, responsabilidades, requisitos e cenários atendidos, e possíveis restrições associadas.

Classe	Descrição
Produto	O produto é um artigo disponível no site para aquisição do cliente. Essa classe é fundamental na lógica de negócio do sistema. Todo produto possui um nome e um preço e está associado a uma categoria e um fornecedor. Uma vez associado a um pedido, não é possível excluir um produto do sistema.
Fornecedor	Um fornecedor é o provedor de um ou mais produtos e possui um nome. Uma vez associado a um produto, não é possível excluí-lo do sistema.
Categoria	A categoria permite classificar produtos que contêm características semelhantes e que compartilham elementos em comum. Toda categoria possui um nome e uma descrição detalhada de suas particularidades. Uma vez associada a pelo menos um produto, não é possível excluir uma categoria do sistema.
Carrinho	O carrinho reúne em uma cesta de compras vários itens (produtos) escolhidos pelo cliente. Quando o cliente acessa o site da NorthWind MVC, automaticamente, o sistema cria um carrinho, identificando-o com a sessão da página e permitindo a seleção, adição e remoção de produtos da cesta ou pacote de compras. Uma vez efetivado o pedido, o carrinho é esvaziado, permitindo o começo de novo pacote de compras ainda na mesma sessão.
ItemCarrinho	Essa classe refere-se aos itens (produtos) escolhidos pelo usuário (cliente) para adição ao seu carrinho (cesta ou pacote) de compras. Na seleção de um produto, o sistema registra a data/horário da adição do item, bem como sua quantidade e preço. Se o cliente escolher uma segunda vez o mesmo produto, a quantidade é atualizada considerando as quantidades anteriores.
Pedido	O pedido refere-se à efetivação do carrinho de compras, consolidando assim a compra realizada pelo cliente. Antes disso, o usuário deve informar os dados para entrega dos produtos comprados. O número do pedido é gerado automaticamente pelo sistema e sua efetivação deve ser confirmada pelo cliente.
ItemPedido	O item de pedido refere-se à consolidação de cada item do carrinho de compras, retendo o preço vigente do produto no momento da efetivação do pedido.
Usuario	No contexto da compra e efetivação do pedido, usuário é o cliente que efetua a compra dos produtos, mas pode ser também o administrador que efetua a manutenção dos produtos no sistema. O nome do usuário (*login*) deve ser único no sistema e ele pode, a qualquer momento, alterar sua senha para acesso ao sistema.

8.5.2 Descrição dos Atributos

A descrição não só inclui sua finalidade, mas também outras características como: se deve ser exibido na interface de usuário (um identificador, por exemplo, serve apenas para controle do processo e não para visualização do usuário), tamanho máximo, se é obrigatório ou não etc.

Esses detalhes de descrição são importantes na especificação técnica, principalmente na seção de descrição das ações de interface, tratada em capítulos posteriores.

Classe Produto

Atributo	Descrição
produtoId	É o identificador-chave que permite reconhecer inequivocamente cada produto no sistema, sendo, portanto, obrigatório nas operações de persistência. Seu valor é incremental, ou seja, é obtido pelo próprio sistema.
fornecedor	Esse atributo faz referência ao fornecedor do produto. Todo produto, obrigatoriamente, deve ter um fornecedor associado.
categoria	Esse atributo refere-se à categoria do produto e é obrigatório.
preco	Refere-se ao preço de cada unidade do produto e deve estar na faixa de R$ 1 a R$1000. Trata-se de um atributo obrigatório.
nome	O nome do produto é obrigatório e deve possuir, no máximo, 40 caracteres.

Classe Fornecedor

Atributo	Descrição
fornecedorId	É o identificador-chave que permite reconhecer inequivocamente cada fornecedor no sistema, sendo, portanto, obrigatório nas operações de persistência. Seu valor é incremental, ou seja, é obtido pelo próprio sistema.
Nome	O nome do fornecedor é de preenchimento obrigatório.

Classe Categoria

Atributo	Descrição
categoriaId	É o identificador-chave que permite reconhecer inequivocamente cada categoria no sistema, sendo, portanto, obrigatório nas operações de persistência. Seu valor é incremental, ou seja, é obtido pelo próprio sistema.
nome	Refere-se ao nome da categoria.
descricao	Contém uma descrição detalhada da categoria.

Classe Carrinho

Atributo	Descrição
carrinhoId	É o identificador-chave que permite reconhecer inequivocamente cada carrinho no sistema. Trata-se do identificador de sessão criado pelo HTTPContext.
itens	Contém a lista (coleção ou *array*) dos itens que compõem o carrinho de compras (cada item da lista é um objeto da classe ItemCarrinho).

Classe ItemCarrinho

Atributo	Descrição
carrinhoId	Refere-se ao identificador gerado pelo contexto para a identificação de objetos da classe Carrinho.
itemCarrinhoId	Identificador gerado sequencialmente no âmbito do carrinho.
produto	Produto ao qual se refere o item.
dataCriacao	Data/horário em que o item foi incluso no carrinho. É importante na situação de uma compra ser interrompida e retomada em horários com espaços de tempo relativamente distantes, implicando mudança de dia (por exemplo, pedidos feitos perto da meia-noite).
quantidade	Número de produtos solicitados. Por definição, cada solicitação do cliente atribui uma unidade, mas, se já existir uma ocorrência do produto no carrinho, o sistema acresce mais uma unidade ao item.
preco	Captura e registra o preço do produto no ato da compra.

Classe Pedido

Atributo	Descrição
pedidoId	O identificador do pedido é um número incremental gerado pelo sistema.
cidade	Esse campo é obrigatório e possui o tamanho máximo de 40 caracteres.
codigoPostal	Esse campo é obrigatório e possui o tamanho máximo de 10 caracteres.
dataEmissao	Quando o cliente escolher fechar o pedido, o sistema registra a data/horário em que ocorreu o evento.
email	O endereço de e-mail é obrigatório e deve atender o formato de expressão regular representado pelo conjunto "[A-Za-z0-9._%+-]+@[A-Za-z0-9.-]+\.[A-Za-z]{2,4}".
endereco	Esse campo é obrigatório e possui o tamanho máximo de 70 caracteres.
itens	Contém a lista (coleção ou *array*) dos itens que compõem o pedido (cada item da lista é um objeto da classe ItemPedido).
nomeUsuario	Refere-se ao usuário (cliente) que efetuou o pedido. Esse atributo é oculto na interface de usuário.
pais	Esse campo é obrigatório e possui o tamanho máximo de 40 caracteres.
nome	Esse campo é obrigatório e possui o tamanho máximo de 160 caracteres.
telefone	Esse campo é obrigatório e possui o tamanho máximo de 24 caracteres.
uf	Esse campo é obrigatório e possui o tamanho máximo de 40 caracteres.

Classe ItemPedido

Atributo	Descrição
pedidoId	Refere-se ao identificador gerado pelo sistema para o pedido.
itemPedidoId	Identificador gerado sequencialmente no âmbito do pedido.
produto	Produto ao qual se refere o item.
dataCriacao	Data/horário em que o item foi incluso no carrinho. É importante na situação de uma compra ser interrompida e retomada em horários com espaços de tempo relativamente distantes, implicando mudança de dia (por exemplo, pedidos feitos perto da meia-noite).
quantidade	Quantidade do item (produto) pedido.
preco	Captura e registra o preço do produto no ato da compra.

Classe Produto

Atributo	Descrição
nome	O nome do usuário (*login*) é o identificador-chave do usuário do sistema, devendo, portanto, ser único.
email	O endereço de e-mail deve possuir, no mínimo, 2 caracteres e, no máximo, 100.
senha	A senha do usuário deve ser obrigatória.
senhaAnterior	A senha anterior destina-se a evitar uma alteração de senha cujo valor seja igual ao anterior.

8.5.3 Descrição dos Métodos

De certa forma, a descrição de classes e atributos tem uma importância "estática". Isso explica sua finalidade, mas não explica seu comportamento, o que é feito pela descrição dos métodos.

Essa descrição não é difícil, pois baseia-se nos casos de uso e na realização deles, como praticado no capítulo anterior.

Vejamos, então, a descrição dos métodos por classes:

Classe Produto

Método	Descrição
alterar(Produto)	A partir do objeto Produto recebido, localiza o produto por meio de seu identificador e atualiza seu nome.
buscar(ProdutoId): int	A partir de um identificador do produto, busca e retorna um objeto Produto.
excluir(ProdutoId): void	Exclui um produto com base em um identificador, desde que ele não esteja associado a um pedido.
listar(int): List<Produto>	Retorna todos os produtos de uma categoria existentes no sistema.
listarMaisVendidos(int): List<Produto>	Retorna os produtos mais vendidos de acordo com o parâmetro informado.

Classe Fornecedor

Método	Descrição
listar()	Retorna uma lista de todos os Fornecedores existentes no sistema.

Classe Categoria

Método	Descrição
listar()	Retorna uma lista de todas as categorias existentes no sistema.
listarProdutos(string):List<Produtos>	Retorna uma lista de todos os produtos associados a um nome de categoria informado.

Classe Carrinho

Método	Descrição
adicionarItem(Produto)	Adiciona um produto ao carrinho de compras.
esvaziar(carrinhoId)	Limpa os dados do carrinho e seus itens no contexto da sessão de usuário.
migrar(nomeUsuario)	Registra o nome do usuário (cliente) como adquirente do carrinho de compras, consolidando o pedido.
obterCarrinhoId(HttpContextBase)	Busca o identificador do carrinho de compras no contexto da sessão de usuário.
obterItens(carrinhoId): List<ItemCarrinho>	Busca e retorna a lista dos itens (produtos) constituintes do carrinho de compras.
obterQuantidadeItens(carrinhoId): int	Busca e retorna a quantidade de itens (produtos do carrinho).
obterTotal(carrinhoId):decimal	Calcula o valor total do carrinho de compras.
removerItem(itemId)	Remove um item do carrinho de compras.

Classe Pedido

Método	Descrição
incluir()	Inclui um novo pedido no sistema a partir do carrinho de compras identificado na sessão de usuário.
obterTotal(pedidoId):decimal	Calcula o valor total do pedido.

Classe Usuario

Método	Descrição
incluir()	Inclui um novo usuário (no contexto de cliente que acessa o *site*).
alterar(usuario)	Permite alterar os dados do usuário, no momento do *log on*, isto é, alterar a senha. O processo de alteração resume-se em trocar a senha, que é comparada com a anterior para a efetivação.

Não obstante a simplicidade do projeto de exemplo, cremos que as considerações práticas que fizemos neste capítulo serviram para salientar a importância da revisão e do refinamento do modelo de classes de análise.

Trouxemos do capítulo anterior um modelo com alguns erros de nomenclatura e interpretação da lógica de negócio na intenção de exercitar e alertar sobre um problema recorrente em projetos: a pressão de concluir etapas (o argumento do "cronograma agressivo"), a "certeza" de que tudo foi bem analisado e de que precisamos estar afinados (e afiados) com os preceitos da orientação a objetos.

Se, no capítulo anterior, tudo estivesse "certinho", não haveria graça, nem sentido, de existir este capítulo...

O que queremos salientar é que, mesmo havendo pressão de tempo, não adianta progredir se o modelo conceitual não estiver estável e bem definido...

Resumindo os passos percorridos até aqui: definimos um documento de visão, para especificar o sistema a ser desenvolvido, em seguida analisamos os requisitos funcionais a serem satisfeitos. A partir disso, construímos um pacote constituído de protótipos e casos e uso (a especificação funcional) e, dele, abstraímos uma primeira versão de um modelo de classes puras (de análise), sem considerar qualquer arquitetura de referência.

Esse modelo foi revisado, refinado e normalizado e, agora, podemos partir efetivamente para a construção de artefatos que especifiquem tecnicamente o que a equipe de desenvolvimento deve produzir.

8.6 Resumo

- Algumas propostas incluem no modelo de análise três tipos, ou estereótipos, de classe: **classe de fronteira** (interação do sistema com o ambiente), **classe de entidade** (ou de persistência) e **classe de controle** entre instâncias de classes de fronteira e de entidade.
- Neste capítulo, o modelo é uma abstração do modelo de desenho, omitindo detalhes de implementação a fim de fornecer uma visão geral da funcionalidade do sistema.
- Na revisão do modelo, adotamos a estratégia de abordar um problema por vez.
- Não é aconselhável utilizar acentuação, caracteres especiais e espaços na nomenclatura dos elementos do modelo. A primeira providência a ser tomada é revisar os nomes dos elementos do modelo, eliminando acentos e "ç".
- O modelo adotou o seguinte padrão de nomenclatura: nomes de classes iniciados com letra maiúscula; nomes de atributos, métodos e parâmetros simples iniciados com letra minúscula; nomes de atributos, métodos e parâmetros compostos iniciados com letra minúscula e os demais termos com letra maiúscula.
- O nome de um identificador geralmente é composto pelo nome da classe e do sufixo "Id".
- É perfeitamente natural que ocorram mudanças "drásticas" em relação a uma versão inicial das classes. Isso exige, frequentemente, reuniões de esclarecimento com o cliente e demais interessados.
- Como na modelagem de dados, um modelo orientado a objetos também precisa ser refinado a fim de eliminar redundância de atributos. Esse refinamento é denominado **normalização** e visa simplificar os atributos das classes para garantir a estabilidade e a integridade do modelo. Uma técnica bastante simples para testar a estrutura de uma classe é instanciar alguns objetos e observar a possibilidade de simplificação de sua estrutura.
- Nosso projeto de exemplo é simples, mas serviu para chamar a atenção sobre a importância de refinar o modelo em termos de normalização.
- O encapsulamento, ou ocultação de informações, é um dos princípios básicos da orientação a objetos e consiste em separar aspectos externos dos internos da implementação de um

objeto: determinados detalhes ficam ocultos aos demais objetos e dizem respeito apenas ao próprio objeto.

- O encapsulamento de atributos assegura coesão e integridade do estado e do comportamento de um objeto e, normalmente, é implementado como métodos com base no padrão **get<nome_atributo>**, para ler o conteúdo de um atributo privado, e **set<nome_atributo>**, para modificá-lo. O estereótipo <<**property**>> atribuído a um método significa que ele se refere a uma atribuição ou leitura de um atributo privado.
- É importante adotar uma linguagem de programação como padrão, pois os tipos variam de uma linguagem para outra. Como nosso projeto de exemplo foi construído em C#, ela foi adotada no modelo.
- Depois de revisar os atributos e métodos das classes e definir suas propriedades, o próximo passo consiste em determinar como elas associam-se, isto é, como dependem umas das outras para cumprir suas responsabilidades e suprir o comportamento necessário. As associações documentam os relacionamentos entre as classes e ajudam a entender as conexões para construir sistemas mais flexíveis.
- Ligações entre classes indicam que objetos das duas classes necessitam comunicar-se e, como resultado, são criadas associações e agregações que representam e permitem que as mensagens sejam enviadas entre objetos de duas classes.
- A associação do tipo agregação define que as informações de um objeto-todo precisam ser complementadas pelas informações contidas em um ou mais objetos-parte. Trata-se de um relacionamento conhecido como "todo/parte".
- O resultado de nosso trabalho é um modelo que, dentro do possível, se autoexplica, isto é, os nomes de classes, atributos e métodos explicitam sua finalidade e as associações permitem interpretar claramente as regras de negócio. Mesmo assim, é importante comentar os elementos registrando textualmente informações relevantes a qualquer interessado, o que também colabora na confecção do glossário do sistema.
- A descrição não só inclui sua finalidade, mas também outras características como: se deve ser exibido na interface de usuário (um identificador, por exemplo, serve apenas para controle do processo e não para visualização do usuário), tamanho máximo, se é obrigatório ou não etc.
- Esses detalhes de descrição são importantes na especificação técnica, principalmente na seção de descrição das ações de interface, tratada em capítulos posteriores.
- De certa forma, a descrição de classes e atributos tem uma importância "estática". Isso explica sua finalidade, mas não explica seu comportamento, o que é feito pela descrição dos métodos, que se baseia nos casos de uso e na realização deles, como praticado no capítulo anterior.

8.7 Exercício Proposto

A versão original do projeto de exemplo NorthWind MVC, utilizado em nosso estudo, exige que o fechamento de cada pedido seja realizado somente após serem informados dados como endereço, e-mail, nome de usuário, e outras informações relacionadas ao cliente.

Que modificação você realizaria no modelo a fim de evitar esse "incômodo"?

9 Interfaces e Classes Abstratas

Neste capítulo, trataremos de:

- ✓ *Aplicação dos conceitos de herança e polimorfismo em classes abstratas*
- ✓ *Conceito de interface e sua implementação*
- ✓ *Importância do uso de interfaces*
- ✓ *Como identificar e nomear interfaces*

Três conceitos fundamentais da orientação a objeto são encapsulamento, herança e polimorfismo.

No capítulo anterior, tivemos a oportunidade de exemplificar o encapsulamento por meio da definição das propriedades de um objeto, traduzidas pelos métodos **set** e **get**. Agora, vamos abordar rapidamente a utilização prática de herança e polimorfismo.

A título de recordação, **herança** é a capacidade de uma classe, denominada **subclasse** ou **classe derivada**, herdar atributos e comportamento de uma outra classe, denominada **superclasse** ou **classe base**. A subclasse é uma especialização de sua superclasse e, em sentido contrário, a superclasse é uma generalização de suas subclasses.

A herança é definida com um relacionamento "*é-um*" (ou "*é-uma*") e sua finalidade principal é chegar a um modelo que flexibilize e facilite mudanças, permitindo também reutilização, extensão ou modificação de código em subclasses, isto é, uma classe derivada pode reutilizar o código na classe base sem a necessidade de reimplementá-lo; também pode adicionar mais membros de forma a estender a funcionalidade da classe base.

Uma classe derivada pode ter apenas uma classe de base direta. No entanto, a herança é transitiva. Se uma classe C é derivada de uma classe B e a classe B é derivada de uma classe A, a classe C herda os membros da classe A.

A generalização pode ocorrer em vários níveis, permitindo a modelagem de hierarquias de herança complexas: as propriedades gerais são definidas na parte superior da hierarquia de herança, ao passo que as especiais ficam na parte inferior.

Assim, por exemplo, podemos definir uma superclasse *Pessoa* com duas subclasses, *Cliente* e *Funcionário*. A classe cliente, por sua vez, pode possuir duas subclasses, *Pessoa Jurídica* e *Pessoa Física* etc.

Polimorfismo significa "muitas formas" ou "o estado de existir em muitas formas". Em programação, geralmente é definido como a "capacidade de objetos diferentes possuírem métodos de mesmo nome e mesma lista de parâmetros que, quando chamados, executam tarefas de maneiras diferentes".

Por exemplo, objetos diferentes (carro, moto, bicicleta) derivam de uma mesma classe, *Veículo*, que possui o método *Acelerar*: os três objetos invocam um método de mesmo nome, mas sua implementação e comportamento são diferentes em cada um dos objetos.

9.1 Classes Abstratas

Uma **classe abstrata** nunca é diretamente instanciada, pois não possui implementação suficiente para ser utilizada, apenas oferece uma definição que pode ser compartilhada por suas classes derivadas.

Retomando o exemplo anterior, *Carro, Moto* e *Bicicleta* são classes derivadas de *Veículo*. São tipos de veículo, mas "veículo" é um conceito abstrato - uma forma de classificar objetos do mundo real, enquanto os três tipos são conceitos concretos.

Um exemplo muito comum é uma biblioteca de classes que define uma classe abstrata a ser empregada como parâmetro de uma função e exige que o desenvolvedor use a biblioteca para fornecer suas próprias implementações, criando assim uma classe derivada.

Você pode, por exemplo, declarar uma classe *Pessoa* como abstrata com os métodos *incluir, alterar* e *listar*. Ela não pode ser instanciada, mas suas classes derivadas, como *Cliente* e *Usuário*, devem fornecer a implementação desses métodos.

Resumindo, uma classe abstrata pode ter ou não uma implementação, variáveis membros (inclusive estáticas), métodos não abstratos (inclusive privados ou protegidos) ou propriedades.

9.2 Interfaces

Interface é a forma pela qual um objeto permite que outros objetos interajam com ele. Ela pode ser definida como um contrato entre a classe e o mundo exterior, como um cliente e o provedor do serviço. Quando uma classe implementa uma interface, ela se compromete a fornecer o comportamento publicado por essa interface.

É importante não confundir o elemento interface com "interface visual" (que permite a interação por meio de objetos visuais, como caixas de texto, listas etc.).

Uma interface não fornece implementações, como acontece com uma classe. Assim, em certo sentido, podemos dizer que uma interface é semelhante a uma classe abstrata. Sintaticamente, ela corresponde a um elenco de métodos, definindo um conjunto de comportamentos, em que são indicados, além do nome do método, apenas os tipos dos argumentos e do retorno.

Ela também permite a definição de constantes, isto é, identificadores como os atributos de classe, mas tais "atributos" são implicitamente dos tipos *static* e *final*.

Por convenção, o nome de uma interface é sempre iniciado com um "I" maiúsculo.

Quando uma classe implementa uma interface, ela deve fornecer uma implementação para todos os seus membros da interface, podendo inclusive implementar várias interfaces, mesmo que ela derive diretamente de apenas uma única classe base.

Como mencionamos, a herança é um relacionamento do tipo "*é-um*", em que uma classe "*é-um*" tipo de outra classe. Interfaces, por outro lado, permitem criar um relacionamento entre objetos que não seria possível se esses objetos não fossem derivados de uma mesma classe base. Enfim, uma interface define "**o que uma classe é capaz de fazer**", em vez de definir "o que uma classe é" (como no caso da herança).

Explicando melhor, vamos reproduzir um exemplo citado em http://msdn.microsoft.com/pt-br/library/cc580626.aspx por Claudio Lassala. Ele começa descrevendo a classe abstrata **Forma**:

```
public abstract class Forma
{
  public Forma()
  {
  }

  public virtual void Desenhar(System.Drawing.Graphics g)
  {
  }
}
```

O método **Desenhar** recebe um objeto do tipo **Graphics** e é implementado na classe **Pessoa**:

```
public class Pessoa : Forma
{
  public string Falar(string frase)
  {
       return "Pessoa falando " + frase;
  }

  public override void Desenhar(System.Drawing.Graphics g)
  {
       base.Desenhar (g);
       GraphicsPath pessoa = new GraphicsPath();
       pessoa.AddEllipse(23, 1, 14, 14);
       pessoa.AddLine(18, 16, 42, 16);
       pessoa.AddLine(50, 40, 44, 42);
       pessoa.AddLine(38, 25, 37, 42);
       pessoa.AddLine(45, 75, 37, 75);
       pessoa.AddLine(30, 50, 23, 75);
       pessoa.AddLine(16, 75, 23, 42);
       pessoa.AddLine(22, 25, 16, 42);
       pessoa.AddLine(10, 40, 18, 16);
       g.DrawPath(Pens.Blue, pessoa);
  }
}
```

O significado completo do código não é importante, mas sim a implementação do método **Desenhar**, que poderia, por exemplo, ser implementado em outra classe concreta, como:

```
public class Quadrado : Forma
{
  public override void Desenhar(System.Drawing.Graphics g)
  {
        base.Desenhar (g);
        g.DrawRectangle(Pens.Green, 5, 5, 100, 100);
  }
}
```

Temos, portanto, um exemplo de polimorfismo, em que o método **Desenhar** da classe Pessoa permite a representação de uma pessoa na superfície passada ao método (desenho de tela).

O exemplo citado, porém, sugere uma segunda classe abstrata - **Negocios**:

```
// Classe base para objetos de negócios.
public abstract class Negocios
{
  // Método para validação dos dados mantidos pela classe.
  public abstract void Validar();
}

public class Funcionario : Negocios
{
  // Campo que contém foto do funcionário. Em cenário real,
  // possivelmente traríamos a foto a partir de um banco de dados ou algo assim.
  public Bitmap Foto = new Bitmap(@"e:\ClaudioLassala.jpg");

  public override void Validar()
  {
        // Código para validação dos dados.
  }
}
```

A classe **Funcionario** mostra a necessidade de desenhar a foto do funcionário em uma superfície, como foi feito com as formas Quadrado e Pessoa. "Por ser uma classe de negócios, a classe **Funcionario** não pode herdar de qualquer outra classe senão a classe **Negocios** - ela não possui um método **Desenhar**, portanto não compartilha nada em comum com as classes que sabem como 'desenhar a si mesmas'".

Para resolver o problema, o exemplo sugere a criação de uma interface chamada **IDesenhavel**, cujos objetos que a implementem podem ser interpretados como "classes desenháveis":

```
public interface IDesenhavel
{
  void Desenhar(Graphics g);
}
Finalmente, basta alterar as classes Funcionario e Forma, implementando agora a
interface IDesenhavel:
public class Funcionario : Negocios, IDesenhavel
{
  #region Membros da Interface IDesenhavel
  public void Desenhar(Graphics g)
  {
```

```
        // Carrega a foto em um objeto Image.
        Image im = Image.FromHbitmap(this.Foto.GetHbitmap());

        // Desenha a foto na superfície do gráfico.
        g.DrawImage(im, 1, 1, im.Width, im.Height);
        }
    #endregion
}

public abstract class Forma : IDesenhavel
{
    public virtual void Desenhar(System.Drawing.Graphics g)
    {
    }
}
```

Nosso estudo não visa entrar em maiores detalhes de programação, mas de especificação. Entretanto, este exemplo, apesar de simples, é bastante abrangente para explicar a aplicação prática de classes abstratas e, principalmente, de interfaces. Para uma explicação detalhada, visite o endereço citado anteriormente.

As classes, portanto, ajudam a definir um objeto e seu comportamento e as interfaces que auxiliam na definição dessas classes.

Note que a utilização de interfaces permite um alto grau de desacoplamento entre o cliente e o provedor, pois a interface não tem nenhum conhecimento das implementações que ficam encapsuladas atrás da interface, ou seja, no provedor.

9.2.1 Exemplo de Interface em Padrões de Projeto

No capítulo 6, *Arquitetura*, fizemos referência aos padrões de projeto, entre eles o padrão **Adapter**, que permite a utilização de classes cujas interfaces não estejam totalmente de acordo com suas exigências.

Para ilustrar a importância de interfaces em padrões de projeto, vamos reproduzir um exemplo em código C#, retirado do livro *C# 3.0 Design Patterns*, de Judith Bishop, que implementa o padrão **Adapter**, ilustrando sua estrutura.

O exemplo supõe que leituras técnicas estão sendo coletadas e relatadas em um elevado nível de precisão, mas o cliente só pode fazer uso de estimativas aproximadas.

```
using System;

// Adapter Pattern - Simple Judith Bishop Oct 2007
// Adaptador simples usando interfaces e herança

// Solicitações de formas existentes são implementadas
class Adaptee {
     // Fornece precisão completa
     public double SpecificRequest (double a, double b) {
        return a/b;
     }
}

// Padrão requerido para solicitações
```

```
15 interface ITarget {
16     // Estimativa aproximada requerida
17     string Request (int i);
18 }
19
20 // Implementando o padrão requerido via Adaptado
21 class Adapter : Adaptee, ITarget {
22     public string Request (int i) {
23   return "Estimativa aproximada é " + (int)Math.Round(SpecificRequest (i,3));
24     }
25 }
26
27 class Client {
28
29     static void Main ( ) {
30         // Exibindo o Adaptee no modo autônomo
31         Adaptee first = new Adaptee( );
32         Console.Write("Antes do novo padrão\nPrecisão: ");
33         Console.WriteLine(first.SpecificRequest(5,3));
34
35         // O que o cliente realmente quer
36         ITarget second = new Adapter( );
37         Console.WriteLine("\nMovendo para o novo padrão");
38         Console.WriteLine(second.Request(5));
39     }
40 }
41 /* Saída
42 Antes do novo padrão
43 Precisão: 1.66666666666667
44
45 Movendo para o novo padrão
46 Estimativa aproximada é 2
47 */
```

O programa principal no cliente mostra dois cenários. Primeiro, há um exemplo de como a classe **Adaptee** poderia ser chamada diretamente (linha 33) - sua saída é mostrada na linha 43.

No entanto, o cliente quer trabalhar com uma interface diferente (linhas 17 e 38). O adaptador implementa a interface **ITarget** e herda **Adaptee** (linha 21), portanto ele pode aceitar chamadas **Request** com uma assinatura ***string-int*** e encaminhá-las para **Adaptee** com uma assinatura ***double-double-double*** (linha 23). A nova saída é mostrada na linha 46.

Uma característica dos adaptadores é que eles podem inserir comportamento adicional, como, por exemplo, entre as interfaces **ITarget** e **Adaptee**. Em outras palavras, eles não têm de ser invisíveis para o cliente. Neste caso, o adaptador acrescenta as palavras *"Estimativa aproximada é"* para indicar que a solicitação foi adaptada antes da chamada **SpecificRequest** (linha 23).

Este exemplo mostra a finalidade de um padrão de projeto, no caso, **Adapter**, e também como utilizar herança de classe (de implementação) e de interface, que pode ser evidenciada pela linha 21 do programa: ***class Adapter : Adaptee, ITarget.***

9.2.2 Exemplo de Uso no Modelo de Análise

Como dissemos, nosso projeto não aplicará interfaces nem classes abstratas. Porém, como construímos um modelo de análise, que, na prática, deveria ser independente de qualquer tipo de implementação, vamos modificá-lo para demonstrar o uso de interfaces e classes abstratas.

O modelo de classes de análise, desenvolvido nos dois últimos capítulos, contém a classe **Pedido** com atributos que, na verdade, não pertencem a um pedido, mas ao cliente a que se refere, quais sejam: cidade, código postal, e-mail, país, telefone, nome e UF.

Abstraindo mais ainda: esses atributos podem descrever não apenas o cliente, mas uma pessoa candidata a cliente e, prevendo possíveis expansões do modelo, também candidata a fornecedor ou qualquer outro provável papel.

Assim, podemos criar uma classe abstrata, denominada **Pessoa**, e derivá-la para uma classe concreta, denominada **Cliente**, tornando o modelo mais flexível e abrangente.

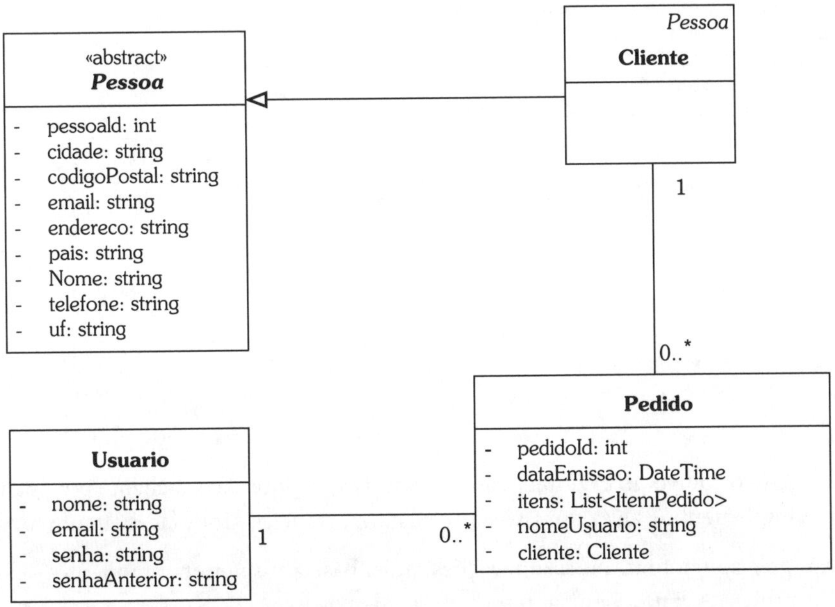

Figura 9.1. Generalização de Pessoa e normalização da classe Pedido.

A classe **Cliente** herda os atributos e métodos (a serem implementados) da classe abstrata **Pessoa**. A classe **Pedido** passa a conter apenas os atributos efetivamente referentes a pedidos e um novo atributo - **cliente**.

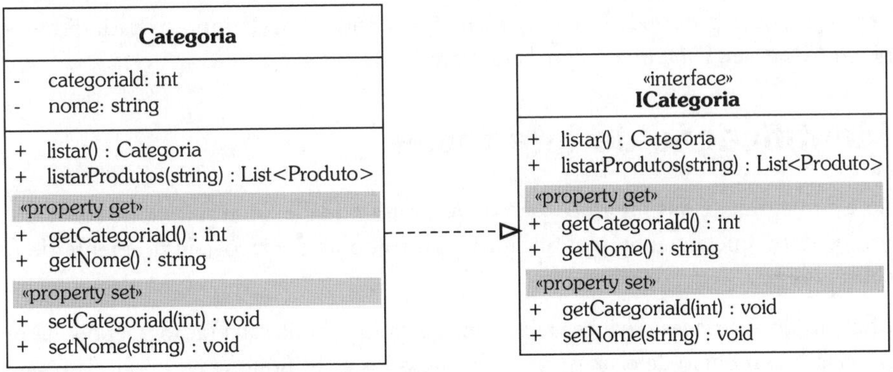

Figura 9.2. Exemplo de uso de interface.

Apenas como exemplo, criamos a interface **ICategoria** implementada pela classe **Categoria**. Segue o código em C# referente a essa realização:

```
public interface ICategoria {
        Categoria listar();
        List<Produto> listarProdutos(string nomeCategoria);
        int getCategoriaId();
        void setCategoriaId(int newVal);
        string getNome();
        void setNome(string newVal);
}
public class Categoria : ICategoria {
        private int categoriaId;
        private string nome;
        public Categoria listar(){
                return null;
        }       public int getCategoriaId(){
return 0;
        }
public void setCategoriaId(int newVal){
        }

        public string getNome(){
                return "";
        }

        public void setNome(string newVal){
        }
}
```

Conforme mostra o código do exemplo, mesmo usando uma interface, o cliente precisa instanciar a classe que a implementa. Talvez por isso não se dê importância às interfaces em um modelo.

Entretanto, é preciso lembrar que as aplicações, hoje, baseiam-se em componentes - o exemplo do padrão de projeto **Adapter**, aqui apresentado, evidencia isso.

Além do que, as boas práticas de análise OO aconselham separar a interface de sua implementação, pois permite baixo acoplamento entre o cliente e o provedor de serviços, como demonstra o exemplo das classes **Forma** e **Pessoa**.

Observe que o código da interface **ICategoria** declara as propriedades, permitindo indicar se uma propriedade é de leitura e gravação, somente gravação ou, ainda, somente leitura. Por exemplo, se a propriedade **categoriaId** fosse apenas de leitura, bastaria remover ***void setCategoriaId(int newVal);*** do código da interface.

9.3 Identificação de Interfaces

A revisão e a integridade das interfaces são de responsabilidade do arquiteto de software, mas o especificador deve, inicialmente, identificá-las agrupando as operações logicamente de forma a não se sobreporem.

A identificação de interfaces deve ser feita com cuidado e muita abstração. Depois de obtida a primeira versão do modelo de classes, revise os métodos e verifique se eles poderiam ser reutilizados em outras aplicações, como demonstrado anteriormente no exemplo da classe **Adaptee**. Se houver tal possibilidade, crie interfaces para garantir o reúso desses métodos.

Outro ponto a considerar durante a revisão é a existência de assinaturas repetidas e também a possibilidade de futuras mudanças, como o exemplo da implementação da classe abstrata **Pessoa** em nosso modelo de análise.

Depois de identificar as interfaces, atribua nomes curtos, se possível com uma única palavra, que reflitam o papel desempenhado por cada uma. Lembre-se de usar o prefixo "**I**", como convencionado na maioria dos padrões de referência.

A descrição de uma interface, além de confirmar e detalhar o papel enunciado pelo seu nome, deve explicar suas responsabilidades.

O nome de um método deve refletir seu resultado. Como demonstramos, no caso de propriedades, seus nomes devem ser os mesmos dos atributos que encapsulam, precedidos de "**set**" ou "**get**", conforme o caso.

9.4 Resumo

- **Herança** é a capacidade de uma classe, denominada **subclasse** ou **classe derivada**, herdar atributos e comportamento de outra classe, denominada **superclasse** ou **classe base**. A herança é definida com um relacionamento "*é-um*" (ou "*é-uma*").
- A generalização pode ocorrer em vários níveis, permitindo a modelagem de hierarquias de herança complexas.
- **Polimorfismo**, em programação, geralmente é definido como a "capacidade de objetos diferentes possuírem métodos de mesmo nome e mesma lista de parâmetros que, quando chamados, executam tarefas de maneiras diferentes".
- Uma **classe abstrata** nunca é diretamente instanciada e pode ter ou não uma implementação, variáveis membros (inclusive estáticas), métodos não abstratos (inclusive privados ou protegidos) ou propriedades. Ela apenas oferece uma definição que pode ser compartilhada por suas classes derivadas.
- **Interface** é a forma pela qual um objeto permite que outros objetos interajam com ele. Ela pode ser definida como um contrato entre a classe e o mundo exterior, como um cliente e o provedor do serviço. Quando uma classe implementa uma interface, ela se compromete a fornecer o comportamento publicado por essa interface.
- Por convenção, o nome de uma interface é sempre iniciado com um "I" maiúsculo.
- Uma interface permite criar um relacionamento entre objetos que não seria possível se esses objetos não fossem derivados de uma mesma classe base. Ela define "**o que uma classe é capaz de fazer**", em vez de definir "o que uma classe é".
- As classes ajudam a definir um objeto e seu comportamento e as interfaces que auxiliam na definição dessas classes.

- As aplicações, hoje, baseiam-se em componentes. As boas práticas de análise OO aconselham separar a interface de sua implementação, pois permite baixo acoplamento entre o cliente e o provedor de serviços.
- A revisão e a integridade das interfaces são de responsabilidade do arquiteto de software, mas o especificador deve, inicialmente, identificá-las agrupando as operações logicamente de forma a não se sobreporem.
- A identificação de interfaces deve ser feita com cuidado e muita abstração. Depois de obtida a primeira versão do modelo de classes, é importante revisar os métodos e verificar se eles poderiam ser reutilizados em outras aplicações. Procure também por métodos com assinaturas repetidas e passíveis de futuras mudanças.
- Depois de identificar as interfaces, atribua nomes curtos, se possível com uma única palavra, que reflitam o papel desempenhado por cada uma. A descrição de uma interface, além de confirmar e detalhar o papel enunciado pelo seu nome, deve explicar suas responsabilidades.
- O nome de um método deve refletir seu resultado. No caso de propriedades, seus nomes devem ser os mesmos dos atributos que encapsulam, precedidos de "**set**" ou "**get**", conforme o caso.

9.5 Exercício Proposto

A Figura 9.1 mostra a classe Cliente herdando a classe Pessoa. Como você modificaria o modelo para manter os dados de endereço e nome completo dos usuários?

10 Classes

Neste capítulo, trataremos de:

✓ *Elementos básicos e características de uma aplicação ASP.NET MVC*

✓ *Representação das classes em camadas*

✓ *Definição das classes em camadas do projeto de exemplo*

No capítulo 6, *Arquitetura*, vimos que o padrão MVC (**Model-View-Controller**) é um modelo de arquitetura padrão que divide a aplicação em camadas, isolando a lógica da aplicação da interface do usuário, permitindo desenvolver, editar e testar separadamente cada uma das partes.

Com a complexidade dos sistemas atuais, isso significa dividir um grande problema em vários problemas menores, de modo que qualquer tipo de alteração em uma das camadas não interfira nas demais, facilitando a alteração de leiautes, regras de negócio e outros recursos.

Em aplicações Web, a camada de visualização (View) é geralmente uma página HTML e a camada controladora (Controller) gera dinamicamente os dados em HTML, enviando-os para apresentação. A camada de modelo (Model) é representada pelo conteúdo, geralmente armazenado em bancos de dados.

A camada de visualização, ou de apresentação, refere-se à interface visual que recebe os dados entrados pelo usuário e exibe as respostas geradas pelo sistema. Quando o controlador envia as informações para a camada de visualização, o componente de maior nível as recebe e encarrega-se de "renderizá-las" em uma forma adequada para interação. Já a camada de modelo contém toda a lógica da aplicação, representando os dados e as regras de negócio para sua manipulação.

Resumindo o fluxo do modelo, podemos definir os seguintes passos:

1. Um solicitante (usuário) faz uma requisição por meio da camada View.
2. Um Controller intercepta essa requisição.

3. Um elemento apropriado da camada Model é acionado.
4. Os dados são recuperados de algum dispositivo de armazenamento.
5. Os dados são passados pelo Controller para a View.
6. A View recebe esses dados e cria uma estrutura lógica renderizada para apresentação.
7. O solicitante recebe os dados.

Neste capítulo, abordamos os vários tipos de classe do sistema exigidos pela arquitetura MVC com base na versão final do modelo de classes de análise obtido no capítulo 8.

Em outras palavras, o objetivo agora é definir as classes de interface, de controle e de negócio e acesso a dados a partir de um modelo obtido, mas considerando um padrão de arquitetura, conforme propusemos anteriormente. O resultado será um ou mais diagramas que especifiquem tecnicamente as classes de cada camada a partir de um modelo conceitual.

10.1 Estrutura de uma Aplicação ASP.NET MVC

Atualmente, o papel de analista de requisitos não pode mais ser confundido com o papel de analista de negócios: enquanto este preocupa-se (e especializa-se) com aspectos funcionais, aquele não só realiza tarefas para entregar uma especificação funcional (como tratado no início deste estudo), mas também envolve-se com outros aspectos a fim de entregar uma especificação técnica útil, abrangente e de acordo com a linguagem de programação e o padrão de arquitetura adotados no projeto.

Assim, antes de continuar o estudo, como responsáveis pelas especificações técnicas do projeto, precisamos perguntar: como é a estrutura proposta para a aplicação a ser desenvolvida?

Se o padrão de arquitetura é inédito para a equipe, todos devem comunicar-se, inteirar-se e absorver os fundamentos do padrão. Nessa situação, é extremamente importante um alinhamento estreito com o arquiteto de software.

Mas, se o padrão já é praticado pela equipe, um membro recém-chegado precisa absorvê-lo por leitura da documentação existente, sessões de instrução com o arquiteto e também estudando o código de aplicações já desenvolvidas.

Assim, vamos apresentar a estrutura básica de uma aplicação ASP .NET MVC para, depois, definirmos as classes de cada camada da aplicação NorthWind MVC.

10.1.1 Exemplo de uma Aplicação ASP.NET MVC

O exemplo que vamos utilizar resume-se em criar um projeto do tipo ASP.NET MVC 3 Web Application (utilizamos o MS Visual Studio 10). Poderíamos utilizar o tipo ASP.NET MVC 4, mas a versão não é importante para nosso propósito.

Quando um projeto desse tipo é criado, o Visual Studio automaticamente monta uma estrutura MVC básica contendo não só pastas para as três camadas (**Controllers**, **Models** e **Views**), mas também elementos padronizados em cada uma delas, além de outros predefinidos pelo mecanismo do ASP.NET.

O exemplo, portanto, apenas servirá para uma análise da estrutura inicial criada pelo Visual Studio e, inclusive, o comportamento em tempo de execução, pois esse "esqueleto" pode ser executado, o que é suficiente para comentarmos alguns aspectos do padrão.

A Figura 10.1 ilustra a página principal exibida quando de ter sido criado um projeto do tipo MVC Application no Visual Studio e selecionada a opção **Debug | Start Debugging** do menu principal para sua execução.

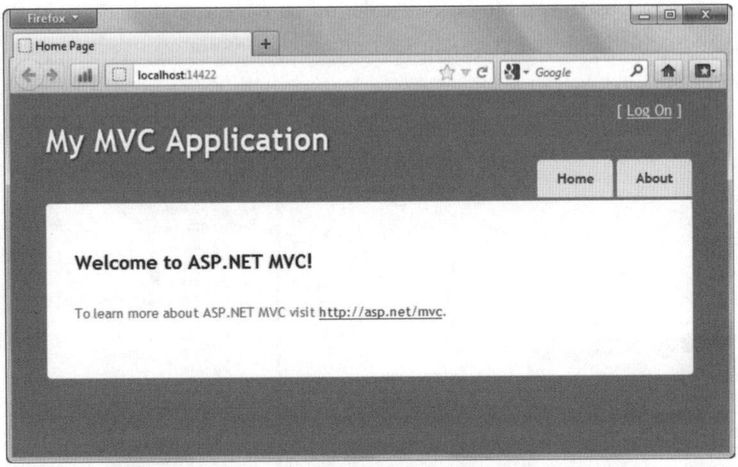

Figura 10.1. Página principal da aplicação MVC.

Para melhor compreensão das mudanças, a Figura 10.2 ilustra uma solução Web criada no Visual Studio como uma aplicação ASP.NET comum.

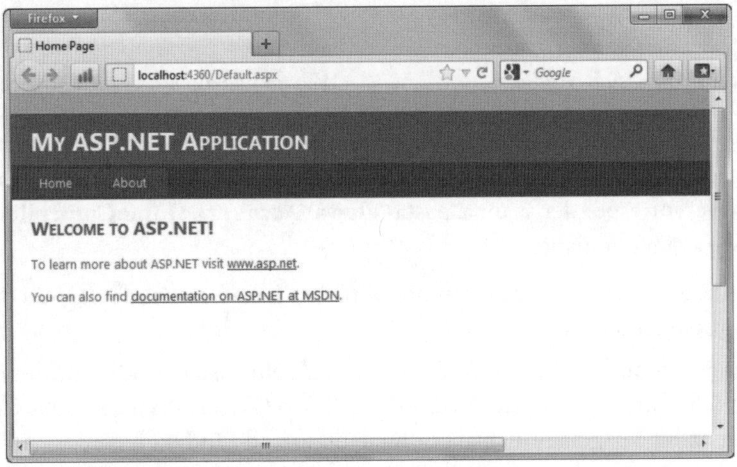

Figura 10.2. Página principal de uma aplicação comum.

Note que o conteúdo da barra de endereços da figura (em execução local) é "**localhost:<nro.porta> /Default.aspx**", enquanto, na figura anterior, o endereço limita-se a "**localhost:<nro.porta>**".

No modelo tradicional, baseado em Web Forms, existe uma correspondência direta e única entre uma página e uma URL, em que uma requisição para uma página chamada implica que ela deva existir fisicamente no servidor. A Figura 10.3 ilustra essa estrutura, em que a primeira página a ser executada é **Default.aspx**.

As requisições feitas pelo navegador estão mapeadas para ações de controladores por meio de um recurso do ASP .NET Framework chamado **ASP .NET Routing** (roteamento ASP .NET), usado para rotear as requisições recebidas para ações do controlador.

Portanto, um controlador é responsável por controlar a maneira como um usuário interage com uma aplicação MVC e possui o fluxo de controle lógico para uma aplicação ASP .NET MVC. É o controlador que determina que resposta será enviada de volta ao usuário quando ele faz uma requisição via navegador.

Figura 10.3. Estrutura de uma aplicação Web padrão do Visual Studio.

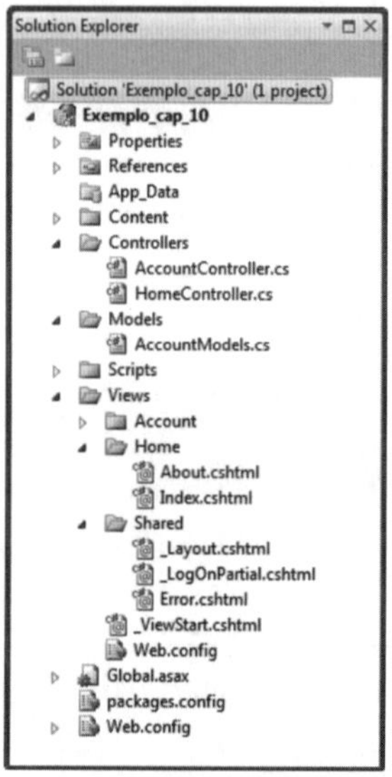

Figura 10.4. Estrutura de uma aplicação Web no padrão MVC do Visual Studio.

Todas as classes da pasta Controller possuem um nome sufixado com a palavra "***Controller***". O nome de cada classe controladora corresponde a uma subpasta de **Views**. Assim, **Account Controller** deve corresponder a uma pasta **Views\Account**; **HomeController** a uma pasta **Views\Home** e assim por diante.

Note também que a pasta Views possui uma subpasta **Shared** contendo páginas de *script* de uso compartilhado pelo mecanismo.

A estrutura básica de uma aplicação MVC fornecida pelo Visual Studio inclui um controlador chamado, por definição (configuração padrão do arquivo Global.asax), de **HomeController**, que se encarrega de exibir a página principal por meio do método **Index()**, conforme a estrutura ilustrada na Figura 10.4, utilizando as páginas da pasta **Views\Home**, em que cada página corresponde a um método da classe HomeController.

A classe HomeController possui dois métodos correspondentes a duas ações expostas pelo controlador: **Index()** e **About()**. Assim, na barra de endereços do navegador, a URL ***/Home/Index*** invoca o método Index() e a URL ***/Home/About*** invoca o método About().

Qualquer método público no controlador é exposto como uma ação e pode ser invocado por qualquer usuário via Internet, como, por exemplo, *http://localhost:<nro.porta>/Home/About.*

Os dois métodos, Index() e About(), do controlador exposto pela classe HomeController, retornam uma visão que contém o código HTML e o conteúdo que é enviado ao navegador. Assim, uma visão (*View*) é equivalente a uma página em uma aplicação ASP .NET MVC.

Na aplicação padrão de exemplo fornecida pelo Visual Studio, o método Index() prepara o conteúdo a ser exibido (uma *View*) e, por definição, invoca **_ViewStart.cshtml**, que, por sua vez, invoca **_Layout.cshtml**, responsável pela montagem da página.

Assim, na camada de apresentação, _ViewStart.cshtml e _Layout.cshtml equivalem, respectivamente, às antigas Default.aspx e Master Page.

A execução dessa aplicação básica resume-se nos seguintes passos:

1. O VS (Visual Studio) "sabe" que deve carregar e executar o método **Index()** da classe padrão **HomeController.cs.**
2. O método **Index()** atribui um valor à propriedade **Message** de um objeto (**ViewBag**) e retorna uma **View.**
3. Em seguida, carrega **_ViewStart.cshtml**, que informa o arquivo de contexto de leiaute básico **_Layout.cshtml.**
4. É carregado o modelo **Index.cshtml** da pasta **\Views\Home.**
5. É carregado o modelo **_Layout.cshtml**, que prepara o título e o corpo da página, incluindo a carga do modelo **_LogOnPartial.cshtml.**
6. **_Layout.cshtml**, finalmente, executa o método **RenderBody()** que renderiza todo o conteúdo carregado e exibe a página (primeiro o conteúdo de **_Layout.cshtml**, **_ViewStart.cshtml** e **Index.cshtml**).

Na aplicação NorthWind MVC, no passo 1, o método **Index** de **HomeController** invoca a camada **Model** para obter dados referentes aos produtos mais vendidos, carrinho de compras e lista de categorias.

10.1.2 Razor

Se você já programou em ASP . NET, deve ter notado que os modelos possuem a extensão cshtml: isso faz parte do mecanismo de visão **Razor**, disponível no Visual Studio.

O Razor permite trabalhar com HTML estático (ou qualquer conteúdo textual), tornando-o dinâmico em seguida com a inclusão de código de servidor. Ele permite uma codificação mais fluente, integrando o código do servidor em sua marcação HTML com um mínimo de digitação.

O Razor oferece algumas estruturas como **@RenderPage**, **@RenderBody**, **@RenderSection**, **@PageData** e **@Helper**.

O **@RenderBody**, por exemplo, é uma estrutura que permite exibir o conteúdo de uma *View*. Como citamos anteriormente, a *view* **_Layout** usa essa estrutura, que lembra o elemento **Content Place Holder** de uma Master Page.

Vamos exemplificar a diferença mostrando, inicialmente, a sintaxe de marcação em .ASPX:

```
<h1>Exemplo com arquivo .ASPX</h1>
<h3>
      Alô, <%=nome %>, hoje é <%DateTime.Now %>
</h3>
<p>
      Veja <a href="/Produtos/Detalhes/<%=produtoId %>" este produto </a>
</P
```

Note que cada bloco de código requer cinco caracteres (<%= %>) para indicar o início e o fim da sequência de código.

Com o Razor, o início de um bloco de código é indicado com um caractere @. Ao contrário de blocos de código <% %>, o Razor não requer que você explicitamente feche o bloco de código:

```
<h1>Exemplo com Razor</h1>
<h3>
      Alô, @nome, hoje é @DateTime.Now
</h3>
<p>
      Veja <a href="/Produtos/Detalhes/@produtoId" este produto </a>
</P
```

O analisador do Razor tem conhecimento semântico do código C#/VB utilizado dentro dos blocos de código, dispensando fechar os blocos de código. O Razor identifica as instruções de código como blocos de código autocontidos e, implicitamente, fecha esses blocos.

Quando a linguagem utilizada é C#, a extensão dos arquivos de visão é **.cshtml**, como empregado no exemplo. No caso do VB .NET, a extensão dos arquivos é **.vbhtml**.

10.1.3 Representação das Camadas

Os arquivos existentes nas camadas Controller e Model são classes C# e sua representação é muito fácil: podemos gerar um diagrama de classes pelo próprio Visual Studio, como ilustra a Figura 10.5.

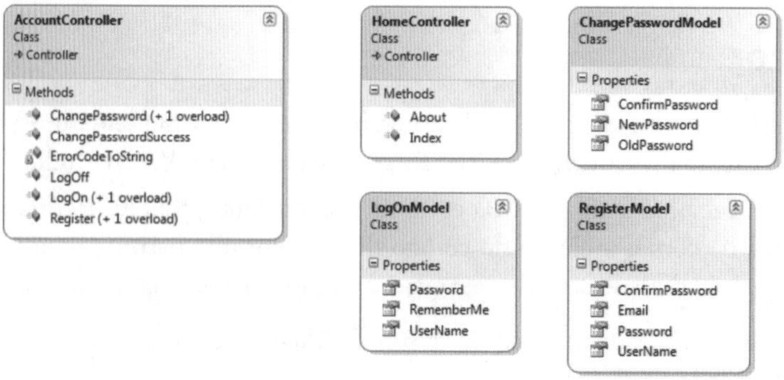

Figura 10.5. Diagrama de classes gerado pelo Visual Studio.

Porém, e quanto aos arquivos da camada *View*? Eles não se referem a classes C#... Ao elaborar a especificação técnica, os modelos de visão precisam ser representados.

Nada nos impede de criar elementos UML com o estereótipo <<*view*>>, customizando assim nossos próprios tipos. Poderíamos empregar também o estereótipo <<*asp page*>>, pois, na verdade, se não estivéssemos usando o Razor, a extensão desses arquivos seria **.aspx**; porém, por questões didáticas, vamos adotar <<*view*>>, ok?

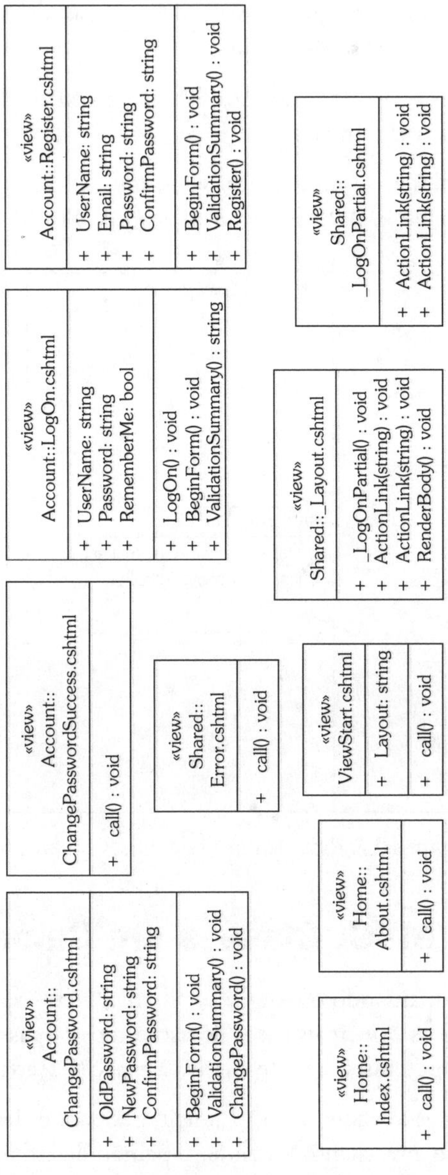

Figura 10.6. Representação dos modelos de visão (.cshtml).

Os elementos <<***view***>> da Figura 10.6 foram criados na ferramenta Enterprise Architect: lemos o código de cada página .cshtml e criamos as propriedades e os métodos necessários para sua representação em diagramas de sequência. Onde nenhum método pode ser identificado, criamos o método **call()** - uma abstração para indicar a chamada da página; esse método não será implementado pelo desenvolvedor, pois o próprio mecanismo do ASP.NET MVC se encarrega de chamar tais páginas.

Poderíamos usar outra forma de representação? Sim, mas entendemos que esta é satisfatória para o contexto.

Vamos encerrar a apresentação da estrutura básica de uma aplicação ASP.NET MVC com uma diagrama de classes representando as três camadas.

A Figura 10.7 exibe as classes referentes à aplicação ASP.NET MVC *default* separadas em pacotes em partições, que representam as camadas.

Caso se interesse em aprofundar-se no assunto, sugerimos a leitura do livro *"Professional ASP.NET MVC 3"*, de Galloway, Haack, Wilson e Scott Allen (Ed. Wrox).

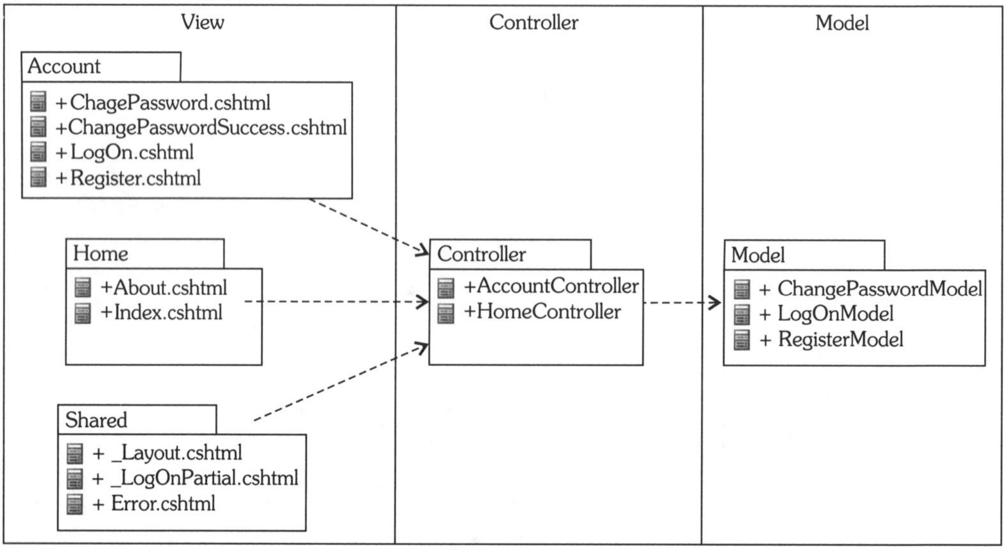

Figura 10.7. Representação de classes em pacotes.

10.2 NorthWind MVC: Classes em Camadas

Começamos nossa jornada analisando o sistema estritamente em aspectos funcionais. Para isso, desenhamos um protótipo e os principais casos de uso e, a partir disso, obtivemos um diagrama de classes de análise, concluindo assim a parte relativa à especificação funcional do sistema.

Porém, os artefatos que temos até aqui não são suficientes para o desenvolvedor iniciar efetivamente seu trabalho. Portanto, precisamos entender o padrão de arquitetura, definido pelo arquiteto do projeto, a fim de transcrever os artefatos funcionais em artefatos técnicos - as especificações técnicas do sistema.

No capítulo 4, definimos seis especificações funcionais:

- EF-01 - Página Principal
- EF-02 - Consulta de Produtos por Categoria

- EF-03 - Seleção de Produto
- EF-04 - Carrinho de Compras
- EF-05 - Fechamento de Pedido
- EF-06 - Administração

O objetivo, daqui por diante, é conseguir seis especificações técnicas contendo artefatos que permitam a implementação do sistema em seis pacotes.

A estratégia é revisitar cada especificação funcional e abordar o modelo de classes de análise para obter as classes e páginas cshtml de cada pacote. Os diagramas de interação obtidos no capítulo 7 também podem ser usados para garantir que os artefatos realizem a lógica de negócio.

10.2.1 Página Principal

No capítulo 4, desenvolvemos um protótipo e uma especificação funcional que descreve os casos de uso para exibição da página principal do sistema NorthWind MVC.

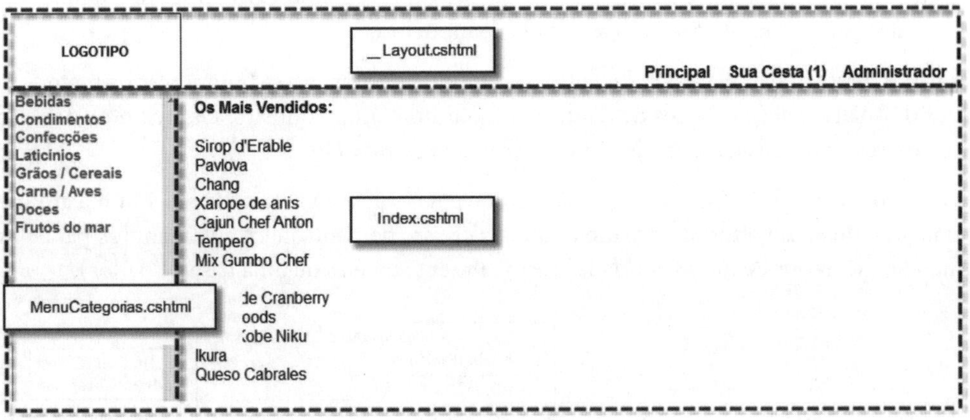

Figura 10.8. Modelos de visão da página principal.

Analisando o protótipo da página principal, e considerando o que expusemos no tópico anterior sobre o padrão ASP.NET MVC, podemos observar que a página principal é montada a partir de mais um arquivo .cshtml, quais sejam:

- **\Views\Shared _Layout.cshtml**, que define o leiaute e contém o comportamento padrão para todo o sistema. Na aplicação NorthWind MVC, constrói o código HTML da parte superior da página, contendo logotipo, título (*banner*) da aplicação e menu principal.
- **Views\Home\Index.cshtml**, encarregada de montar o bloco para exibir os produtos mais vendidos.
- **Views\Loja\MenuCategorias.cshtml**, que monta a lista de categorias da página principal e, por extensão, de quaisquer páginas da aplicação (quanto a essa *view*, não se preocupe, chegaremos lá...).

Comparando com uma aplicação ASP.NET tradicional, **_Layout.cshtml** e **MenuCategorias.cshtml** seriam elementos da **Master Page**, enquanto **\Index.cshtml** corresponderia ao elemento **ContentPlaceHolder**.

MenuCategorias.cshtml é o único elemento diferente da estrutura apresentada no tópico 10.1.1. Portanto, no que se refere à camada de apresentação, não falta mais nada a ser identificado.

Você achou fácil e simples?

Então, ainda com base no que foi exposto anteriormente, saiba que, em relação à camada de controle, também não temos nada a identificar. O Controller padrão do ASP.NET MVC (**HomeController.cs**) é suficiente para enviar as informações de visualização (Views)...

Por outro lado, como dissemos, um controlador, como o próprio nome indica, controla o fluxo entre a camada de apresentação e a camada de modelo (Model), e é aqui que começa a segunda etapa: identificar as classes de modelo e os métodos que devem ser especificados para acessá-las.

Você talvez pergunte: "Métodos para acessá-las?" .

Sim, pois da mesma forma que um controlador possui métodos para comunicar-se com a camada de apresentação, como, por exemplo, o método **Index()** de **HomeController**, ele também possui métodos para comunicar-se com a camada de modelo...

Mas não se preocupe, pois isso já foi feito no capítulo anterior: basta transcrever os métodos das classes de análise para as classes de controle de acordo com o contexto. Os atributos das classes de análise referem-se a atributos de classes da camada de modelo.

Resumindo, dividimos cada classe de análise, que em si não está associada a nenhuma arquitetura, transferindo seus métodos para uma ou mais classes de controle e seus atributos para classes de modelo que representam as entidades (normalmente tabelas de uma base de dados).

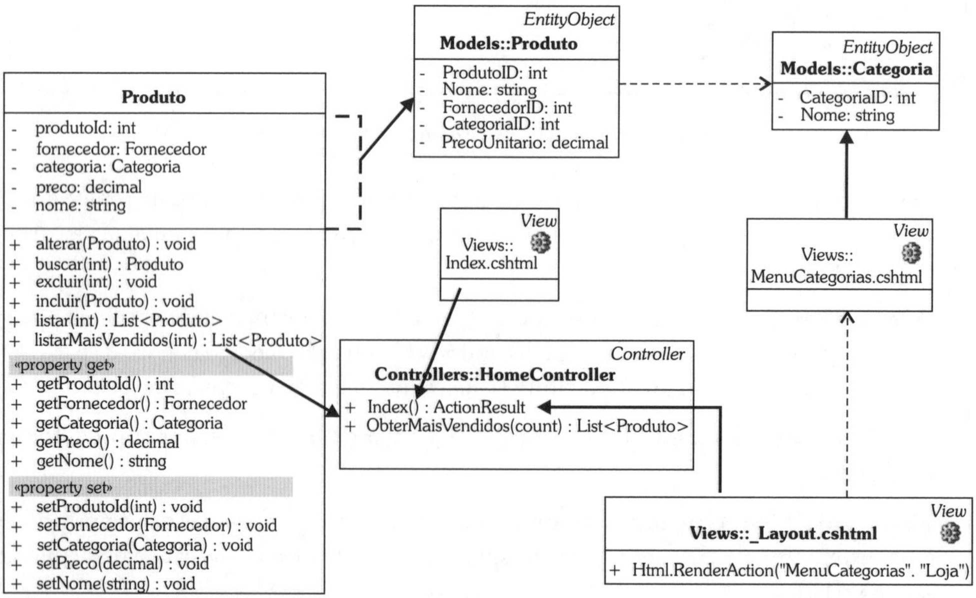

Figura 10.9. Transcrição de classes de análise para classes da arquitetura.

A Figura 10.9 ilustra a classe Produto da camada de modelo (Model) contendo os atributos da classe de análise Produto obtida anteriormente. Note que os métodos de propriedade *get* e *set* não foram transcritos - no próximo capítulo, trataremos disso, ok?

Para atender os requisitos da primeira especificação funcional, por enquanto, só transcrevemos o método **listarMaisVendidos** da classe **Produto**. Entretanto, um arquiteto de software fictício nos orientou a obedecer ao padrão de nomenclatura vigente; portanto, renomeamos o método (**ObterMaisVendidos**) e também seguimos o padrão de nomear atributos e métodos com a inicial maiúscula.

Neste ponto, lembre-se: desenvolvedores .NET usam essa nomenclatura, já desenvolvedores Java não. Sendo assim, nosso modelo de análise está correto e perfeitamente adaptável...

Observe que modelamos o método **Index()** para a classe **HomeController**: é o método invocado para enviar informações para a *view* Index.cshtml da camada de apresentação. Ele retorna um objeto **ActionResult**, responsável por encapsular o resultado de uma ação e retorná-lo como resposta ao navegador.

Observe que a *view* **MenuCategorias** acessa diretamente a entidade **Categoria**, isto é, não se comunica com uma classe de controle para obter a lista de categorias. Isso demonstra que, em determinadas circunstâncias, a camada de apresentação pode comunicar-se diretamente com a camada de modelo.

Concluindo a identificação dos elementos, modelamos também os três modelos **cshtml** da página principal.

No capítulo 13, *Diagrama de Interação em Camadas*, confeccionaremos o diagrama correspondente à sequência de mensagens trocadas entre essas classes, se bem que arquivos .cshtml não se referem a classes, mas, conforme ilustramos na Figura 10.7, não podem deixar de ser modelados.

O elemento **_Layout.cshtml** da Figura 10.9 mostrou o método **HtmlRenderAction("Menu Categorias", "Loja")**. Métodos HTML, denominados **HTML Helpers**, que reduzem a complexidade das ações relacionadas a HTML.

Um HTML Helper é apenas um método que retorna uma string com o conteúdo das tags HTML, mas também pode ser utilizado para tornar os conteúdos menos complexos e rápidos. A estrutura do ASP.NET MVC inclui alguns HTML Helpers padrão, entre eles RenderAction que, no caso, invoca o arquivo MenuCategorias.cshtml, localizado na pasta **\Views\Loja**, que apresentaremos mais adiante.

10.2.2 Consulta de Produtos por Categoria

Depois de analisar a primeira especificação funcional e, a partir dela, identificar as primeiras classes em suas respectivas camadas, é importante fazer algumas observações.

O especificador não deve apenas entender o negócio, sem o que não é possível confeccionar uma boa especificação funcional, mas também conhecer o padrão de arquitetura utilizado pela equipe: o trabalho realizado no tópico anterior revela isso.

Você não precisa ser programador para elaborar uma especificação técnica, mas, se já programou, o trabalho torna-se mais fácil.

Conhecer e dominar UML também é imprescindível, pois, atualmente, praticamente todos os processos e metodologias prescrevem artefatos baseados nela.

Talvez este seja o tópico mais importante do livro, pois, partindo de um documento de visão, elaboramos um protótipo e os casos de uso para entender e atender os requisitos do cliente; em seguida, confeccionamos um modelo de classes de análise e, depois de conhecer o padrão de arquitetura a ser seguido, conseguimos identificar os elementos que efetivamente permitirão elaborar e entregar as especificações técnicas para o desenvolvimento do sistema.

Se você estiver com dificuldade em algum ponto, como, por exemplo, o ambiente ASP.NET, procure aprofundar-se no assunto, lendo, estudando, fazendo cursos e outras alternativas mais.

Nossa abordagem é didática: são poucos requisitos a atender e o projeto é pequeno, mas, na prática, no dia a dia dos projetos, o contexto é mais complexo.

Muitos desenvolvedores desprezam as especificações, não porque sejam autossuficientes e julguem não precisar de maiores detalhes de documentação, mas porque as especificações que lhes são entregues não atendem suas reais necessidades.

Há especificadores que conseguem escrever casos de uso complexos com apenas três ou quatro passos e, por outro lado, casos de uso com mais de quarenta (?!)...

Também há especificações técnicas que limitam-se a um diagrama de classes de análise: "as classes das camadas da arquitetura? Bem, o arquiteto ou o programador sabem como identificá-las..."

Como não pensamos assim, vamos analisar a segunda especificação funcional: *EF-02 - Consulta de Produtos por Categoria,* que apenas define a consulta e a exibição dos produtos de uma categoria selecionada na lista de categorias, situada à esquerda das páginas da aplicação.

Quando a especificação técnica da página principal estiver pronta e for entregue ao desenvolvedor, ele sabe que, ao criar a lista de categorias, deve implementar um *link* para cada item.

Portanto, vamos apenas definir o que deve acontecer quando um item for selecionado.

Quando, por exemplo, entramos em um supermercado, os produtos estão separados em seções de acordo com sua natureza (laticínios, higiene, cereais, bebidas etc.). Antes de escolhermos um produto, a visão que temos, ao adentrarmos uma seção, é um conjunto de vários produtos em suas respectivas gôndolas.

Assim, nossa página principal lista as categorias (seções de produtos), enquanto uma segunda página exibe os produtos (gôndolas) relativos à categoria selecionada. Por isso, vamos criar uma subpasta denominada "**Loja**".

Por definição, o método que exibe um conjunto de itens é denominado **Browse**.

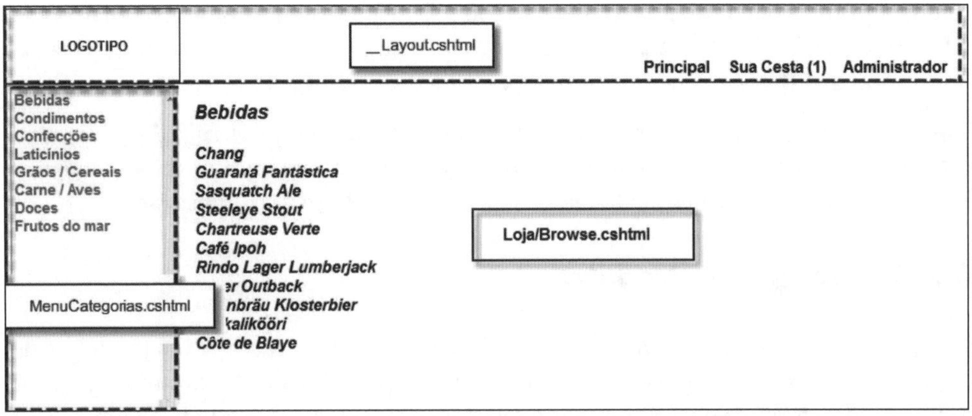

Figura 10.10. Modelos de visão da página de produtos.

Conforme ilustra a Figura 10.10, tudo que precisamos é definir a *view* **Browse** (vamos omitir a extensão **.cshtml**, pois fica subentendida) e uma classe de controle para ela.

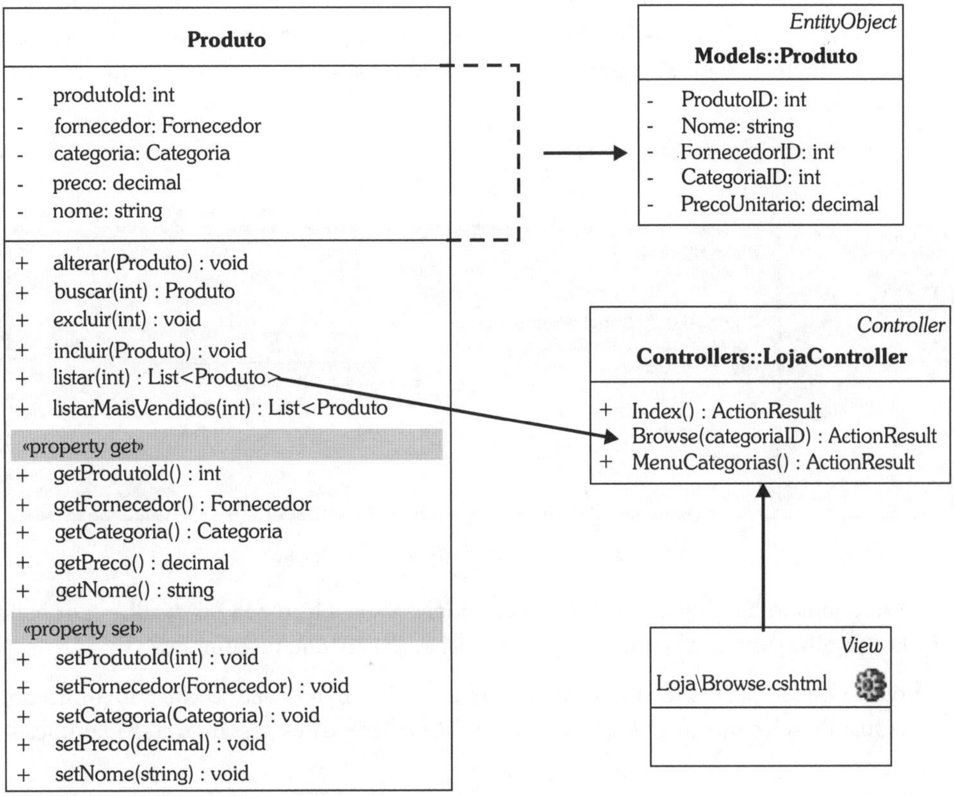

Figura 10.11. Transcrição da classe de análise Produto.

Quando definimos o modelo de análise, o método listar() da classe **Produto** recebe como parâmetro um identificador de categoria e, a partir dele, obtém e retorna uma lista de todos os produtos associados à categoria informada.

Na transcrição, o método Browse da classe LojaController é que executa essa ação (**LojaController.Browse(categoriaID): ActionResult**), realizando a consulta à classe **Produto** da camada de modelo. A visão **Loja\Browse** receberá o resultado, exibindo uma lista dos produtos retornados.

É importante observar que os elementos visuais do protótipo são materializados pelas *views* - o usuário, de fato, só visualiza o resultado do fluxo de comunicação entre diversos elementos das camadas, com lógica e detalhes muito mais complexos (lembre-se das estimativas...).

10.2.3 Seleção de Produto

No item 7.2, do capítulo 7, tratamos da realização dos casos de consulta de um produto e de sua inclusão no carrinho de compras. O diagrama de interação da Figura 7.7 mostrou a página **Loja Detalhes** sendo carregada quando o usuário seleciona um item da página **Loja** ou um item na página principal (um dos produtos mais vendidos), o que conduz a uma instanciação de um objeto da classe **Produto**.

No mesmo capítulo, a Figura 7.8 ilustrou a adição do produto selecionado ao carrinho de compras.

Concluímos, portanto, que a transcrição das classes não se apoia somente nos casos de uso e no modelo de classes de análise, mas também nos diagramas de interação - as realizações confeccionadas anteriormente. Isso justifica nossa proposta de obter classes de análise a partir da realização dos casos de uso.

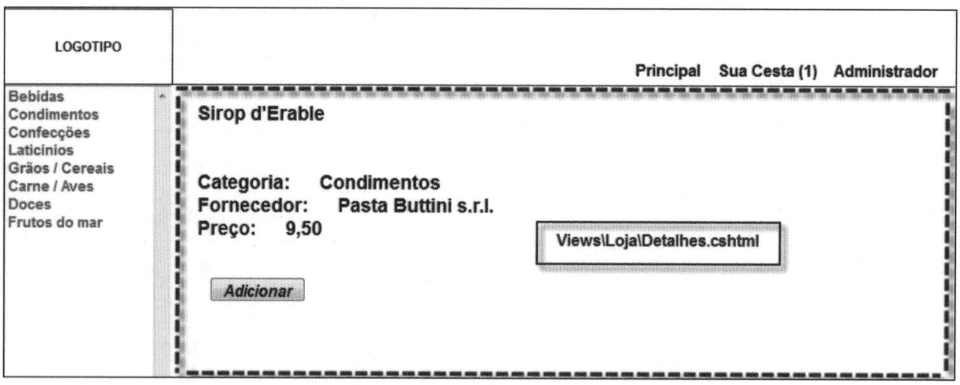

Figura 10.12. Página de detalhe de produto.

Uma vez selecionado um produto, o sistema providencia a exibição de seus detalhes por meio da *view* **Loja\Detalhes**, incluindo uma opção para adição ao carrinho de compras.

Cada produto listado pela *view* **\Loja\Browse** refere-se a um *link*, que recebe o identificador do produto. Quando selecionado, o *link* invoca a *view* **\Loja\Detalhes** passando esse identificador.

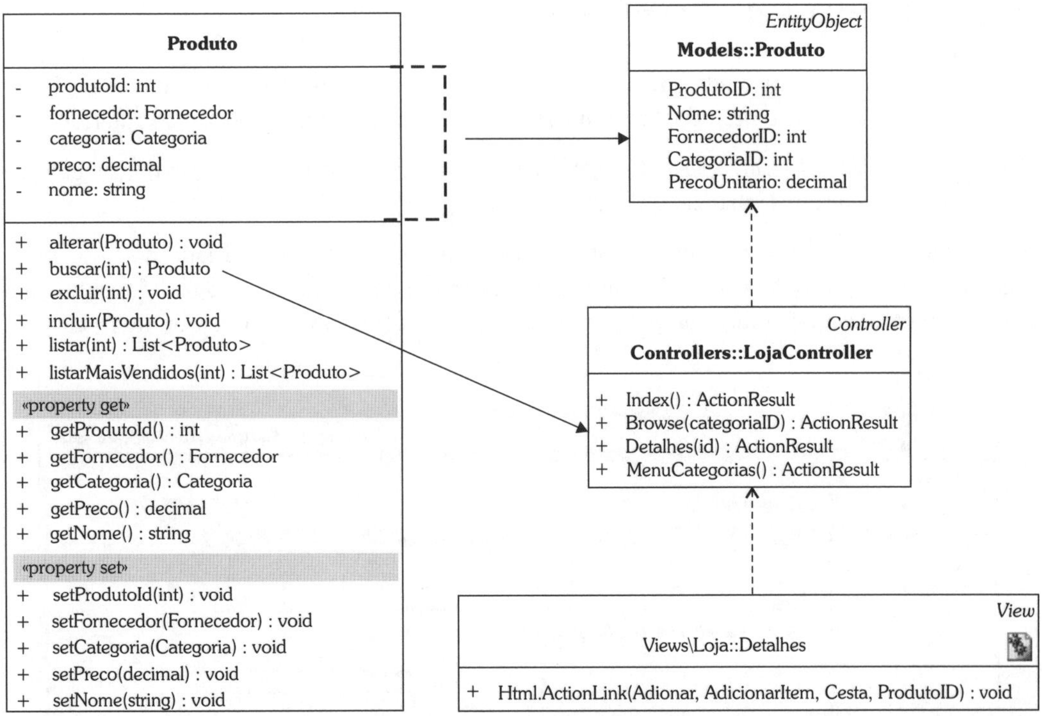

Figura 10.13. Transcrição de detalhe de produto.

Não há nada de especial na transcrição da consulta de um produto: apenas a inclusão de um novo método em **LojaControler**, o método **Detalhes**, que recebe o identificador do produto. O nome do método deve coincidir com uma *view*, no caso a *view* **\Loja\Detalhes**.

Relembrando, a classe de controle **LojaController** implica a existência de uma pasta com o mesmo nome (**Loja**), excluindo-se o sufixo, e cada método da classe de controle deve corresponder a uma subpasta com o mesmo nome.

Isso fere o padrão usual de nomenclatura em português: ou nomeamos métodos usando substantivos ou nomeamos visões usando verbos no infinitivo...

Depois de **LojaController.Detalhes(id)** ser executado, ele retorna um objeto **ActionResult** para a *view* **Loja.Detalhes**, que se encarrega de exibir os dados do produto criando também um *link* para adição do produto ao carrinho de compras (**Html.ActionLink("Adicionar", "AdicionarItem", "Cesta", ProdutoID**), que informa a legenda do link ("**Adicionar**"), a ação a ser executada (**AdicionarItem**), a *view* que executará (**Cesta**) a ação e o identificador do produto a ser adicionado à cesta (o carrinho de compras).

A especificação *EF-03 - Seleção de Produto* também faz referência ao caso de uso *UC012 - Manter item de pedido*, cujo fluxo básico permite ao usuário (cliente) adicionar o produto à cesta de compras. Como trata-se de um procedimento de manutenção, vamos deixar isso para o próximo tópico.

10.2.4 Carrinho de Compras

Quando o usuário aciona o *link* "**Adicionar**" na página de detalhes do produto, um controlador detecta a ação e executa o método **AdicionarItem**, conforme explicamos no tópico anterior.

A especificação *EF-04 - Carrinho de Compras* descreve a consulta e a manutenção do carrinho de compras, que preferimos rebatizar de "cesta".

Assim, depois de adicionar o item, o sistema deve exibir o conteúdo atualizado da cesta, mostrando o valor total da compra, e disponibilizar três ações: uma para fechar o pedido, outra para excluir um item da cesta e uma terceira para exibir a página de detalhes de um produto da cesta.

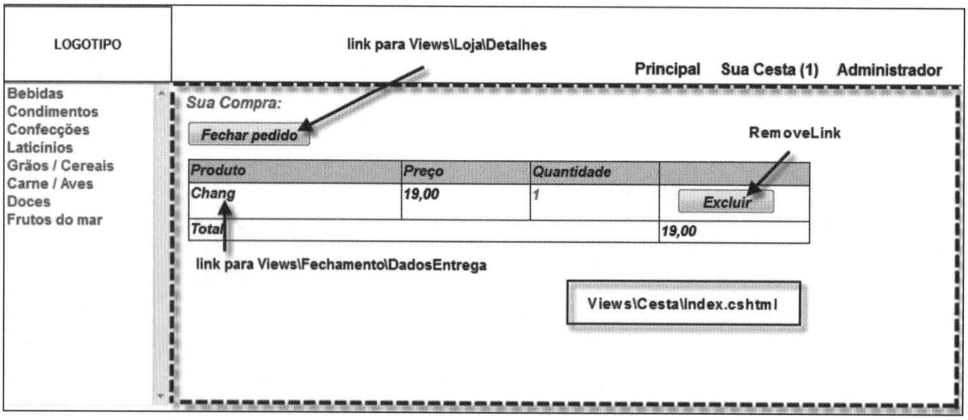

Figura 10.14. Página da cesta de compras.

Qual é o raciocínio para obter os elementos destacados na Figura 10.14?

De posse do protótipo, analisamos a página a ser exibida e, dentro do padrão de arquitetura utilizado, escolhemos o melhor nome para traduzir sua finalidade. Geralmente essa finalidade está relacionada a uma entidade de negócio, no caso a entidade "**Cesta**", o que implica a existência de uma classe de controle.

A arquitetura especifica que cada classe de controle deve possuir uma subpasta em **Views** com o mesmo nome principal da classe.

O mecanismo ASP disponibiliza que a chamada de páginas e outras ações sejam realizadas por meio de elementos de ligação (*links*).

Conclusão: sabemos, então, que deve ser definida uma classe de controle (**CestaController**), cujo método **Index()** deve executar a ação principal da página - a exibição do conteúdo da cesta.

Isso foi deduzido por meio da análise do protótipo e dos diagramas de interação. Os diagramas de interação, que realizam os casos de uso referentes à cesta de compras, complementam e apoiam a conclusão final, permitindo identificar as classes de modelo que devem ser acessadas - no caso, apenas a classe **Cesta**, que anteriormente recebeu o nome provisório de **Pedido** (lembra-se?).

Figura 10.15. Transcrição das classes de análise da cesta de compras.

Quando definimos nosso modelo de classes de análise, não levamos em consideração nenhum aspecto técnico referente à segurança ou à persistência de dados durante uma sessão de usuário em páginas Web. Simplesmente definimos um carrinho e seus itens.

Normalmente, questões de implementação, como dissemos, devem ser discutidas com a equipe de desenvolvimento, principalmente com o arquiteto de software. Assim, ao expor o problema para a equipe (manutenção de pedidos em uma sessão do navegador), diversas soluções serão sugeridas.

Em nosso caso, foi adotada uma solução ilustrada na Figura 10.15: os métodos da classe **Carrinho** foram distribuídos em dois objetos, sendo um de uma classe de controle e outro de uma classe de modelo.

A proposta é que o usuário adicione produtos à sua cesta sem a necessidade de efetuar nenhum registro (*log on*). Isso só será exigido quando o pedido for fechado: será criado um pedido com seus respectivos itens a partir do conteúdo da cesta, isto é, os itens da cesta serão copiados para uma entidade responsável pelos itens do pedido e a entidade Pedido armazenará os demais dados, como, por exemplo, endereço de entrega.

Esse processo de fechamento, também denominado *checkout*, refere-se, na verdade, à abertura de um novo pedido, à transferência dos itens comprados e ao esvaziamento da cesta, disponibilizando-a para novo pedido.

Assim, o processo de compra foi separado em dois controladores: **CestaController**, para adicionar itens à cesta, e **FechamentoController**, para a realização do *checkout*.

No novo modelo, as classes **Carrinho** e **ItemCarrinho** foram transcritas para uma única classe de modelo, **Cesta**, cujos identificadores são um número de registro (**RegistroID**) para cada item adicionado à cesta, e **CestaID**, para permitir compras anônimas, em que o usuário pode desistir da operação, abandonando o site.

O atributo **CestaID** refere-se a um identificador global exclusivo, fornecido pela sessão do ASP.NET.

O controlador da cesta de compras precisará enviar algumas informações complexas para suas views. Essas informações não estão mapeadas de forma clara para os objetos das classes de modelo, no caso **Pedido** e **ItemPedido**. E não é aconselhável alterar a estrutura de classes de modelo, que representam o domínio (negócio) da aplicação, para satisfazer necessidades da interface de usuário.

Como exemplo, basta considerar a base de dados que estamos utilizando - ***NorthWind***. Ela foi concebida para estudos de MS SQL Server. Podemos considerar, portanto, uma situação análoga a alguns ambientes, onde não podemos alterar tabelas já existentes, pois certamente outras aplicações, desenvolvidas para outras finalidades, podem estar utilizando essas tabelas.

Portanto, a classe **CestaController** se encarrega de consultar, adicionar e remover itens da cesta, como normalmente faz uma classe de controle. Mas, para garantir que esse controlador obtenha sempre a mesma cesta, enquanto a sessão durar, criamos a classe **CestaModel** com um método estático, **ObterCesta**, para reter o estado da cesta no contexto da sessão. **CestaModel** utiliza **ViewModel**, um padrão fortemente tipado que permite otimizar views específicas expondo propriedades para valores e conteúdos de forma dinâmica, sem interferir na camada de modelo. As classes **CestaViewModel** e **ItemCestaViewModel** referem-se a esse padrão e permitem a construção de views otimizadas para a camada de apresentação, além de garantir segurança na manutenção da cesta no contexto da sessão.

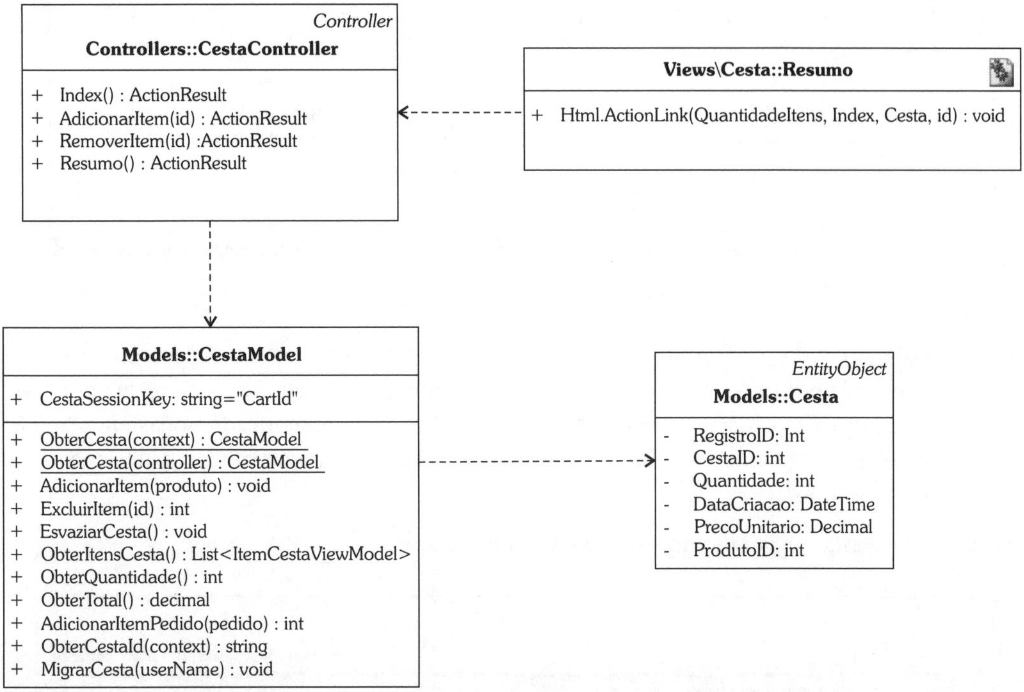

Figura 10.16. A view Resumo exibe a quantidade de itens da cesta.

Note que inserimos o método **Resumo()** em **CestaController**. Ele é responsável pela quantidade de itens da cesta de compras (na opção ***Sua Cesta(n)***) do menu principal (**Resumo.cshtml**). Para obter a quantidade, **CestaController.Resumo()** invoca o método **CestaModel.ObterCesta()**.

10.2.5 Fechamento de Pedido

A especificação *EF-05 - Fechamento de Pedido* descreve os casos de uso para autenticação do usuário, entrada de dados de entrega e efetivação do pedido (fechamento da cesta de compras).

No item anterior, abordamos os aspectos técnicos e as classes para implementação da cesta de compras. Agora, analisaremos como essa cesta é fechada gerando um pedido na base de dados.

Conforme a Figura 10.15, a *view* **\Cesta\Index** contém o *helper* **Html.ActionLink("Fechar Pedido >>", "DadosEntrega", "Fechamento")**, que exibe o link "**Fechar Pedido >>**" na página para acesso à *view* **DadosEntrega** na pasta **\Views\Fechamento**, cuja chamada será capturada pela classe **FechamentoController**.

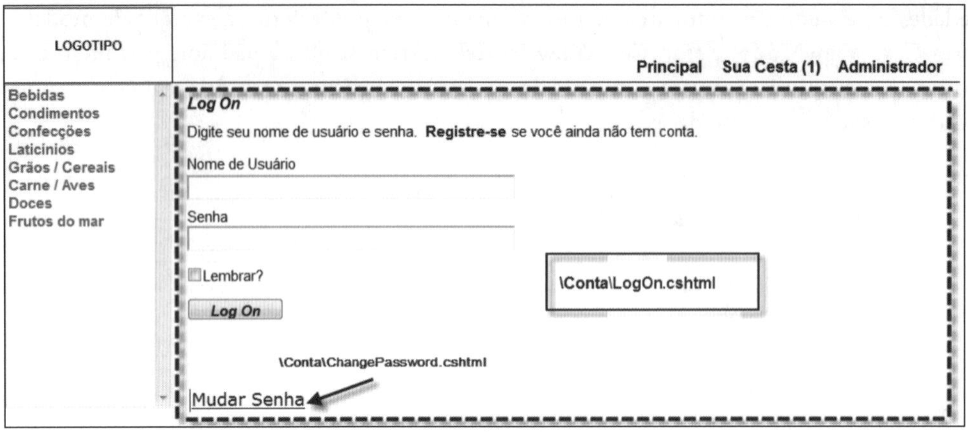

Figura 10.17. Página de log on.

No capítulo 4, *Especificação Funcional*, comentamos a utilização de provedores (*providers*). Quando o *link* "**Fechar pedido**" da página de compras for acionado, o sistema se servirá desses provedores para autenticar o usuário, verificando se ele já se encontra autenticado no sistema. Se não estiver, é exibida a página de **Log On**, à qual adicionamos um *link* para mudança de senha (não existente no protótipo).

O usuário deve estar registrado no sistema para autenticar-se.

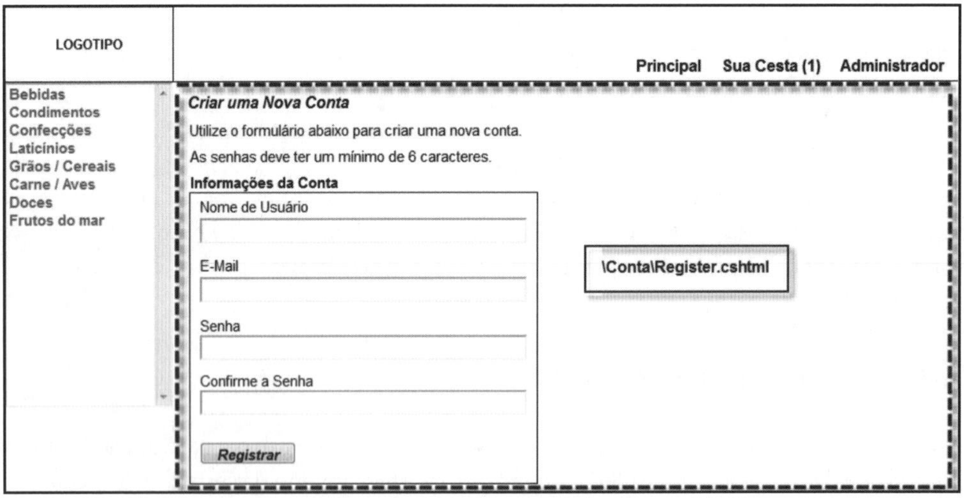

Figura 10.18. Página de registro de conta.

Depois de autenticado o usuário, seja por *log on* ou pela criação de uma conta, é realizado o redirecionamento para a página de preenchimento dos dados de entrega (destino dos produtos).

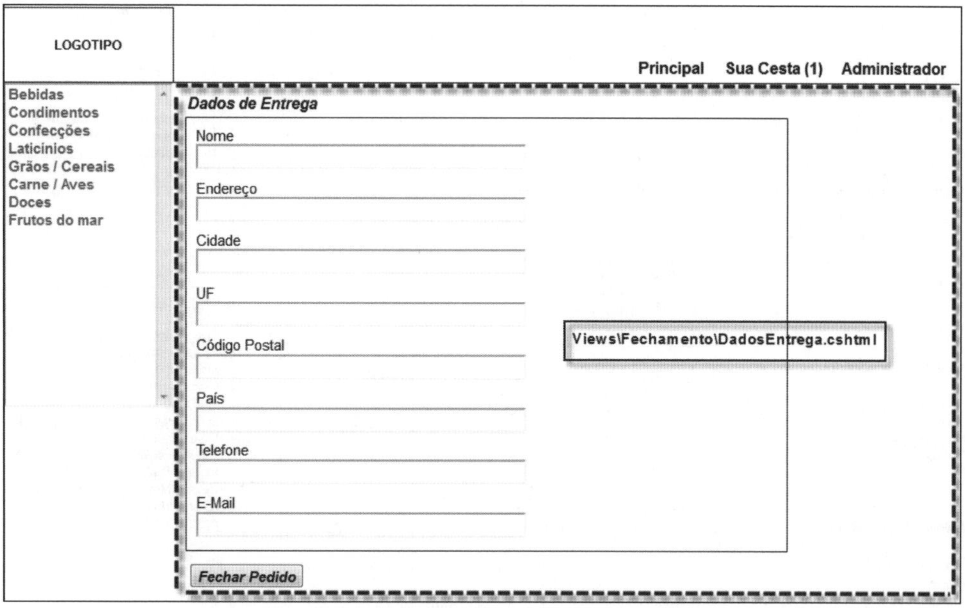

Figura 10.19. Página de dados de entrega.

Finalmente, após o pedido ser criado na base de dados e a cesta ser esvaziada, o sistema exibe a página de pedido completado, informando seu número.

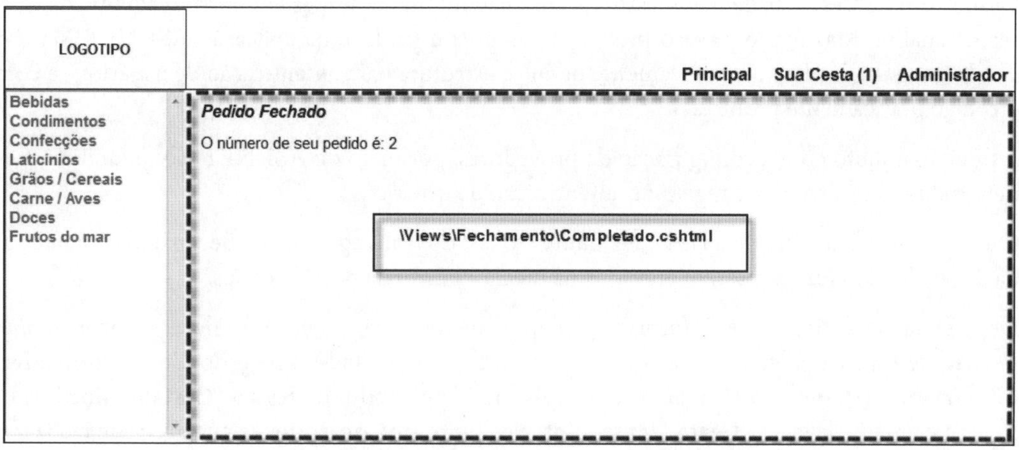

Figura 10.20. Página de finalização de pedido.

Depois de analisar as páginas e identificar as respectivas classes envolvidas, obtemos um diagrama que, por questões de espaço, subdividimos em dois. O primeiro, Figura 10.20, apresenta as classes relacionadas ao processo de autenticação; o segundo, Figura 10.21, refere-se ao efetivo fechamento do pedido.

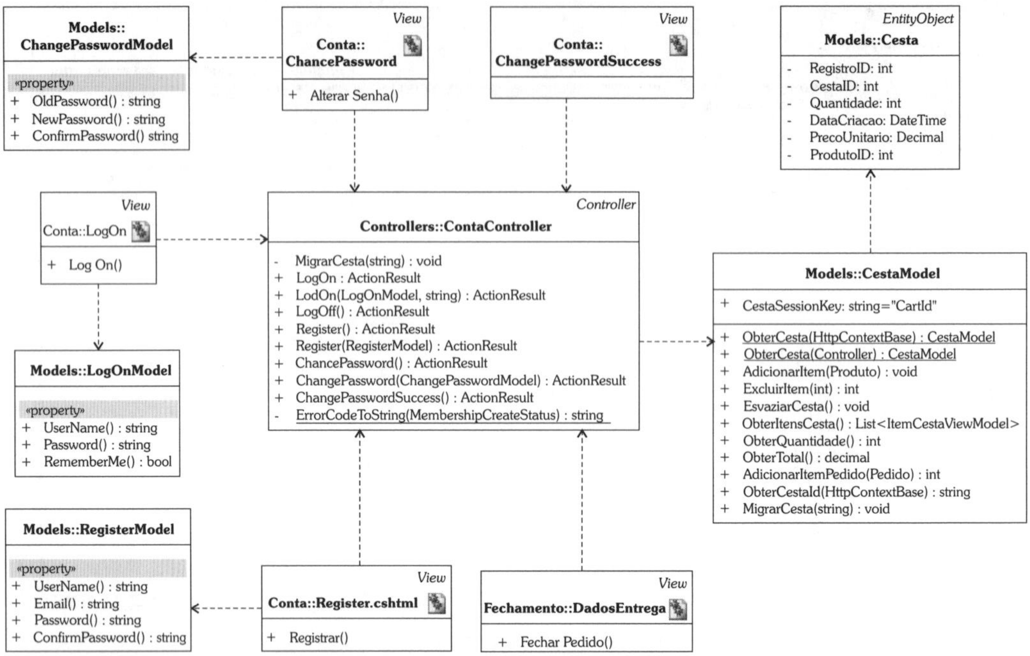

Figura 10.21. Classes e views para autenticação.

O diagrama de classes para autenticação "assusta" um pouco, pois além de **ContaController**, **CestaModel** e **Cesta**, as demais classes e views não foram mapeadas em nosso diagrama de classes de análise. Mas não é preciso preocupar-se, pois quando uma aplicação ASP.NET MVC é criada, o Visual Studio automaticamente define a estrutura para autenticação de usuários - e com o código praticamente pronto...

Isso, em conjunto com a configuração de provedores, por meio do ASP.NET Configuration, fornece todos os recursos para registro e autenticação de usuários.

O único ponto a destacar é a *view* **\Fechamento\DadosEntrega**, que exibe a página para entrada dos dados de entrega a serem gravados na tabela **Pedido** da base de dados.

Depois de autenticar-se e informar os dados de entrega, o usuário deve acionar o *link* **Fechar Pedido** na página ilustrada na Figura 10.19. É executado o método **ContaController.MigrarConta(string)**, cujo parâmetro refere-se ao identificador de sessão (**CestaSessionKey**) - a chave primária da tabela **Cesta**. Em seguida, **FechamentoController** se encarrega de realizar o fechamento do pedido, solicitar a **CestaModel** que esvazie a cesta e, finalmente, passar o número do novo pedido para a *view* **\Fechamento\Completado**.

Como podemos observar, o processo de autenticação e fechamento de pedido é o mais complexo da aplicação, mas com os recursos oferecidos pelo Visual Studio a identificação das classes fica mais fácil.

Lembre-se: você não precisa conhecer profundamente esses recursos, mas deve procurar, e contar com, a ajuda dos desenvolvedores.

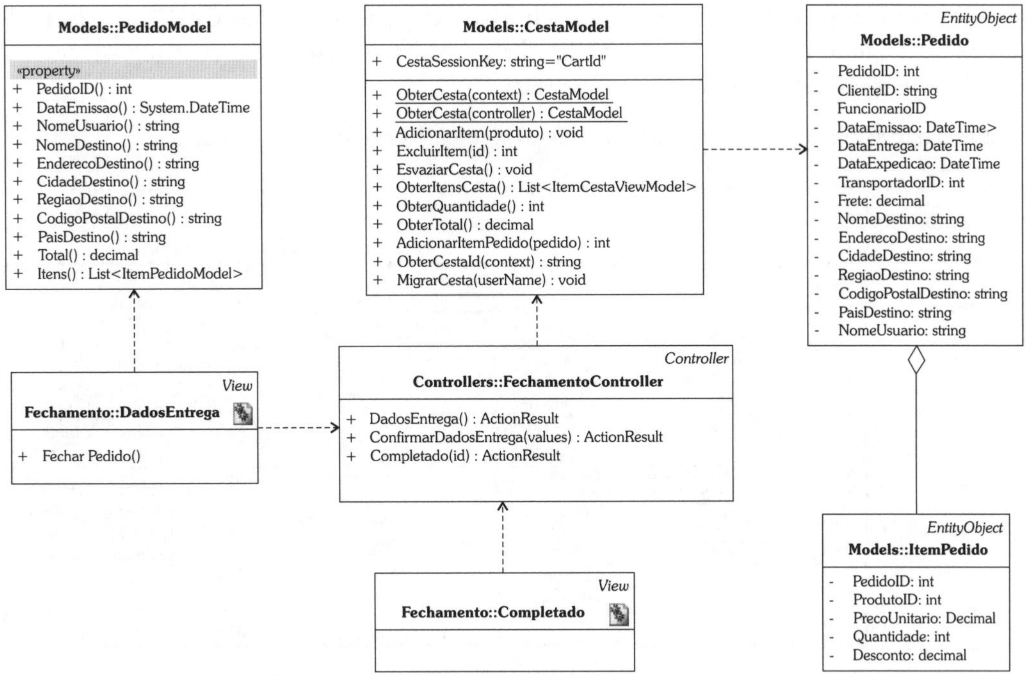

Figura 10.22. Classes e views para fechamento de pedido.

10.2.6 Administração

A especificação funcional *EF-06 - Administração* descreve os casos de uso para manutenção do catálogo de produtos, de acesso exclusivo para usuários com perfil de administrador.

No início do tópico 4.2.6 do capítulo 4, *Especificação Funcional*, dissemos que a manutenção de catálogo de produtos seria controlada pela classe **AdminController**, que possui um atributo indicando ser acessada apenas por usuários com perfil de administrador, definido por meio do ASP.NET Configuration Tool.

Apenas para deixar claro, segue o trecho de código em que esse atributo é definido:

```
.
.
namespace NWind_MVC.Controllers
{
    [Authorize(Roles = "Administrador")]

    public class AdminController : Controller
    {
        private NWindEntities db = new NWindEntities();
.
.
```

Portanto, não é preciso preocupar-se com procedimentos para restringir o acesso às funções de administração do site, pois o ASP.NET se encarrega disso.

Outro recurso disponível é a geração automática de views para operações **CRUD** na criação de um *controller*: informa a entidade do modelo de dados e o Visual Studio encarrega-se de criar views para inclusão, alteração, exclusão e consulta.

Mas isso não significa que o mapeamento desses elementos não deva ser realizado.

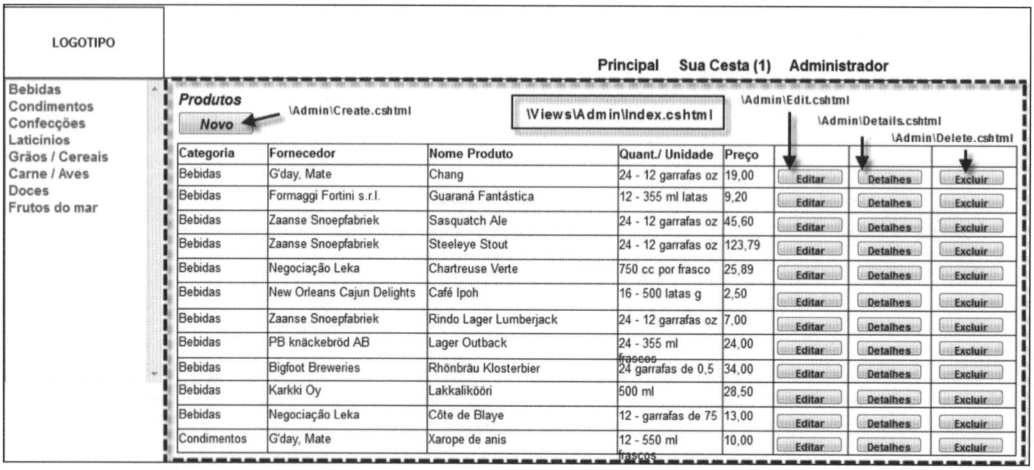

Figura 10.23. Página principal de manutenção de produtos.

Quando um usuário com perfil de administrador aciona a opção **Administrador** no menu principal, **AdminController** captura a mensagem, prepara o conteúdo e envia-o para a *view* **\Admin\Index**, que se encarrega de exibir todos os produtos em uma grade.

Observe os quatro *links* disponíveis: um para inclusão de novos produtos ("**Novo**") e os demais ("**Editar**", "**Detalhes**" e "**Excluir**") definidos para cada produto listado.

Com exceção da página da exclusão, que apenas solicita a confirmação da exclusão, as demais são praticamente idênticas. Assim, vamos reproduzir apenas a página de edição criada pela *view* **Edit**.

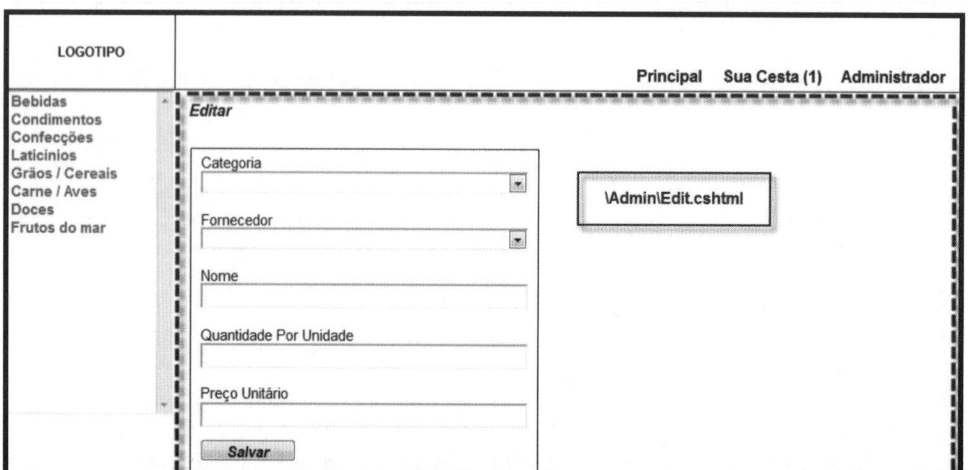

Figura 10.24. Página de edição (alteração) de produto.

Quanto aos nomes de métodos e *views*, preferimos mantê-los como o Visual Studio cria: em inglês.

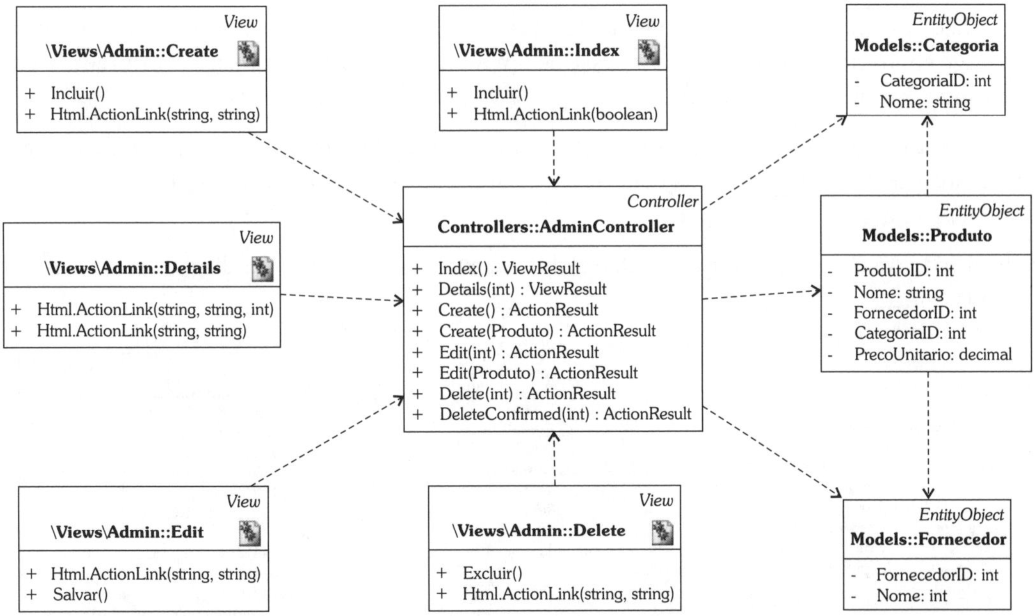

Figura 10.25. Página de edição (alteração) de produto.

A solução de classes em camadas para especificações de manutenção de cadastros (CRUD) é a mais simples e rápida.

A estrutura de dados que definimos em nosso projeto de exemplo não é a mesma que você encontra na base de dados NorthWind original, pois como nosso enfoque é didático e voltado para o processo de especificação, simplificamos o aproveitamento dos dados.

Portanto, se você observar a estrutura da tabela de fornecedores (**Suppliers**), encontrará muito mais campos, além do identificador e do nome do fornecedor.

Analisando os métodos da classe **AdminController**, notamos que **Create**, **Edit** e **Delete** estão duplicados.

- **Create()** limpa os campos para que o usuário entre com novas informações; **Create(Produto)** recebe os dados informados na página e realiza a inclusão do produto na base.
- **Edit(int)** informa um identificador de produto. Após ser realizada a consulta do produto com base nesse identificador, os dados do produto são enviados para exibição na página; enquanto **Edit(Produto)** envia os dados alterados pelo usuário para a atualização do produto na base.

As classes de modelo **Categoria** e **Fornecedor** não são consultadas por um método específico, pois o mecanismo ASP.NET permite consultá-las e, em seguida, enviar o resultado da consulta por meio da propriedade **ViewBag** da classe base **ControllerBase**, utilizada para transferir dados entre **Controllers**, **Actions** e **Views**.

10.3 Conclusão

A tarefa de identificar e mapear os elementos das camadas de um sistema, como vimos, não é fácil: exige conhecimento do negócio, a posse de um modelo de classes de análise consistente e um bom entendimento da arquitetura adotada.

Os cuidados devem ser redobrados principalmente em grandes projetos e/ou quando a tarefa é executada por vários membros da equipe: deve haver planejamento, coordenação, comunicação, sintonia e sinergia...

Finalizando, vamos apresentar o resultado obtido reunindo as classes em diagramas específicos de cada camada.

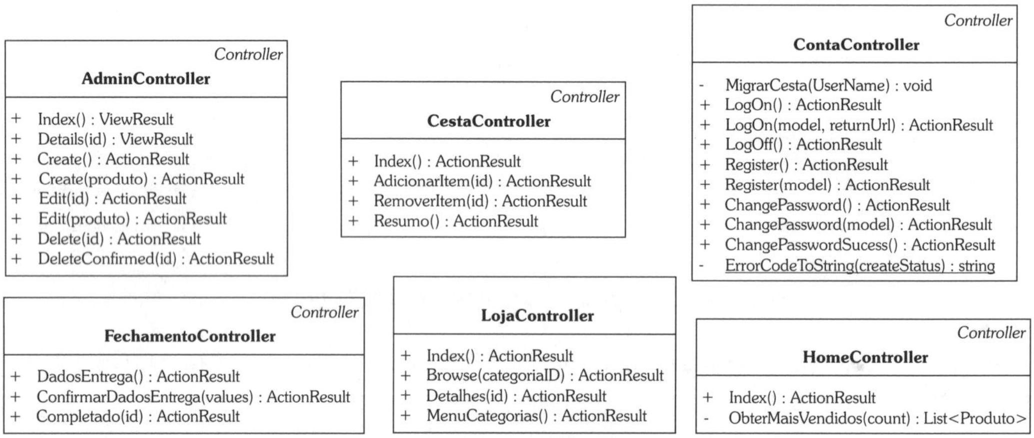

Figura 10.26. Classes da camada de controle.

Como vimos, as classes de controle são responsáveis pela intermediação entre a camada de visualização e a camada de modelo, capturando mensagens (requisições) e retornando o resultado; contêm as regras de negócio/algoritmos sobre os dados das entidades e dados de entrada.

A camada de modelo não se limita simplesmente ao mapeamento das tabelas da base de dados, mas é responsável pela validação dos dados informados pelo usuário.

Por exemplo, no levantamento dos requisitos e na especificação funcional foi definido que o pedido deve conter um identificador, data de emissão e os dados de entrega, mas se você observar a entidade da Figura 10.27, notará que a tabela de pedidos da base de dados contém outros dados que não foram considerados na aplicação, como, por exemplo, identificadores de cliente e funcionário, data de entrega, valor do frete etc.

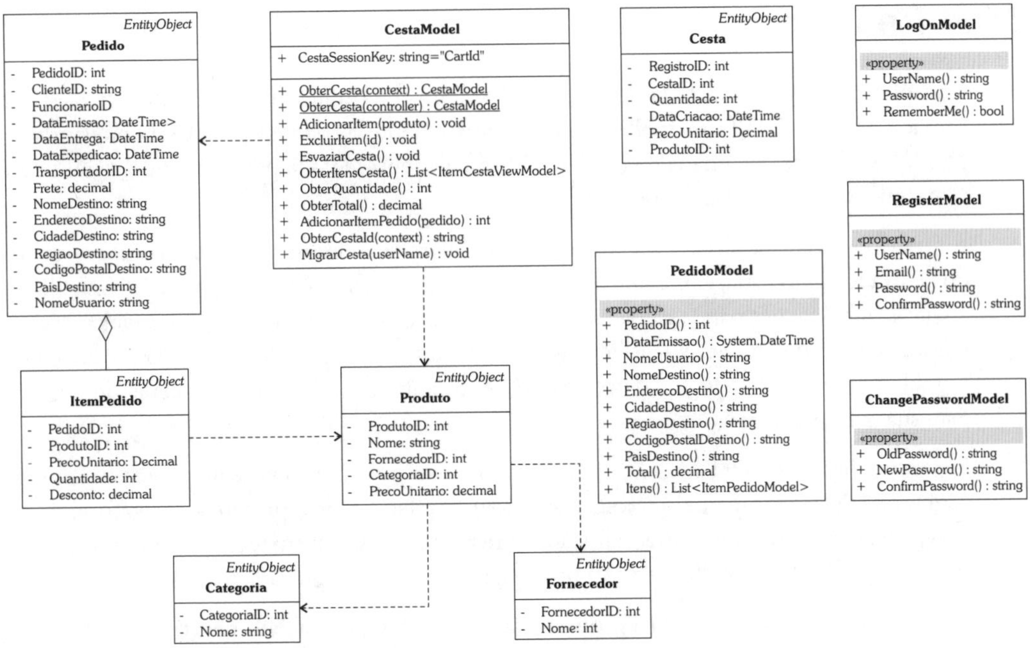

Figura 10.27. Classes da camada de modelo.

Como não é necessário exibir todos os dados do pedido, foi criada a classe **PedidoModel** para funcionar como um "filtro" de dados. Além disso, os membros dessa classe podem receber atributos como preenchimento obrigatório, valor mínimo a ser informado etc. Veja um exemplo:

```
[Bind(Exclude = "PedidoID")]
   public partial class PedidoModel
   {
       [ScaffoldColumn(false)]
       public int PedidoID { get; set; }

       [ScaffoldColumn(false)]
       public System.DateTime DataEmissao { get; set; }

       [ScaffoldColumn(false)]
       public string NomeUsuario { get; set; }

       [Required(ErrorMessage = "Nome é obrigatório")]
       [DisplayName("Nome")]
       [StringLength(160)]
       public string NomeDestino { get; set; }
```

O atributo **ScaffoldColumn** permite exibir ou não a propriedade em tela. Já o atributo **DisplayName** permite exibir uma legenda diferente do nome da propriedade e assim por diante.

O melhor exemplo das responsabilidades da camada de modelo é a classe **CestaModel**, conforme pudemos constatar na análise do fechamento de pedidos.

10.4 Resumo

- Em aplicações Web, a camada de visualização (**View**) é geralmente uma página HTML e a camada controladora (**Controller**) gera dinamicamente os dados em HTML, enviando-os para apresentação. A camada de modelo (**Model**) é representada pelo conteúdo, geralmente armazenado em bancos de dados.
- A camada de visualização, ou de apresentação, refere-se à interface visual que recebe os dados entrados pelo usuário e exibe as respostas geradas pelo sistema. Quando o controlador envia as informações para a camada de visualização, o componente de maior nível as recebe e encarrega-se de "renderizá-las" em uma forma adequada para interação. Já a camada de modelo contém toda a lógica da aplicação, representando os dados e as regras de negócio para sua manipulação.
- Em aplicações ASP .NET MVC, uma URL não possui especificamente uma referência a uma página: a URL invocada pelo navegador não está relacionada à presença obrigatória de arquivos físicos no servidor para exibição do resultado a ser retornado, mas sim a uma ação (método) de um **Controller**, e não a uma página fisicamente gravada em disco.
- As requisições feitas pelo navegador estão mapeadas para ações de controladores por meio de um recurso do ASP .NET Framework chamado **ASP .NET Routing** (roteamento ASP .NET), usado para rotear as requisições recebidas para ações do controlador.
- Um controlador é responsável por controlar a maneira como um usuário interage com uma aplicação MVC e possui o fluxo de controle lógico para uma aplicação ASP .NET MVC. É o controlador que determina que resposta será enviada de volta ao usuário quando ele faz uma requisição via navegador.
- Todas as classes da pasta **Controller** possuem um nome sufixado com a palavra "***Controller***". O nome de cada classe controladora corresponde a uma subpasta de **Views**.
- Qualquer método público no controlador é exposto como uma ação e pode ser invocado por qualquer usuário via Internet, como, por exemplo, **http://localhost:<nro.porta>/Home/About**.
- O Razor permite trabalhar com HTML estático (ou qualquer conteúdo textual), tornando-o dinâmico em seguida com a inclusão de código de servidor. Ele permite uma codificação mais fluente, integrando o código do servidor em sua marcação HTML com um mínimo de digitação.
- A estratégia para identificação das classes das camadas é revisitar cada especificação funcional e abordar o modelo de classes de análise; os diagramas de interação podem ser usados para garantir que os artefatos realizem a lógica de negócio.
- O especificador não deve apenas entender o negócio, sem o que não é possível confeccionar uma boa especificação funcional, mas também conhecer o padrão de arquitetura utilizado pela equipe.

- Os elementos visuais do protótipo são materializados pelas views - o usuário, de fato, só visualiza o resultado do fluxo de comunicação entre diversos elementos das camadas, com lógica e detalhes muito mais complexos.
- De posse do protótipo, analisamos a página a ser exibida e, dentro do padrão de arquitetura utilizado, escolhemos o melhor nome para traduzir sua finalidade; geralmente essa finalidade está relacionada a uma entidade de negócio, o que implica a existência de uma classe de controle.
- Quando definimos nosso modelo de classes de análise, não levamos em consideração nenhum aspecto técnico referente à segurança ou à persistência de dados durante uma sessão de usuário em páginas Web. Simplesmente definimos um carrinho e seus itens.
- Questões de implementação devem ser discutidas com a equipe de desenvolvimento, principalmente com o arquiteto de software.
- Identificar e mapear os elementos das camadas de um sistema não é fácil: exige conhecimento do negócio, a posse de um modelo de classes de análise consistente e um bom entendimento da arquitetura adotada. Os cuidados devem ser redobrados, principalmente em grandes projetos.
- A camada de modelo não se limita simplesmente ao mapeamento das tabelas da base de dados, mas é responsável pelas regras de negócio e validações.

10.5 Exercício Proposto

Com base no padrão ASP.NET MVC, uma página na Web e, sem qualquer procedimento preliminar, identifique e mapeie as classes para as três camadas.

11 Modelo de Dados

Neste capítulo, trataremos de:

- ✓ *Padrões usados no mapeamento de tabelas de dados para classes OO*
- ✓ *Conceito de análise orientada a objetos*
- ✓ *Framework de mapeamento objeto-relacional*
- ✓ *Visão geral do Microsoft ADO.NET Entity Framework e do Entity Data Model*
- ✓ *Modelagem física de dados com UML*

No final do capítulo anterior, concluímos um diagrama de classes da camada de modelo, mas não entramos em maiores detalhes sobre essa camada. Fomos bastante "econômicos", pois entendemos que ela é a camada mais importante do sistema, por isso merece um capítulo especial.

Quando aprendemos uma nova linguagem de programação, independente dos recursos que a IDE oferece, como, por exemplo, controles de multimídia, excelentes recursos visuais, facilidade de codificação etc., a primeira coisa que nos preocupa (ou deveria preocupar) é como se realiza o acesso à base de dados. Se esse quesito não for satisfeito plenamente, então teremos problemas...

Hoje, deparamo-nos com uma verdadeira "babilônia" em termos de bancos de dados: ainda existem (muitas) informações armazenadas em *mainframes* - ambientes onde, para implementar aplicações em linguagem orientada a objeto, é preciso utilizar componentes de acesso (algumas oportunidades em grandes empresas até exigem algum conhecimento de "plataforma alta").

É claro que nenhuma grande empresa, depois de anos e anos de investimento em *mainframe*, pode (nem consegue), da noite para o dia, migrar para um MS SQL Server ou Oracle. O custo é alto e a migração leva anos para ser realizada.

Grandes bases corporativas em SQL não permitem simplesmente que, diante de uma nova aplicação, sejam feitas alterações impensadas nas estruturas de dados, pois centenas, senão milhares, de aplicações escritas em diversas linguagens e plataformas estão em funcionamento e compartilhando regras de negócio armazenadas em banco: a mínima mudança exige estudos de viabilidade e análise de impacto.

Também existe a questão de padrões e políticas relativas à segurança, que determinam restrições ao uso de objetos, como *stored procedures* (procedimentos armazenados), tabelas etc.

Se os novos ambientes permitem um tratamento mais natural, com o emprego de uma nomenclatura mais amigável, por outro lado podem existir padrões de nomenclatura para os objetos do banco de dados. Por exemplo, todo campo referente a um nome deve ser prefixado com "NM_" seguido do nome da tabela a que se refere (NM_CLIENTE).

Também há gerenciadores de bancos que só aceitam nomes em letras maiúsculas...

Enfim, para confeccionar um modelo de dados, é preciso considerar o contexto do ambiente em que a aplicação a ser desenvolvida será implantada.

Um banco de dados deve ser construído de forma que qualquer modificação em sua estrutura afete minimamente as aplicações que o utilizam e seu acesso deve ser controlado de acordo com os privilégios concedidos a seus usuários. Por outro lado, as novas aplicações devem adequar-se à estrutura do banco.

As aplicações trabalham com informações armazenadas em um banco de dados, geralmente, relacional. No tempo das linguagens estruturadas, isso era difícil e demorado, principalmente conforme a aplicação aumentava em tamanho e complexidade. O código SQL misturava-se com a lógica de negócio e qualquer mudança no banco implicava, às vezes, reescrever totalmente vários módulos, senão toda a aplicação.

Com o advento e a popularização das linguagens orientadas a objeto, essa integração com o banco ficou ainda mais complicada, mesmo porque o panorama tecnológico evoluiu, principalmente com a Web.

11.1 Padrões

Depois dessas considerações, vamos abordar uma questão muito importante: a **impedância** (falta de "harmonia") entre o modelo orientado a objetos e o modelo relacional.

Para resolver esse problema, foram definidos padrões, entre os quais **Transaction Script**, **Table Module** e **Domain Model**.

O **Transaction Script** foi idealizado no início dos sistemas OLTP. Nele, a camada de negócios é separada do acesso a dados por uma fina camada de funções que organiza a lógica de negócios - cada função trata de uma única solicitação.

O padrão **Table Module** organiza a lógica de domínio definindo uma classe para cada tabela de dados - os métodos da classe agem sobre os dados da respectiva tabela. É um padrão "orientado a tabela".

O **Domain Model** (Modelo de Domínio), mais atual, define uma implementação mais próxima e transparente à modelagem lógica. Embora pareça um modelo do banco de dados, o modelo de domínio envolve dados, processos e possui atributos multivalorados, utiliza herança e polimorfismo e implementa associações complexas. Por exemplo, uma classe **Agencia**, com atributos de uma agência, e uma classe **Banco**, tendo como atributo uma coleção (lista) de instâncias de objetos da classe Agencia.

Como sabemos, a orientação a objetos põe em prática conceitos de herança, polimorfismo e encapsulamento. Nela, a camada de acesso a dados deixa de ser um conjunto de funções para acesso aos dados, como nos dois primeiros padrões, para conter funções que ocultam as regras de negócio da estrutura física necessária para o acesso aos dados. Um exemplo muito simples é o **DataSet** do **ADO.NET**.

Neste capítulo, abordamos resumidamente alguns aspectos do **Microsoft ADO.NET Entity Framework**, visando a arquitetura a que nossas especificações devem adequar-se - o **ASP.NET MVC**.

No dia a dia, talvez você ainda se depare com padrões de arquitetura utilizando **DataSets** para trafegar dados entre as camadas da aplicação. Se tiver algum tipo de abertura com o arquiteto, proponha melhores soluções; caso contrário, especifique a transferência de dados por meio de DataSets...

11.2 Análise Orientada a Objetos

A análise orientada a objetos inclui um mapeamento entre o modelo lógico e o modelo físico (modelo de entidade e relacionamentos - MER), isto é, o mapeamento de dados de entidades em tabelas de banco de dados - a base para a modelagem física da persistência da aplicação.

No modelo, os objetos de controle detêm as regras de negócio e algoritmos sobre os dados das entidades e os dados de entrada; os objetos de interface mapeiam a interface com outros sistemas e usuários.

Em um sistema novo, o mapeamento gera um modelo estático de classes e, em seguida, o modelo físico do banco de dados.

O processo de mapeamento é precedido por uma análise do problema e do domínio (negócio). O objetivo dessa análise é identificar entidades lógicas, suas ações e interações entre si e, em seguida, associar o estado dessas entidades com a necessidade de persistência (modelo físico). A análise e o modelo de domínio focalizam questões específicas, abstraindo outros detalhes, como arquitetura, segurança, login, auditoria etc. Essa abstração da implementação também oculta o acesso e o retorno dos dados da base, o que permite rastreabilidade e uma programação mais simples e fácil.

Essa tarefa foi realizada quando confeccionamos nosso modelo de classes de análise no capítulo 8.

Há uma metodologia de desenvolvimento de software, **MDA** (**Model Driven Architecture**, Arquitetura Dirigida por Modelo), em que a modelagem é o centro do processo de desenvolvimento. A partir de um modelo abstrato é gerado um modelo mais concreto do sistema.

A MDA recomenda três etapas. A primeira entrega um **Modelo Independente de Plataforma** (**PIM**, Platform Independent Model), a segunda etapa produz **Modelos Específicos de Plataforma** (**PSM**, Platform Specific Model) e a terceira etapa refere-se à transformação de PSM em código.

O Modelo Independente de Plataforma possui alto nível de abstração, independente de qualquer tecnologia. O modelo de classes de análise desenvolvido no capítulo 8 é independente, embora tenhamos adotado C# apenas para especificar os tipos de dados de seus atributos.

Essa transformação é definida uma única vez e pode ser aplicada em diversos sistemas, reduzindo o tempo de desenvolvimento e garantindo, assim, maior produtividade e portabilidade.

Os Modelos Específicos de Plataforma são mais complexos e produzidos pela transformação do Modelo Independente em modelos específicos de uma tecnologia de implementação. O modelo que produzimos no capítulo anterior é específico à plataforma .NET e à arquitetura MVC. Assim, diferentes modelos específicos gerados a partir de um mesmo modelo independente podem possuir ligações (pontes) entre eles, tornando possível a interoperabilidade, desde que se transformem os conceitos de uma para outra plataforma de algum modo.

Portanto, o que fizemos até está de acordo com as práticas atuais: desenvolvemos um modelo independente e também um modelo específico ao ASP.NET MVC.

Sim, mas ainda não ficou muito clara essa tal de "impedância"...

11.3 Framework

A arquitetura em várias camadas lida com diferentes domínios: o de apresentação (que trata das informações entregues ao usuário), o domínio de negócios (contendo as regras que modelam o negócio, como, por exemplo, um banco e suas ações - depósito, saque etc.) e o domínio da persistência (que trata de armazenamento e recuperação dos dados, geralmente em um banco de dados), que é implementado por classes e/ou ***frameworks*** (estruturas) de manipulação e busca de dados.

Segundo a Wikipédia, "um ***framework***, em desenvolvimento de software, é uma abstração que une códigos comuns entre vários projetos de software provendo uma funcionalidade genérica. Um *framework* pode atingir uma funcionalidade específica, por configuração, durante a programação de uma aplicação. Ao contrário das bibliotecas, é o *framework* quem dita o fluxo de controle da aplicação, chamado de **Inversão de Controle**".

O *framework* **ORM** (**Object-Relational Mapping** - Mapeamento Objeto-Relacional) dá suporte a classes desenvolvidas com herança, polimorfismo, coleções e agregações e permite a escrita de consultas tanto por meio de uma linguagem própria, como, por exemplo, o LINQ SQL, como também por SQL. Ele permite o mapeamento de tabelas para classes que proveem um conjunto de métodos de alto nível para realizar operações básicas em tabelas de bancos de dados. Isso significa retirar do desenvolvedor as tarefas mais comuns referentes à persistência de dados, pois ele não precisa se preocupar com comandos SQL, mas usar uma interface de programação simples que faz todo o trabalho de persistência.

Veja, por exemplo, a exclusão de um produto de nosso projeto de exemplo:

```
public ActionResult DeleteConfirmed(int id)

        {
            var produto = db.Produto
               .Single(Produto => Produto.ProdutoID == id);
            db.Produto.DeleteObject(produto);
            db.SaveChanges();
            return RedirectToAction("Index");
        }
```

Em três linhas, sem necessidade de construir comandos SQL, é possível excluir um produto da tabela **Produto** da base de dados: a primeira linha busca o produto com base em um identificador, a segunda solicita a exclusão passando o objeto Produto retornado na busca e a terceira linha efetivamente exclui o produto da base (a quarta linha redireciona para **\Admin\Index**).

Em nosso caso, adotamos o **Microsoft ADO.NET Entity Framework**, ou simplesmente **EF**, que simplifica o acesso a dados e evita trabalhar diretamente com o banco de dados no código (como demonstra o método **DeleteConfirmed**).

O EF permite recuperar dados com classes fortemente tipadas e dispensa escrever código extra em consultas para especificar uniões e junções entre entidades.

Como fizemos no capítulo 8, é normal iniciar o desenvolvimento pelo modelo de entidades (classes definidas para representar o domínio do negócio). O EF permite gerar entidades a partir desse modelo e mapeá-las para as tabelas do banco de dados. Ele pode partir de um banco de dados legado para criar o modelo de entidades ou também criar o modelo e, a partir dele, gerar o banco de dados, o que se denomina "**primeiro código**" (**Code First**), em que o modelo de negócios e suas entidades são gerados sem ter de primeiramente criar o banco de dados.

Assim, não é necessário começar a aplicação criando o banco de dados, mas escrevendo classes .NET para definir o modelo de objetos do domínio, sem misturar a lógica de persistência de dados com as classes.

11.3.1 Entity Data Model

O EF também inclui um modelo de dados conhecido como **Entity Data Model (EDM)**, ou modelo de entidades de dados, e pode ser considerado o coração do EF. É um modelo entidade-relacionamento, em que as entidades estão estruturadas em registros e chaves e os relacionamentos são associações entre dois ou mais tipos de entidades.

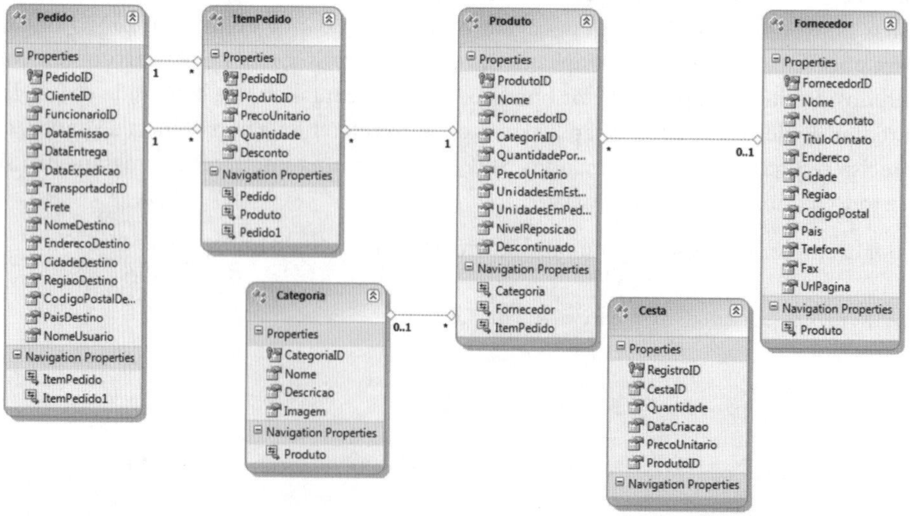

Figura 11.1. NwindModel.edmx.

A implementação desse modelo utiliza um arquivo com extensão **.edmx** - um arquivo XML que define um modelo conceitual, um modelo físico e o mapeamento entre esses modelos, e também contém informações usadas pelo **Designer do Modelo de Dados** do ADO.NET (**Entity Designer**) para processar um modelo graficamente, Figura 11.1.

O **EDMX** não fica unicamente vinculado ao banco: você pode criá-lo vazio, definir todas as classes e, depois, criar o banco a partir dele, dando liberdade para trabalhar as classes com o modelo **Code First**.

O EF faz ponte entre classes **POCO** e o banco de dados com um contêiner (**Contexto**), que mapeia as classes com o banco de dados e informa ao mecanismo o banco de dados

A classe **DbContext** do EF permite gerenciar as classes e fornecer acesso aos dados, controlando as alterações em suas instâncias de objetos. Com o DbContext, o EF cuida da ponte entre as classes e o banco de dados, permitindo consultar, controlar e salvar as alterações no banco de dados.

11.3.2 POCO e Projeção

POCO (**Plain Old CLR Object**) são classes simples de domínio que possuem apenas propriedades *get/set* e um construtor e que não dependem de nenhum *framework*. Uma classe POCO não é obrigada a herdar de outra classe ou implementar uma interface. A classe PedidoModel, definida no capítulo anterior, é um exemplo de classe POCO.

POCO vem do termo **POJO** (**Plain Old Java Object**) utilizado pela comunidade Java.

As classes POCO estão estreitamente associadas ao trabalho com ferramentas **ORM**.

Já que foram lembradas as classes do capítulo anterior, entre elas temos a classe Fornecedor que é uma **projeção**, pois desprezamos várias colunas da tabela do banco de dados NorthWind.

Uma **projeção** é um subconjunto de colunas de uma tabela que descarta as demais. Ela permite eliminar grandes fluxos de dados desnecessários para uma operação, além de reduzir o consumo de memória. **Tipo** é um conjunto de atributos resultantes de uma operação de projeção. Deduz-se que a implementação de projeções pode provocar a explosão de tipos, de modo que podemos classificar um tipo como completo quando reproduz uma tabela com todos os seus atributos, e como derivado quando apenas parte dos atributos de uma tabela é considerada.

O EF também permite o uso de *stored procedures* e consultas SQL dinâmicas: basta mapeá-las para o modelo de entidades. O código SQL gerado pelo EF é parametrizado, atendendo, portanto, os requisitos de segurança, controle de acesso e permissões de execução.

11.3.3 Data Transfer Object

Já que falamos de POCO e projeções, vamos tratar brevemente de um assunto que não deveria ser polêmico, mas é: os **Data Transfer Objects** (objetos de transferência de dados) ou, simplesmente, **DTOs**.

A polêmica nada tem a ver com a complexidade do conceito, mesmo porque ele não é complexo, mas sim com a terminologia. Uns alegam que há diferenças entre **DTO** e **VO** (**value object** - objeto de valor), outros que DTO e VO têm o mesmo significado e assim por diante.

Na verdade, independente do nome adotado, o que vale é o conceito e sua aplicação; particularmente, ficamos com a maioria - vamos adotar o termo DTO, com a opinião de que VO é um termo já ultrapassado.

Suponha que você precise especificar uma resposta à solicitação de um cliente e que o conteúdo dessa resposta é complexo e pode implicar mais de uma chamada remota. Por exemplo, uma página que contenha os dados de um pedido, seus itens, alguns dados do cliente dono do pedido, o nome do vendedor e alguns dados dos fornecedores de cada produto do pedido.

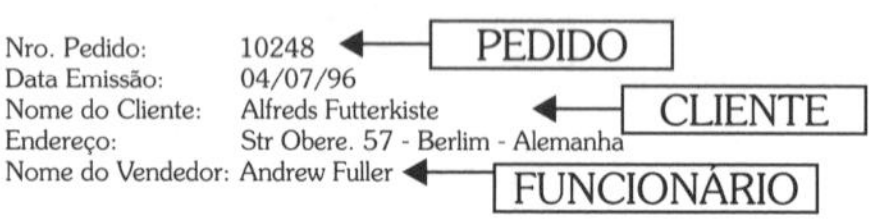

Cód. Produto	Descrição	Cód. no. Fornecedor	Nome do Fornecedor	Quantidade	Preço Unitário	Valor
11	Queso Cabrales	12	Líquidos exóticos	12	R$ 14,00	R$ 168,00
42	Singapura Hokkien Fried Mee	10	New Orleans Cajun Delights	10	R$ 9,80	R$ 98,00
72	Mozzarella di Giovanni	5	Home stead avó de Kelly	5	R$ 34,80	R$ 174,00

PRODUTO FORNECEDOR ITEM PEDIDO

Figura 11.2. Consulta de pedido.

Mesmo não pensando nos detalhes de uma chamada remota, para atender a solicitação trabalhando com objetos de classes que mapeiam as tabelas de dados, teríamos seis chamadas: pedido, cliente, funcionário, produto, fornecedor e item de pedido.

Considerando ainda que as chamadas têm de atravessar a rede e o desempenho dela, roteamentos e problemas de latência à parte etc., é preciso projetar uma interface de objeto que minimize ou, se possível, elimine tais problemas.

As boas práticas dizem que se deve ocultar a informação em um objeto e que cada método deve executar uma única função, o que permite, além de outras vantagens, a reutilização dos objetos.

Uma solução mais óbvia seria implementar uma longa lista de parâmetros resumindo a resposta em um único retorno. Porém, imagine-se escrevendo o código dessa solução: qualquer inversão na ordem dos dados retornados pode provocar erros que só seriam detectados na execução do programa.

Pensando de outra forma, imagine que uma página disponibilize vários campos para filtro de pesquisa, como, por exemplo, buscar os pedidos emitidos por uma filial, em um intervalo de datas, para determinado cliente, referentes a um certo fornecedor e que ainda não tenha sido atendidos... Enfim, um método de consulta com seis argumentos...

Um objeto de transferência de dados contém todos as propriedades necessárias para encapsular os dados de forma a resumir a operação em uma só chamada. Assim, o método de consulta retornaria um DTO ou, no caso de pesquisa, ele seria o único argumento passado pelo método.

PedidoDTO
NumeroPedido
DataEmissao
NomeCliente
Endereco
NomeVendedor
List<ItemPedidoDTO>

ItemPedidoDTO
CodProduto
Descricao
CodFornecedor
NomeFornecedor
Quantidade
PrecoUnitario
Valor

Figura 11.3. DTOs para consulta de pedido.

Depois que o aplicativo de chamada recebe o DTO e armazena-o como um objeto local, ele pode executar os procedimentos para preencher o DTO a partir de um ou mais objetos de domínio e, sem sobrecarga de chamadas remotas, retorná-lo ao solicitante. Resumindo, DTOs são simples recipientes para um conjunto de dados agregados que pode ser transferido através das camadas da aplicação. Eles não contêm nenhuma lógica ou comportamento, por isso mesmo são denominados "objetos burros" ou "anêmicos". Eles desconhecem os objetos de domínio, o que permite sua reutilização em diferentes contextos.

Um exemplo hipotético de assinatura de um método de consulta:

```
Solicitante.Consultar(PedidoID):PedidoDTO;
```

Ao projetar um DTO, podemos usar uma coleção genérica ou criar um objeto com os métodos de propriedade <<get>> e <<set>>.

Classes DTO fornecem objetos fortemente tipados que as aplicações cliente podem acessar como qualquer outro objeto, porém é preciso ter cuidado com a "proliferação" de DTOs para atender variadas formas de solicitação.

11.4 Modelagem Física de Dados com UML

Várias ferramentas podem ser adotadas durante o ciclo de desenvolvimento. Cada membro da equipe, ao executar o seu papel, usa uma ou mais ferramentas adequadas às suas tarefas e aos artefatos que deve produzir.

Assim, o analista utiliza uma ferramenta de modelagem UML para confeccionar, por exemplo, o modelo de classes, disponibilizando-o para o desenvolvedor implementar o código da aplicação. Mas esse modelo também dá origem ao modelo físico de dados para que o DBA implemente o banco de dados e o desenvolvedor utilize-o como apoio; e isso é importante porque, no desenvolvimento, deve ser considerada a arquitetura do banco de dados e o ambiente em que ele será utilizado.

Nessa transição, se não houver integração das ferramentas utilizadas, podem ocorrer perdas importantes de informações, ou, no mínimo, o trabalho de modelagem feito durante a análise de sistemas deve ser refeito na fase de projeto.

A UML é uma linguagem de modelagem orientada a objetos e não uma ferramenta de projeto de banco de dados, que normalmente é baseada em entidades e relacionamentos, para o qual há excelentes ferramentas para sua modelagem.

No final do ano de 2005, o **OMG** (**Object Management Group**), entidade mantenedora da UML, iniciou uma proposta para sugestões de definição de um **perfil para modelagem de dados em UML**.

Lembre-se de que o modelo físico serve de especificação para construção do banco de dados, apresentando as tabelas, suas colunas, seus relacionamentos e restrições, além de outros objetos como índices, *stored procedures*, gatilhos etc.

Nesse perfil, a maioria dos objetos é representada pelo elemento de classe da UML, mas identificada por meio de estereótipos.

11.4.1 Tabela (Table)

Vamos apresentar alguns elementos de notação para o modelo físico de dados, tomando como base o diagrama de análise que confeccionamos no capítulo 8.

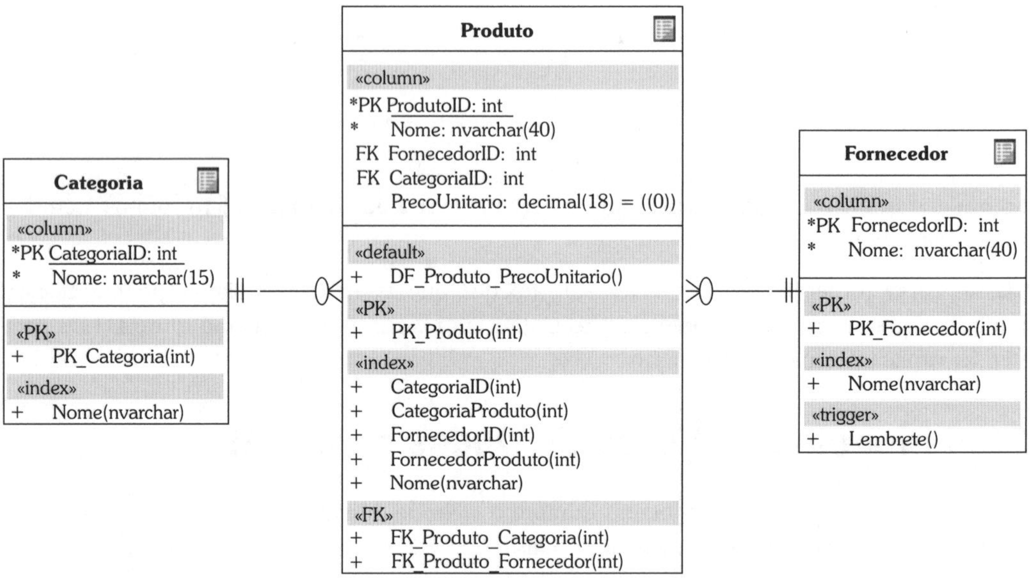

Figura 11.4. Representação de tabela.

O ícone no canto superior direito do primeiro compartimento permite identificar o elemento como sendo uma tabela de dados.

Vamos descrever o segundo compartimento, estereotipado com o termo <<**column**>> (coluna ou campo):

- **<u>*PK ProdutoID: int</u>** - o asterisco significa que o campo é obrigatório; **PK** (**Primary Key**) denota que faz parte da chave primária da tabela; **ProdutoID** é do tipo inteiro (int) e o fato de estar sublinhado significa que o valor é único (**Unique**). O sufixo (ID), conforme o padrão de nomenclatura, informa que a coluna refere-se a um identificador.
- **Nome: nvarchar(40)** - a coluna Nome é do tipo nvarchar(40) e é obrigatória.

- **FK FornecedorID: int** e **FK CategoriaID** - as colunas FornecedorID e CategoriaID referem-se a identificadores de fornecedor e categoria, respectivamente, e são do tipo inteiro. **FK (Foreign Key)** representa uma chave estrangeira e, portanto, deve existir um relacionamento com outra tabela; no caso, Fornecedor e Categoria - o diagrama informa que uma categoria pode ocorrer em nenhum, um ou mais produtos, o mesmo acontecendo com o fornecedor.
- **PrecoUnitario: decimal(18) = ((0))** - a coluna PrecoUnitario é do tipo decimal com precisão 18 e, caso não seja informado, o valor padrão (*default*) é 0 (zero).

No terceiro compartimento do elemento, há quatro estereótipos:

- <<**default**>>, contendo o nome do objeto da base de dados para tratar o valor padrão de PrecoUnitario (DF_Produto_Precounitario).
- <<**PK**>>, informando o nome do arquivo de índice para chave primária (PK_Produto).
- <<**index**>>, relacionando os demais arquivos de índice referentes à tabela produto, quais sejam: CategoriaID, CategoriaProduto, FornecedorID, FornecedorProduto e Nome.
- <<**FK**>>, contendo os nomes das *constraints* de chave estrangeira da tabela (FK_Produto_Categoria e FK_Produto_Fornecedor).

Estas informações são suficientes para que o responsável pela criação e manutenção da base de dados, geralmente o DBA, implemente as tabelas.

A título de exemplo, inserimos um gatilho (*trigger*) na tabela Fornecedor para demonstrar como esse objeto é especificado no diagrama.

11.4.2 Visão (View)

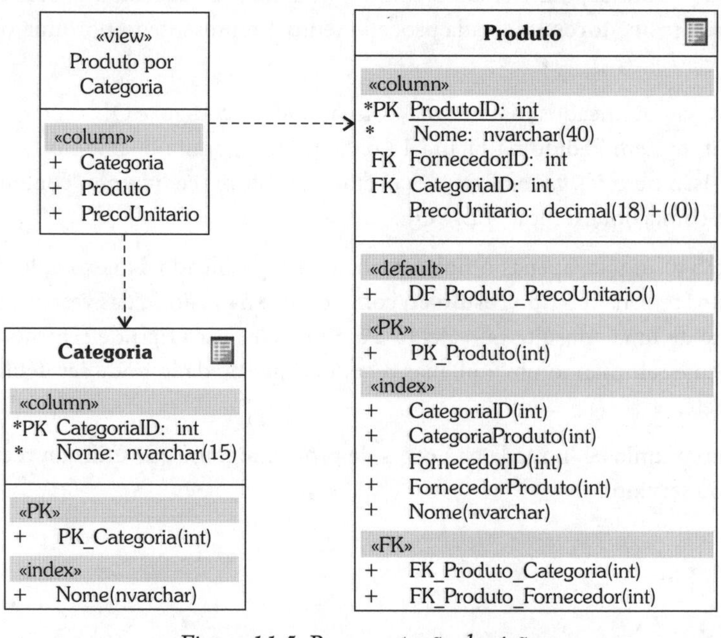

Figura 11.5. Representação de visão.

O elemento de visão é identificado pelo estereótipo <<**view**>>, acima do nome, e nada tem a ver com as views do capítulo anterior.

A modelagem de uma visão (***view***) é muito simples. Basta especificar as colunas a serem retornadas e estabelecer relacionamentos de dependência em direção às tabelas que compõem a consulta.

Se preferir, para evidenciar as colunas da visão, inclua o nome da tabela, como, por exemplo, Categoria.Nome, Produto.Nome etc.

11.4.3 Procedimento Armazenado (Stored Procedure)

Os *stored procedures* podem ser representados de maneira resumida em um único elemento ou por vários elementos associados.

«stored procedures» **NWindPT**
«proc» + Dez Produtos mais caros() : resultset + Item Pedido(@PedidoID :int) : resultset + Pedido Por Cliente(@ClienteID :nchar(5)) : resultset + Pedidos de Cliente(@ClienteID : nchar(5)) : xml + Vendas Por ano(@Beginning_Date :datetime, @Ending_Date :datetime) : resultset + Vendas Por Categoria(@Nome :nvarchar(15), @OrdYear :nvarchar(4)) : resultset + Vendedores por Pais(@Beginning_Date :datetime, @Ending_Date :datetime) : resultset

Figura 11.6. Stored procedure: representação resumida.

Na representação resumida, um elemento com o nome da base de dados é rotulado com o estereótipo <<**stored procedures**>> e cada procedimento é representado por uma operação como um método de classe.

Os parâmetros são nomeados da mesma forma que o código SQL, como, por exemplo, @PedidoID :int de Item Pedido na Figura 11.6. Se preferir, omita o símbolo "@", específico de Transact SQL. Isso permite generalizar a especificação do procedimento, contemplando assim outros dialetos, como, por exemplo, PL/SQL.

Na representação resumida, apenas o tipo retornado é especificado. No exemplo da Figura 11.6, os procedimentos retornam o tipo **resultset**, como ocorre na maioria das vezes - um conjunto de dados resultante de uma consulta ou cálculo. Para ilustrar outro tipo de retorno, especificamos Pedidos de Cliente retornando um xml, mas qualquer tipo de dado pode ser definido, como int, nvarchar, ntext etc.

A representação resumida é limitada nos casos de procedimentos que utilizam recursos de outra base de dados ou servidor.

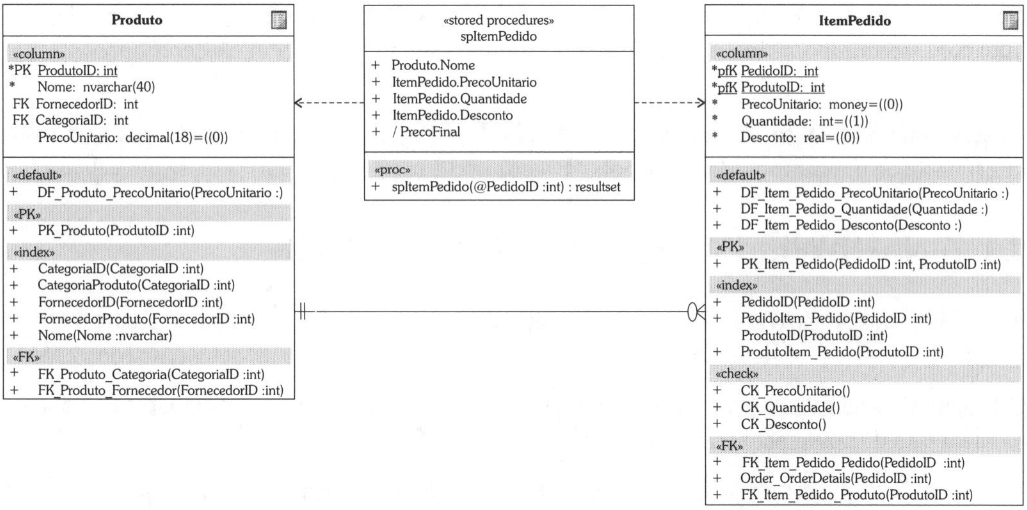

Figura 11.7. Stored procedure: representação detalhada.

A representação detalhada mostra o procedimento e as dependências com as tabelas que ele utiliza para obter o resultado. Na Figura 11.7, por exemplo, ***spItemPedido*** depende das tabelas ***Produto*** e ***ItemPedido*** para retornar uma consulta contendo o nome do produto e os dados do item.

Essa representação, embora detalhada, oferece vários recursos, como, por exemplo, a modelagem de ***pivots*** (consultas cruzadas).

No terceiro compartimento do elemento, especificamos os parâmetros do procedimento informando seu nome, o nome e o tipo de dado de cada parâmetro e o tipo de retorno, como exemplificado na Figura 11.7: **spItemPedido(@PedidoID : int) : resultset**. Porém, há uma alternativa mais elegante.

Figura 11.8. Stored procedure: representação com estereótipos <<in>> e <<out>>.

Na Figura 11.8, o parâmetro de entrada do procedimento (PedidoID) é modelado como um atributo com estereótipo <<**in**>>, enquanto os atributos resultantes recebem o estereótipo <<**out**>> (saída).

Observe que o atributo ItemPedido.PrecoFinal é prefixado com uma barra ("/"), significando que trata-se de um campo calculado, pois /**PrecoFinal** é um atributo derivado de um cálculo.

11.5 NorthWind MVC: Modelo de Dados

A base de dados NorthWind, como dissemos, está disponível para download na Web para o estudo do MS SQL Server (consulte http://www.microsoft.com/en-us/download/details.aspx?id=23654).

O projeto de exemplo não a utiliza totalmente. Inclusive, adicionamos a tabela **Cesta** para a implementação de nosso pequeno sistema.

Vamos assumir que essa base não foi reaproveitada e que não existia antes de nosso projeto. Em outras palavras, o administrador de dados de nossa equipe precisa de um modelo físico de dados para realizar o seu trabalho; não só ele, mas o programador também, pois ele precisa de um artefato que lhe sirva de guia para construir o arquivo EDMX.

Portanto, o que temos a fazer agora é transformar o modelo de classes de análise obtido no capítulo 8, o qual, depois do que foi explicado, você também pode chamar de modelo de domínio. O resultado dessa transformação é o modelo físico de dados, também denominado por alguns como **classes de persistência**.

Aliás, depois da análise que fizemos no capítulo 10, o modelo de classes sofreu alguns ajustes. Portanto, vamos reproduzi-lo em sua versão atual.

Nosso modelo é muito simples (contém apenas sete classes). Para representar modelos complexos, procure seguir a mesma agregação de pacotes de casos de uso; geralmente esses pacotes representam os módulos da aplicação e, em termos de planejamento, as entregas (pacotes ou fases) do projeto.

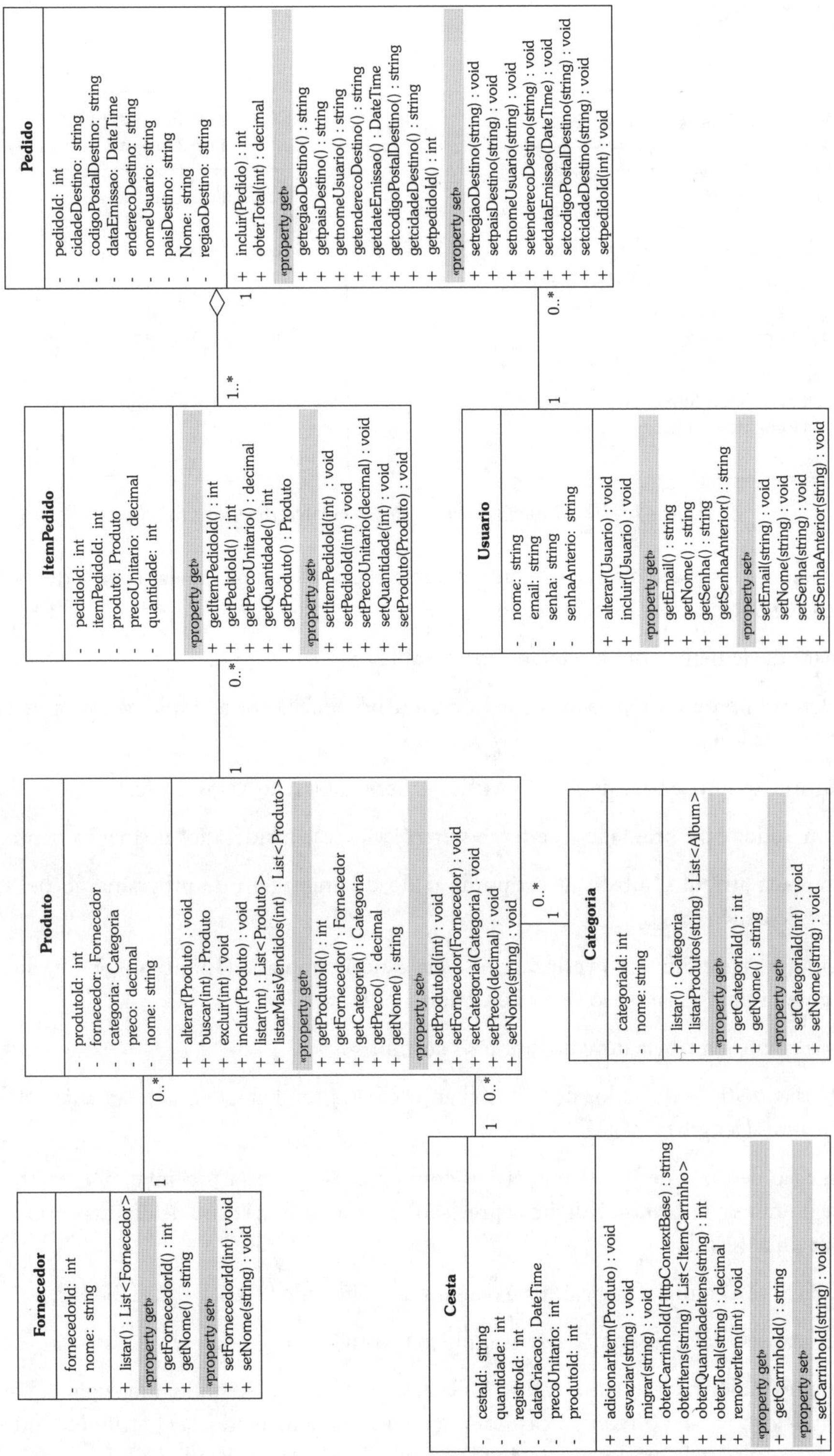

Figura 11.9. Modelo de classes de análise (domínio) atualizado.

11.5.1 Atributos

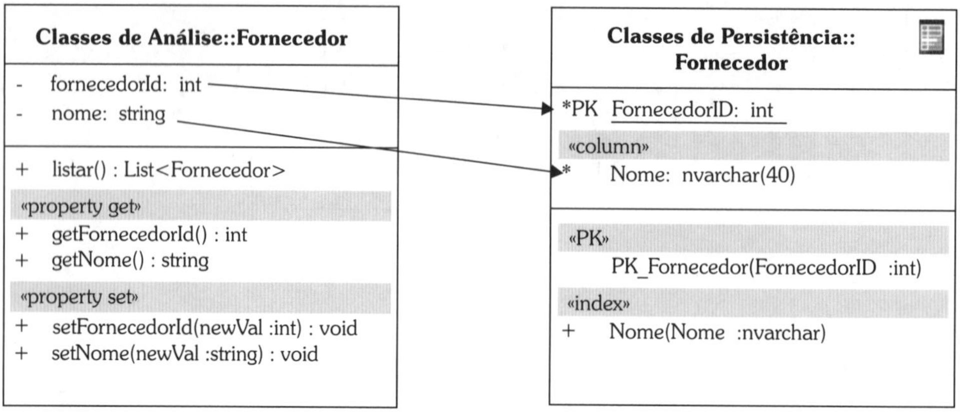

Figura 11.10. Mapeamento da classe Fornecedor para tabela.

O processo de transcrição ou mapeamento de uma classe para uma tabela da base de dados resume-se nos seguintes passos e observações:

1. Criar um elemento com o estereótipo <<**Table**>>.
2. Definir o nome da tabela de acordo com a nomenclatura adotada, como, por exemplo, tbFornecedor.
3. Informar o tipo de base de dados (MS SQL Server, Oracle, MySQL etc.).
4. Os métodos e propriedades (***getters*** e ***setters***) são desconsiderados no mapeamento.
5. Para cada atributo, substituir o tipo de dado da linguagem de programação pelo tipo de dado do banco (SQL).
6. Definir a chave primária, verificando se ela é autonumerada (**identity**). Se for, defina também seu valor inicial (seed) e o estereótipo <<**PK**>>.
7. Cada coluna da tabela deve possuir o <<**column**>>.
8. Em caso de tipos de dados de texto (char, varchar, nvarchar), defina o tamanho máximo de caracteres (length).
9. Em caso de tipos de dados numéricos com precisão e escala (decimal, numeric), especifique o número máximo de dígitos (precisão) e o número máximo de dígitos depois do ponto decimal (escala).
10. Verificar se a coluna é obrigatória e configurar a nulidade (NULL/NOT NULL).
11. Verificar se o valor da coluna deve ser único (UNIQUE).
12. Definir o valor padrão (*default*), se for o caso, como, por exemplo, uma coluna para preço com *default* igual a 0 (zero) - caso o preço não seja informado, será atribuído automaticamente o valor 0 de modo que a coluna nunca conterá um valor nulo (NULL).

13. Definir o índice de chave primária e coluna(s) indexada(s) atribuindo o estereótipo <<**PK**>>, conforme ilustra a Figura 11.10.

14. Definir os demais índices e coluna(s) indexada(s), se for o caso, atribuindo o estereótipo <<**index**>> a cada um.

Que trabalhão, não?!

Felizmente, as boas ferramentas de modelagem UML permitem esse mapeamento fácil e rapidamente. Basta apenas que você use essa lista para verificar se todos os passos foram satisfeitos.

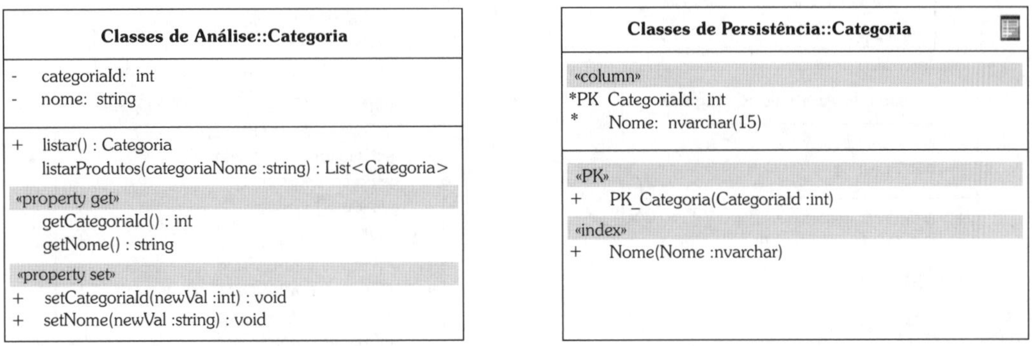

Figura 11.11. Mapeamento da classe Categoria para tabela.

O mapeamento da classe Categoria é idêntico ao anterior. Definimos a chave primária (CategoriaId) e Nome. Note que as iniciais dos atributos foram mapeadas com letras maiúsculas - alguns gerenciadores admitem nomes apenas com letras maiúsculas: neste caso, adota-se o caractere de sobrelinha ("_"), como, por exemplo, CATEGORIA_ID, PRECO_UNITARIO, TB_CATEGORIA etc.

Alguns padrões de nomenclatura, como citamos no início, especificam prefixos para nomes de coluna. Por exemplo, a coluna Nome da tabela Categoria seria definida como NM_CATEGORIA, em que o prefixo "NM" identifica a natureza da coluna como sendo um nome - um padrão de nomenclatura, diga-se de passagem.

Na geração do arquivo EDMX, não precisamos necessariamente utilizar os nomes na forma em que se encontram na base de dados. Podemos renomeá-los no código para termos mais "amigáveis" e claros.

11.5.2 Relacionamentos

A transcrição de atributos de uma classe para colunas de uma tabela de dados é simples. Basta observar os passos apresentados anteriormente.

A definição de chaves estrangeiras, isto é, os relacionamentos entre as tabelas, também é fácil de transcrever, mas deve ser feita com atenção. Recomenda-se transcrever todas as tabelas e seus atributos para, em uma segunda etapa, estabelecer os relacionamentos entre elas.

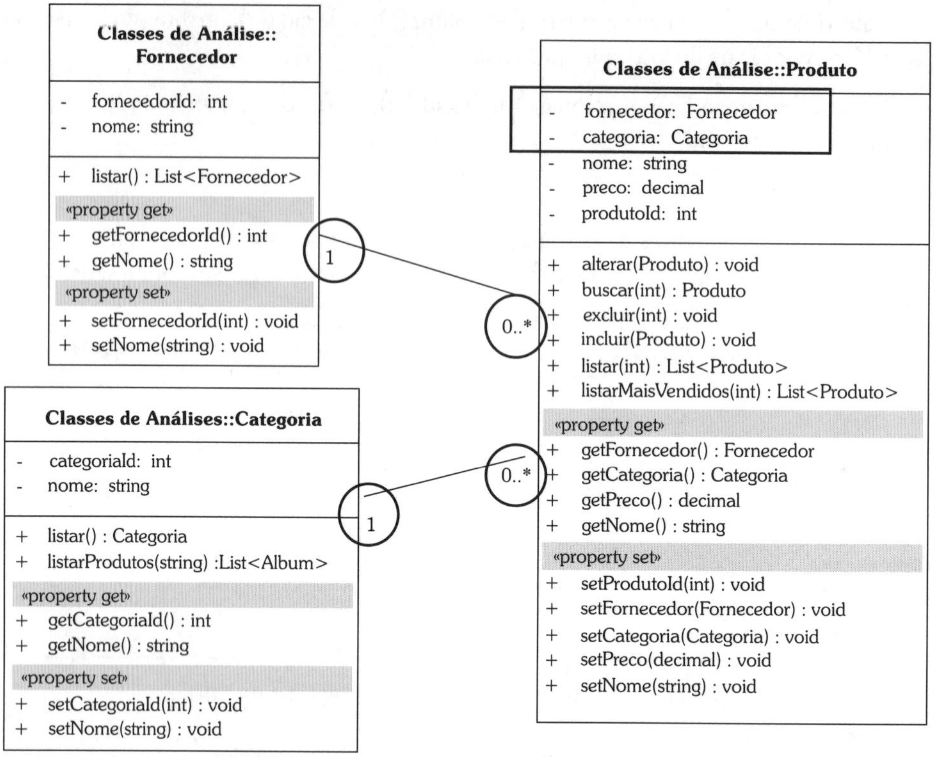

Figura 11.12. Associações da classe Produto.

Analisando a classe Produto, ela está associada às classes Fornecedor e Categoria, e seus atributos fornecedor e categoria confirmam essas associações.

Além de transcrever as associações em relacionamentos entre tabelas de dados, é preciso alterar os atributos, respectivamente, de fornecedor para FornecedorID e de categoria para CategoriaId, pois estamos gerando um modelo físico para um banco relacional, e não para um banco orientado a objetos, como Caché, db4o, McObject etc. (por enquanto...).

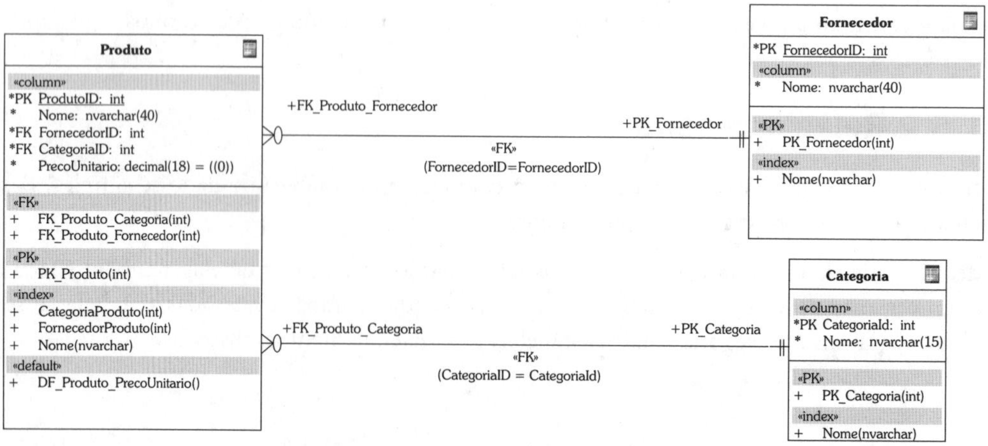

Figura 11.13. Associações da classe Produto.

Depois de mapear os atributos, executando os 14 passos de nossa "receita de bolo", transcrevemos as associações em relacionamentos, identificando-os com rótulos (labels) para tornar mais clara a leitura.

O relacionamento com a tabela Fornecedor, por exemplo, pode ser interpretado nos seguintes termos: "um fornecedor pode estar associado a nenhum, um ou mais produtos; sua chave primária, indexada por ***PK_Fornecedor***, relaciona-se por meio da chave estrangeira ***PK_Produto_Fornecedor*** da tabela produto; a relação ocorre quando FornecedorID da tabela de produtos coincide com FornecedorID da tabela de fornecedores (<<*FK*>> ***FornecedorID = FornecedorID***)".

Na transcrição, é muito importante especificar a obrigatoriedade das colunas: todos os atributos da tabela Produto são obrigatórios. Note que estabelecemos um valor padrão (*default*) para a coluna PrecoUnitario.

Mesmo que você esteja familiarizado com a notação de relacionamentos, vamos ilustrar as cardinalidades mais comuns para não deixar dúvidas.

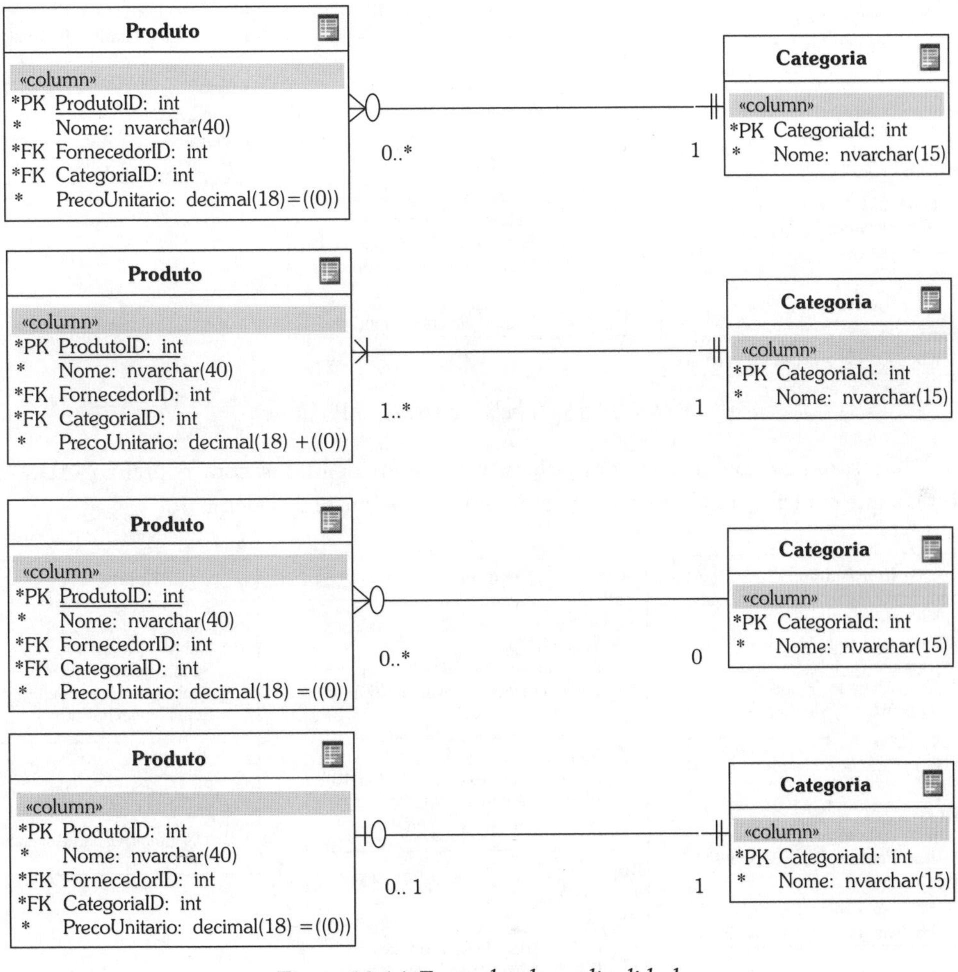

Figura 11.14. Exemplos de cardinalidade.

11.5.3 Conclusão

Desde o capítulo 8, nosso modelo de análise sofreu algumas modificações. Por exemplo, a classe Carrinho foi renomeada para Cesta, eliminamos a classe ItemCarrinho, e alguns outros pequenos detalhes...

Vamos reproduzir o modelo físico de dados da NWind MVC em duas partes a fim de facilitar a leitura. A primeira apresenta as tabelas em grupos com seus atributos, índices e *constraints* de chave estrangeira; a segunda parte resume-se em um diagrama, enfatizando todos os relacionamentos entre as tabelas do modelo.

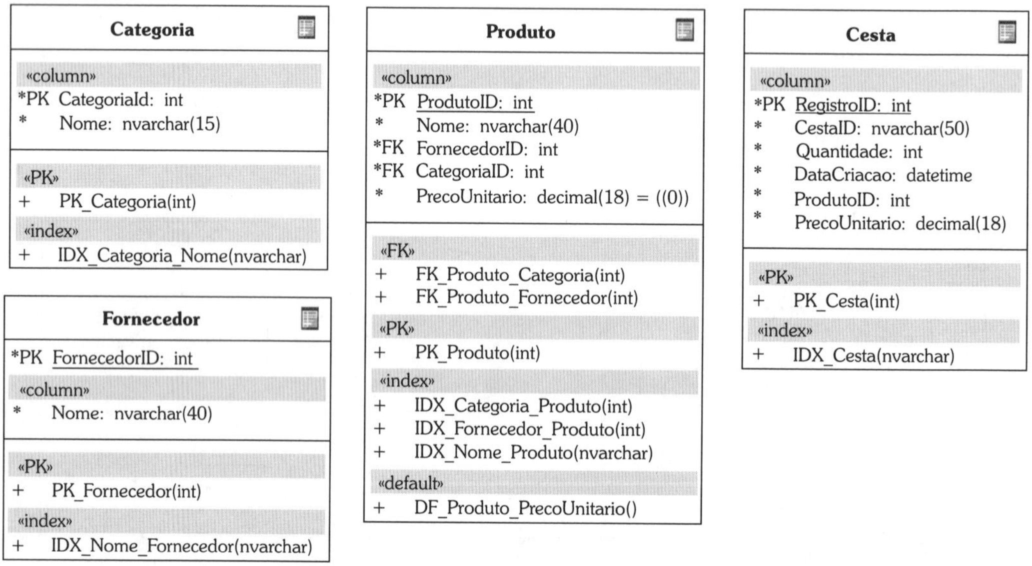

Figura 11.15. Tabelas referentes a Produto.

Para evitar conflitos com nomes de índices, eles foram definidos com o prefixo "**IDX**" (de **Index**), o que contribui também para uma melhor interpretação dos elementos.

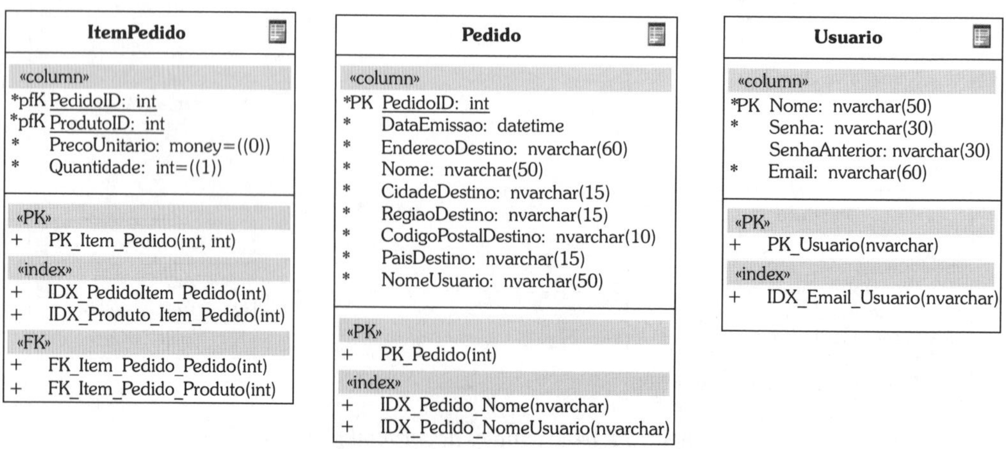

Figura 11.16. Tabelas referentes a Pedido.

O diagrama de relacionamentos encerra a apresentação do modelo físico de dados. As legendas das tabelas de origem e destino dos relacionamentos devem coincidir com os nomes dos índices e *constraints* de referência.

Na tabela Usuario, especificamos o índice ***IDX_Email_Usuario***, supondo que, no futuro, a tabela precise ser consultada pela coluna Email. Para propósito semelhante, criamos os índices ***IDX_Pedido_Nome*** e ***IDX_Pedido_NomeUsuario***.

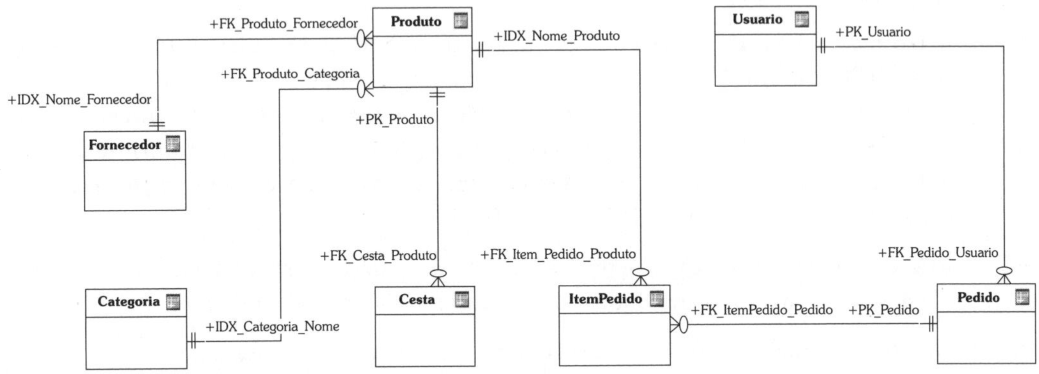

Figura 11.17. Modelo físico NWind MVC: relacionamentos.

No tópico 11.3.1, tratamos brevemente do Entity Data Model, mantido por um arquivo EDMX. Em nosso modelo de exemplo, as entidades de dados do modelo foram atualizadas a partir das tabelas da base de dados, projetando (omitindo ou filtrando) apenas os atributos relevantes para nossa aplicação.

11.6 Resumo

- **Impedância** é a falta de "harmonia" entre o modelo orientado a objetos e o modelo relacional. Para resolvê-la, foram definidos padrões, entre os quais **Transaction Script**, **Table Module** e **Domain Model**.
- O **Domain Model** (Modelo de Domínio) define uma implementação mais próxima e transparente à modelagem lógica. Embora pareça um modelo do banco de dados, o modelo de domínio envolve dados, processos e possui atributos multivalorados, utiliza herança e polimorfismo e implementa associações complexas.
- A análise de um sistema orientado a objetos inclui um mapeamento entre o modelo lógico e o modelo físico (modelo de entidade e relacionamentos - MER), isto é, o mapeamento de dados de entidades em tabelas de banco de dados - a base para a modelagem física da persistência da aplicação.
- No modelo, os objetos de controle detêm as regras de negócio e algoritmos sobre os dados das entidades e os dados de entrada; os objetos de interface mapeiam a interface com outros sistemas e usuários.

- O processo de mapeamento é precedido por uma análise do problema e do domínio (negócio). O objetivo dessa análise é identificar entidades lógicas, suas ações e interações entre si e, em seguida, associar o estado dessas entidades com a necessidade de persistência (modelo físico).
- A análise e o modelo de domínio focalizam questões específicas, abstraindo outros detalhes, como arquitetura, segurança, login, auditoria etc. Essa abstração da implementação também oculta o acesso e o retorno dos dados da base, o que permite rastreabilidade e uma programação mais simples e fácil.
- A **MDA** recomenda três etapas: a primeira entrega um **Modelo Independente de Plataforma** (PIM, Platform Independent Model), com alto nível de abstração, independente de qualquer tecnologia; a segunda etapa produz **Modelos Específicos de Plataforma** (PSM, Platform Specific Model), que são mais complexos e produzidos pela transformação do Modelo Independente em modelos específicos de uma tecnologia de implementação; a terceira etapa refere-se à transformação de PSM em código.
- O PIM é definido uma única vez e pode ser aplicado em diversos sistemas, reduzindo o tempo de desenvolvimento e garantindo, assim, maior produtividade e portabilidade.
- Segundo a Wikipédia, "um ***framework***, em desenvolvimento de software, é uma abstração que une códigos comuns entre vários projetos de software provendo uma funcionalidade genérica. Um *framework* pode atingir uma funcionalidade específica, por configuração, durante a programação de uma aplicação. Ao contrário das bibliotecas, é o *framework* quem dita o fluxo de controle da aplicação, chamado de Inversão de Controle".
- O *framework* **ORM** (**Object-Relational Mapping** - Mapeamento Objeto-Relacional) permite o mapeamento de tabelas para classes que proveem um conjunto de métodos de alto nível para realizar operações básicas em tabelas de bancos de dados.
- O **EF** permite gerar entidades a partir do modelo de domínio e mapeá-las para as tabelas do banco de dados. Ele pode partir de um banco de dados legado para criar o modelo de entidades ou também criar o modelo e, a partir dele, gerar o banco de dados, o que se denomina "primeiro código" (**Code First**), em que o modelo de negócios e suas entidades são gerados sem ter de primeiramente criar o banco de dados.
- O EF inclui um modelo de dados conhecido como **Entity Data Model (EDM)**, ou modelo de entidades de dados, e pode ser considerado o coração do EF. É um modelo entidade-relacionamento, em que as entidades estão estruturadas em registros e chaves e os relacionamentos são associações entre dois ou mais tipos de entidades.
- O **EDMX** não fica unicamente vinculado ao banco. Você pode criá-lo vazio, definir todas as classes e, depois, criar o banco a partir dele, dando liberdade para trabalhar as classes com o modelo Code First.
- O EF faz ponte entre classes **POCO** e o banco de dados com um contêiner (**Contexto**), que mapeia as classes com o banco de dados e informa ao mecanismo o banco de dados.

- A classe DbContext do EF permite gerenciar as classes e fornecer acesso aos dados, controlando as alterações em suas instâncias de objetos. Com o DbContext, o EF cuida da ponte entre as classes e o banco de dados, permitindo consultar, controlar e salvar as alterações no banco de dados.
- **POCO** (**Plain Old CLR Object**) são classes simples de domínio que possuem apenas *get/sets* e um construtor e que não dependem de nenhum *framework*. Uma classe POCO não é obrigada a herdar de outra classe ou implementar uma interface.
- Uma **projeção** é um subconjunto de colunas de uma tabela que descarta as demais. Ela permite eliminar grandes fluxos de dados desnecessários para uma operação, além de reduzir o consumo de memória.
- **Tipo** é um conjunto de atributos resultantes de uma operação de projeção.
- O EF também permite o uso de *stored procedures* e consultas SQL dinâmicas. Basta mapeá-las para o modelo de entidades.
- O **objeto de transferência de dados** (**DTO**) contém todos as propriedades necessárias para encapsular os dados de forma a resumir a operação em uma só chamada.
- Classes DTO fornecem objetos fortemente tipados que as aplicações cliente podem acessar como qualquer outro objeto, porém é preciso ter cuidado com a "proliferação" de DTOs para atender variadas formas de solicitação.
- A UML é uma linguagem de modelagem orientada a objetos e não uma ferramenta de projeto de banco de dados, mas é possível utilizar um perfil para modelagem física de dados, em que a maioria dos objetos é representada pelo elemento de classe da UML, mas identificada por meio de estereótipos.
- O processo de transcrição ou mapeamento de uma classe para uma tabela da base de dados resume-se em criar um elemento com o estereótipo <<**Table**>>, informar o nome da tabela e o tipo de base de dados, substituir o tipo de dado de cada coluna, definir a chave primária, configurar os atributos da coluna (PK, FK, NOT NULL etc.), definir os índices e coluna(s) indexada(s) e transcrever os relacionamentos.
- Na definição de nomes de índices, revise o modelo para evitar conflitos (duplicidade de índices para diferentes tabelas).

12 Diagramas de Estados e de Atividades

Neste capítulo, trataremos de:

✓ *Diagramas de estado para facilitar o estudo do comportamento dos objetos*

✓ *Confecção dos diagramas de estado do sistema NWnd MVC*

✓ *Diagramas de atividades para análise do fluxo lógico*

✓ *Confecção dos diagramas de atividades do sistema NWnd MVC*

Concluída a modelagem estática, tarefa que desenvolvemos até o capítulo anterior, é comum abreviar a fase de análise e partir imediatamente para a implementação, subtraindo uma outra etapa referente à análise: a modelagem dinâmica.

Alguns limitam essa etapa a diagramas de sequência, justificando que os casos de uso, o diagrama de classes em camadas e, pelo menos, os diagramas de interação (sequência) das partes mais complexas são suficientes para o desenvolvimento do código, mesmo porque a modelagem dinâmica toma tempo, e tempo é dinheiro...

Outra justificativa é muito mais preocupante: a falta de requisitos de desempenho e outros requisitos não funcionais, como, por exemplo, o controle de acesso e bloqueio de tabelas e registros (*lock*), quando, para garantir a integridade dos dados, com diversos usuários conectados simultaneamente a um objeto, utiliza-se o recurso de bloqueio. Neste caso, a regra para um bom desempenho é alocar recursos concorrentes o mais tarde possível e liberá-los o quanto antes, reduzindo o tempo de espera pela liberação de recursos do banco.

Um diagrama de sequência não é suficiente para documentar esse tipo de situação. A modelagem dinâmica envolve atividades, como, por exemplo, checar essas regras. Ela pode, portanto, fazer a diferença entre um sistema com bom desempenho.

A modelagem dinâmica, assim como as realizações de caso de uso produzidas no capítulo 7, permite refinar o modelo pela identificação dos eventos do sistema e estados dos objetos do sistema. Após esse refinamento, as classes são eventualmente atualizadas ou corrigidas.

Os diagramas mais comuns e úteis para a análise dinâmica do modelo são: interação (ou diagramas de sequência), estados e atividades.

12.1 Diagrama de Estados

A UML disponibiliza o diagrama de estados para facilitar o estudo do comportamento dos objetos e analisar seus possíveis estados. Enquanto os diagramas de interação e de atividades apresentam os objetos interagindo uns com os outros, o diagrama de estado permite estudar o que acontece internamente com um objeto em tempo de execução.

O diagrama de estados permite estudar o comportamento de vários classificadores, como atores, casos de uso, interfaces etc., mas normalmente ele é usado para modelar classes para o estudo de seu comportamento interno, muitas vezes envolvendo uma lógica bastante complexa, incluindo todas as suas responsabilidades e o que foi especificado em todos os casos de uso em relação a ela. Isso permite melhor especificar como elas devem ser implementadas.

Um estado simplesmente representa uma ação executada, uma condição satisfeita ou uma situação estática de espera em que um objeto se encontra durante sua existência ou durante o processo de execução de alguma atividade no sistema.

A finalidade do diagrama de estados é auxiliar o leitor da especificação técnica a compreender o que acontece, muitas vezes de maneira transparente, com determinados objetos durante a execução do sistema.

Essa compreensão não se restringe apenas às operações realizadas pelos objetos, mas aos eventos do sistema que o afetam enquanto estiver instanciado, isto é, durante seu ciclo de vida na execução da aplicação.

Assim, vamos voltar ao nosso projeto e investigar quais objetos merecem atenção por sua importância ou complexidade. O sistema é simples e resume-se nas seguintes classes: Categoria, Cesta, Fornecedor, ItemPedido, Pedido, Produto e Usuario.

As classes Categoria, Fornecedor e Usuario simplesmente são instanciadas para a realização de consultas - não há justificativa para analisar o estado de um objeto de consulta. Mesmo objetos da classe Produto, mantidos pelo administrador do sistema, referem-se a operações CRUD, as quais também não justificam um diagrama de estados.

Portanto, resta considerar as classes Cesta e Pedido. Uma vez que nosso sistema é muito simples, os estados dessas classes também são, mas possuem aspectos relevantes em seu comportamento, justificando um diagrama de estados.

12.1.1 Classe Cesta

Quando o sistema é carregado no navegador, ele exibe uma lista dos produtos mais vendidos e uma lista de categorias. O usuário, isto é, o cliente, até pode selecionar um produto para visualizar seus detalhes, mas a cesta ainda não existe.

Quando o usuário adiciona o primeiro produto à cesta, o sistema instancia um objeto da classe Cesta e atribui-lhe como identificador o mesmo identificador da sessão de usuário. Portanto, na adição do primeiro item da cesta, ela passa a existir (está aberta com contexto da sessão), entrando em seu primeiro estado - "**Com Produto**".

Enquanto o usuário estiver adicionando itens à cesta, o estado dela não se altera: continua aberta e sua quantidade de itens é maior que zero.

Se o usuário excluir todos os itens da cesta, ela ainda continuará aberta, mas sem produtos.

Quando o usuário resolve fechar o pedido, a cesta sai do estado de "**Aberta**" e entra no estado de "**Migração**". Em um breve instante, imperceptível pelo usuário, mas importante para o sistema, a cesta permanece nesse estado até que todos os seus itens sejam transferidos para um objeto de **Pedido**.

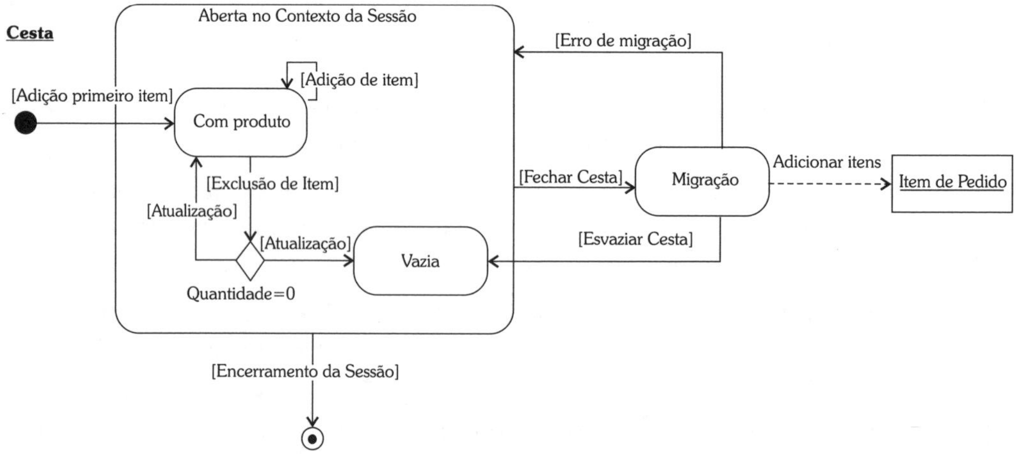

Figura 12.1. Diagrama de estado da cesta.

Caso a cesta não contenha nenhum item (cesta vazia), ocorre um erro e ela volta a ficar aberta na sessão.

Depois de os itens serem transferidos para um objeto ItemPedido, eles são removidos da cesta e ela volta a ficar vazia, mas ainda aberta na sessão, pois o identificador no contexto ainda é o mesmo.

Esse diagrama é útil? É esta pergunta que você precisa fazer sempre, pois mesmo que uma metodologia e/ou processo prescreva a construção de diagramas de estado, se a complexidade do sistema não justificar tais diagramas, caso os confeccione, você vai entrar no detestável reino da burocracia...

Para o desenvolvedor, o diagrama de estado da cesta é útil porque permite compreender que, enquanto durar a sessão do navegador, estando o usuário autenticado ou não, ele deve trabalhar com um identificador independente de quantos pedidos o usuário fechar na sessão. Outros artefatos completarão a lógica da cesta de produtos, permitindo outras perspectivas sobre a cesta.

12.1.2 Classe Pedido

Na Figura 12.1, o enfoque é dado à cesta, mas o diagrama contém um objeto da classe **ItemPedido** - a migração da cesta faz parte do processo de fechamento de pedido. Na verdade, esse processo trata de criar um outro pedido, copiar o conteúdo da cesta para ele e, em seguida, incluí-lo na base de dados, dando-o como completado.

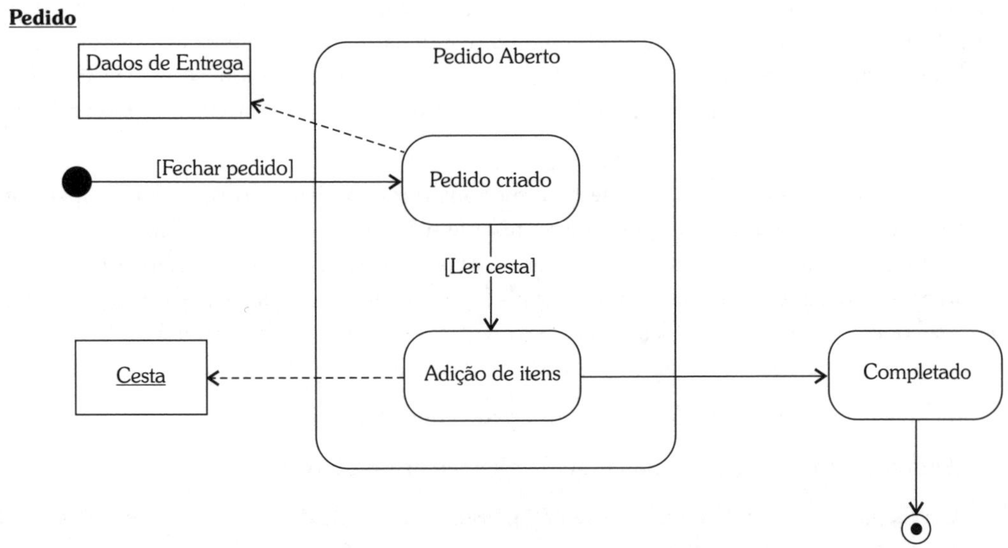

Figura 12.2. Diagrama de estado do pedido.

Se o desenvolvedor ficou com alguma dúvida na leitura e interpretação do diagrama de estado da cesta, o diagrama da Figura 12.2 complementa o processo de compra, explicando como é realizado o fechamento do pedido.

Quando o usuário seleciona a opção "***Fechar Pedido***" na página de conteúdo da cesta, o sistema abre uma página para que o usuário informe os dados de entrega. Nesse ponto, o pedido ainda não foi criado, pois o usuário está informando os dados de autenticação (se for o primeiro pedido da sessão) e, em seguida, os dados de entrega - isso faz parte da migração da cesta no fechamento do pedido.

Informados os dados de entrega, o pedido é efetivamente criado e fica aberto enquanto a leitura da cesta estiver ocorrendo.

Conforme ilustra o diagrama, caso a cesta esteja vazia, a instância da classe **Pedido** e de seus itens é destruída: o pedido não pode ser completado.

Observe que não tratamos dos estados de **ItemPedido**, pois como se trata de uma agregação e o processo é simples, o que, de fato, é relevante para o desenvolvedor é a compreensão do comportamento geral do fechamento.

A UML oferece vários recursos e elementos para a diagramação de estados, porém, se você precisar confeccionar um diagrama muito complexo, ele estará mais sujeito a confusão do que esclarecimento. Portanto, procure confeccionar diagramas de estado da forma mais simples possível.

12.2 Diagrama de Atividades

Segundo a especificação da UML pelo OMG, um diagrama de atividades, ou simplesmente uma atividade, "especifica a coordenação de execuções de comportamentos, usando um modelo de fluxo de controle e de dados.

O fluxo de execução é modelado como nós de atividade conectados por extremidades. Um **nó** (**nodo** ou "**node**") pode ser a execução de um comportamento subordinado, como um cálculo computacional, a chamada para uma operação ou manipulação de conteúdos de objetos. Nós de atividade também incluem construções de fluxo de controle, como sincronização, decisão e controle de concorrência. Atividades podem invocar hierarquias de outras atividades, resolvidas em ações individuais".

As atividades, quando aplicadas ao sistema a ser construído, podem corresponder às operações das classes de objetos contendo ações que representem funções aritméticas, solicitação de comportamento, envio de sinais e comunicação entre objetos, leitura ou escrita de atributos etc. Os diagramas de atividades, portanto, demonstram a lógica de programação, isto é, o fluxo lógico interno das operações (métodos) das classes envolvidas, e se o padrão de arquitetura determinar, são utilizados para especificar a lógica de *stored procedures* do banco de dados.

Recordando, em nosso projeto definimos seis classes controladoras:

- **Admin**, responsável pela manutenção do catálogo de produtos.
- **Cesta**, para exibição do conteúdo da cesta, resumo, controle de contexto e operações de inclusão e exclusão de itens.
- **Conta**, reunindo as operações de autenticação de usuário.
- **Fechamento**, para edição dos dados de entrega e fechamento do pedido.
- **Home**, referente à página principal do sistema.
- **Loja**, responsável pela exibição da lista de categorias e dados de produto.

Da mesma forma como avaliamos a necessidade da construção de diagramas de estado no tópico anterior, precisamos analisar quais fluxos de execução do sistema são críticos e exigem a melhor documentação possível a fim de garantir o perfeito entendimento do desenvolvedor.

A administração (Admin) reúne operações de simples manutenção do cadastro de produtos e, como vimos no capítulo anterior, o Entity Framework livra o desenvolvedor dessas operações.

O controle de autenticação de usuário (Conta), de modo geral, é um módulo construído uma vez só e reutilizado em várias aplicações, além do que o propósito é documentar da melhor maneira possível objetos relacionados diretamente ao negócio - o controle de usuários, *a priori*, atende requisitos não funcionais.

A página principal (Home) e a página de detalhes (Loja) referem-se a operações muito simples de consulta e exibição de dados.

Portanto, chegamos à mesma conclusão anterior: precisamos enfatizar as operações de controle da cesta e do pedido de produtos, dadas sua complexidade e importância no negócio.

12.2.1 Diagramas de Atividades: Cesta de Compras

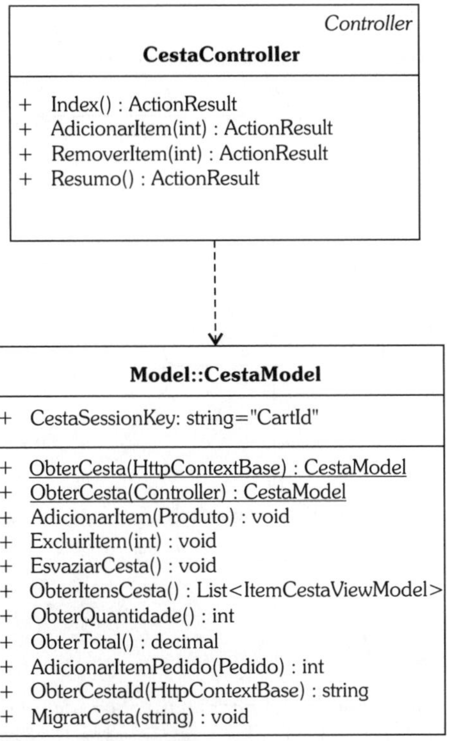

Figura 12.3. Classes CestaController e CestaModel.

O segredo para a análise de atividades é investigar as classes de controle e as especificações funcionais a elas associadas.

Portanto, começando por CestaController, vemos que essa classe possui um relacionamento de dependência com a classe **\Models\CestaModel**, Figura 12.3.

Além disso, o fluxo básico do caso de uso *"UC005 - Consultar pedido"*, da especificação funcional *"EF-04 Carrinho de Compras"*, explica que o sistema busca os itens de um pedido (cesta de compras) com base em um identificador informado.

Assim, a primeira operação que precisamos analisar é CestaModel.ObterCestaId, que recebe como parâmetro o contexto da sessão (HttpContextBase) e devolve uma *string* contendo o identificador da sessão do usuário.

Obter Identificador da Cesta

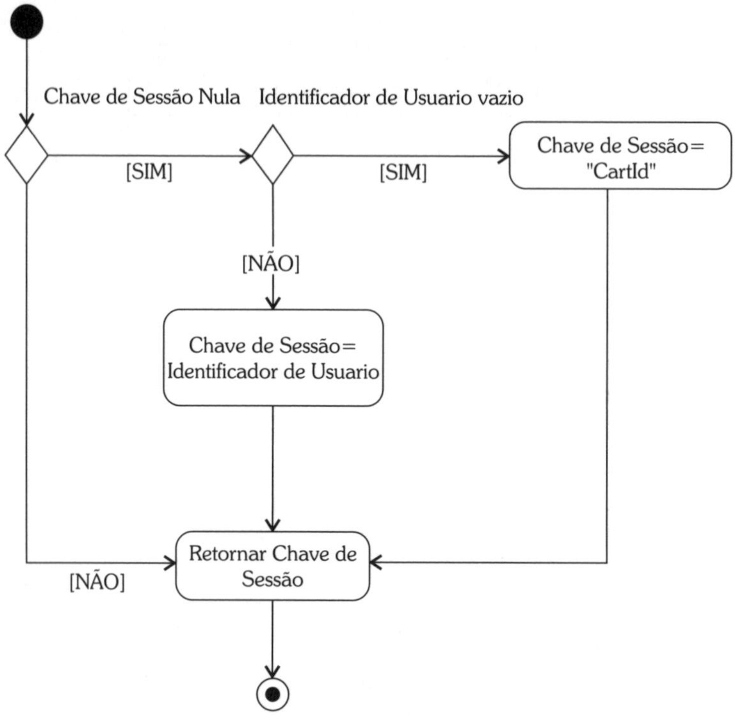

Figura 12.4. Diagrama de atividades para obter identificador da cesta.

Embora seja um diagrama de atividades muito simples, ele é fundamental para a composição dos demais diagramas relacionados a **CestaController**, como veremos mais adiante.

Para obter o identificador da cesta (a chave de sessão), o sistema verifica se a chave de sessão é nula (vazia). Em caso afirmativo, busca o nome de identificação do usuário na sessão; se este estiver vazio, atribui "**CartId**" como valor padrão (*default*); caso contrário, copia seu valor para a chave de sessão. Se a chave já existe, então o método retorna ela mesma, sem nenhuma outra atribuição.

Cesta.Controller possui os seguintes métodos: **Index**, para exibir o conteúdo na cesta; **AdicionarItem** e **RemoverItem** para incluir ou excluir itens da cesta; e **Resumo**, para retornar a quantidade de itens da cesta.

O método Index, após obter o identificador da cesta, busca seus itens (produtos já adicionados), obtém o valor da cesta e, finalmente, retorna um objeto da classe **CestaViewModel** como resultado de ação (**ActionResult**).

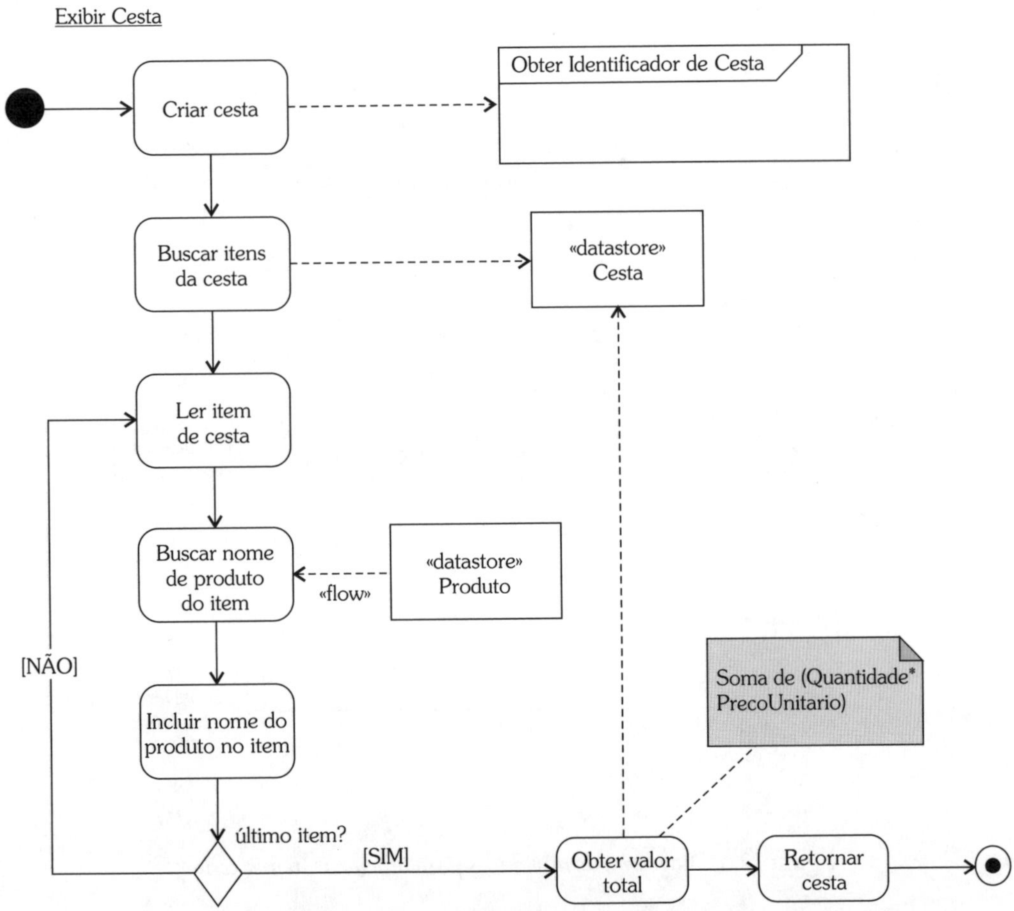

Figura 12.5. Diagrama de atividades para exibir dados de cesta.

Observe que os dois diagramas de atividade não especificam quais classes e métodos estão envolvidos, pois isso pode ser descrito nos diagramas de sequência - tudo o que eles expressam é a lógica para a obtenção dos resultados. A lógica descrita aqui não depende de uma linguagem ou arquitetura específica. As técnicas e os recursos de implementação (codificação) podem ficar por conta do desenvolvedor, mesmo porque o diagrama de classes, conforme mostra a Figura 12.3, especifica os métodos a serem tratados.

O diagrama da Figura 12.5 introduz dois elementos: uma referência ao primeiro diagrama (Obter Identificador de Cesta) e dois elementos referentes a tabelas de dados (estereótipo <<**datastore**>>), quais sejam **Cesta** e **Produto**, conforme especificado no modelo de dados do capítulo anterior.

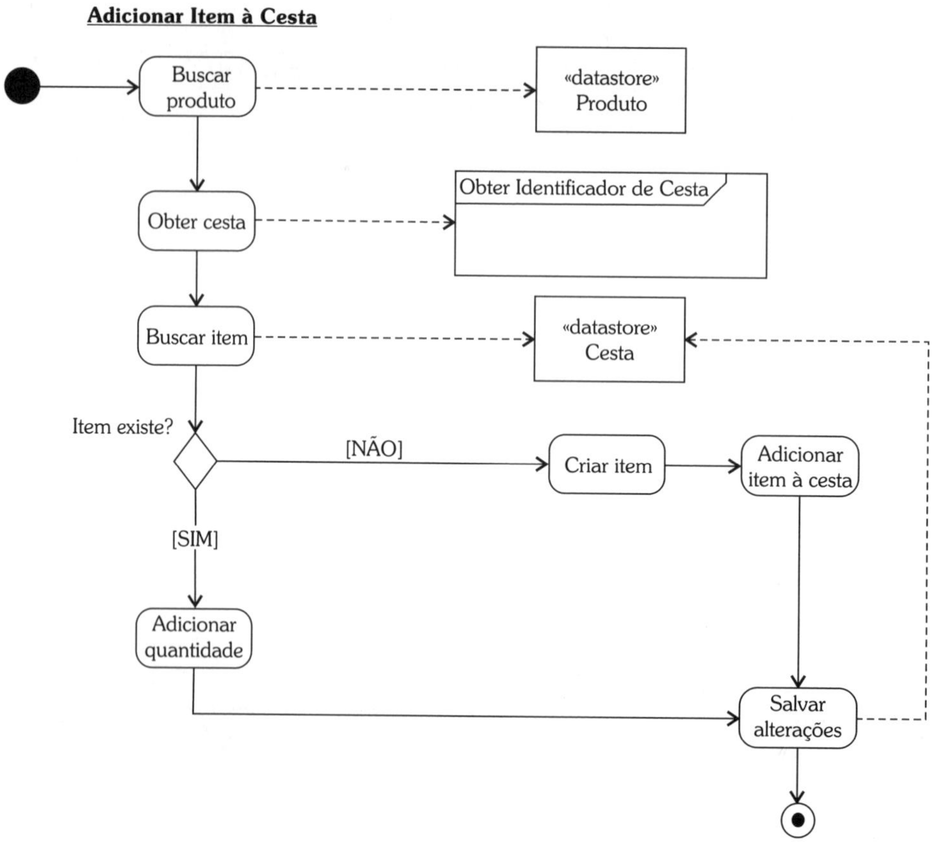

Figura 12.6. Diagrama de atividades para adicionar item à cesta.

O caso de uso *UC012 - Manter item de pedido* especifica os seguintes passos:

1. O sistema busca os dados do produto selecionado.
2. O sistema adiciona o produto ao pedido, informando número do pedido, identificador do produto, quantidade (1 unidade) e preço do pedido retornado no passo anterior.

Porém, ao analisar a lógica do procedimento, notamos que o caso de uso está incompleto, pois não especifica que é necessário obter o identificador da cesta e também não define um fluxo alternativo para o caso de o produto selecionado já existir na cesta, quanto, então, deve apenas ser atualizada a quantidade do produto.

A especificação funcional deve estar de acordo com a especificação técnica, portanto é necessário complementar o caso de uso com um novo fluxo alternativo, em seguida corrigir e publicar nova versão da especificação funcional.

A exclusão de item da cesta é muito simples. A operação recebe um identificador de registro do item, prepara e efetiva sua exclusão.

Desde que não exagere (para não poluir o diagrama), é interessante que você insira notas de esclarecimento em pontos importantes do fluxo, como demonstra a nota anexada à ação "**Buscar item**" da Figura 12.7.

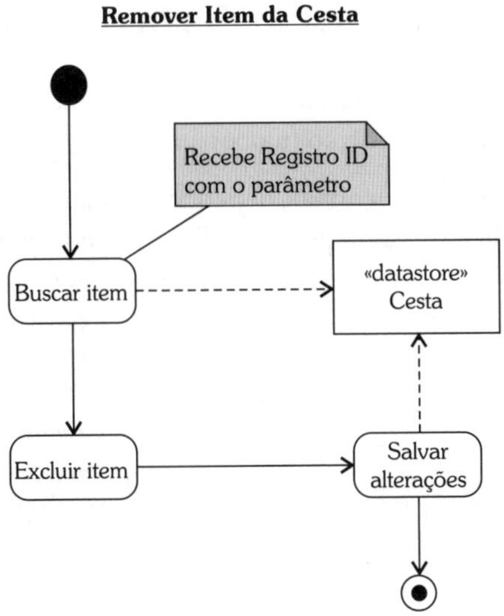

Figura 12.7. Diagrama de atividades para remover item da cesta.

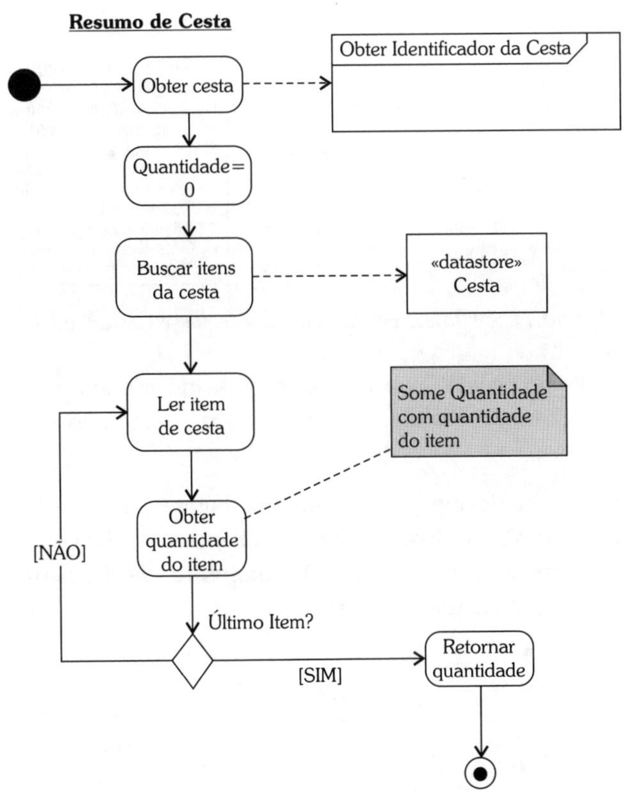

Figura 12.8. Diagrama de atividades para obter resumo da cesta.

O resumo da cesta, na verdade, refere-se à quantidade total de produtos da cesta, que é exibida no menu principal - opção "***Sua Cesta(n)***", em que "***n***" é a quantidade retornada ao término do fluxo.

12.2.2 Diagrama de Atividades: Fechamento de Pedido

Na análise da cesta de compras, confeccionamos vários diagramas de atividades, cada um correspondendo a um caso de uso da especificação funcional.

Essa estratégia produz diagramas simples, mas, dependendo da complexidade e extensão da especificação funcional, existe a alternativa de procurar desenvolver um único diagrama que contemple toda a especificação. A vantagem é que o leitor do diagrama consegue visualizar toda a lógica em diagrama; a desvantagem é o risco de ele tornar-se muito extenso, dificultando a leitura.

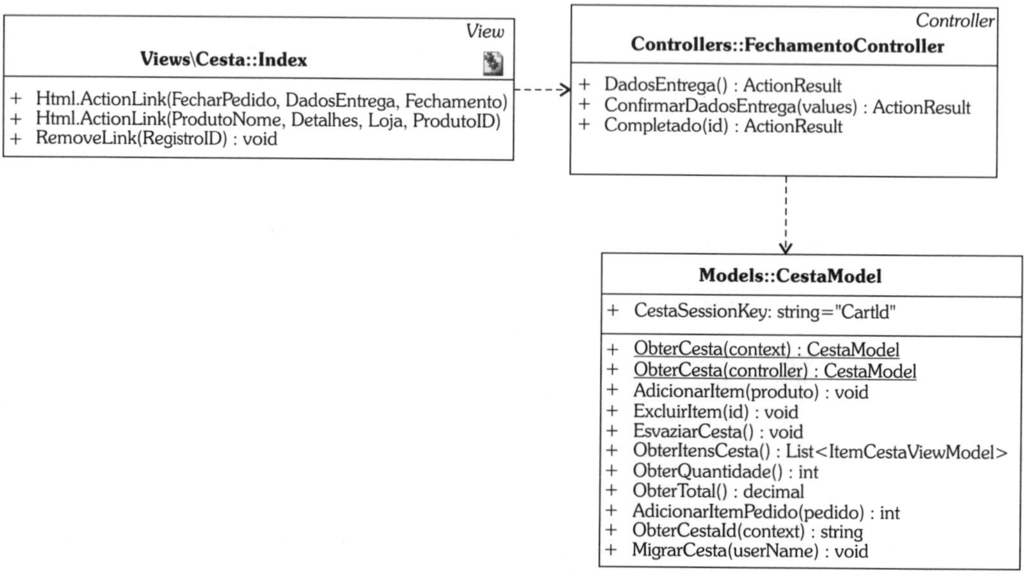

Figura 12.9. Classes FechamentoController e CestaModel.

O processo de fechamento do pedido inicia-se quando o usuário seleciona a opção "***Fechar Pedido***" na página de dados da cesta, cujo código HTML é criado pela visão devolvida por **\Views\Cesta\Index**.

A opção de fechamento, conforme apresentado na Figura 12.9, é acionada por **HTML.ActionLInk("Fechar Pedido", "DadosEntrega", "Fechamento")**, isto é, o *link* "***Fechar Pedido***" invoca a página **DadosEntrega** da pasta **\Views\Fechamento** - **FechamentoController** detecta a solicitação e executa o método **DadosEntrega**.

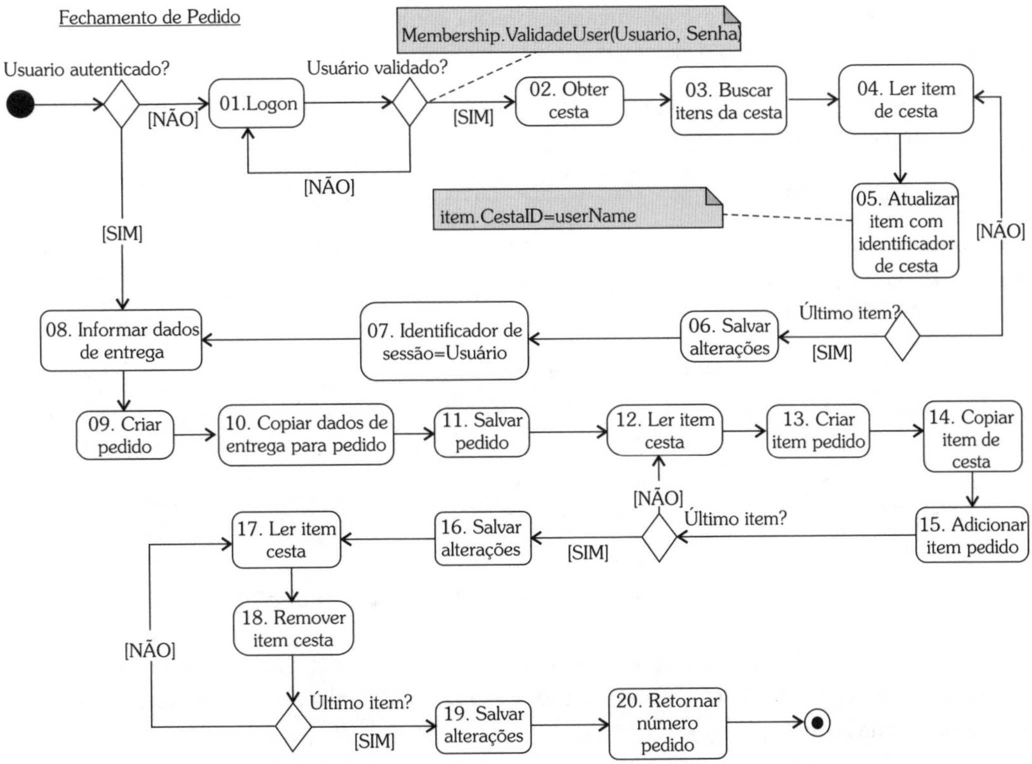

Figura 12.10. Diagrama de atividades para fechamento de pedido.

O diagrama da Figura 12.10 não é complexo, mas extenso. Por isso, para facilitar a leitura, as ações foram numeradas.

Na construção dos diagramas, as ferramentas UML permitem adicionar uma descrição a cada elemento, mas ela só pode ser visualizada se a ferramenta estiver disponível.

Algumas ferramentas permitem gerar uma documentação em HTML, em que, ao selecionar um elemento do diagrama, o texto da descrição é apresentado em tela de alguma forma, seja abrindo um painel, uma nova página etc.

Entretanto, se o preço da licença da ferramenta for alto, pode ser que você tenha de adotar uma outra forma de explicar a lógica do diagrama. Geralmente, costuma-se anexar um descritivo explicando cada ação ou um conjunto de ações.

Aliás, a situação mais comum é gerar a documentação sem depender de nenhuma ferramenta para sua leitura, a não ser um editor de texto ou de arquivos PDF.

O diagrama para fechamento de pedido considera não só os requisitos funcionais, obtidos a partir da especificação funcional (no caso, *EF-05 - Fechamento de Pedido*), mas também inclui aspectos técnicos, como, por exemplo, a validação do usuário, realizada pelo mecanismo de autenticação do ASP.NET por meio do objeto **MemberShip**.

Mas, como dissemos anteriormente, você não precisa conhecer profundamente todos os aspectos técnicos. Basta consultar o desenvolvedor, de preferência o arquiteto.

Vamos explicar textualmente o diagrama de fechamento de pedido, reproduzindo partes da figura para facilitar o acompanhamento.

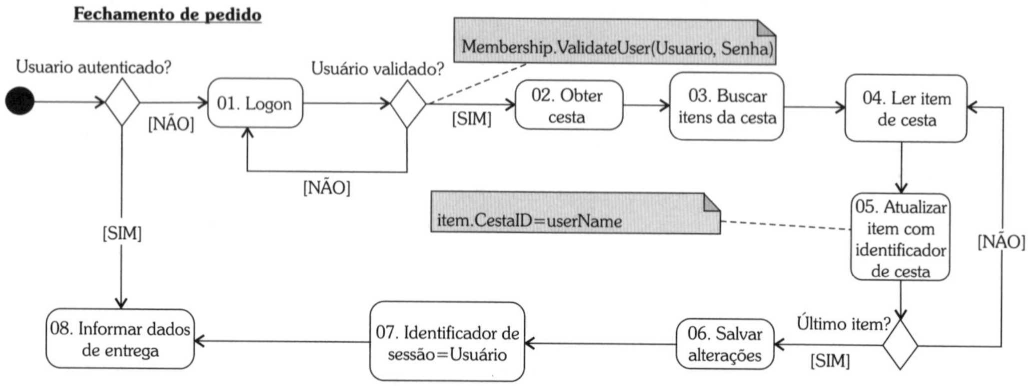

Figura 12.11. Logon e atualização de identificador de cesta.

Quando a opção para fechar o pedido é selecionada, o sistema verifica se o usuário já está autenticado na sessão, isto é, se ele já efetuou **Logon**. Caso isso não tenha acontecido ainda, o sistema exibe a página de *logon* (ação 01).

Depois de informar o nome de usuário e a senha e autenticar-se, o sistema pode dispor do identificador do usuário na sessão. Portanto, da ação 02 até a ação 07, são recuperados todos os itens da cesta e o identificador de cesta de cada item é atualizado com o identificador do usuário recém-obtido. Após salvar essa atualização, o sistema copia o valor desse identificador para o identificador da cesta (o **contexto** da cesta na sessão).

Em seguida, o sistema exibe a página de dados de entrega do pedido.

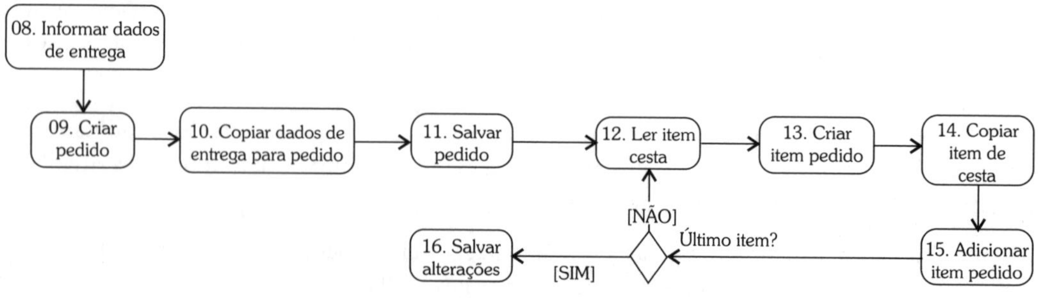

Figura 12.12. Criação do pedido e de seus itens.

Depois de informar e confirmar os dados de entrega na ação 08, o sistema cria o pedido (ação 09), copia os dados de entrega informados em tela (ação 10) e salva o pedido (ação 11). Note que não especificamos a validação dos dados de entrega, pois outros artefatos descrevem quais os campos com preenchimento obrigatório.

A coluna **PedidoID** da tabela **Pedido** da base de dados é autonumerada. A cada nova inclusão, é gerado um número sequencial de pedido. Portanto, ao concluir a ação 11, o sistema obtém o número do novo pedido.

Da ação 12 até a ação 16, o sistema recupera cada item da cesta e copia seus dados para um novo item de pedido, inclusive o número de pedido obtido anteriormente.

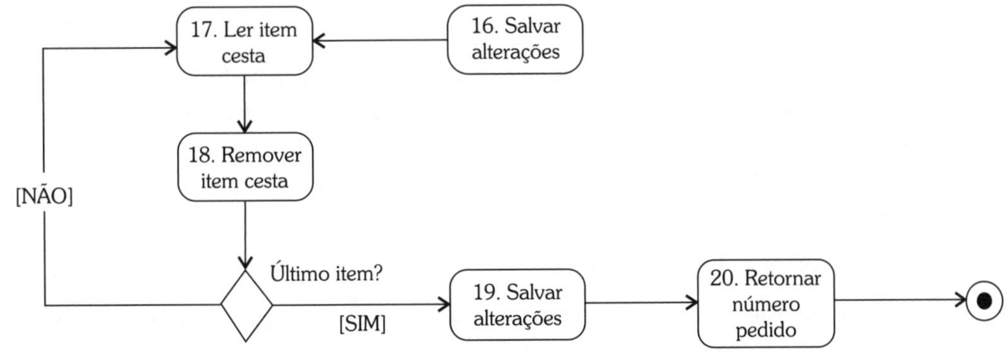

Figura 12.13. Esvaziamento da cesta e conclusão do fechamento.

Após salvar todos os itens de pedido (ação 16), como todos os itens da cesta foram copiados e salvos como itens do pedido, eles não são mais necessários e devem ser removidos. Assim, da ação 17 até a ação 18, o sistema recupera e remove cada item da cesta, salvando a operação ao final.

Depois de concluído o pedido e a cesta ter sido esvaziada, na ação 20 o sistema retorna o número do pedido e encerra o processo.

12.3 Conclusão

O diagrama de atividades é uma versão mais atualizada do antigo DFD (diagrama de fluxo de dados) e fluxogramas.

Os diagramas apresentados neste capítulo não se limitam a descrever o fluxo lógico de um único método de classe, mas vários métodos de mais de uma classe.

Ele é tão eficiente que, quando incluído nas especificações, alguns desenvolvedores não leem detalhadamente os casos de uso e outros artefatos (quando leem...): usam um "atalho para queimar etapas" - e os diagramas de atividades fazem parte desse atalho.

12.4 Resumo

- A modelagem dinâmica permite refinar o modelo pela identificação dos eventos do sistema e estados dos objetos do sistema. Após esse refinamento, as classes são eventualmente atualizadas ou corrigidas.
- Os diagramas mais comuns e úteis para a análise dinâmica do modelo são: interação (ou diagrama de sequência), estados e atividades.
- A finalidade do diagrama de estado é auxiliar o leitor da especificação técnica a compreender o que acontece, muitas vezes de maneira transparente, com determinados objetos durante a execução do sistema. Essa compreensão não se restringe às operações realizadas pelos objetos, mas aos eventos do sistema que o afetam enquanto estiver instanciado, isto é, durante seu ciclo de vida na execução da aplicação.
- Verifique sempre se o diagrama é útil.
- A UML oferece vários recursos e elementos para a diagramação de estados, mas procure confeccioná-los da forma mais simples possível.
- As atividades, quando aplicadas ao sistema a ser construído, podem corresponder às operações das classes de objetos. Os diagramas de atividades demonstram a lógica de programação - o fluxo lógico interno das operações (métodos) das classes envolvidas e também de *stored procedures* do banco de dados.
- O segredo para a análise de atividades é investigar as classes de controle e as especificações funcionais a elas associadas.
- A lógica descrita não depende de uma linguagem ou arquitetura específica. As técnicas e os recursos de implementação (codificação) ficam por conta do desenvolvedor, mesmo porque o diagrama de classes especifica os métodos a serem tratados.
- Desde que não exagere (para não poluir o diagrama), é interessante que você insira notas de esclarecimento em pontos importantes do fluxo.
- Existe a alternativa de procurar desenvolver um único diagrama que contemple toda a especificação. A vantagem é que o leitor do diagrama consegue visualizar toda a lógica em diagrama; a desvantagem é o risco de ele tornar-se muito extenso, dificultando a leitura.
- Você não precisa conhecer profundamente todos os aspectos técnicos. Basta consultar o desenvolvedor, de preferência o arquiteto.

12.5 Exercício Proposto

Com base na especificação funcional *EF-06 - Administração* e em suas realizações, confeccionadas no capítulo 7, experimente desenvolver os diagramas de atividade para manutenção do cadastro de produtos.

Confira o resultado com o código do projeto disponível para *download* no *site* da Editora.

13 Diagramas de Interação em Camadas

Neste capítulo, trataremos de:

✓ *Elaboração de diagramas de interação a partir de casos de uso, classes e padrão de arquitetura de referência*

Façamos um levantamento do que produzimos até o momento:

Iniciamos o processo com as especificações funcionais contendo os casos de uso, que explicam passo a passo a lógica do negócio, os requisitos funcionais atendidos e protótipos de tela, que complementam visualmente o sistema a ser desenvolvido.

A partir dessas especificações, construímos diagramas de interação realizando os casos de uso a fim de obter as classes de domínio do sistema.

Com base nas informações do padrão de referência de arquitetura adotado, definimos as classes de cada camada prescrita pela arquitetura, em seguida desenvolvemos diagramas de estados e de atividades das classes mais relevantes, Cesta e Pedido, transpondo os métodos de cada classe a fim de obter uma visão geral do comportamento dessas duas classes.

Agora, vamos utilizar esse material para desenvolver o tipo de diagrama mais importante da modelagem dinâmica: o diagrama de interação (antigamente, denominado diagrama de sequência).

Já construímos esse tipo de diagrama no capítulo 7, *Realização de Casos de Uso*, mas em uma versão funcional. Os diagramas a serem desenvolvidos neste capítulo têm um enfoque diferente: eles demonstram a interação dos objetos em camadas, portanto seu público-alvo é o desenvolvedor.

Um diagrama de interação mostra como o fluxo de eventos ocorre por meio de um caso de uso. O ator que inicia a ação, os objetos envolvidos, as mensagens que eles trocam entre si e a ordem em que isso acontece; enfim, um diagrama de interação mostra como o sistema deve implementar as ações, focalizando os objetos que devem ser criados para implementar a funcionalidade requerida nos casos de uso.

Para desenvolver os diagramas de interação de nosso sistema (NorthWind MVC), tomaremos como material básico os casos de uso das especificações funcionais e, se preferir, também os diagramas confeccionados no capítulo 7.

Analisaremos os casos de uso e, considerando o padrão de arquitetura em camadas, vamos identificar, a cada passo, quais classes devem ser instanciadas no diagrama para atender o objetivo de cada um deles.

Depois de toda nossa jornada, desde o primeiro capítulo, temos uma perfeita visão do negócio (perspectiva funcional) e um razoável conhecimento da arquitetura (perspectiva técnica).

Portanto, mãos à obra!

13.1 Página Principal

A especificação funcional *EF-01 - Página Principal* trata dos seguintes casos de uso:

- **UC001 - Consultar categorias**, que busca e retorna as categorias existentes no sistema, listando-as no canto esquerdo de todas as páginas do sistema.
- **UC002 - Consultar produtos mais vendidos**, para apresentar na página principal os dez produtos mais vendidos.
- **UC005 - Consultar pedido**, para apresentar a quantidade de itens da cesta de compras da sessão de usuário - uma opção (*link*) apresentada no menu principal da página de leiaute.

Conforme ilustra a Figura 4.1 (capítulo 4), nosso *site* possui um conteúdo que é compartilhado entre várias páginas: a lista de categorias à esquerda do painel principal, onde efetivamente é exibida cada página, uma região na parte superior, onde são exibidos o logotipo, o nome da aplicação e um menu contendo as opções de acesso (*links*) à página principal, à cesta de compras e à administração do *site* (manutenção do cadastro de produtos).

O mecanismo Razor permite gerenciar os elementos compartilhados por meio de **_Layout.cshtml** (uma página mestra), automaticamente criada na pasta **\Views\Shared** da solução ASP.NET.

O conteúdo de cada *view* é exibido no painel principal pelo comando de renderização **@RenderBody()** e qualquer conteúdo comum pode ser adicionado a _Layout.cshtml, como a lista de categorias, em que cada item da lista representa uma opção de menu. Todo conteúdo comum pode ser incluído diretamente em _Layout.cshtml ou ser desenvolvido em uma *view* parcial que, durante a renderização da página, é adicionado à página mestra.

13.1.1 Menu de Categorias

Quanto ao caso de uso UC005, ele simplesmente busca a quantidade total de itens da cesta - o resumo do carrinho de compras.

Portanto, a consulta de categorias envolve três *views*, sendo **_Layout**, **MenuCategorias** e **\Home\Index** (esta, como vimos, é por definição a página padrão a ser chamada na carga da aplicação, conforme a configuração padrão **RegisterRoutes** do arquivo **Global.asax.cs**).

A classe controladora responsável pela geração da lista de categorias é **LojaController** e, completando, a classe de modelo Categoria que representa as categorias existentes no sistema.

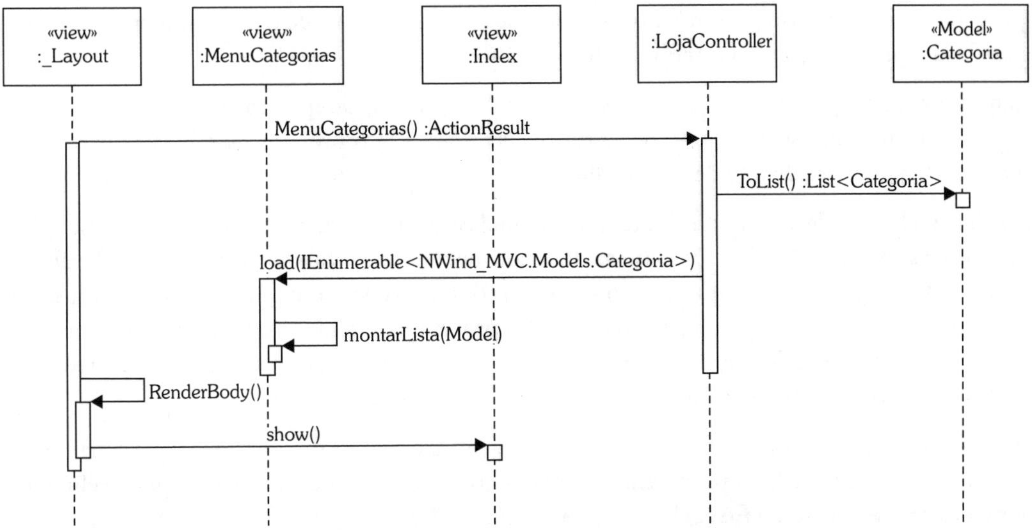

Figura 13.1. Interação UC001 - Consultar categorias.

Adotaremos o padrão de designar o diagrama de interação com o mesmo nome do caso de uso que ele realiza.

Na carga da *view* _Layout.cshtml, é invocado o método **MenuCategorias()** de **LojaController** que, em seguida, busca a lista de categorias na classe de modelo Categoria. Retornada a lista, o método MenuCategorias invoca a *view* parcial MenuCategorias.cshtml, que monta o código para exibição do menu. O controle retorna para _Layout que executa a renderização e invoca a página principal \Home\Index.

Vamos fazer algumas observações:

O método **Categoria.ToList(): List<Categoria>** é a abreviatura da consulta à entidade Categoria do contexto da camada de dados:

```
var categorias = db.Categoria.ToList();
```

Você não é obrigado a dominar a linguagem de programação. Aliás, nem sabemos se o desenvolvedor vai implementar uma instrução igual a esse código de exemplo. O que importa é estar razoavelmente claro que deve ser realizada uma consulta retornando uma lista de objetos da classe Categoria.

O método MenuCategorias() invoca a *view* MenuCategorias por meio do método **load**, passando como argumento **IEnumerable<NWind_MVC.Models.Categoria>**. Na verdade, esse método não existe, mesmo porque uma *view* não é uma classe CSharp e não possui métodos. **load**. É apenas uma convenção que adotamos para representar a carga da *view*, quando então ocorre a montagem do código HTML a ser exibido no navegador (*browser*) do usuário.

IEnumerable<NWind_MVC.Models.Categoria> informa ao mecanismo (Razor) que ele deve tratar um modelo que contém vários objetos da classe Categoria, em vez de apenas um. IEnumerable expõe um enumerador, que suporta uma iteração simples, em vez de um List<>, que é mais genérico. Isso permite mudar o tipo de modelo mais tarde para qualquer tipo de objeto, desde que ele suporte a interface **IEnumerable**.

Não se preocupe, pois trata-se apenas de uma explicação técnica, que nos foi "hipoteticamente sugerida por um suposto arquiteto de software". Na prática, nos projetos de que você participar, certamente alguém poderá (e deverá) explicar-lhe colaborativamente tais detalhes técnicos.

O método **show**() de \Home\Index também é uma convenção e serve apenas para indicar que a *view* deve ser exibida. A diferença entre as duas convenções que estamos propondo, **load** e **show**, é que **load** carrega pela primeira vez na memória o conteúdo da *view*, enquanto **show** assume que a *view* já se encontra carregada e aguarda apenas o processo de renderização. Mas isso é um detalhe particular do exemplo. Você não precisa seguir tal convenção (em determinados projetos até existe um termo predefinido para esses eventos).

Finalmente, o método **montarLista(Model)** também não existe: trata-se apenas de uma forma de alertar o desenvolvedor a providenciar o código para exibição da lista (muito provavelmente, por meio de uma estrutura **foreach**).

Você deve ter notado que a construção de diagramas de interação em camadas é um pouco mais complicada em relação aos diagramas do capítulo 7, pois envolve uma série de detalhes técnicos - e não poderia ser diferente, já que fazem parte da especificação técnica, assunto do próximo capítulo.

13.1.2 Consulta de Produtos Mais Vendidos

O caso de uso *UC002 - Consultar produtos mais vendidos* implica especificarmos como mostrar os produtos mais vendidos na página inicial, talvez para estimular as vendas.

A classe controladora responsável por isso é **HomeController**, em que definimos o método privado **ObterMaisVendidos(int)**, cujo parâmetro especifica a quantidade de produtos a serem retornados. Em nosso exemplo, esse método é muito simples, por isso foi incluído em **Home Controller**, mas dependendo do documento ou guia de referência de padrão adotado, métodos dessa natureza são definidos em classes de serviço separadas.

Além de **HomeController** e **\Home\Index**, a View **_Layout** também será considerada para enfatizar a finalidade do método **@RenderBody()**. As entidades a serem consultadas são **Item Pedido**, para obter o identificador de cada um dos itens mais vendidos, e **Produto**, para obter o nome do produto.

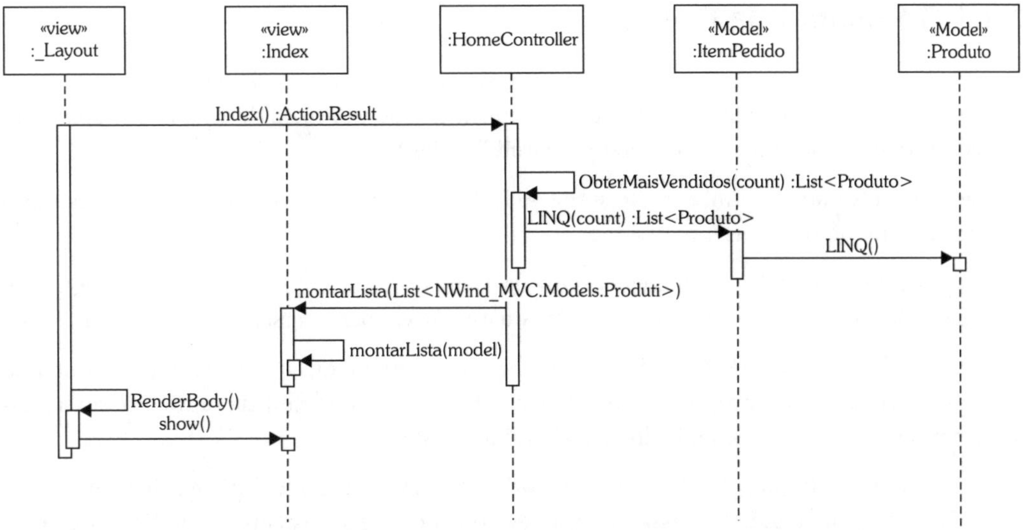

Figura 13.2. Interação UC002 - Consultar produtos mais vendidos.

O método **Index** de HomeController invoca o método privado **ObterMaisVendidos** que, por sua vez, realiza a consulta às entidades **ItemPedido** e **Produto**.

LINQ(count): List<Produto> não existe. Trata-se de um modo de informar que uma consulta LINQ SQL deve ser realizada (assumindo que, provavelmente, o desenvolvedor utilizará LINQ SQL).

Embora isso seja responsabilidade do desenvolvedor, vamos esclarecer a chamada reproduzindo o código em LINQ SQL referente a essa consulta:

```
from p in db.Produto
       orderby p.Nome descending
      from i in db.ItemPedido
      where i.ProdutoID == p.ProdutoID
      select p).Distinct().Take(count).ToList();
```

Traduzindo em SQL:

```
select top 10 count(i.ProdutoID) as c, p.ProdutoID, p.Nome
          from Produto p, ItemPedido i
          where p.ProdutoID = i.ProdutoID
          group by p.ProdutoID, p.Nome
          order by c desc
```

As demais mensagens do diagrama de consulta de produtos não apresentam nenhuma novidade em relação ao primeiro diagrama anterior.

13.1.3 Resumo da Cesta

O caso *UC005 - Consultar pedido* especifica a apresentação do número de itens na cesta do usuário em todo o site. Como vimos, isso pode ser implementado por meio de uma visão parcial adicionada à página _Layout, usando o método Html.RenderAction.

A visão parcial Resumo.cshtml é muito simples. Trata-se de um *link* para a exibição de um índice mostrando o número de itens no carrinho.

Entretanto, como a cesta de compras está envolvida, vamos introduzir no diagrama as mensagens necessárias para obter a cesta no contexto da sessão do usuário e, a partir disso, obter seu identificador.

O método **ObterCesta()** de **CestaModel** recebe como argumento o HTTPContext, contendo todas as informações sobre a solicitação HTTP atual, entre elas o identificador do usuário na sessão, extraído do contexto por meio do método **ObterCestaId**.

A partir desse identificador, o método **CestaModel.ObterQuantidade()** pode realizar uma consulta LINQ SQL na entidade **Cesta**, retornando todos os itens existentes, a partir dos quais o método efetua a soma e devolve o resultado para **CestaController**.

ViewData é uma propriedade do objeto **ViewPage** que permite adicionar pares do tipo chave/valor para passá-los ao modo de exibição (*view*). Assim, o método ObterQuantidade de CestaController utiliza ViewData para enviar a quantidade de itens obtida para a *view* **Resumo.cshtml**.

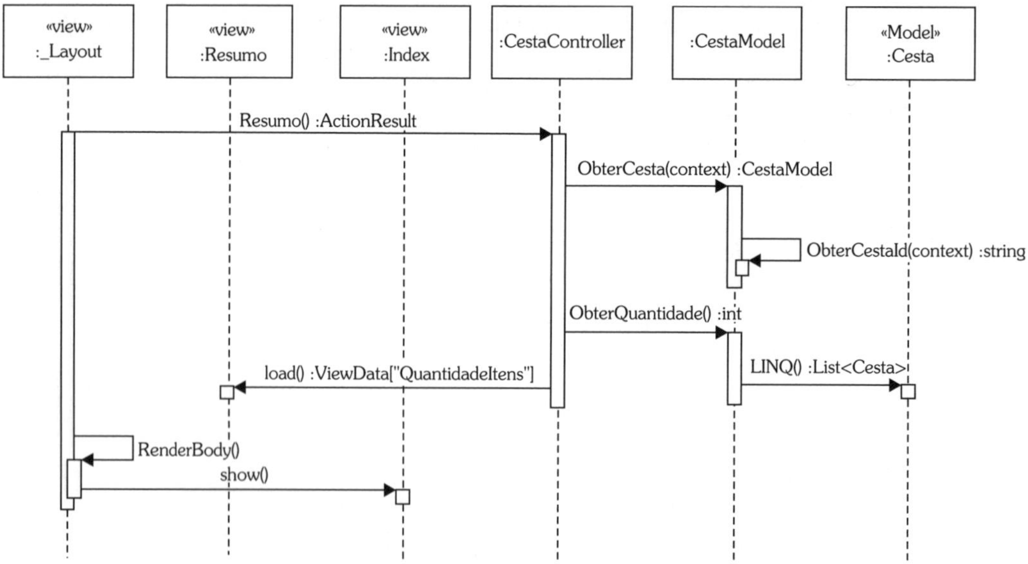

Figura 13.3. Interação UC005 - Consultar pedido (fluxo FA1).

13.2 Consulta de Produtos por Categoria

A especificação funcional *EF-02 - Consulta de Produtos por Categoria,* resume-se ao caso de uso UC003, com o mesmo nome.

O método LojaController.Browse busca todos os produtos de uma categoria informada e devolve-os para a camada de apresentação por meio de uma lista.

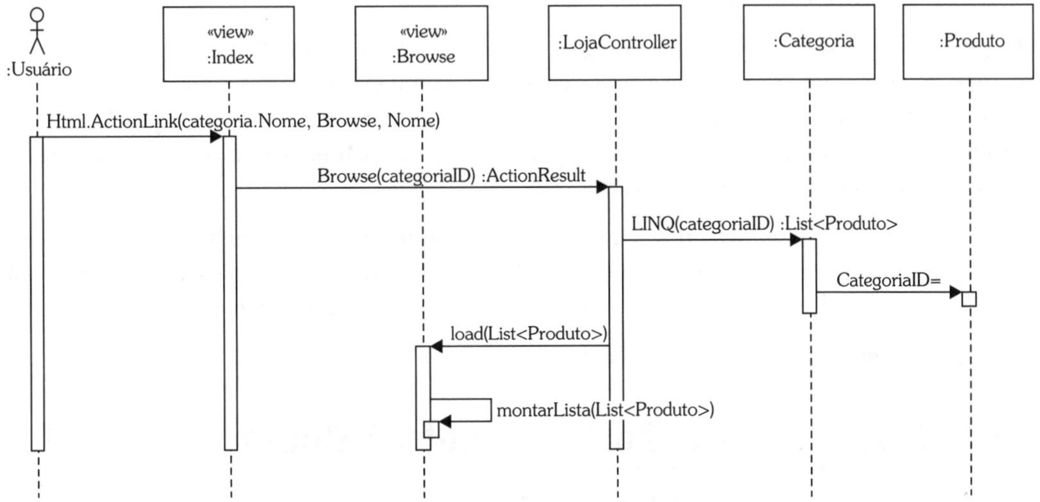

Figura 13.4. Interação UC003 - Consultar produtos por categoria.

Quando o usuário selecionar um item no menu de categorias, LojaController detecta a solicitação e executa o método Browse, que busca os produtos associados à categoria em uma única consulta LINQ SQL.

Na prática, o desenvolvedor pode utilizar uma expressão ***lambda*** - função anônima que pode conter expressões e declarações e que fornece suporte a consultas LINQ SQL, como, por exemplo:

```
var produto = db.Categoria.Include("Produto").Single(g =>
g.CategoriaID == categoriaID);
```

Essa expressão equivale à seguinte consulta SQL:

```
SELECT p.ProdutoID, p.Nome
  FROM Produto p, Categoria c
  WHERE c.CategoriaID = p.CategoriaID
  AND c.CategoriaID = 1
```

A expressão especifica que queremos um único objeto **Categoria** cujo identificador corresponda ao valor informado e inclua os objetos **Produto** relacionados, tirando proveito de uma característica do Entity Framework.

Embora o exemplo seja simples, serve para demonstrar o uso do denominado **Query Result Shaping** (Resultado de Consulta Shaping), que permite reduzir o número de acessos ao banco de dados para recuperar as informações e equivale ao comando **SHAPE** em SQL.

Citamos o exemplo apenas para seu conhecimento. Você não precisar dominar expressões **lambda** ou **LINQ SQL**, pois isso é incumbência do desenvolvedor.

Se você estivesse especificando sob um padrão que utilizasse *stored procedures*, bastaria substituir os objetos Categoria e Produto pelo nome do *stored procedure* ou *view* (visão) de dados da base.

Para desenvolver os diagramas, servimo-nos do padrão ASP.NET MVC aplicado a um projeto exemplo bem simples. Na prática, quando você estiver confeccionando especificações de projetos na empresa em que trabalha ou para um cliente, provavelmente o padrão de arquitetura, a nomenclatura e as convenções utilizadas serão diferentes, principalmente se o código for desenvolvido em outra linguagem e/ou *framework*.

Portanto, repetimos: é importante inteirar-se e integrar-se ao padrão de referência, com suas prescrições, nomenclatura etc., pois mesmo que não tenha de programar, é essencial você procurar "falar o dialeto" do desenvolvedor para garantir uma boa comunicação e a qualidade do sistema.

E, afinal de contas, é gostoso aprender coisas novas...

13.3 Seleção e Adição de Produto à Cesta

A próxima especificação, *EF-03 - Seleção de Produto*, refere-se à seleção e exibição de um produto e sua adição à cesta de compras.

Ela compreende os seguintes casos de uso:

- **UC004 - Consultar produto**, para buscar os dados de um produto selecionado.
- **UC012 - Manter item de pedido**, para adicionar um produto à cesta de compras ou removê-lo. No momento, trataremos apenas de inclusão do produto.

13.3.1 Seleção de Produto

A View **\Loja\Browse** recebe uma lista de produtos associados a uma categoria e, ao gerar o código HTML, ela cria um elemento de âncora (*tag* <**a**/>) com o atributo **href** contendo um *helper* **URL.Action**, tendo como parâmetros o nome da *view* a ser acessada (Detalhes.cshtml) e o identificador do produto (ProdutoID).

Cada item da lista é um hipertexto que, quando selecionado, faz com que o navegador acesse a página, porém LojaController detecta a ação e executa o método Detalhes para efetuar a consulta do produto e retornar o resultado para a *view* como resposta da solicitação.

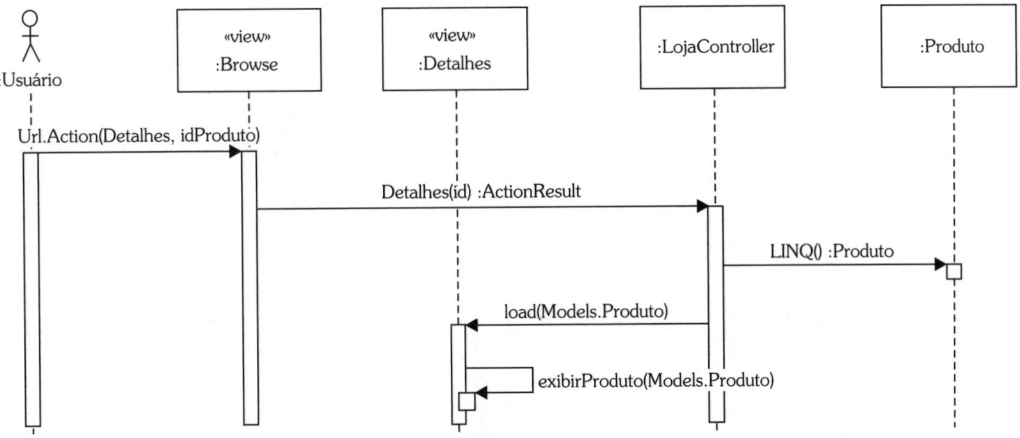

Figura 13.5. Interação UC004 - Consultar produto.

Considerando o que discutimos sobre os diagramas anteriores, a interação para consulta de produto é muito simples e não há nada a acrescentar.

13.3.2 Inclusão de Produto na Cesta de Compras

O sistema deve permitir que o usuário selecione um produto e adicione à cesta de compras, sem registro - ele só precisa registrar-se para realizar o fechamento do pedido.

O processo de compras e fechamento, como definimos anteriormente, é separado em dois controladores: CestaController, que permite adicionar itens à cesta anonimamente, e FechamentoController, que se encarrega do processo de fechamento do pedido, salvando-o na base de dados.

Os produtos, ao serem adicionados à cesta de compras, terão um identificador de sequência de caracteres denominado CestaID, para permitir compras anônimas, e também uma chave primária chamada RegistroID inteiro.

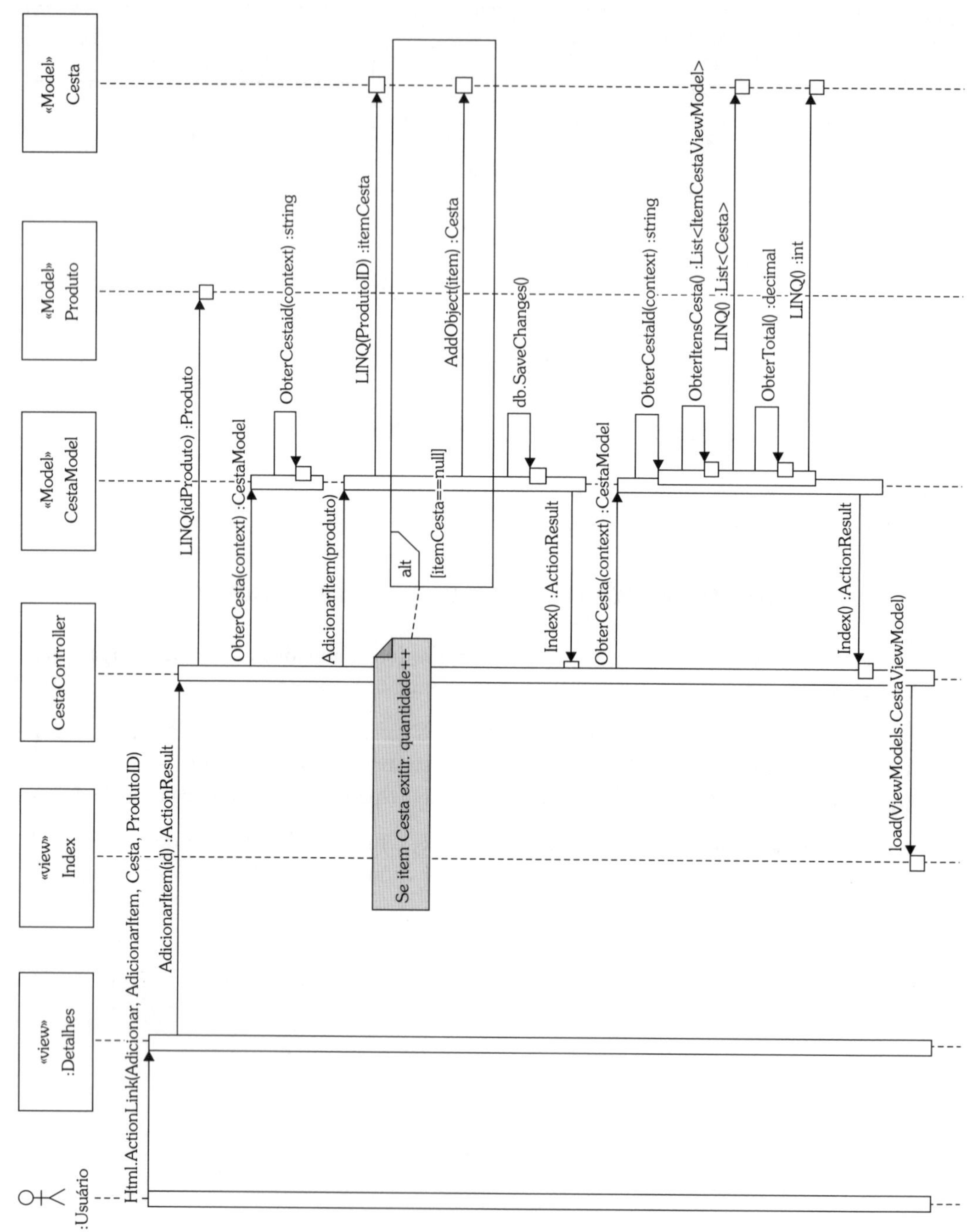

Figura 13.6. Interação UC012 - Manter item de pedido - inclusão.

Após visualizar os detalhes do produto, o usuário aciona o *link* "**Adicionar Produto**": CestaController detecta a ação e consulta os dados do produto selecionado com base em seu identificador.

Um procedimento que se repetirá em várias interações (se não fosse tão simples, poderíamos até abstraí-lo em um diagrama à parte) é a obtenção do identificador de sessão para atribuí-lo a CestaID para, no fechamento do pedido, permitir a identificação dos itens da cesta.

O método **CestaModel.AdicionarItem** recebe o produto obtido por **CestaController** e verifica se ele já foi incluído na cesta. Se não existir, é executado o método **AddObject**, que adiciona o objeto **Produto** à entidade **Cesta**.

Caso o produto já exista, a quantidade atual na cesta é atualizada em mais (**quantidade++**).

Independente de o produto existir ou não, isto é, de o método AddObject ter sido executado, o produto é efetivado por meio do método **SaveChanges** - um esquema similar ao comando **COMMIT** em SQL.

Em seguida, é invocado novamente o método ObterCesta de CestaModel, após o que é efetuada uma consulta LINQ SQL para obter todos os itens da cesta e outra para obter o valor total de cesta. O resultado é devolvido para **Cesta.Index()**, que se encarrega de atualizar a *view* com o conteúdo atual da cesta.

Note que a convenção que utilizamos para acessar as entidades, que representam as tabelas de dados no modelo, resume-se, na maioria das vezes, ao termo "**LINQ**". O desenvolvedor não contará apenas com os diagramas de interação, mas com outros artefatos inclusos na especificação técnica, portanto não é necessário entrar em maiores detalhes, evitando assim "poluir" o diagrama com notas e mensagens (chamada de métodos) muito longas.

13.4 Visualização de Cesta e Exclusão de Item

A especificação funcional *EF-04 - Carrinho de Compras* determina que se o usuário selecionar a opção "**Sua Cesta()**" do menu principal, deve exibir o conteúdo atual da cesta e o valor total de produtos (fluxo básico do caso de uso *UC005 - Consultar pedido*), procedimento que acabamos de descrever - e que bem poderia ser abstraído para facilitar o reúso e reduzir o número de mensagens das interações...

Conforme o protótipo (Figura 4.4 do capítulo 4), a exibição do conteúdo da cesta inclui duas opções: uma para acessar os dados de cada produto listado (página de detalhes) e outra para excluir o item da cesta (fluxo *FA - Exclusão de pedido* do caso de uso *UC012 - Manter item de pedido*).

13.4.1 Consulta de Cesta

A classe de modelo **CestaModel** manipula os dados de acesso à tabela da base de dados. Além disso, lida com a lógica do negócio para adicionar itens à cesta de compras e removê-los.

Relembrando: o sistema não exige que os usuários se registrem para obter uma conta. É atribuído um identificador único e temporário de usuário (usando um GUID, ou identificador global exclusivo) para acessar o carrinho de compras. Esse identificador é armazenado com o uso de uma classe de sessão ASP.NET. A sessão é um local conveniente para manter informações específicas do usuário - elas expiram depois de o usuário abandonar o sistema.

Assim, o método **ObterCesta** é estático e permite aos controladores obter um objeto **Cesta**. Conforme especificamos, ObterCesta usa o método ObterCestaId para realizar a leitura do CartId a partir da sessão de usuário.

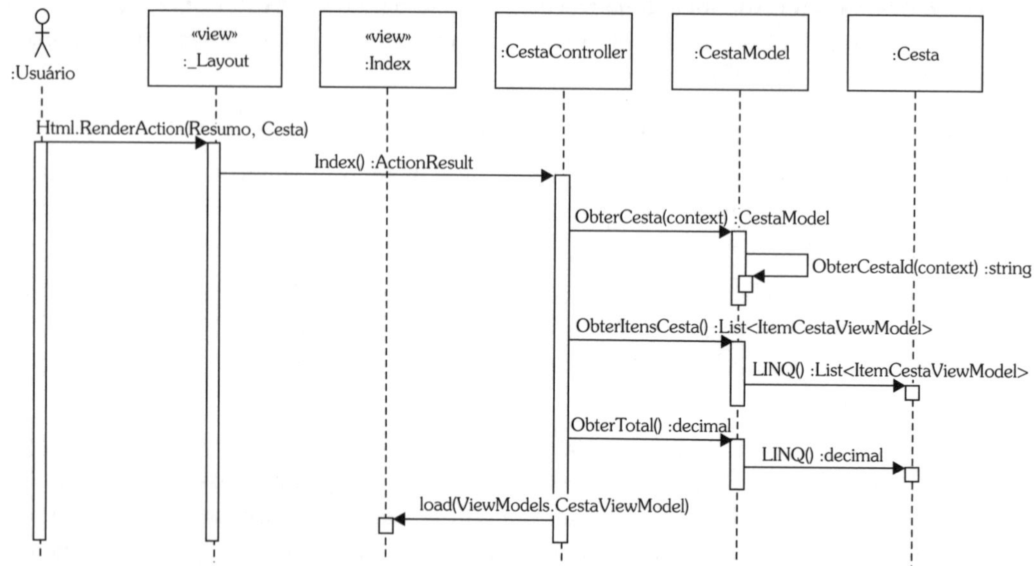

Figura 13.7. Interação UC005 - Consultar pedido (fluxo básico).

Ao selecionar a opção "Sua Cesta" no menu principal, o *helper* **Html.RenderAction** invoca **CestaController.Index()** para executar os procedimentos já explicados e a View \Loja\Index para exibir o conteúdo da cesta.

13.4.2 Exclusão de Produto da Cesta de Compras

Cada item da cesta retornado e listado em **\Cesta\Index** possui um *link* de exclusão (opção "**Excluir**" de produto da grade de produtos) que, por ocasião da montagem do código HTML, retém o identificador do item na cesta (RegistroID).

Portanto, ao ser selecionada a exclusão de um item, **CestaController.Index()** tem ciência desse identificador para invocar sua exclusão da cesta.

Quando definimos o diagrama de interação para inclusão de produto na cesta, utilizamos o método AddObject passando como argumento um objeto Cesta. Vimos que, após utilizar esse método, é preciso invocar SaveChanges() para efetivar a atualização na base de dados por meio da entidade de modelo.

Da mesma forma, após executar o método DeleteObject() passando como argumento o item da cesta a ser removido, SaveChanges() deve ser invocado para efetivamente excluir o item da tabela Cesta, usando o valor de Cesta.RegistroID do item para executar a operação.

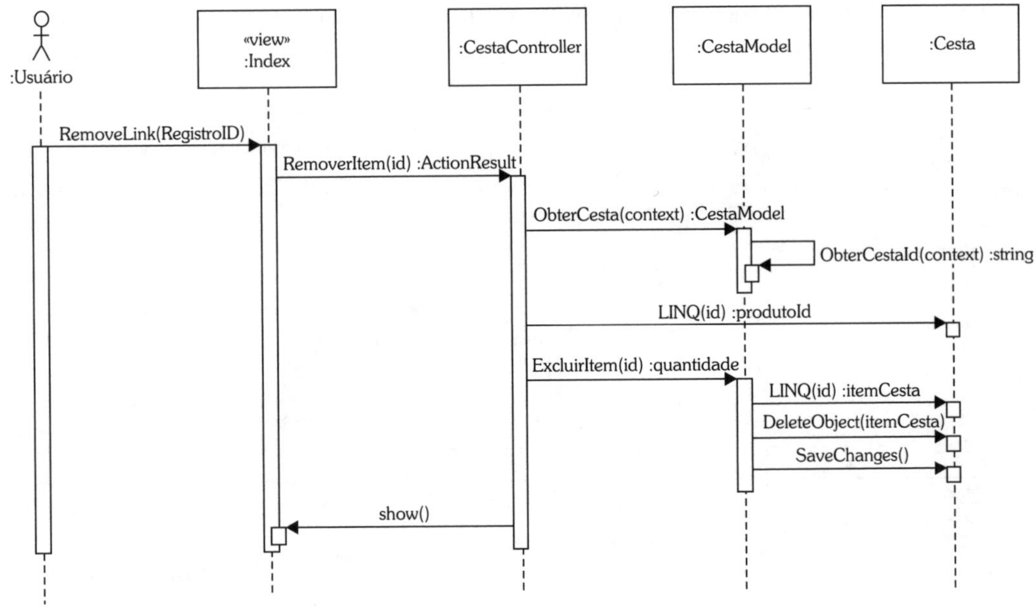

Figura 13.8. Interação UC012 - Manter item de pedido (FA - exclusão de pedido).

13.5 Fechamento de Pedido

Quando começamos este capítulo, talvez você tenha ficado interessado e animado com o assunto, mas depois de conhecer os diagramas e ter assimilado os conceitos para sua construção, você está ficando entediado...

Não se preocupe, porque agora vamos abordar a parte mais complexa do sistema - a especificação funcional *EF-05 - Fechamento de Pedido,* que descreve os casos de uso para autenticação do usuário, entrada de dados de entrega e efetivação do pedido, isto é, o fechamento da cesta de compras.

A especificação apresenta os seguintes casos de uso:

- **UC006 - Autenticar usuário**, para solicitar nome e senha de usuário e efetuar *log on.*
- **UC007 - Criar nova conta de usuário**, para incluir novo usuário no sistema.
- **UC008 - Cadastrar dados de entrega**, que descreve o cadastro de dados de entrega (destino) do pedido.
- **UC009 - Fechar pedido**, para fechar o pedido com seus respectivos itens para o usuário informado.

13.5.1 Autenticação de Usuário

Na página de exibição da cesta (\Cesta\Index), o usuário pode acionar o *link* "**Fechar Pedido**", mas o sistema exige que os usuários se registrem no *site* antes de fechar o pedido.

ContaController exigirá autenticação para permitir o processo de fechamento. Efetuado o *log on* ou o registro de nova conta de usuário, a cesta de compras anônima será automaticamente transferida para uma conta de usuário.

O interessante é que a cesta de compras pode ser mantida entre as visitas ao *site*, pois é feita a associação de todos os itens da cesta com o nome (conta) do usuário quando ele concluir o registro ou *log in*.

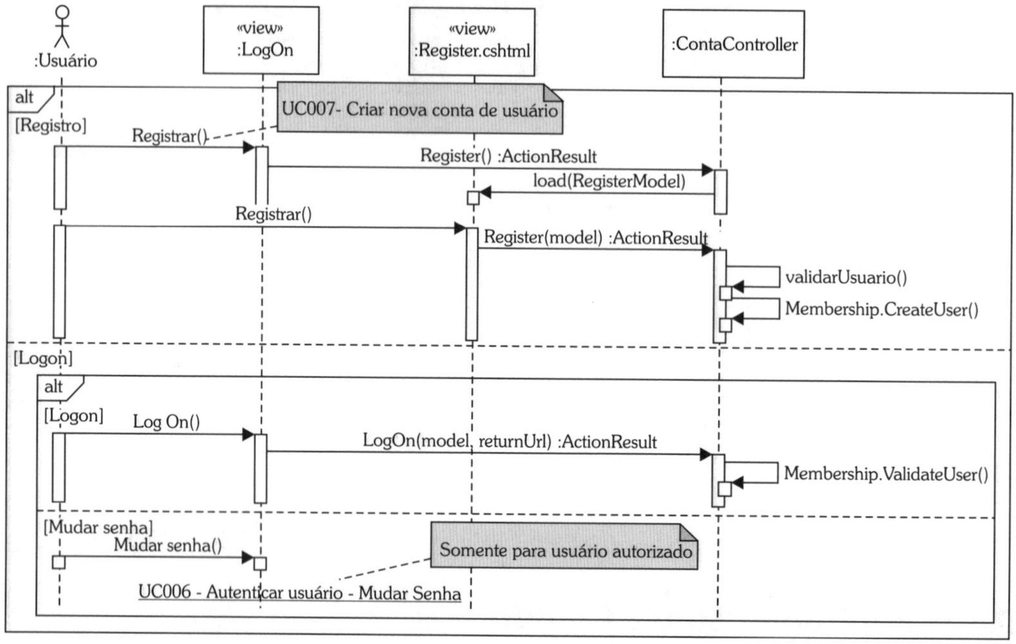

Figura 13.9. Interação UC006 - Autenticar usuário (fluxo básico).

O diagrama de interação da Figura 13.9 também realiza o caso de uso *UC007 - Criar nova conta de usuário* com a inclusão de um fragmento contendo duas opções: registro de novo usuário (opção "**Registre-se**" da página **Conta****Logon**) e alteração de senha (opção "**Mudar Senha**").

O método **Register** de ContaController é sobrecarregado: **Register() :ActionResult** apenas invoca a View **Logon** para que o usuário informe seu nome (*log in*), e-mail e senha, enquanto **Register(model) : ActionResult** recebe e valida os dados informados na página \Conta\Logon e inclui a nova conta por meio do provedor **Membership** do ASP.NET.

O método **LogOn** invoca o método **ValidateUser** de **Membership** para validar o usuário.

Membership é uma classe pertencente à ***namespace*** (biblioteca) System.Web.Security, que reúne classes usadas para implementar a segurança ASP.NET em aplicações Web.

Após preencher nome e senha na página \Cesta\Logon, o usuário pode selecionar a opção "**Mudar Senha**", que invoca uma primeira versão do método **ContaController.Change Password()** e exibe a página **Conta****ChangePassword** para que o usuário informe a nova senha.

Após informar a nova senha e confirmá-la, é executado o método **ContaController.Change Password(ChangePasswordModel)** que recebe a nova senha, verifica se ela é válida e, em seguida, executa os métodos **GetUser()** e **ChangePassword()** de **Membership**.

Se a senha não for válida, a página ChangePassword é exibida novamente.

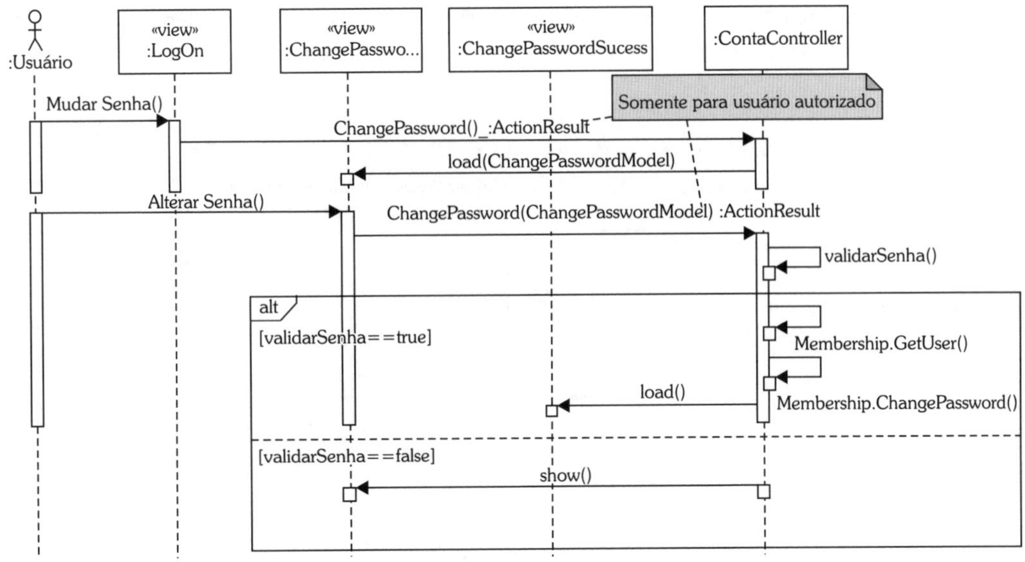

Figura 13.10. Interação UC006 - Autenticar usuário (alteração de senha).

Como dissemos anteriormente, o pacote de autenticação de usuário, classe controladora e *views*, é criado automaticamente pelo Visual Studio junto com uma nova solução. Você não precisa utilizar os nomes originais (Account, LogOn, Register, ChangePassword etc.), mas traduzi-los da forma que achar melhor.

O esquema de segurança e autenticação do ASP.NET é muito simples, mas em sistemas grandes e complexos, de modo geral, é desenvolvida uma solução própria e mais adequada. Portanto, quando for especificar a segurança lógica de um sistema, verifique o padrão adotado - normalmente sempre existe um módulo de segurança sendo reaproveitado em vários projetos.

13.5.2 Dados de Entrega do Pedido

Quando o usuário escolhe fechar o pedido, a página de Log On é exibida automaticamente e, uma vez bem-sucedida a autenticação, a página para cadastro dos dados de entrega é exibida.

No capítulo 10, *Classes*, criamos a classe **PedidoModel** contendo atributos de formatação de dados utilizando o **ASP.NET Dynamic Data**.

Os dados de entrega informados na página são validados automaticamente por meio de atributos como preenchimento obrigatório, tamanho máximo etc. Portanto, o método **validarDados**() da View **DadosEntrega**, na verdade, não existe - apenas representa a validação automática dos conteúdos informados na página.

Depois de validados os dados de entrega do pedido, o processo de fechamento continua com o caso de uso *UC009 - Fechar pedido*.

O retângulo arredondado com a expressão **{validarDados == true }** é um elemento de continuação, significando que o fluxo só continua em direção ao caso **UC009** se os dados da entrega forem válidos.

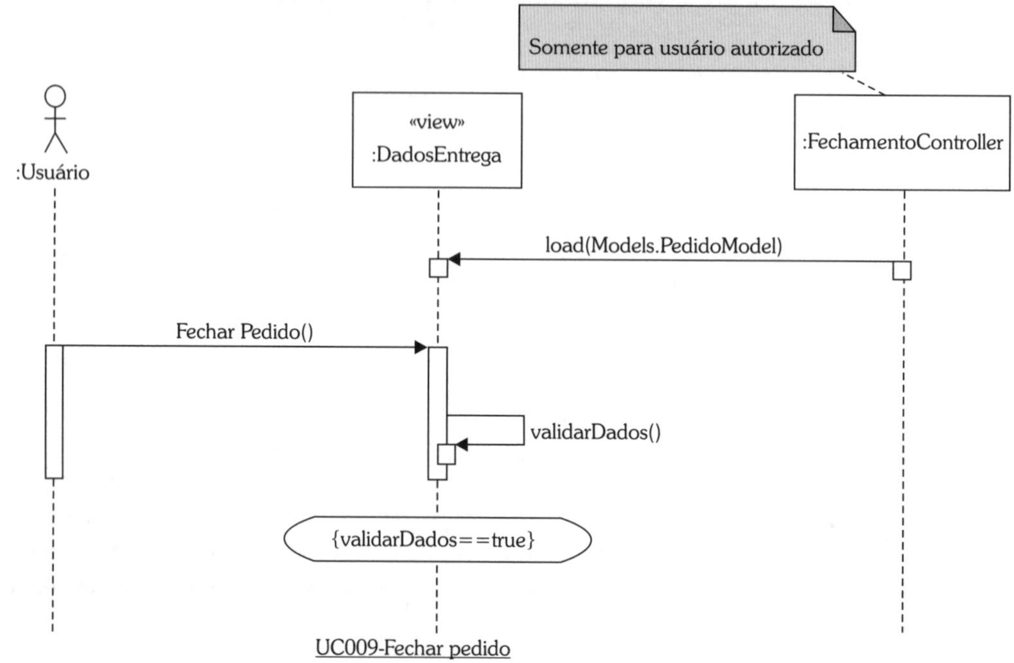

Figura 13.11. Interação UC008 - Cadastrar dados de entrega.

13.5.3 Fechamento de Pedido

Embora o caso de uso *UC009 - Fechar pedido* possua poucos passos, o contexto técnico do sistema a ser construído exige várias mensagens entre um número razoável de objetos.

Embora já tenham sido feitos a abordagem da autenticação do usuário e o preenchimento dos dados de entrega, vamos utilizar o diagrama de interação de fechamento de pedido para exemplificar a chamada de casos de uso em alguns pontos do fluxo de execução.

Como o diagrama é extenso, vamos reproduzi-lo por completo e, em seguida, seccioná-lo para analisar as interações em blocos.

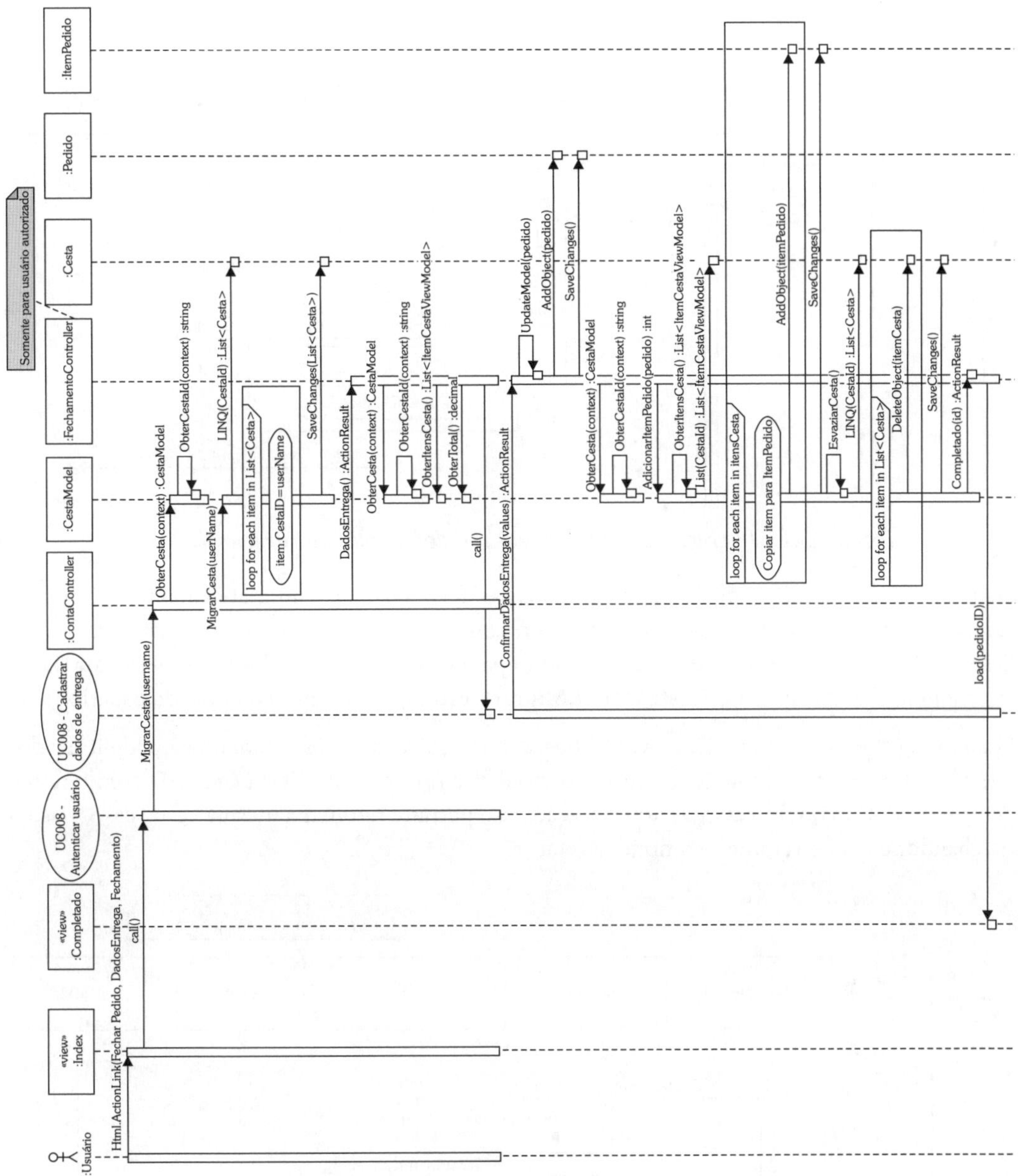

Figura 13.12. Interação UC009 - Fechar pedido.

Como vimos, ao acionar a opção "**Fechar Pedido**", o usuário deve autenticar-se, pois o processo de fechamento exige que ele esteja devidamente registrado e autorizado.

No bloco ilustrado na Figura 13.12, omitimos os objetos não referenciados, como, por exemplo, a *view* **Completado.cshtml**.

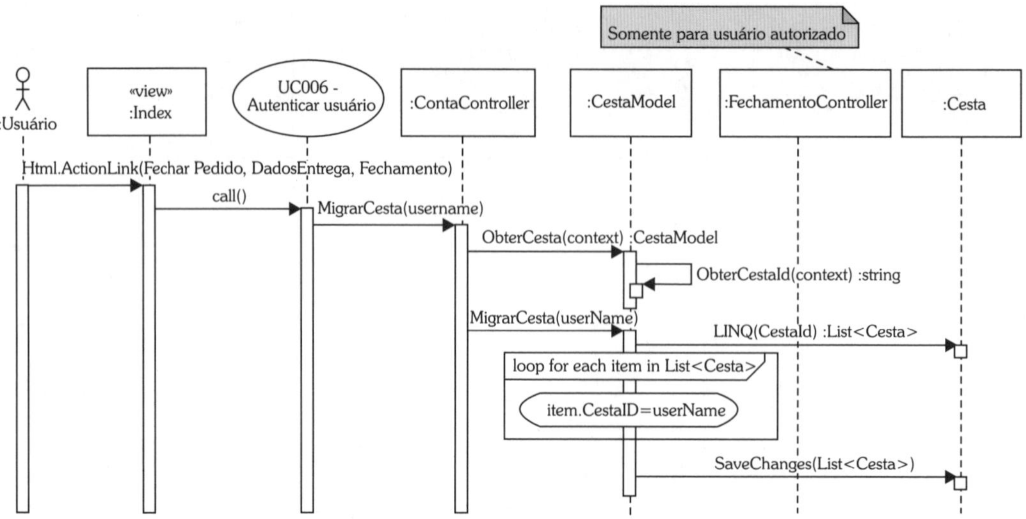

Figura 13.13. Interação UC009 - Fechar pedido: atualização de item de cesta.

Depois da autenticação do usuário, o sistema deve chamar automaticamente o método **MigrarCesta()** de **ContaController**, passando como parâmetro o nome do usuário da sessão. Esse método invoca **CestaModel.ObterCesta()** para obter o identificador da cesta (**CestaID**) e, em seguida, chama o método **CestaModel.MigrarCesta()**, informando o nome do usuário.

O método MigrarCesta() de CestaModel busca todos os itens da cesta com base no identificador CestaID obtido e, para cada item retornado, atualiza a propriedade **Cesta.CestaID** com o nome do usuário obtido no processo de autenticação. Isso permite retomar a mesma cesta, caso o usuário abandone o *site* e retome a compra mais tarde.

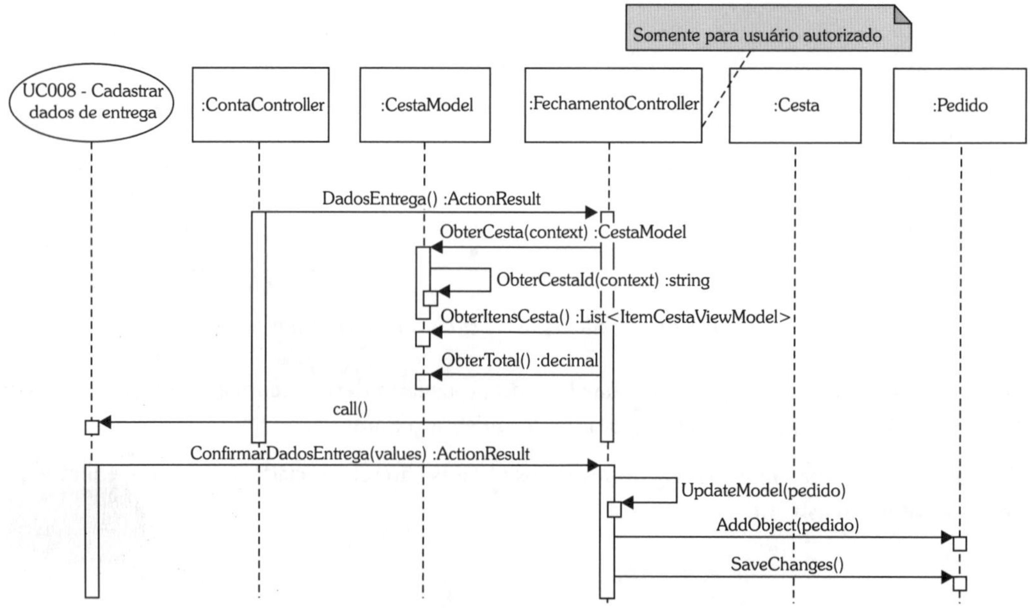

Figura 13.14. Interação UC009 - Fechar pedido: criação de pedido.

Depois de atualizar os itens da cesta com o nome do usuário, o método MigrarCesta() de ContaController chama o método **DadosEntrega()** de **FechamentoController**, que solicita o identificador de cesta a **CestaModel** (ObterCesta() e ObterCestaId()), os itens que compõem a cesta (ObterItensCesta()) e o total da compra (ObterTotal()).

Em seguida, FechamentoController chama a *view* **DadosEntrega**, descrita pelo caso de uso *UC008 - Cadastrar dados de entrega*. Trata-se de uma alternativa interessante: em vez de inserir um fragmento de referência ao diagrama de interação dos dados de entrega, Figura 13.12, cria-se uma linha de vida para o caso de uso. Isso é útil principalmente se o diagrama de interação do caso de uso ainda não foi confeccionado.

Depois de o usuário confirmar os dados de entrega, a interação referente ao caso de uso UC008 invoca o método **ConfirmarDadosEntrega(values)** de FechamentoController, cujo parâmetro **values** contém os dados de entrega informados pelo usuário.

FechamentoController executa o método privado **UpdateModel()**, criando e atualizando o objeto **Pedido**. Em seguida, adiciona-o à base de dados executando o método **AddObject()** e efetivando a inclusão do pedido com o método **SaveChanges()** da entidade **Pedido**.

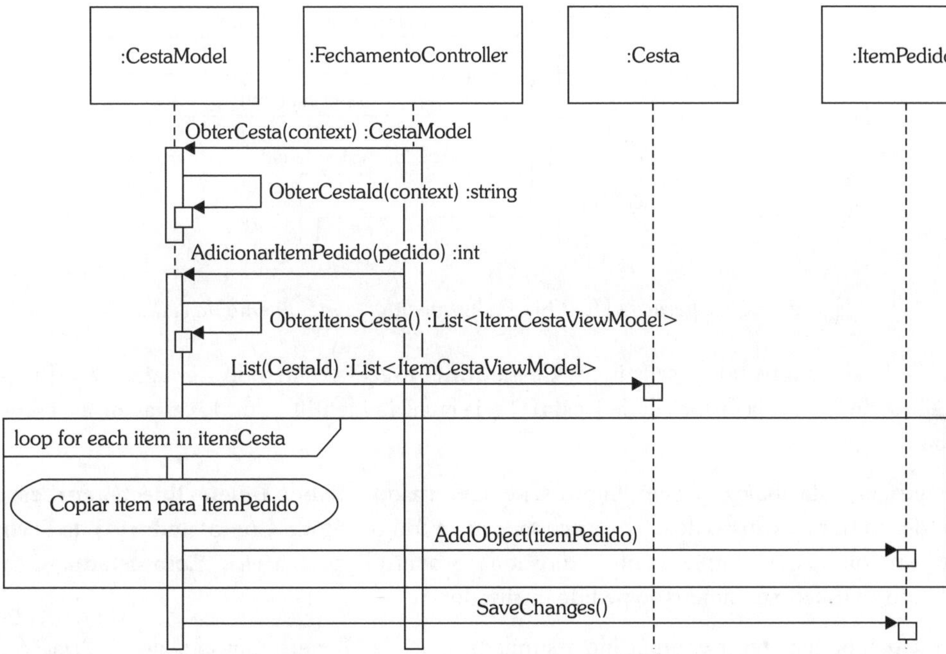

Figura 13.15. Interação UC009 - Fechar pedido: migração da cesta.

Depois de criar o pedido, ele já possui um número (PedidoID) e, portanto, é possível a inclusão de seus itens.

FechamentoController obtém o identificador da cesta e, em seguida, invoca o método **AdicionarItemPedido(pedido) : int**, passando os dados do pedido recém-criado. CestaModel busca a lista de itens da cesta executando o método **ObterItensCesta()**, que efetua consulta na entidade **Cesta** - o método **List(Cesta): List<ItemCestaViewModel>**, na verdade, indica uma consulta LINQ SQL.

O fragmento **loop for each item in itensCesta** indica que as mensagens nele contidas devem ser executadas para cada item retornado por List<ItemCestaViewModel>. O elemento **InteractionState** contendo o rótulo "***Copiar item para ItemPedido***" indica que deve ser criado um objeto da classe **ItemPedido**, copiado o conteúdo do item de cesta para ele e, em seguida, executado o método **AddObject()** para adicioná-lo à entidade **ItemPedido**.

Finalmente, a transferência é efetivada pelo método SaveChanges().

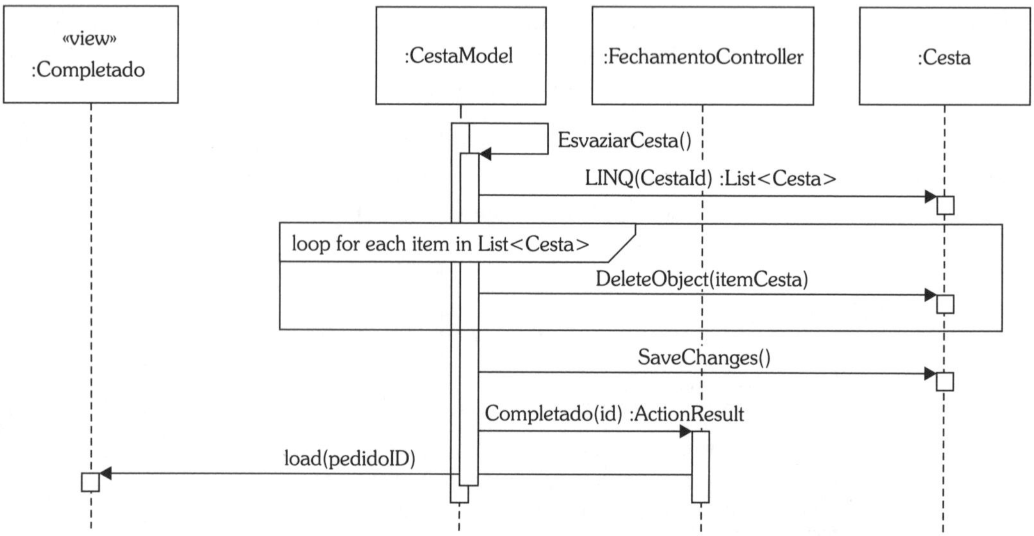

Figura 13.16. Interação UC009 - Fechar pedido: esvaziamento da cesta.

Depois de finalizar o pedido e seus itens, **CestaModel** executa o método **EsvaziarCesta()**, que busca a lista de itens cuja propriedade **CestaID** seja igual ao identificador da cesta que está sendo migrada.

Em seguida, executa um *loop* para excluir cada item retornado (método **DeleteObject(itemCesta)**. Depois de efetivar a exclusão dos itens da cesta, é invocado o método **Completado(id)** de **FechamentoController**, que simplesmente redireciona o controle para a *view* **Completado.cshtml**, informando ao usuário o número do pedido finalizado.

Em princípio, pode parecer complicado assimilar nomes de Helpers, métodos de atualização de entidades e outros elementos do padrão. Mas, conforme o tempo passa e você confecciona vários diagramas de interação, em determinado momento vai perceber que não são tantos elementos assim - a necessidade de aprendizado diminui e sua produtividade aumenta.

E no ápice de sua produtividade... a arquitetura muda! Mas, como se costuma dizer, "faz parte"...

13.6 Administração

Antes de produzir a especificação funcional *EF-06 - Administração*, dissemos que **AdminController** seria uma classe destinada à manutenção do catálogo de produtos e que ela possuiria um atributo permitindo seu acesso somente para usuários com perfil de administrador. Esse acesso seria definido por um provedor do ASP .NET.

Assim, antes de tratar dos diagramas de interação, vejamos como implementar o esquema de autorização do ASP.NET.

13.6.1 ASP.NET Configuration

O ASP.NET Configuration é um sistema com uma infraestrutura que permite definir a configuração de aplicações ASP.NET. As configurações podem ser revisadas a qualquer momento com um impacto mínimo no servidor e nas aplicações Web.

O ASP.NET detecta quaisquer alterações no arquivo de configuração (Web.config) e aplica automaticamente as novas configurações sem a necessidade de reiniciar o servidor.

Ele ajuda a proteger arquivos de configuração de qualquer acesso externo, configurando o **Internet Information Services (IIS)** para impedir acesso direto do navegador ao arquivo de configuração. Um erro HTTP é retornado para qualquer navegador que tentar solicitar diretamente um arquivo de configuração.

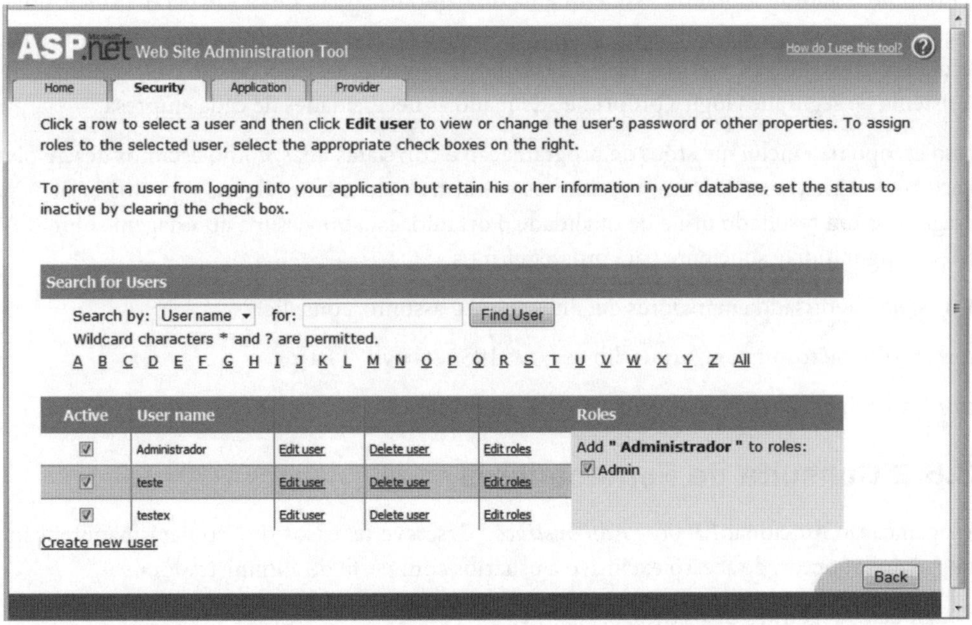

Figura 13.17. ASP.NET Configuration - usuários.

A Figura 13.18 mostra os usuários cadastrados com acesso ao NorthWind MVC. Cada usuário que se registrar na **página \Conta\Register** do sistema aparecerá relacionado nesse cadastro.

No exemplo, foi cadastrado diretamente no ASP.NET Configuration um primeiro usuário - ***Administrador***, por meio da opção **Create new user**, e os demais (***teste*** e ***testex***) registraram-se no *site* NWind MVC.

Observe que, à direita da linha do usuário *Administrador*, a coluna **Roles** (papéis) exibe o papel **Admin** selecionado. Esse papel (ou **perfil**) foi cadastrado no ASP.NET Configuration e atribuído apenas a esse usuário - *teste* e *testex* não foram associados ao papel. Essa atribuição de papel é essencial para o que explicaremos mais adiante.

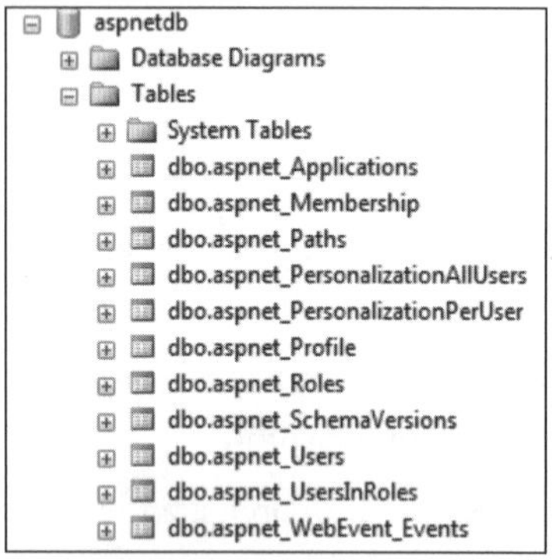

Figura 13.18. Tabelas do sistema de segurança do ASP.NET.

O esquema de cadastro de usuários e configuração de segurança do ASP.NET é formado por um conjunto de tabelas geralmente armazenado em uma base de dados denominada **ASPNETDB**. Você pode cadastrar as aplicações na tabela **aspnet_Applications**, associá-las aos papéis (tabela **aspnet_Roles**) e, em seguida, associar os usuários a esses papéis (tabela **aspnet_UsersInRoles**).

O arquivo de configuração de uma aplicação possui, então, duas entradas de conexão (*tag* **connectionString**): uma para acesso à base de dados da aplicação (em nosso caso, **NWindPT**) e outra para acesso à base ASPNETDB.

No exemplo, estamos adotando esse esquema de segurança, mas, de modo geral, principalmente em grandes empresas, em que aplicações construídas em variadas linguagens e plataformas são executadas acessando as mesmas bases de dados, é comum (e até aconselhável) a utilização de um sistema de segurança lógica próprio e adequado às necessidades de cada empresa.

Nosso escopo não inclui questões de programação e correlatas, mas, como estamos desenvolvendo artefatos de natureza técnica, precisamos conhecer pelo menos alguns aspectos básicos para entregarmos um resultado útil e de qualidade. Portanto, esta brevíssima abordagem sobre o ASP.NET Configuration é suficiente para prosseguirmos.

Caso esteja interessado em maiores detalhes sobre o assunto, consulte:

http://msdn.microsoft.com/en-us/library/aa719558(v=vs.71).aspx

http://pt.wikipedia.org/wiki/Segurança_da_informação

13.6.2 Consulta de Fornecedores

A especificação funcional *EF-06 - Administração* descreve os casos de uso para manutenção do catálogo de produtos, de acesso exclusivo a usuários com perfil de administrador.

Ela engloba os seguintes casos de uso:

1. **UC001 - Consultar categorias**, realizado no tópico *13.1.1 Menu de Categorias.*
2. **UC004 - Consultar produto**, realizado no tópico *13.3 Seleção e Adição de Produto à Cesta.*
3. **UC006 - Autenticar usuário**, realizado no *13.5.1 Autenticação de Usuário.*

4. **UC010 - Manter catálogo de produtos**, referente à manutenção dos produtos (inclusão, alteração e exclusão).

5. **UC011 - Consultar fornecedores**, para buscar todos os fornecedores existentes no sistema.

O projeto exemplo utiliza o **ViewBag**, que permite passar informações para a *view* sem o uso de um modelo de objeto fortemente tipado. No caso, o controlador precisa passar tanto uma lista de categorias e outra de fornecedores a serem exibidas no formulário de preenchimento de dados do produto - a forma mais simples e prática de fazer isso é enviá-las como itens **ViewBag**.

ViewBag é um objeto dinâmico - você pode definir qualquer valor, como, por exemplo, ***ViewBag.NWind*** ou ***ViewBag.Usuario***, sem escrever código para definir essas propriedades. Para o cadastro de produtos, o controlador utiliza **ViewBag.CategoriaID** e **ViewBag.FornecedorID** para tratar os itens a serem apresentados, respectivamente, nas listas de categorias e de fornecedores.

Segue o código que providencia a lista de fornecedores:

Em AdminController.cs:

```
public ActionResult Create()
        {
                ViewBag.CategoriaID = new SelectList(db.Categoria, "CategoriaID",
"Nome");
              ViewBag.FornecedorID = new SelectList(db.Fornecedor, "FornecedorID",
"Nome");
            return View();
        }
```

Em Create.cshtml:

```
@Html.DropDownList("FornecedorID", String.Empty)
```

Considerando isso, o diagrama de interação para consulta de fornecedores poderia ser dispensado, mas vamos descrevê-lo a título de exemplo.

O usuário pode escolher incluir ou alterar um produto na página **\Admin\Index**. A primeira opção invoca o método **Create()** de **AdminController**; o segundo, o método **Edit(id)**, em que *id* é o identificador do produto a ser alterado.

O diagrama utiliza um fragmento **alt** para descrever as duas opções e, para explicar que ambos os métodos executam a mesma consulta à entidade fornecedor (**ToList(): List<Fornecedor>**), emprega dois elementos **Diagram Gate** para demonstrar a convergência dos métodos **Create()** e **Edit()**.

O propósito desse diagrama é, portanto, apenas demonstrar uma alternativa para racionalizar as interações, facilitando a leitura.

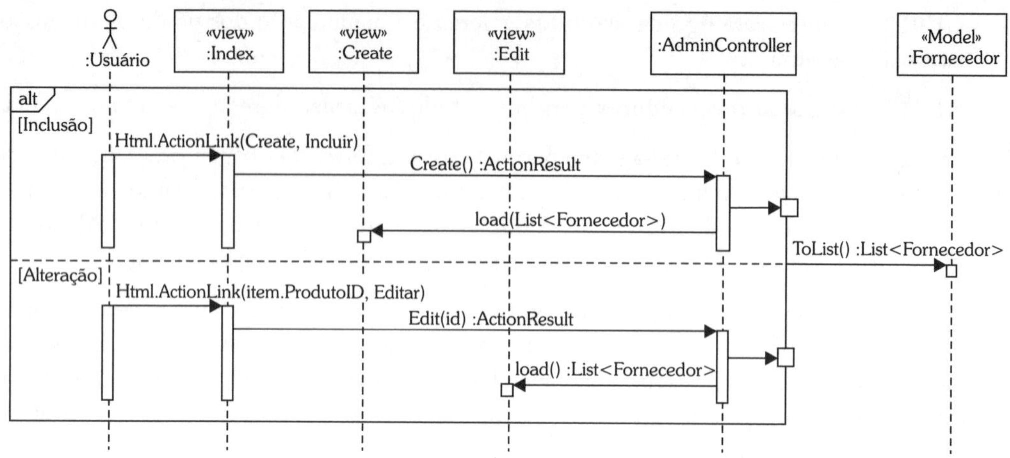

Figura 13.19. Interação UC011 - Consultar fornecedores.

13.6.3 Grade de Produtos

Os três primeiros passos do fluxo básico do caso de uso *UC010 - Manter catálogo de produtos* determinam que o usuário deve possuir perfil de administrador e estar autenticado ("logado") e o sistema deve buscar e listar todos os produtos existentes no sistema. As interações que realizam esses passos já foram desenvolvidas para os casos de uso *UC006 - Autenticar usuário* e *UC004 - Consultar produto.*

Vamos realizar o fluxo alternativo *FA3 - Visualização de detalhes,* quando o ator escolhe visualizar os detalhes do produto selecionado a partir da lista de produtos existentes.

O pacote de administração, AdminController e as *views* associadas, foi gerado utilizando um recurso do ASP.NET, que permite construir métodos e as respectivas *views* do tipo CRUD. Obviamente os elementos são gerados em inglês, mas, se você preferir, pode renomeá-los como achar necessário.

Os métodos **montarGrade** de **\Admin\Index** e **exibirDados** de **\Admin\Details** são fictícios e apenas demonstram que o código deve providenciar, respectivamente, a montagem da grade em tela e a exibição dos dados de um produto selecionado.

Os demais elementos utilizados no diagrama dispensam qualquer comentário, pois foram abordados anteriormente. De modo geral, a construção (e também a interpretação) de diagramas CRUD é muito simples.

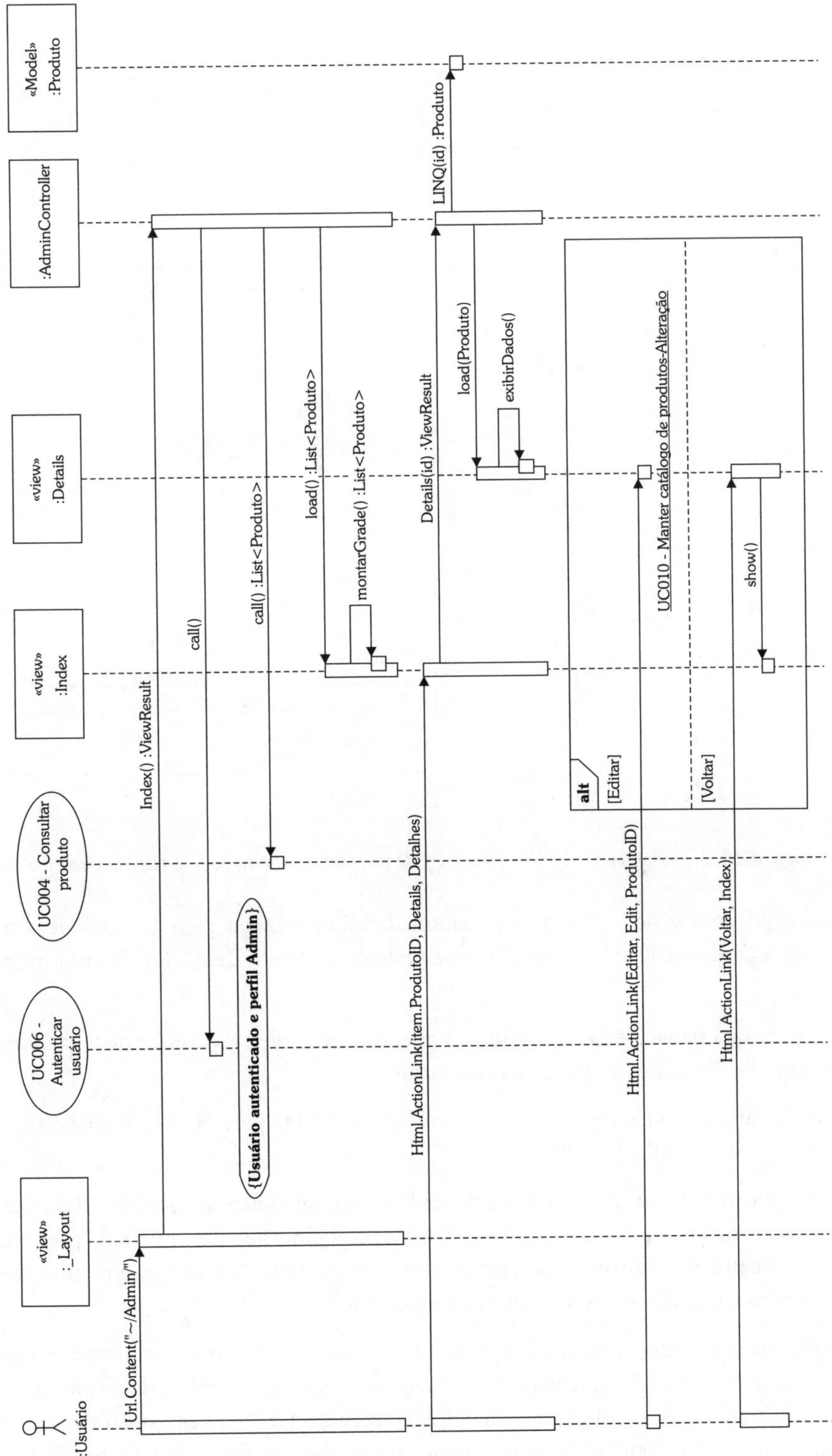

Figura 13.20. UC010 - Manter catálogo de produtos (grade e detalhes).

13.6.4 Inclusão de Produto

No caso de uso **UC010**, o fluxo alternativo *FA1 - Inclusão de novo produto* explica que, no passo 4 do fluxo básico, o ator escolhe incluir um novo produto: o sistema limpa o conteúdo dos campos e entra no modo de inclusão, isto é, invoca uma página para entrada dos dados do produto a ser incluído.

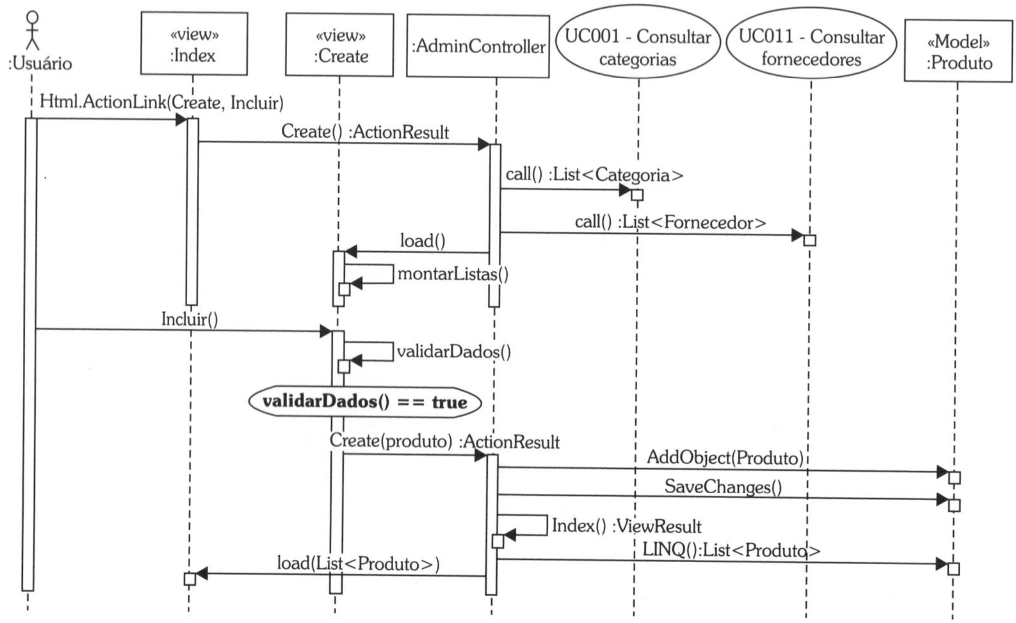

Figura 13.21. UC010 - Manter catálogo de produtos (inclusão) - primeira versão.

Esta versão do diagrama de inclusão de produtos inclui referências para os casos de uso *UC001 - Consultar categorias* e *UC011 - Consultar fornecedores*, cada um deles devolvendo uma lista de objetos.

O método **montarListas()** é fictício e indica apenas que o desenvolvedor deve providenciar o preenchimento das listas de categorias e fornecedores.

A página de inclusão de produtos é montada com base em Helpers HTML e elementos de formulário, como, por exemplo, HTML.Form.

O ASP.NET permite o uso de anotações de dados para validação do modelo. Essas anotações possuem atributos, como, por exemplo, **Required**, para definir que o campo é de preenchimento obrigatório, e **ScaffoldColumn**, para ocultar campos, como identificadores que precisam existir no formulário, mas que devem estar ocultos ao usuário etc.

Você não precisa se preocupar com a forma como os elementos serão implementados nem como o desenvolvedor tratará a obrigatoriedade de preenchimento ou formato dos campos etc., pois, como veremos no próximo capítulo, a especificação técnica detalhará as características dos campos em tela - como essas características serão implementadas não faz parte da especificação.

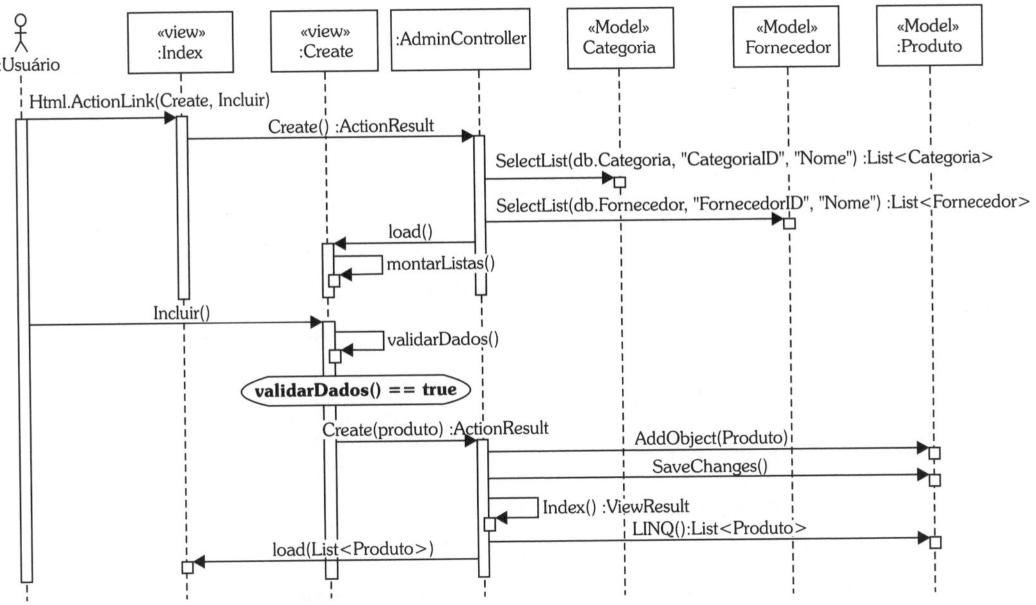

Figura 13.22. UC010 - Manter catálogo de produtos (inclusão) - segunda versão.

Esta versão do diagrama de inclusão de produtos apresenta as entidades **Categoria** e **Fornecedor** sendo acessadas e consultadas para retornar as listas discutidas no tópico *13.6.2 Consulta de Fornecedores.*

Para o desenvolvedor, dependendo da solução implementada para a recuperação de dados para montagem de listas, a segunda versão é melhor.

Observe que o **método Create()** de **AdminController** só pode ser invocado se os dados informados pelo usuário forem válidos.

As duas últimas mensagens do diagrama (**LINQ() : List<Produto>** e **load(List<Produto>)**) especificam que, após a inclusão do novo produto, a grade de produtos de **\Admin\Index** deve ser reconstruída.

13.6.5 Detalhes de Produto

O fluxo alternativo *FA3 - Visualização de detalhes* do caso de uso **UC010** descreve que, no passo 4 do fluxo básico, o ator escolhe visualizar os detalhes do produto selecionado, passo referente ao caso de uso *UC004 - Consultar produto.*

Trata-se de uma página com os mesmos dados que o usuário visualiza para adicionar um produto à cesta de compras. A diferença é que existe uma opção para edição e alteração dos dados.

Embora a Figura 13.21 especifique a visualização de detalhes de um produto, vamos reproduzi-la destacando o bloco de mensagens que a descreve.

O fragmento **seq** indica que o fluxo continua, *na sequência,* em outro diagrama de interação, no caso **UC010 - Manter catálogo de produto - alteração.**

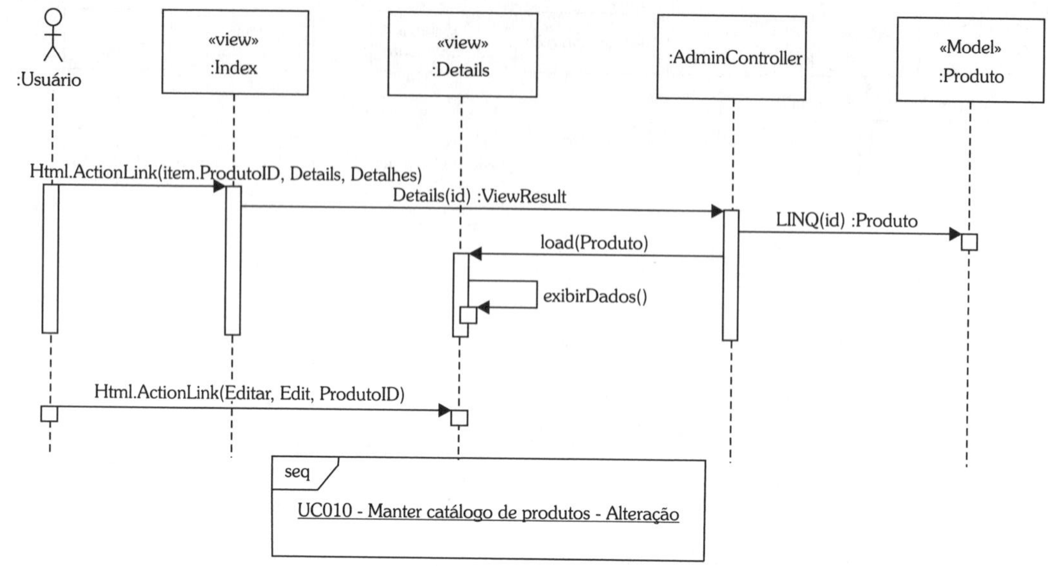

Figura 13.23. UC010 - Manter catálogo de produtos (detalhes de produto).

13.6.6 Exclusão de Produto

Finalmente, o fluxo alternativo *FA2 - Exclusão de produto* do caso de uso **UC010** explica que o ator escolhe excluir um produto selecionado: o sistema busca e informa o nome do produto. Após o usuário confirmar a exclusão, o sistema remove-o da base de dados.

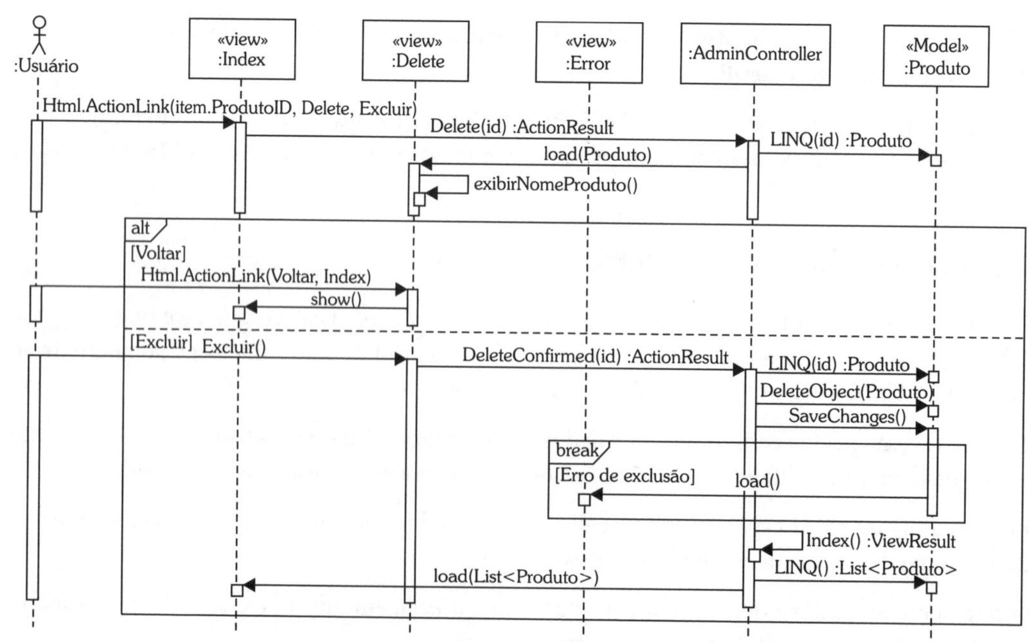

Figura 13.24. UC010 - Manter catálogo de produtos (exclusão).

A exclusão de um produto só é possível se ele não estiver associado a nenhum pedido.

O ASP.NET permite configurar a aplicação com uma entrada no arquivo Web.config para, na ocorrência de qualquer erro, desviar o controle para uma página específica de erro.

Isso é importante, pois, se não for previsto esse desvio, os detalhes do erro serão retornados para a página no navegador do usuário - um prato cheio para pessoas com segundas intenções...

Assim, o fragmento **break** especifica que, ao ocorrer um erro na exclusão, como, por exemplo, erro por quebra de integridade referencial, seja invocada a página **\Shared\Erro** - o processo de exclusão é automaticamente cancelado.

13.7 Conclusão

A versão técnica dos diagramas de interação realiza os casos de uso instanciando as classes de todas as camadas da aplicação. Logo, é importante que a estrutura e o teor desses casos de uso estejam corretos e claros, demonstrando a lógica de negócio sem omissões ou passos ambíguos ou mal explicados.

Os diagramas construídos neste capítulo utilizam alguns elementos técnicos, isto é, de implementação, como, por exemplo, Helpers, LINQ SQL e *lambda*, ActionResult etc. Por isso, é importante estar em contato com os desenvolvedores a fim de empregar esses elementos de forma compreensível, mesmo que você não seja especialista na linguagem de programação utilizada no projeto (embora aprender um pouquinho dela, pelo menos o básico, ajude bastante...).

O documento de padrão de arquitetura (às vezes denominado documento de arquitetura de referência), de modo geral, é disponibilizado a todos os interessados no sistema. Algumas empresas costumam enviar uma cópia do documento de padrão de arquitetura aos clientes do sistema. Isso inspira confiança e auxilia o entendimento de quem fizer a manutenção do sistema no futuro.

Portanto, antes de iniciar a análise técnica do sistema para produzir os artefatos componentes das especificações, estude esse documento, tire suas dúvidas com o arquiteto ou desenvolvedor e, com base no que apresentamos, verifique que conceitos e elementos de implementação você precisará compreender para construir os diagramas que estejam de acordo com o contexto do desenvolvimento.

Não se prenda aos elementos exemplificados aqui, pois, como dissemos, cada projeto e cada empresa desenvolvem seus próprios padrões de arquitetura. Mesmo que uma empresa ou fábrica de software adote o ASP.NET MVC Framework, sempre haverá modificações e adaptações à filosofia, experiência e necessidade específicas.

13.8 Resumo

- Há duas versões de diagrama de interação (ou sequência): uma funcional, para revisar e realizar os casos de uso, e outra para demonstrar a interação dos objetos em camadas (o público-alvo é o desenvolvedor).
- Um diagrama de interação mostra como o fluxo de eventos ocorre por meio de um caso de uso: o ator que inicia a ação, os objetos envolvidos, as mensagens que eles trocam entre si e a ordem em que isso acontece. Ele mostra como o sistema deve implementar as ações, focalizando os objetos que devem ser criados para implementar a funcionalidade requerida nos casos de uso.

- Para desenvolver os diagramas de interação, como material básico são utilizados os casos de uso das especificações funcionais e, se preferir, também os diagramas confeccionados de realização.
- O processo inicia-se com a análise dos casos de uso e, considerando o padrão de arquitetura em camadas, identifica-se, a cada passo, quais classes devem ser instanciadas no diagrama para atender o objetivo de cada um deles.
- A construção de diagramas de interação em camadas é um pouco mais complicada em relação aos diagramas de realização, pois envolve uma série de detalhes técnicos, que são parte da especificação técnica.
- Quando você estiver confeccionando especificações de projetos na empresa em que trabalha ou para um cliente, provavelmente o padrão de arquitetura, a nomenclatura e as convenções utilizadas serão diferentes, principalmente se o código for desenvolvido em outra linguagem e/ou *framework*. É importante inteirar-se e integrar-se ao padrão de referência, com suas prescrições, nomenclatura etc., pois mesmo que não tenha de programar, é essencial procurar "falar o dialeto" do desenvolvedor para garantir uma boa comunicação e a qualidade do sistema.
- O desenvolvedor não contará apenas com os diagramas de interação, mas com outros artefatos inclusos na especificação técnica, portanto não é necessário entrar em maiores detalhes, evitando assim "poluir" o diagrama com notas e mensagens (chamada de métodos) muito longas.
- O esquema de segurança e autenticação do ASP.NET é muito simples, mas em sistemas grandes e complexos, de modo geral, é desenvolvida uma solução própria e mais adequada. Portanto, quando for especificar a segurança lógica de um sistema, verifique o padrão adotado - normalmente sempre existe um módulo de segurança sendo reaproveitado em vários projetos.
- Em nosso exemplo, adotamos esse esquema de segurança, mas, de modo geral, principalmente em grandes empresas, em que aplicações construídas em variadas linguagens e plataformas são executadas acessando as mesmas bases de dados, é comum (e até aconselhável) a utilização de um sistema de segurança lógica próprio e adequado às necessidades de cada empresa.
- Você não precisa se preocupar com a forma como os elementos serão implementados nem como o desenvolvedor tratará a obrigatoriedade de preenchimento ou formato dos campos etc., pois a especificação técnica detalha as características dos campos em tela - como essas características serão implementadas não faz parte da especificação.
- A versão técnica dos diagramas de interação realiza os casos de uso instanciando as classes de todas as camadas da aplicação. Logo, é importante que a estrutura e o teor desses casos de uso estejam corretos e claros, demonstrando a lógica de negócio sem omissões ou passos ambíguos ou mal explicados.
- Antes de iniciar a análise técnica do sistema para produzir os artefatos componentes das especificações, estude o padrão de arquitetura de referência, tire suas dúvidas com o arquiteto ou desenvolvedor e, com base no que apresentamos, verifique que conceitos e elementos de implementação você precisa compreender para construir os diagramas que estejam de acordo com o contexto do desenvolvimento.

13.9 Exercício Proposto

Neste capítulo, não abordamos a construção do diagrama de interação para alteração de produtos. Portanto, desenvolva-o para complementar nosso pacote.

14 Especificação Técnica

O que motivou a escrever este trabalho foi, principalmente, a constatação de que poucos conhecem o que é uma especificação técnica e qual o seu conteúdo.

Não se trata simplesmente de apenas mais um documento exigido por uma metodologia ou processo de qualidade, mas do resultado de um trabalho de análise. Talvez você não saiba qual o conteúdo de uma especificação técnica, mas, acredite, você sabe como produzi-la, principalmente depois de todos os artefatos abordados até aqui.

Bem que poderíamos apelidar este capítulo de "liquidificador" ou "salada de frutas", pois o que faremos agora é reunir todo o material produzido em um único artefato - a especificação técnica, assim como, ao juntar vários ingredientes para fazer um suco ou uma gostosa salada, acrescentamos algumas outras coisas, como açúcar, mel, caramelo etc.

Talvez você já tenha ouvido falar do modelo de plano de ação **5W2H**, uma abreviatura das seguintes palavras em inglês: **What** (o que será feito), **Why** (por que será feito), **Where** (onde será feito), **When** (quando será feito), **Who** (quem fará), **How** (como será feito) e **How much** (quanto custará fazer).

Vamos aplicar esse modelo ao contexto de uma especificação técnica:

- **Quem fará:** a tarefa é delegada a você, mas todos os interessados participam e são responsáveis (o cliente, o arquiteto, o programador, o testador etc.).
- **Por que será feito:** não somente para atender uma metodologia ou processo, mas porque a especificação técnica garante que todos os envolvidos no desenvolvimento saibam exatamente o que têm a fazer.
- **Quando:** o maior volume de trabalho ocorre na fase de elaboração do projeto, principalmente no que se refere à confecção da especificação funcional, mas prossegue ao longo de todo o ciclo de vida do projeto em função de ajustes, descoberta de novos requisitos e outros fatores.

- **Como será feito:** basicamente, da mesma forma praticada neste estudo, isto é, começando pelo levantamento de requisitos funcionais, redação de casos de uso para registrar a lógica de negócio, descoberta das classes de análise ou domínio e construção de artefatos técnicos com base em uma arquitetura de referência.
- **Quanto custará:** tempo, isto é, horas de análise para desenvolver os artefatos, tempo este que muitos acham dispensável, mas que acabam consumindo em retrabalho logo na metade do ciclo de vida do projeto.
- **O que será feito:** o que viemos fazendo até aqui, isto é, os artefatos referentes à especificação funcional e os demais (diagramas de classes das camadas, atividades, estados e de interação).

O que será feito concluiremos neste capítulo, mas, na verdade, não importa apenas o que será feito, pois o fundamento de tudo começa com a pergunta: para quem será feito? (!).

Como dissemos, você não vai construir especificações para atender burocraticamente as exigências de uma metodologia, processo ou norma, pois, para isso, qualquer conteúdo de documento serve (há casos de uso com dois passos e diagramas de interação com duas mensagens apenas...).

Você vai construir especificações para sua equipe de desenvolvimento, pois (lembre-se) você faz parte dela!

Uma boa ideia é imaginar que a especificação técnica destina-se a um desenvolvedor que você não conhece e com quem estará impossibilitado de comunicar-se. E, creia, isso não é raro nem impossível de acontecer...

A maioria dos clientes não se preocupa muito em receber cópias das especificações técnicas, principalmente quando não sabem do que se trata. Eles limitam-se a exigir as especificações funcionais, pois elas denunciam o que você compreendeu ou não sobre o negócio e são mais fáceis de ler. E, como dissemos, as especificações funcionais contam principalmente com a participação do cliente.

Entretanto, quando o cliente mantém um departamento de TI, e apenas está terceirizando o projeto por excesso de trabalho ou escassez de mão de obra especializada em determinado tipo de sistema ou tecnologia, ele faz questão de ler as especificações técnicas, apenas para apreciar seu conteúdo e a arquitetura envolvida, ou, então, para validá-las. Isso acontece quando o cliente deseja que o sistema seja desenvolvido sob um padrão que ele criou e/ou utiliza.

14.1 Conteúdo do Documento

O documento de especificação técnica recebe vários nomes, dependendo da formalização ditada pela metodologia ou processo, como, por exemplo, DRS (Documento de Requisitos do Sistema); ETC (Especificação Técnica Complementar), "complementar" porque geralmente existe um documento anterior de especificação funcional; ET (Especificação Técnica).

Demos preferência ao termo "ET", pois permite um duplo sentido e, assim que você terminar o estudo deste livro, o público-alvo das especificações técnicas que desenvolver vai admirar-se do conteúdo e da qualidade delas. Vai dizer "que elas são de outro mundo..." certamente.

Elogios à parte, vejamos o conteúdo de um documento de especificação técnica bem abrangente:

- Histórico de Revisão
- Objetivos
- Requisitos Funcionais
- Casos de Uso
- Configuração
    - Localização dos Componentes
    - Localização do Banco de Dados
    - Servidores
- Componentes
    - Componentes/Classes Reutilizados
    - Componentes/Classes Atualizados
    - Novos Componentes/Classes
- Endereço no Repositório
    - Documentos
    - Projeto UML
- Item
    - Protótipo
    - Legenda e Descrição dos Campos
    - Ações
    - Quadro de Referências
- Descrição das Classes e Métodos
- Diagrama de Classes
- Diagrama MER
- Diagrama de Interação
- Diagrama de Estados
- Diagrama de Atividades
- Documentos/Artefatos Associados

O **Histórico de Revisão** é apenas uma tabela contendo número da versão do documento, data de criação ou alteração, descrição dos itens alterados ou corridos e autor do documento ou da alteração.

O tópico **Objetivos**, como o próprio nome indica, descreve resumidamente a funcionalidade especificada.

Os **Requisitos Funcionais/Não Funcionais** e os **Casos de Uso** também são incluídos quando não existe um documento de especificação funcional à parte. Se existir documento de especificação funcional, então inserem-se apenas o diagrama de casos de uso e uma lista com nome e texto do objetivo de cada caso.

A **Configuração** refere-se à localização dos elementos envolvidos ou referenciados pela especificação, como onde estão armazenados os componentes (bibliotecas, DLLs etc.), o banco de dados (o nome da base de dados, se possível com a *string* de conexão), e a localização dos servidores (desenvolvimento, homologação e produção).

O item **Componentes** enumera os componentes e/ou classes que serão reutilizados, mas que não sofrerão nenhuma alteração, componentes e/ou classes que serão alterados ou corrigidos (no caso de classes, citar os atributos e/ou métodos), citando inclusive quais alterações serão feitas, e os novos componentes e/ou classes a serem implementados.

Se estiver sendo utilizado algum sistema de controle de versão, como, por exemplo, CVS, ClearCase, SVN, é importante incluir um tópico descrevendo os endereços dos documentos, do arquivo UML do projeto e outros artefatos.

Quanto aos itens, normalmente eles são classificados de acordo com as páginas ou telas especificadas. Assim, se a especificação descreve três páginas, são definidos três itens, cada um contendo o protótipo da página, cujos campos são devidamente legendados e descritos em um quadro explicativo, as ações (geralmente métodos) invocadas pela páginas, um quadro de referência associando os elementos entre as camadas.

No item **Descrição das Classes e Métodos**, as classes de cada camada são descritas incluindo o pacote ou pasta em que devem estar localizadas; a descrição dos métodos inclui sua finalidade, assinaturas e retorno.

O documento termina apresentando os diagramas de classes, modelo de dados e de interação. Se a complexidade de algum item exigir, são incluídos também os diagramas de estados e/ou de atividades.

O último tópico, **Documentos/Artefatos Associados**, destina-se a uma lista de quaisquer anexos complementares ao entendimento da especificação.

Algumas metodologias e processos estabelecem que, se determinado item não possuir conteúdo, como, por exemplo, não existir um diagrama de atividades, mesmo assim ele deve constar no documento, geralmente incluindo a expressão "Não há".

14.2 ET-01 - Página Principal

Vamos iniciar a primeira especificação técnica assumindo, hipoteticamente, que estamos atendendo uma determinada metodologia. Ela prescreve uma estrutura que inclui todos os itens enumerados no tópico anterior.

	Loja Virtual NorthWind MVC ET-01 - Página Principal		
Histórico de Revisão			
Versão	**Descrição**	**Data**	**Autor**
1.0	Criação do documento.	24/03/12	Adilson S. Lima

O documento inicia-se com um cabeçalho contendo o logotipo da empresa, o nome da aplicação e a identificação da especificação técnica.

A primeira seção refere-se ao histórico de revisão, que, a cada alteração, é devidamente atualizado, conforme explicado anteriormente.

Logo após o histórico, costuma-se inserir um índice para facilitar a localização dos tópicos nas páginas do documento, principalmente se ele for extenso, e também um rodapé de página.

Objetivos
Este documento descreve os procedimentos e elementos para implementação da página principal do site NWind MVC.

Se você estiver incluindo os casos de uso na especificação, pode descrever os objetivos de forma resumida; caso contrário, escreva um texto com base nos objetivos de cada caso de uso envolvido.

Requisitos Funcionais	
RF06	**Categoria**: as categorias, por enquanto, são fixas e resumem-se em bebidas, condimentos, confecções, laticínios, grãos/cereais, carne/aves, doces e frutos do mar. Esses nomes devem ser carregados previamente no sistema.
RF07	**Pedido**: o cliente pode escolher um ou mais produtos e adicioná-los ao carrinho de compras.
RF10	**Sugestão de Produtos**: o sistema deve inicialmente apresentar os dez produtos mais vendidos.

Além da matriz de rastreabilidade de requisitos e casos de uso, alguns processos costumam manter uma lista de verificação para garantir que os requisitos estão descritos e satisfeitos por alguns documentos, entre eles a especificação técnica.

De qualquer forma, o leitor da especificação sabe (ou deveria saber) que os requisitos funcionais foram discutidos e ajustados com o cliente e devem ser satisfeitos.

Diagrama de Casos de Uso

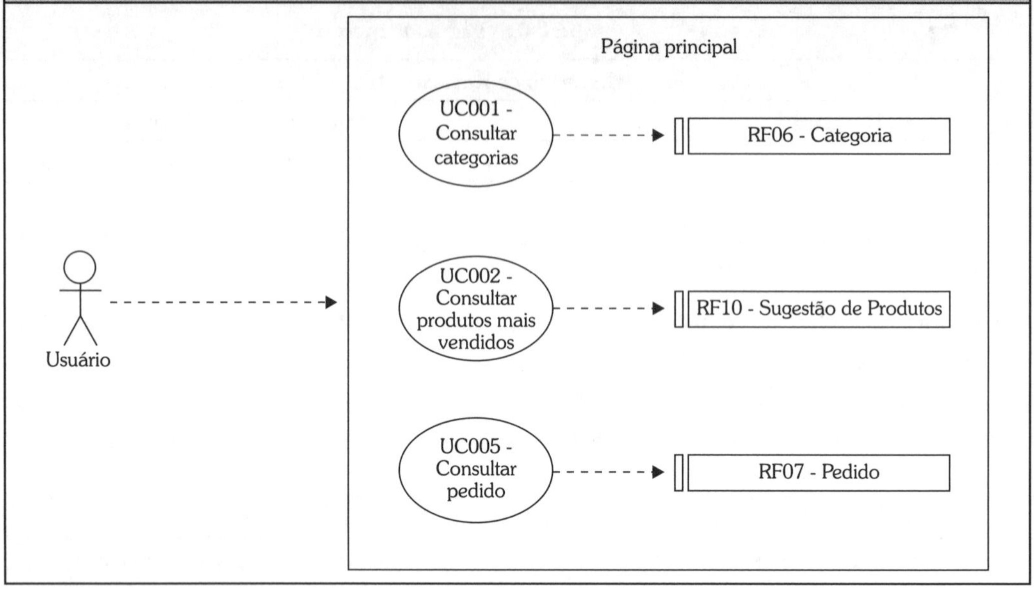

Por enquanto, não estamos numerando as seções do documento, pois o foco é apenas apresentar o conteúdo de cada uma.

Casos de Uso	
Siglas: **FB** = Fluxo Básico; **FA** = Fluxo Alternativo; **FE** = Fluxo de Exceção.	
UC001 - Consultar categorias	
Objetivo:	Buscar e retornar as categorias existentes no sistema.
Atores:	Cliente, Administrador.
FB	**Fluxo Básico**: esse fluxo inicia-se quando o ator acessa a página principal do site.
Passo	**Descrição**
1	O sistema busca todas as categorias existentes no sistema.
2	O sistema retorna uma lista com os nomes das categorias retornadas no passo anterior.
3	Fim de caso de uso.
FE1	**Nenhum item retornado**: no passo 1 do fluxo básico, nenhuma categoria é retornada.
Passo	**Descrição**
1	O sistema retorna mensagem de nenhuma categoria retornada.
2	Fim de caso de uso.

UC002 - Consultar produtos mais vendidos	
Objetivo:	Buscar e retornar os dez produtos mais vendidos.
Atores:	Cliente, Administrador.
FB	**Fluxo Básico**: esse fluxo inicia-se quando o ator acessa a página principal do site.
Passo	**Descrição**
1	O sistema busca os dez produtos mais vendidos.
2	O sistema retorna os nomes dos produtos obtidos no passo anterior.
3	Fim de caso de uso.

UC005 - Consultar pedido	
Objetivo:	Buscar e retornar a quantidade de itens de um pedido informado.
Atores:	Cliente, Administrador.
FA1	Esse fluxo inicia-se quando o ator acessa a página principal do site.
Passo	**Descrição**
1	O sistema obtém o número do pedido atual.
2	O sistema busca a quantidade de itens do pedido atual.
3	O sistema retorna a quantidade obtida no passo anterior.
4	Fim de caso de uso.

Observe que só foi transcrito o fluxo alternativo **FA1** do caso de uso *UC005 - Consultar pedido* - o único fluxo contemplado pela especificação.

Configuração	
Views	C:\Apps\NWind_MVC\Views\Home
Controllers	C:\Apps\NWind_MVC\Controllers
Models	C:\Apps\NWind_MVC\Models
Base de Dados Negócio	Data Source = SRV_DES; Initial Catalog = NWindPT; Integrated Security = True; MultipleActiveResultSets = True; Application Name=EntityFramework
Base de Dados Segurança	Data Source = SRV_DES; Initial Catalog = aspnetdb; Integrated Security=True
Servidores	Desenvolvimento: SRV_DES; Homologação: SRV_TST; Produção: SRV_PRD

Obviamente, as *strings* de conexão e os nomes dos servidores são fictícios e necessariamente não precisam ser essas informações. Por exemplo, o nome de uma VOB (**Versioned Object Base** - Base de Objeto Versionado) no ClearCase.

Componentes	
Componentes/Classe - Reúso	Não há.
Componentes/Classe - Atualização	Não há.
Componentes/Classe - Criação	NWind_MVC\Controllers\HomeController.cs NWind_MVC\Controllers\LojaController.cs NWind_MVC\Controllers\CestaController.cs NWind_MVC\Models\CestaModel.cs NWind_MVC\Views\Cesta\Resumo.cshtml NWind_MVC\Views\Loja\MenuCategorias.cshtml NWind_MVC\Views\Home\Index.cshtml NWind_MVC\Models\NWind.edmx

Como estamos iniciando o sistema, não há nenhuma classe a ser reutilizada ou atualizada. Porém, dependendo da aplicação a ser desenvolvida, podem existir componentes e classes desenvolvidos anteriormente, como, por exemplo, componentes de acesso a dados em ambientes corporativos, bibliotecas de acesso a sistemas legados etc.

Repositório de Artefatos	
Endereço/Arquivo	**Descrição**
Sharepoint: \\Acme\\NWind\Documentos_ Compartilhados\NWind.EAP	Projeto UML em Enterprise Architect
Sharepoint: \\Acme\\NWind\Documentos_ Compartilhados\Visão.doc	Documento de Visão do Projeto

Aqui, exemplificamos o Sharepoint como repositório de artefatos. Poderia ser um endereço CVS, ClearCase, uma pasta pública na rede etc.

Alguns modelos especificam outras informações, como, por exemplo, tipo do arquivo (PDF, XLS, DOC), breve descrição do conteúdo etc.

Protótipo

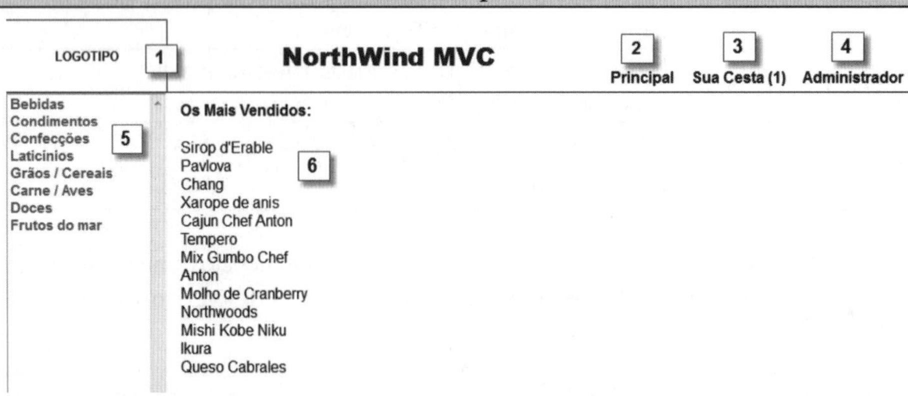

Item	Descrição	Tipo	Tamanho/Formato	Obrigatório	Ação
1	Logotipo	Imagem	-	-	-
2	Página Principal	Link	-	-	1
3	Resumo Cesta	Link	-	-	2
4	Administração Site	Link	-	-	3
5	Categorias	Lista	-	-	4
6	Produtos mais vendidos	Link	-	-	5

Normalmente, somente a figura do protótipo é reproduzida. Entretanto, já há alguns anos temos inserido esse quadro de legendas explicando os elementos da página a fim de facilitar o trabalho de desenho da página. Ele tem sido bem-aceito.

Ações	
0	Load: os elementos de 1 a 5 pertencem à Master Page, portanto devem ser carregados e apresentados em todas as páginas do sistema, inclusive o nome da aplicação (NorthWind MVC).
1	Quando selecionado em qualquer página do sistema, deve retornar a página principal (o protótipo aqui descrito).
2	Deve sempre ser carregado na abertura das páginas, apresentando a quantidade atual de itens na cesta; quando selecionado, deve abrir a página referente ao conteúdo da cesta (~\Views\Cesta\Index.cshtml).
3	Dá acesso à página inicial de manutenção do cadastro de produtos (~\Views\Admin\Index.cshtml).
4	Preenche uma lista com todas as categorias existentes (~\Views\Loja\MenuCategorias.cshtml) - cada item refere-se a um *link* para exibição dos produtos associados à respectiva categoria (~\Views\Loja\Browse.cshtml).
5	Preenche uma lista com os dez produtos mais vendidos - cada item refere-se a um *link* para exibição dos dados do produto selecionado (~\Views\Loja\Detalhes.cshtml).

A ação "0" (zero) geralmente refere-se a eventos e procedimentos a serem executados na carga da página, isto é, no nosso caso, o método de renderização (@RenderBody) - em outros modelos de arquitetura, pode referir-se ao Page_Load ou outro método com a mesma finalidade.

Quadro de Referências		
Elemento	**Modelo/Propriedade**	**Tabela/Coluna**
Resumo	(EDMX Cesta.CestaID/Quantidade	Cesta.CestaID/Quantidade
Categorias	(EDMX) Categoria.CategoriaID/Nome	Categoria.CategoriaID/Nome
Produtos	(EDMX) Produto.ProdutoID/Nome	Produto.ProdutoID/Nome

Este quadro também poderia ser denominado "Relação View/Model" ou algo semelhante. O importante é que ele apresenta a correspondência dos elementos da página entre as classes e propriedades da camada de modelo e, ainda, as respectivas tabelas e colunas envolvidas com o dado exibido.

Embora essa informação possa ser obtida pela leitura dos diagramas, temos adotado esse quadro para exibir essas informações junto com o protótipo a fim de facilitar os trabalhos de desenvolvimento e, em certo sentido, usá-lo como ferramenta de revisão da análise. Os desenvolvedores, pelo menos até hoje, receberam bem o quadro...

Descrição de Classes e Métodos				
Pasta	**Namespace**	**Classe**	**Método**	**Descrição**
\Controllers	NWind_MVC. Controllers	HomeController	Index() : ActionResult	Método padrão - invoca o método para obter os produtos mais vendidos e retorna a View de produtos.
\Controllers	NWind_MVC. Controllers	HomeController	ObterMais Vendidos (int count): List<Produto>	Busca os produtos mais vendidos de acordo com o **count** correspondente à quantidade de itens a serem retornados.
\Controllers	NWind_MVC. Controllers	LojaController	MenuCategorias() : ActionResult	Busca e retorna em uma View as categorias existentes na base de dados.
\Controllers	NWind_MVC. Controllers	CestaController	Resumo() : ActionResult	Busca e retorna a quantidade de itens da cesta aberta na sessão de usuário.
\Models	NWind_MVC. Models	CestaModel	ObterCesta (HttpContextBase context) : Cesta-Model	Cria e retorna um objeto CestaModel, invocando no processo o método para obter o identificador da cesta.
\Models	NWind_MVC. Models	CestaModel	ObterCestaId (HttpContextBase context) : string	Obtém e retorna o identificador de cesta com base no identificador do usuário na sessão.
\Models	NWind_MVC. Models	CestaModel	ObterQuantida-de() : int	Obtém a quantidade total de itens da cesta com base no identificador obtido na sessão do usuário.

Em nosso caso, estamos especificando uma pasta da estrutura da solução em que a classe está localizada, mas alguns modelos especificam um componente ou outros tipos de recipiente.

Diagrama de Classes

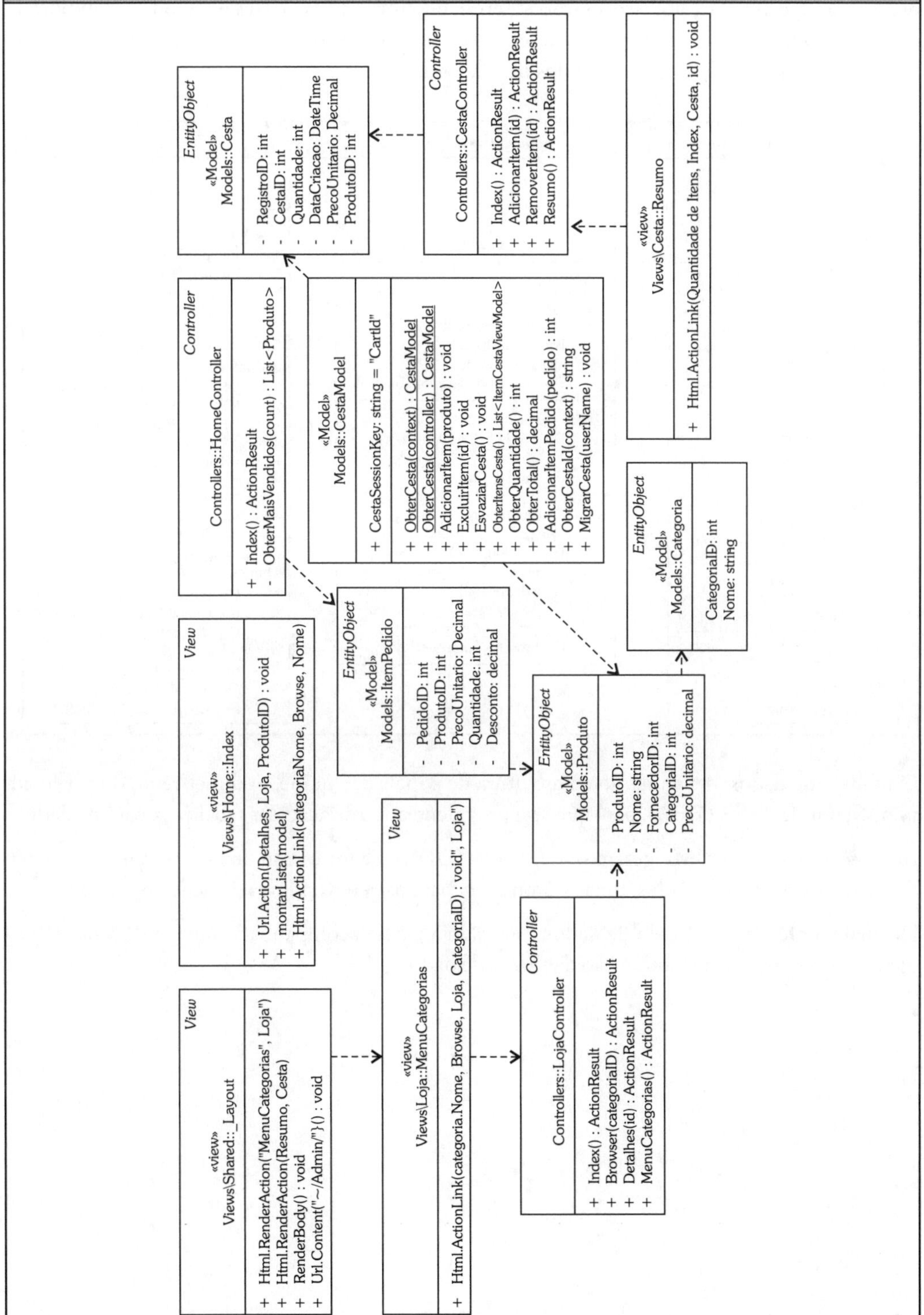

Como a análise das classes foi concluída, o diagrama apresenta métodos que não fazem parte do escopo da especificação, por isso a seção anterior, descrevendo as classes e métodos, é importante. O desenvolvedor deve limitar-se a desenvolver os métodos descritos, não precisando, portanto, preocupar-se com os demais métodos do diagrama.

Modelo de Dados

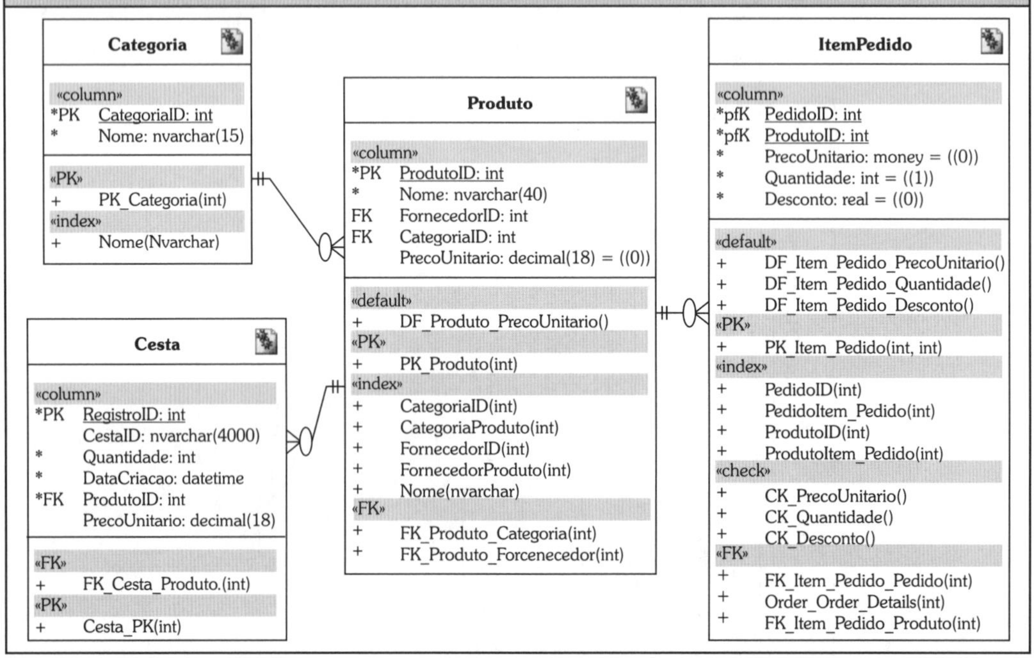

O modelo de dados, dependendo da estrutura de papéis da equipe, pode ser requerido pelo administrador de dados (DBA), para que seja providenciada a criação das tabelas na base de dados.

Algumas ferramentas UML geram o *script* SQL (DDL). Se for o caso de uma ferramenta específica para modelagem de dados, todas geram *script* para os gerenciadores de dados mais populares.

De qualquer forma, o modelo de dados é enviado à parte (acompanhado ou não de *script* DDL) para o responsável pela manutenção das bases de dados.

Diagramas de Interação

UC001 - Consultar categorias

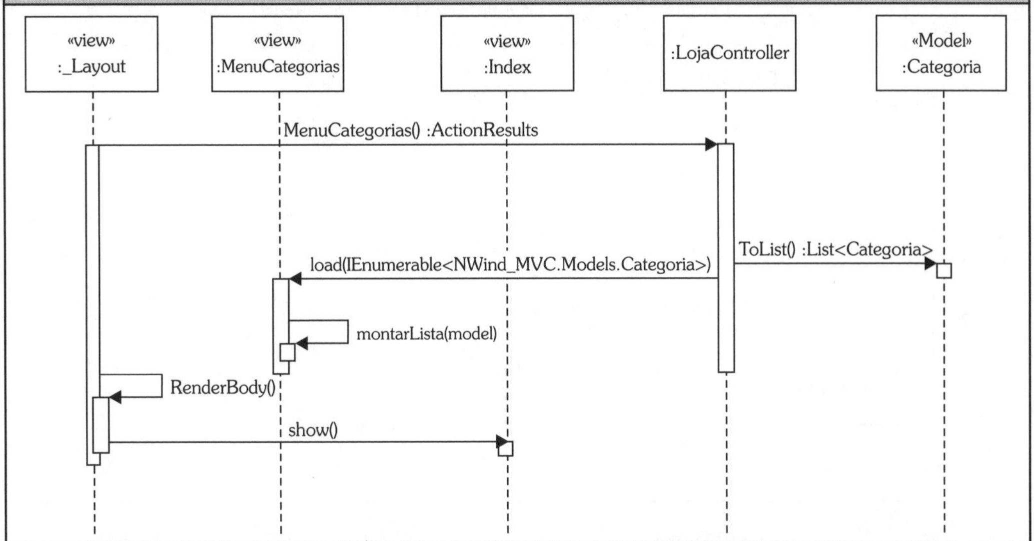

UC002 - Consultar produtos mais vendidos

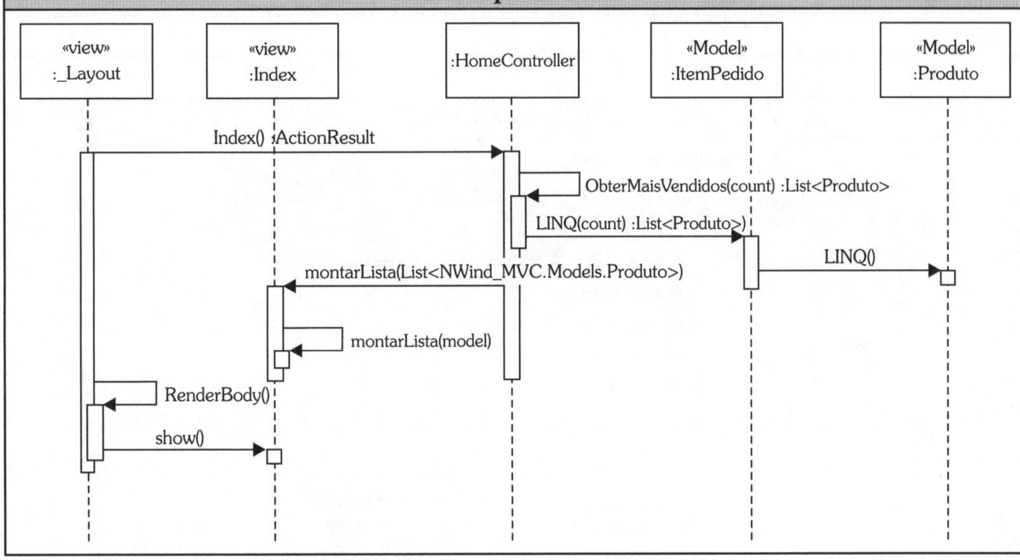

Quanto aos diagramas de interação, não há nada a acrescentar além do que já foi explanado no capítulo anterior.

Porém, é interessante garantir que o desenvolvedor conheça o diagrama de interação e saiba interpretá-lo, pois, infelizmente, ainda há desenvolvedores que têm dificuldades com diagramas UML...

UC005 - Consultar pedido

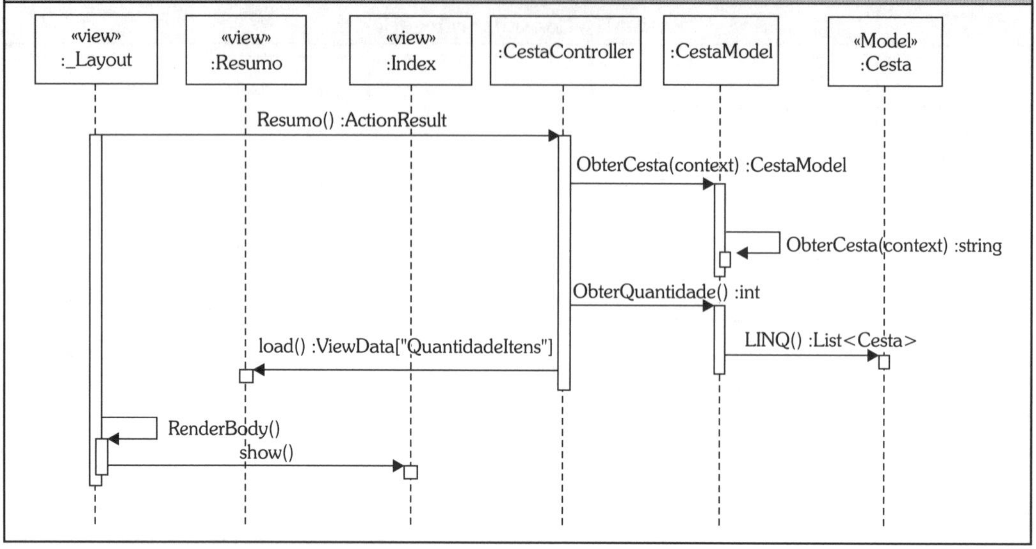

Diagrama de Estados

Não há.

Diagrama de Atividades

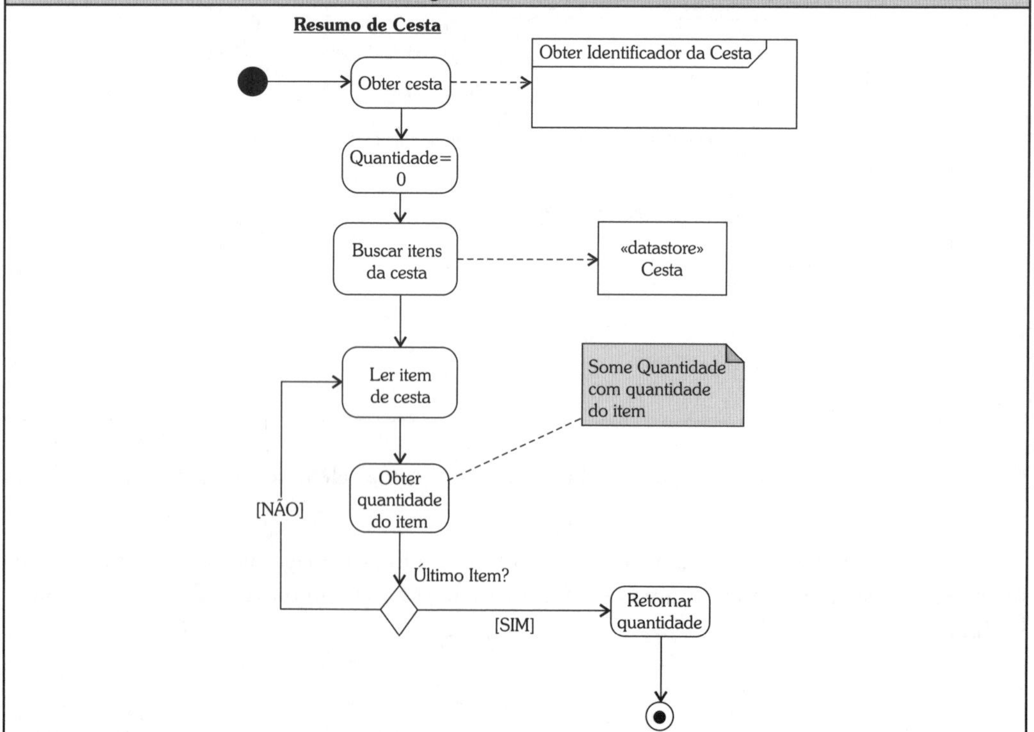

Documentos/Artefatos Associados
⅄ Padrão de Arquitetura MVC da ACME.
⅄ Padrão de Nomenclatura de Banco de Dados.

Obviamente, esses documentos são hipotéticos e foram listados apenas a título de exemplo.

14.3 ET-02 - Consulta de Produtos por Categoria

Nesta especificação vamos omitir a descrição dos casos de uso, porém os demais itens serão mantidos, principalmente para exemplificar o reúso de classes definidas no tópico anterior.

	Loja Virtual NorthWind MVC **ET-02 - Seleção de Produtos por Categoria**		
Histórico de Revisão			
Versão	**Descrição**	**Data**	**Autor**
1.0	Criação do documento.	24/03/12	Adilson S. Lima

Objetivos
Este documento descreve os procedimentos e elementos para implementação da página de exibição de produtos associados a uma categoria selecionada no menu de categorias da página mestra do site Nwind MVC.

Requisitos Funcionais	
RF02	**Produto:** todo produto possui um nome e está associado a uma categoria e um fornecedor.

Diagrama de Casos de Uso

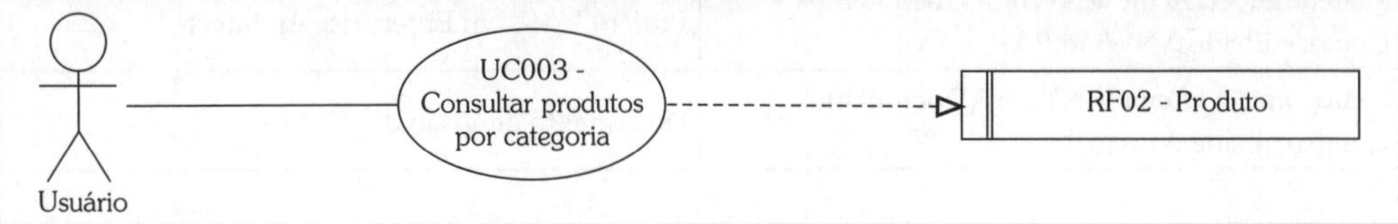

Casos de Uso
UC003 - Consultar produtos por categoria

Em alguns modelos, o objetivo do caso de uso e os atores também são descritos nesse tópico, inclusive outros casos de uso relacionados, mas que não fazem parte do escopo da especificação - geralmente são casos de uso cuja precondição é a execução dos casos cobertos por ela.

Configuração	
Views	C:\Apps\NWind_MVC\Views\Home
Controllers	C:\Apps\NWind_MVC\Controllers
Models	C:\Apps\NWind_MVC\Models
Base de Dados Negócio	Data Source = SRV_DES; Initial Catalog = NWindPT; Integrated Security = True; MultipleActiveResultSets = True; Application Name=EntityFramework
Base de Dados Segurança	Data Source = SRV_DES; Initial Catalog = aspnetdb; Integrated Security=True
Servidores	Desenvolvimento: SRV_DES; Homologação: SRV_TST; Produção: SRV_PRD

Obviamente, as *strings* de conexão e os nomes dos servidores são fictícios e necessariamente não precisam ser essas informações. Por exemplo, o nome de uma VOB (**Versioned Object Base** - Base de Objeto Versionado) no ClearCase.

Componentes	
Componentes/Classe - Reúso	NWind_MVC\Models\ContaModel.cs
Componentes/Classe - Atualização	NWind_MVC\Views\Home\Index.cshtml NWind_MVC\Controllers\LojaController.cs
Componentes/Classe - Criação	Nwind_MVC\Views\Loja\Browse.cshtml

As Views referentes ao resumo da cesta e ao menu de categorias não são reutilizadas, pois trata-se de uma implementação da página mestra (Master Page) - _Layout.cshtml.

Repositório de Artefatos	
Endereço/Arquivo	**Descrição**
Sharepoint: \\Acme\\NWind\Documentos_Compartilhados\NWind.EAP	Projeto UML em Enterprise Architect
Sharepoint: \\Acme\\NWind\Documentos_Compartilhados\Visão.doc	Documento de Visão do Projeto

Protótipo

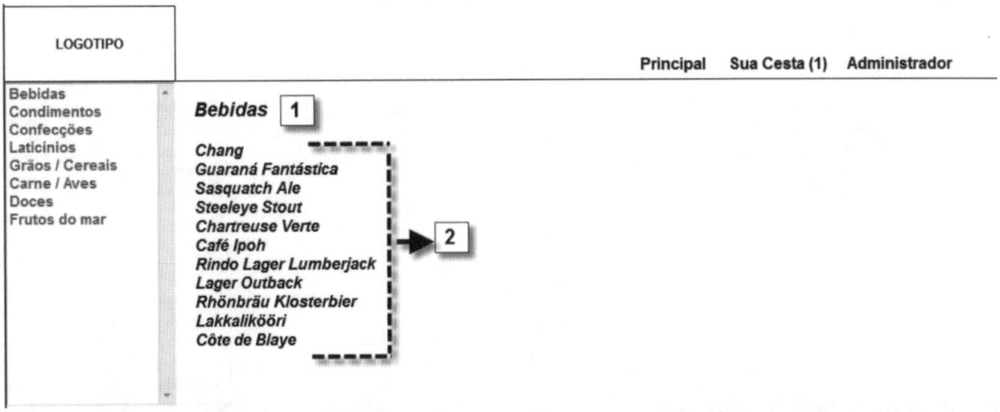

Item	Descrição	Tipo	Tamanho/Formato	Obrigatório	Ação
0	Load:	-			
1	Nome da Categoria	Label	-	-	-
2	Produto	Link	-	-	1

Ações	
0	Load: recebe um identificador de categoria e, a partir dele, busca os produtos associados.
1	Cada produto listado conterá um *link* para acesso à página de detalhes de produto.

Quadro de Referências

Elemento	Modelo/Propriedade	Tabela/Coluna
Nome da Categoria	(EDMX) Categoria.CategoriaID/ Nome	Categoria.CategoriaID/Nome
Produtos	(EDMX) Produto.ProdutoID/Nome/ CategoriaID	Produto.ProdutoID/Nome/CategoriaID

Descrição de Classes e Métodos

Pasta	Namespace	Classe	Método	Descrição
\Controllers	NWind_MVC. Controllers	LojaController	Browse(int categoriaID) : ActionResult	Busca e retorna todos os produtos associados à categoria informada por categoriaID.

Em nosso caso, estamos especificando uma pasta da estrutura da solução em que a classe está localizada, mas alguns modelos especificam um componente ou outros tipos de recipiente.

Diagrama de Classes

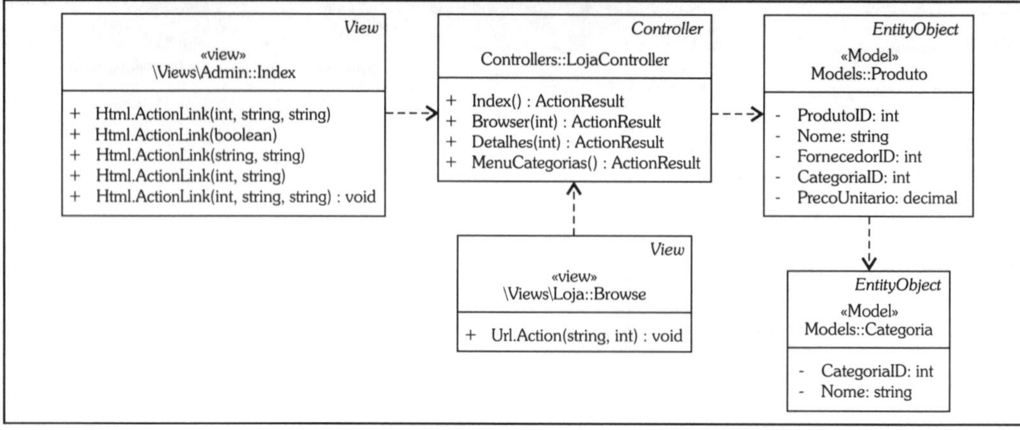

Como a análise das classes foi concluída, o diagrama apresenta métodos que não fazem parte do escopo da especificação, por isso a seção anterior, descrevendo as classes e métodos, é importante. O desenvolvedor deve limitar-se a desenvolver os métodos descritos, não precisando, portanto, preocupar-se com os demais métodos do diagrama.

Modelo de Dados

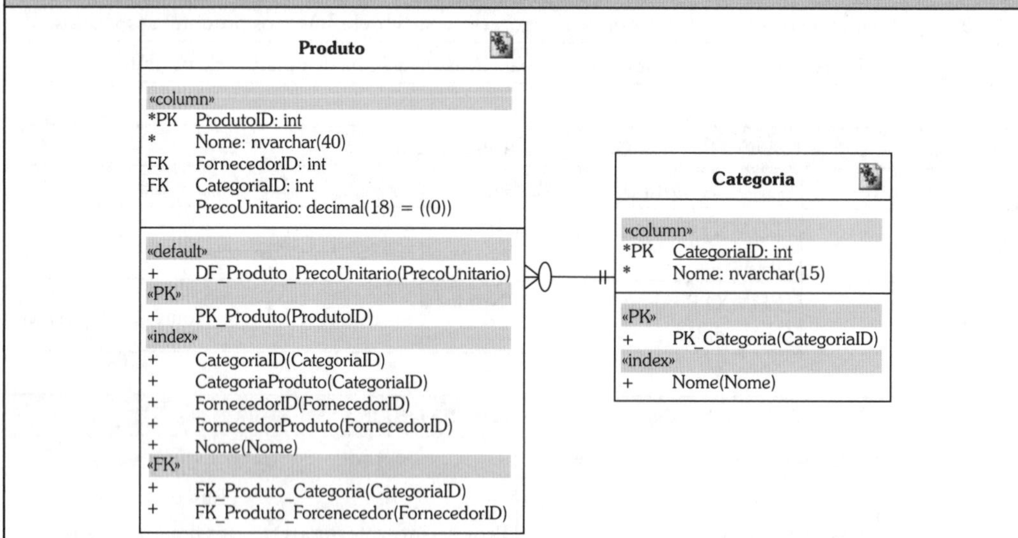

Diagramas de Interação
UC003 - Consultar produtos por categoria

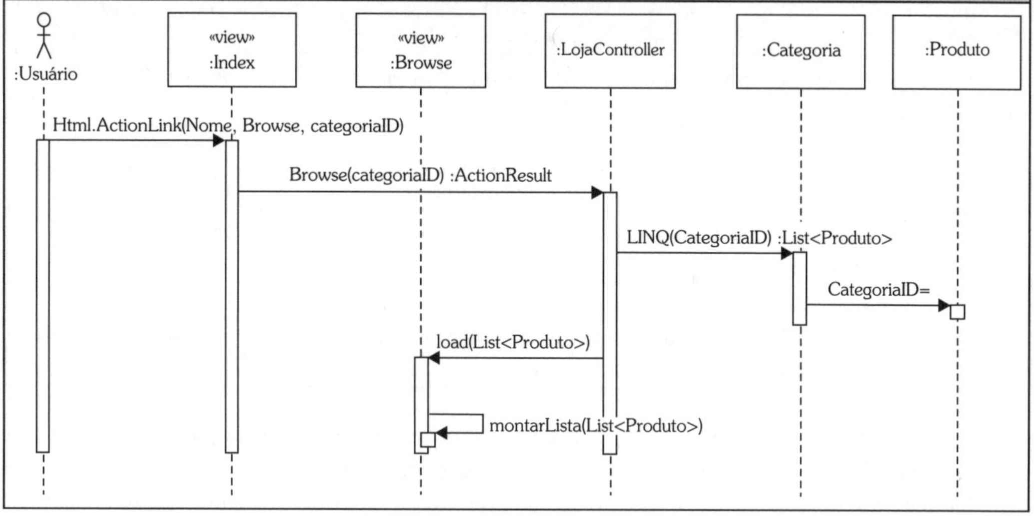

Diagrama de Estados
Não há.

Diagrama de Atividades
Não há.

Documentos/Artefatos Associados
⅄ Padrão de Arquitetura MVC da ACME.
⅄ Padrão de Nomenclatura de Banco de Dados.

Em comparação com a primeira especificação, esta é tão simples que não há nada de novo para comentar.

De modo geral, a primeira especificação é mais difícil de confeccionar, principalmente se o objetivo for complexo e você não possuir um modelo definido. Conforme suas especificações vão sendo produzidas, mais você familiariza-se com o processo e reúne maior quantidade de material a ser reaproveitado - sua produtividade aumenta e o tempo consumido diminui.

14.4 ET-03 - Seleção e Adição de Produto à Cesta

Na especificação técnica referente à seleção e adição de produto à cesta de compras, vamos eliminar alguns itens que não são essenciais, quais sejam: histórico de revisão, lista de casos de uso, configuração, repositório de artefatos, documentos/artefatos associados e itens que não possuam conteúdo, como, por exemplo, diagrama de estados.

	Loja Virtual NorthWind MVC ET-03 - Seleção e Adição de Produto à Cesta
Objetivos	
Este documento descreve os procedimentos e elementos para implementação da seleção e adição de produto à cesta de compras aberta de sessão do usuário.	

Requisitos Funcionais	
RF02	**Produto:** todo produto possui um nome e um preço e está associado a uma categoria e um fornecedor.
RF07	**Pedido:** o cliente poderá escolher um ou mais produtos e adicioná-los ao carrinho de compras (cesta de compras). No contexto desta especificação, "pedido" representa a cesta de compras mantida anonimamente até que o usuário feche o pedido.

Observe que, para evitar ambiguidades, complementamos a descrição do requisito RF07. Os requisitos aprovados pelo cliente não precisam necessariamente manter o conteúdo original, mas, ao complementá-los, deve-se tomar o cuidado de não acrescentar um texto que altere sua essência.

Diagrama de Casos de Uso

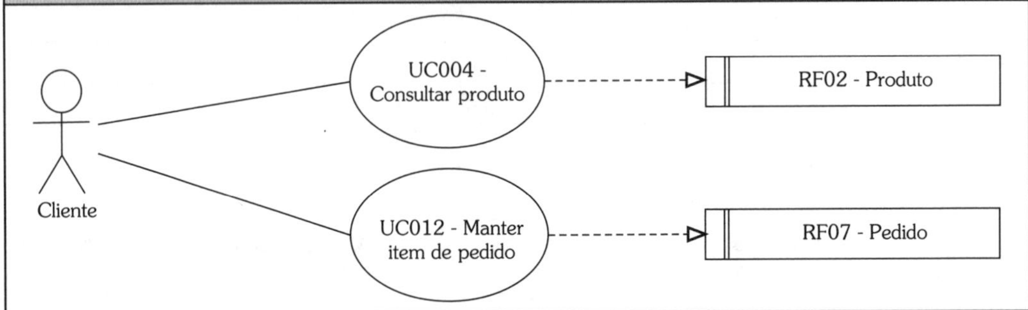

Componentes	
Componentes/Classe - Reúso	Não há.
Componentes/Classe - Atualização	NWind_MVC\Controllers\LojaController.cs
Componentes/Classe - Criação	NWind_MVC\Views\Loja\Detalhes.cshtml

O modelo de entidades NWind.edmx não se refere a reúso, pois o termo "reúso" indica reaproveitamento, o que não é o caso de EDMX.

Algumas ferramentas UML permitem controlar o status dos elementos, definindo, por exemplo, "proposto", "aprovado", "implementado" etc. Entretanto, há uma forma mais prática de controlar o reúso, a atualização e a criação de componentes: basta criar uma planilha e relacioná-los (isso é possível, pois você já mapeou todos os componentes). Conforme as especificações técnicas são concluídas, basta atualizar o status do componente na planilha, que pode ser utilizada, inclusive, para as fases posteriores, como codificação, testes etc.

Protótipo

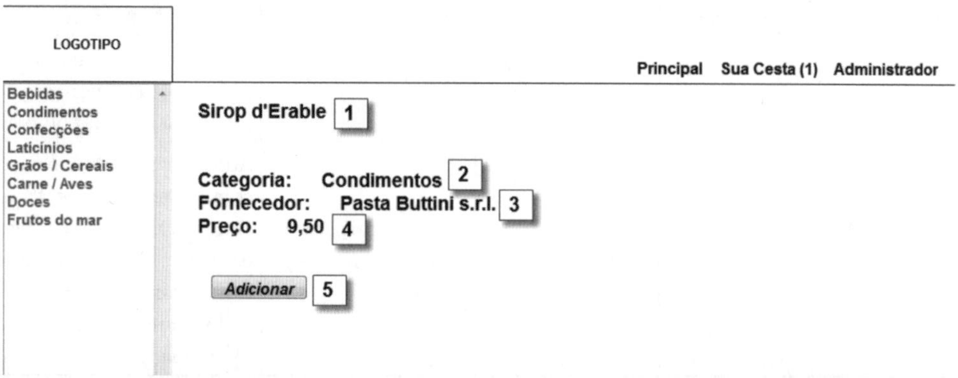

Item	Descrição	Tipo	Tamanho/ Formato	Obrigatório	Ação
0	Load:	-			
1	Nome do Produto	Label	-	-	-
2	Nome da Categoria	Label	-	-	-
3	Nome do Fornecedor	Label	-	-	-
4	Preço Unitário	Label	9.999,99	-	-
5	Adição do Produto à Cesta	Link	-	-	1

O formato informado para o preço unitário do produto é importante, principalmente quando forem efetuados os testes. A máscara "9.999,99" indica o formato monetário.

Ações	
0	Load: recebe um identificador de produto e, a partir dele, busca os dados do produto.
1	Adiciona o produto à cesta de compras aberta na sessão de usuário.

Quadro de Referências		
Elemento	**Modelo/Propriedade**	**Tabela/Coluna**
Nome da Categoria	(EDMX) Categoria.CategoriaID/Nome	Categoria.CategoriaID/Nome
Produtos	(EDMX) Produto.ProdutoID/Nome/ CategoriaID/FornecedorID/PrecoUnitario	Produto.ProdutoID/Nome/ CategoriaID /FornecedorID/PrecoUnitario

Descrição de Classes e Métodos				
Pasta	**Namespace**	**Classe**	**Método**	**Descrição**
\Controllers	NWind_MVC. Controllers	CestaController	AdicionarItem (int id) : ActionResult	Busca o produto associado a **id** e invoca a adição do produto à cesta de compras.
\Models	NWind_MVC. Models	CestaModel	AdicionarItem (Produto produto) : void	Adiciona o produto passado como argumento à cesta de compras aberta no contexto da sessão. Caso o produto já exista na cesta, sua quantidade é acrescentada em uma (1) unidade.
\Controllers	NWind_MVC. Controllers	CestaController	Index (id) : ActionResult	Invoca os métodos para exibição dos itens da cesta e seu valor total, retornando o resultado.
\Models	NWind_MVC. Models	CestaModel	ObterItensCesta() : List<Item CestaViewModel>	Busca os dados dos itens da cesta aberta na sessão de usuário.
\Models	NWind_MVC. Models	CestaModel	ObterTotal() : decimal	Obtém e retorna o valor total da cesta.

Diagrama de Classes

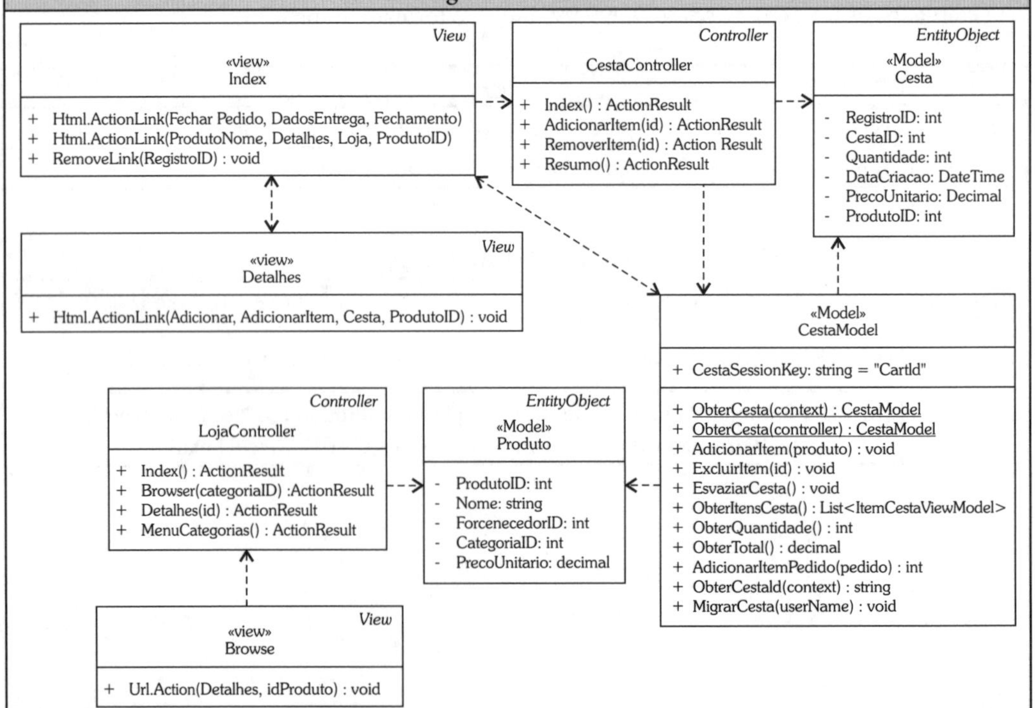

Modelo de Dados

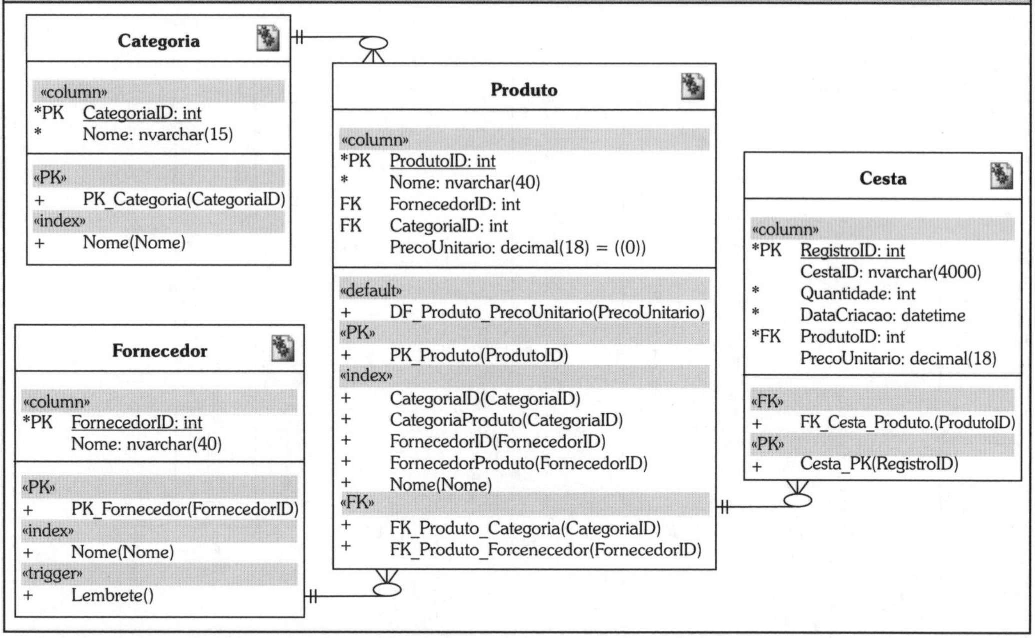

Diagramas de Interação

UC004 - Consultar produto

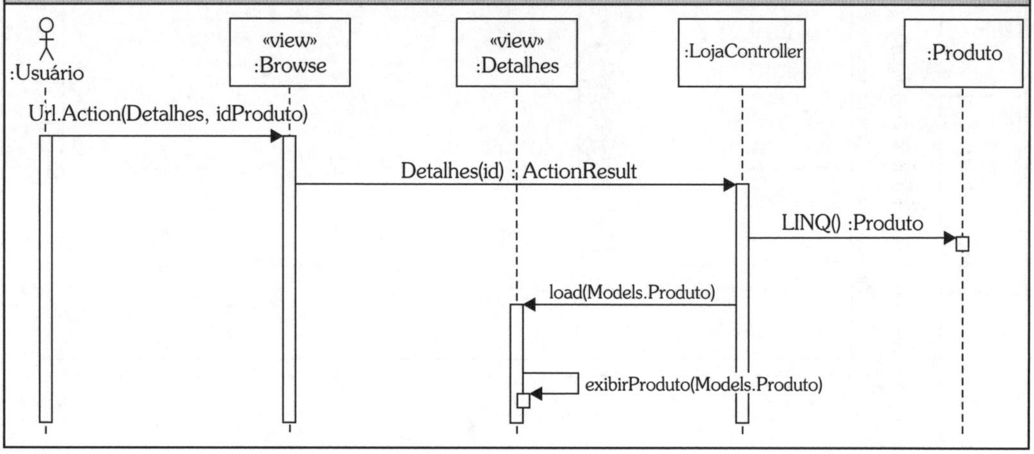

UC012 - Manter item de pedido - Inclusão

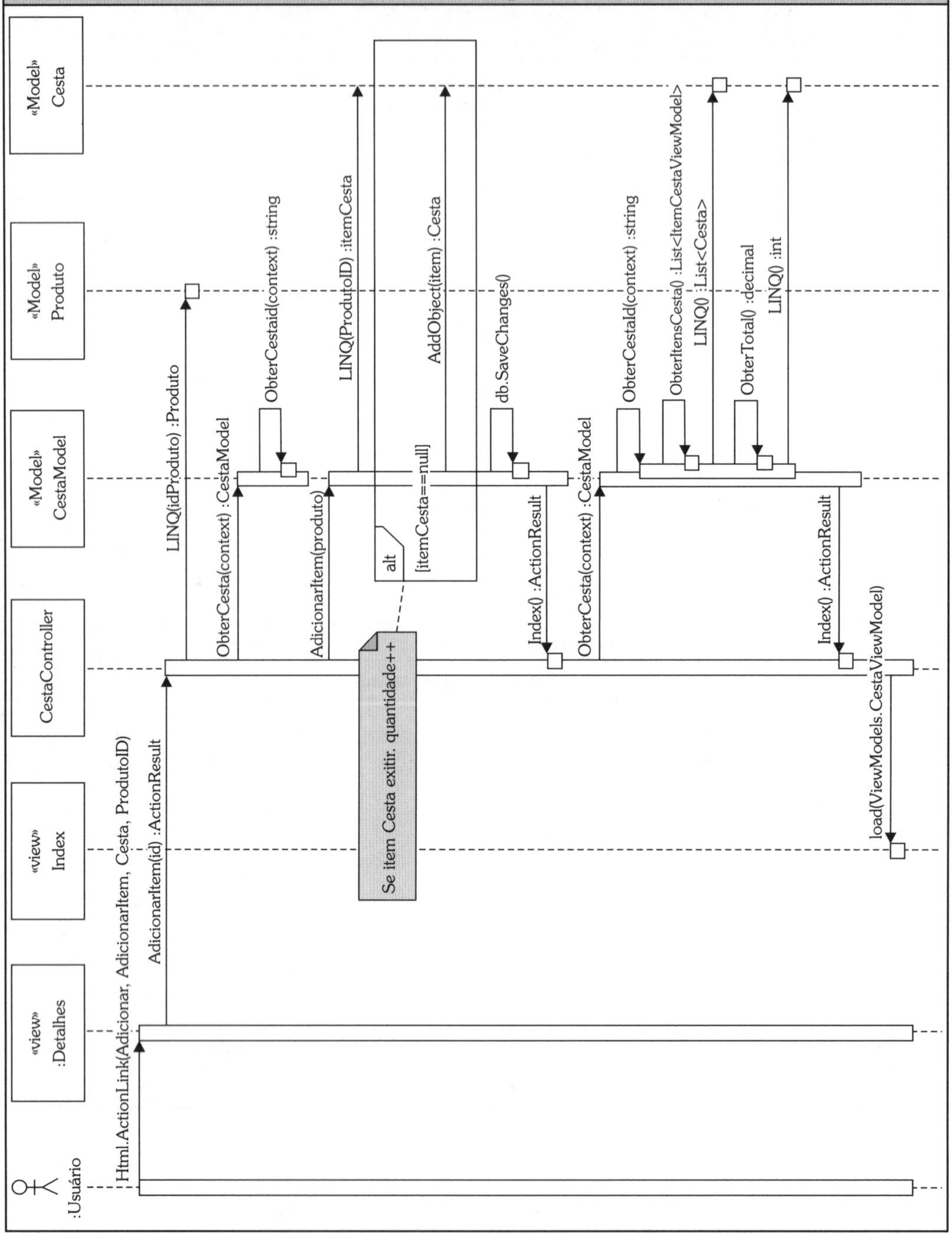

Diagramas de Atividades

Obter Identificador da Cesta

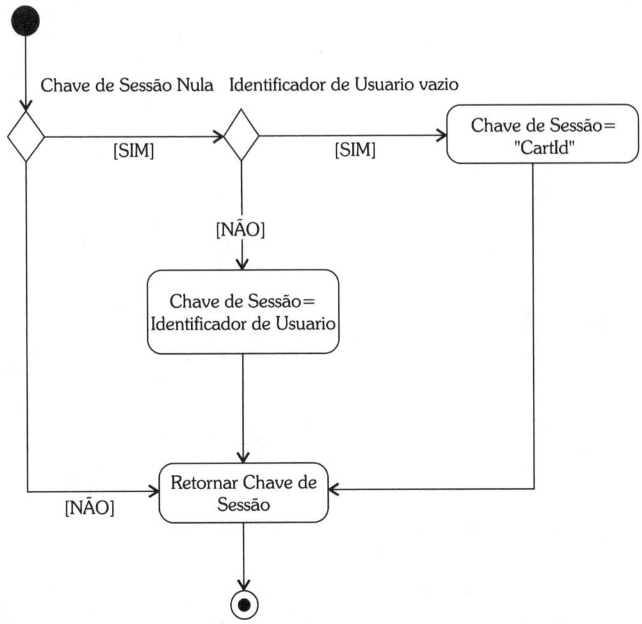

Exibir Cesta

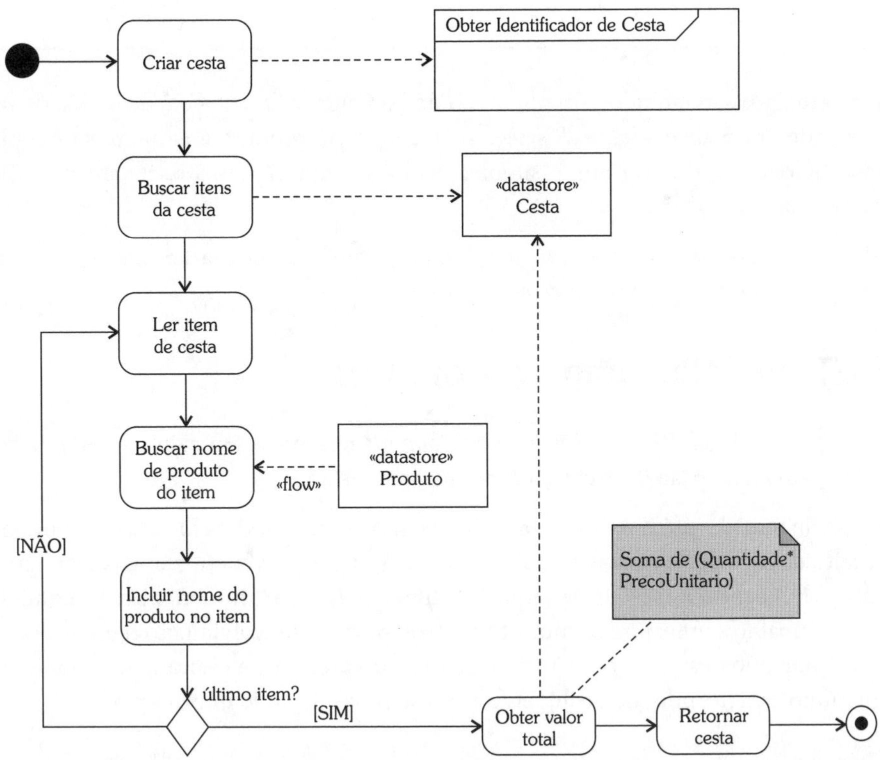

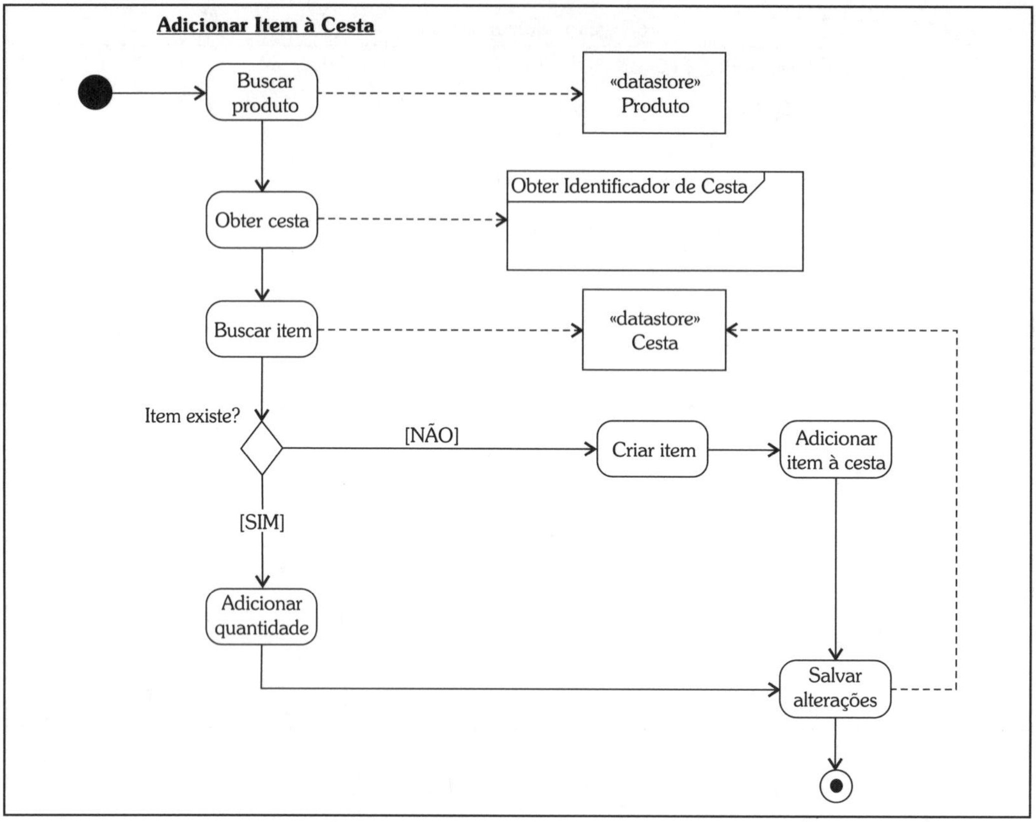

Quando os artefatos são reunidos em um único documento (a "montagem da salada de frutas"), a complexidade fica mais evidente. A seleção e a adição do produto à cesta, por exemplo, possuem uma interface de usuário muito simples ocultando um processo relativamente complexo nas demais camadas.

Avaliando o conteúdo da especificação técnica, adquirimos a certeza de que o desenvolvedor possui todos os elementos para realizar seu trabalho.

14.5 ET-04 - Carrinho de Compras

A especificação funcional *EF-04 - Carrinho de Compras* resume-se em exibir a cesta de compras disponibilizando uma opção de exclusão para cada item listado.

O desenvolvimento da próxima especificação técnica é facilitado pelo reaproveitamento que pode ser feito da especificação anterior, além do que, vamos aproveitar para "enxugar" um pouco o conteúdo, eliminando as seções de requisitos funcionais e de componentes. Dependendo do ambiente de trabalho, como, por exemplo, toda a equipe de desenvolvimento reunida em um único local, a eliminação dessas seções não oferece risco ou prejuízo relevantes, porém isso deve ser feito com muito critério, pois, de qualquer forma, estamos omitindo informação.

Loja Virtual NorthWind MVC
ET-04 - Carrinho de Compras

Objetivos

Este documento descreve os procedimentos e elementos para implementação da exibição do carrinho (cesta) de compras e exclusão de itens da cesta. O sistema utiliza os recursos de segurança e autenticação do ASP.NET, principalmente a classe MemberShip.

Diagrama de Casos de Uso

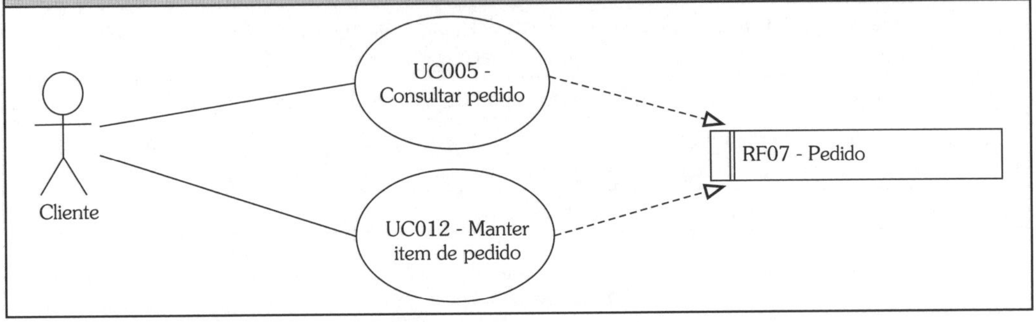

Observe que trata-se do mesmo diagrama da especificação anterior, porém os fluxos executados são diferentes: é aqui que notamos os riscos de eliminar seções do documento. Se não existir um documento de especificação funcional associado, o desenvolvedor, muito provavelmente, entraria em contato com você para tirar dúvidas a respeito...

Protótipo

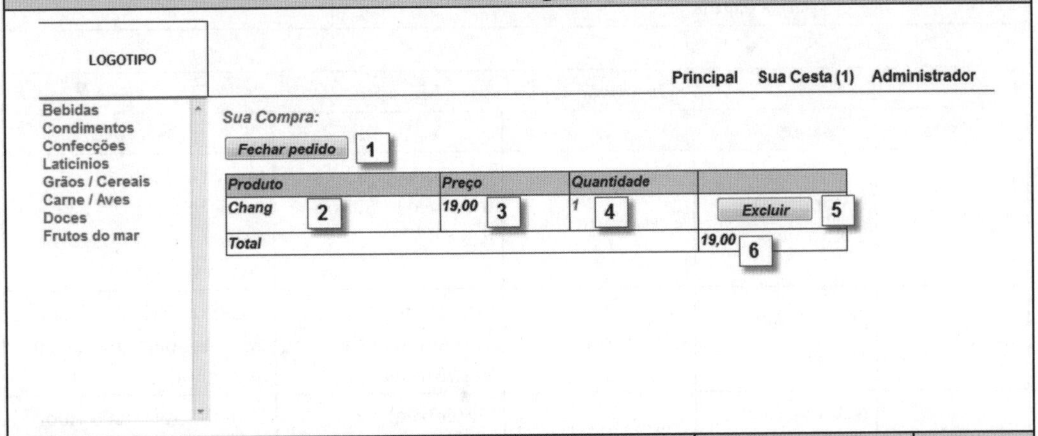

Item	Descrição	Tipo	Tamanho/Formato	Obrigatório	Ação
0	Load:	-			0
1	Fechar Pedido	Link	-	-	1
2	Nome do Produto	Link	-	-	2
3	Preço Unitário	Label	9.999,99	-	-
4	Quantidade	Label	9.999	-	-

Item	Descrição	Tipo	Tamanho/Formato	Obrigatório	Ação
5	Exclusão de Item	Link	-	-	3
6	Valor Total da Cesta	Label	9.999,99	-	-

O formato informado para o preço unitário do produto é importante, principalmente quando forem efetuados os testes. A máscara "9.999,99" indica o formato monetário.

Ações	
0	Load: recebe um identificador de cesta e, a partir dele, busca os itens que a compõem. A página é carregada quando o usuário seleciona a opção "Sua Cesta()" do menu principal.
1	Invoca o fechamento da cesta, criando um novo pedido na base de dados com seus itens.
2	Cada produto listado possui um *link* de acesso à página de detalhes do produto, que, inclusive, permite adicionar mais uma unidade do produto à cesta.
3	Invoca a exclusão do item da cesta de compras.

Quadro de Referências		
Elemento	**Modelo/Propriedade**	**Tabela/Coluna**
Nome do Produto	(EDMX)Produto.Nome	Produto.Nome
Preço	(EDMX)Cesta.PrecoUnitario	Cesta.PrecoUnitario
Quantidade	(EDMX)Cesta.Quantidade.	Cesta.Quantidade
Valor Total	Soma de (EDMX)Cesta.PrecoUnitario para Cesta.CestaID = identificador de cesta passado para a página	SUM(Cesta.PrecoUnitario)

Descrição de Classes e Métodos				
Pasta	**Namespace**	**Classe**	**Método**	**Descrição**
\Controllers	NWind_MVC. Controllers	CestaController	Index (id) : Action-Result	Invoca os métodos para exibição dos itens da cesta e seu valor total, retornando o resultado.
\Models	NWind_MVC. Models	CestaModel	ObterItensCesta() : List<ItemCesta ViewModel>	Busca os dados dos itens da cesta aberta na sessão de usuário.
\Models	NWind_MVC. Models	CestaModel	ObterTotal() : decimal	Obtém e retorna o valor total da cesta.

Esses métodos já foram especificados anteriormente, porém eles são necessários para a implementação da página que exibe a cesta. Na prática, o desenvolvedor constatará isso quando abrir a solução no Visual Studio, mas e se a especificação anterior foi entregue a outro desenvolvedor e, por exemplo, ele ainda não efetuou "check in" no repositório?

Daí a importância da seção de componentes e classes, informando quais itens devem ser reutilizados, atualizados ou criados...

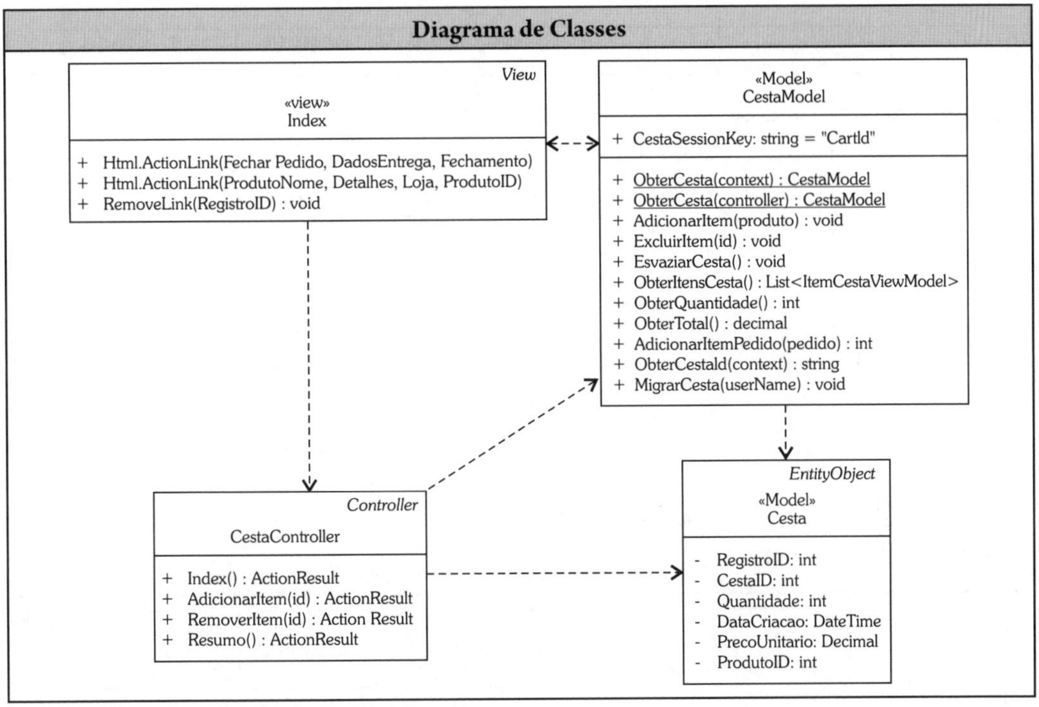

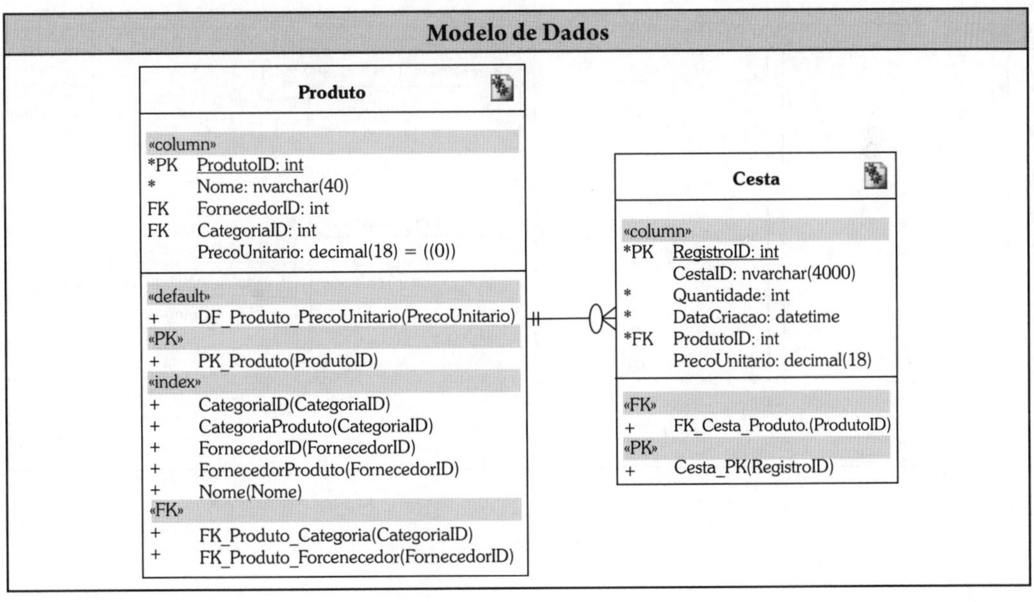

Diagramas de Interação

UC005 - Consultar pedido

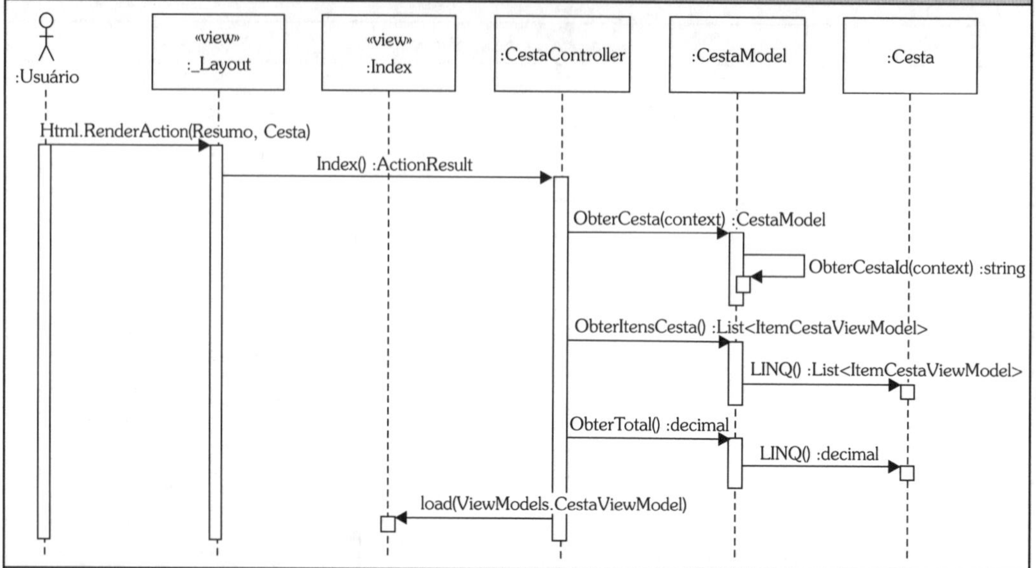

UC012 - Manter item de pedido - Exclusão

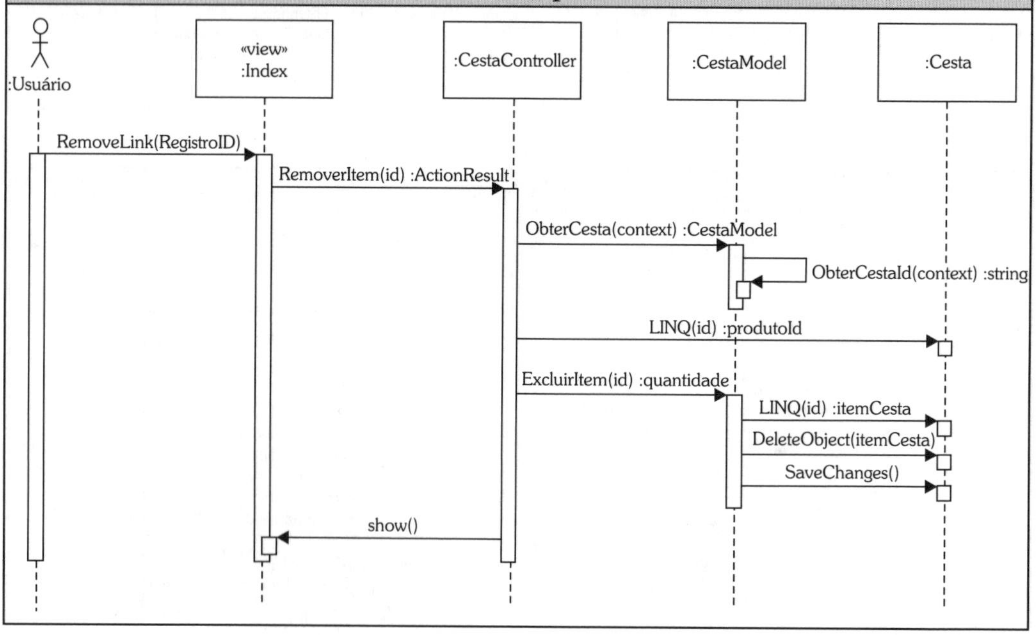

Diagrama de Estados

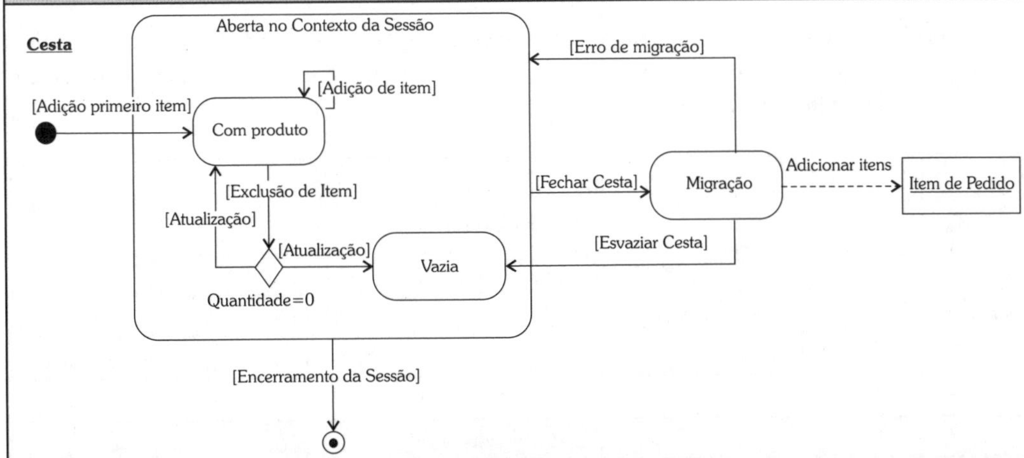

Diagrama de Atividades

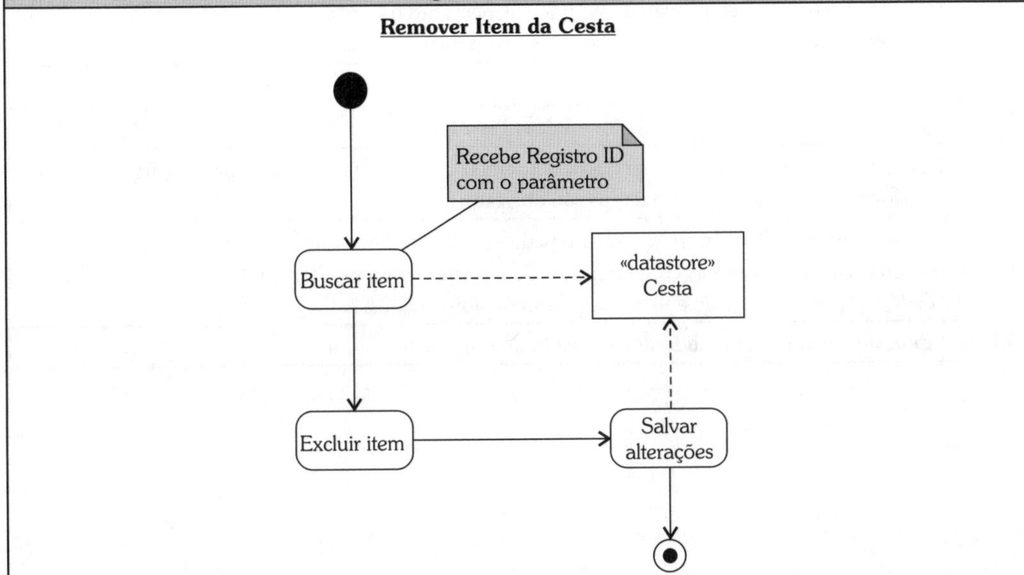

Embora o desenvolvedor que implementar esta especificação necessite apenas conhecer o comportamento da cesta de compras enquanto estiver aberta na sessão e contendo itens, o diagrama de estados exibe o comportamento completo do objeto **Cesta**.

Esta especificação, na forma em que foi confeccionada, como vimos, envolve riscos potenciais por omitir algumas informações, o que, dependendo do contexto, da distribuição geográfica dos membros da equipe ou dos processos praticados, pode envolver riscos potenciais de entendimento.

14.6 ET-05 - Fechamento de Pedido

Vamos finalizar este capítulo apresentando a especificação técnica para fechamento de pedido sem interromper o conteúdo com comentários, no formato mais completo possível, conforme o conteúdo citado no item 14.1.

	Loja Virtual NorthWind MVC **EF-05 - Fechamento de Pedido**		
1. Histórico de Revisão			
Versão	**Descrição**	**Data**	**Autor**
1.0	Criação do documento.	24/03/12	Adilson S. Lima

2. Objetivos
Este documento descreve os procedimentos e elementos para implementação da autenticação do usuário, entrada de dados de entrega e efetivação do pedido (fechamento da cesta de compras). O sistema utiliza os recursos de segurança e autenticação do ASP.NET, principalmente a classe MemberShip.

3. Requisitos Funcionais	
RF04	**Cliente:** o cliente deve informar nome, endereço, cidade, estado, código postal e país, além de telefone e e-mail. Todos esses dados são obrigatórios.
RF08	**Fechamento de Pedido:** para fechar o pedido, o cliente deve estar cadastrado e autenticado como usuário do sistema (com um nome de usuário, senha e endereço de e-mail) e com os dados de pagamento e de entrega devidamente informados.
RF09	**Item de Pedido:** um pedido deve possuir, no mínimo, um item.

4. Diagrama de Casos de Uso

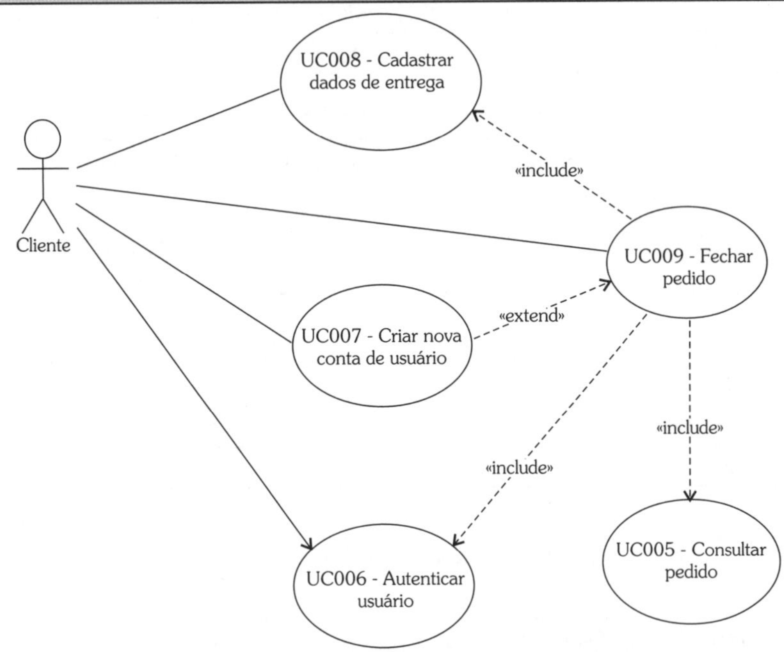

5. Casos de Uso

Siglas: **FB** = Fluxo Básico; **FA** = Fluxo Alternativo; **FE** = Fluxo de Exceção.

5.1. UC009 - Fechar pedido

Objetivo:	Fechar o pedido com seus respectivos itens para o usuário (cliente) informado.
Atores:	Cliente.

FB	**Fluxo Básico**: este fluxo inicia-se quando o ator escolhe fechar seu pedido.
Passo	**Descrição**
1	O sistema busca os itens do pedido com base em um identificador de pedido informado (*UC005 - Consultar pedido*).
2	O sistema verifica se o ator está autenticado (*UC006 - Autenticar usuário*).
3	O sistema solicita os dados de endereço e entrega (*UC008 - Cadastrar dados de entrega*).
4	O ator confirma o fechamento do pedido.
5	O sistema calcula o valor total do pedido com base na quantidade e no preço unitário de cada item retornado no passo 1.
6	O sistema efetiva o pedido.
7	O sistema esvazia o carrinho de compras.
8	O sistema retorna mensagem de compra completada e exibe o número do pedido retornado no passo 6.
9	Fim de caso de uso.

FA1	Ator não confirma fechamento do pedido. No passo 4 do fluxo básico, o ator não confirma o fechamento do pedido (botão *Fazer pedido* da página *Dados de Entrega* do protótipo).
Passo	**Descrição**
1	Fim de caso de uso.

FE1	Pedido sem itens. No passo 1 do fluxo básico, o sistema constata que o pedido não possui nenhum item adicionado.
1	O sistema retorna mensagem informando que nenhuma compra foi efetuada.
2	Fim de caso de uso.

FE2	Erro no fechamento do pedido. No passo 6 do fluxo básico, ocorre um erro na efetivação do pedido.
1	O sistema retorna mensagem informando o erro ocorrido.
2	Fim de caso de uso.

5.2. UC005 - Consultar pedido	
Objetivo:	Buscar os itens de um pedido.
Atores:	Cliente, Administrador.
FB	**Fluxo Básico**
Passo	**Descrição**
1	O sistema busca os itens de um pedido com base em um identificador informado.
2	O sistema retorna os dados dos itens obtidos no passo anterior: nome, preço unitário e quantidade total do item.
3	Fim de caso de uso.

5.3. UC006 - Autenticar usuário	
Objetivo:	Solicitar nome e senha de usuário e efetuar log on.
Atores:	Cliente, Administrador.
FB	**Fluxo Básico**
Passo	**Descrição**
1	O ator informa nome de usuário e senha e solicita autenticação.
2	O sistema valida o nome de usuário e a senha e efetua log on.
3	Fim de caso de uso.

FA1	Usuário não cadastrado. No passo 1 do fluxo básico, o sistema constata que o usuário não existe.
Passo	**Descrição**
1	O sistema solicita a criação de nova conta (*UC007 - Criar nova conta de usuário*).
2	Continua no passo 2 do fluxo básico.
FE1	Nome de usuário ou senha não informados. No passo 1 do fluxo básico, o sistema constata que o nome de usuário ou a senha não foram informados.
Passo	**Descrição**
1	O sistema retorna mensagem de log in malsucedido e solicita nova tentativa.
2	Volta para o passo 1 do fluxo básico.
FE2	Nome de usuário ou senha incorreta. No passo 1 do fluxo básico, o sistema constata que o nome de usuário ou a senha estão incorretos.
Passo	**Descrição**
1	O sistema retorna mensagem informando que o nome de usuário ou a senha fornecida estão incorretos e solicita nova tentativa.
2	Volta para o passo 1 do fluxo básico.

5.4. UC008 - Cadastrar dados de endereço e pagamento	
Objetivo:	Efetuar o cadastro de dados de endereço e pagamento de pedido.
Atores:	Cliente
FB	**Fluxo Básico**
Passo	**Descrição**
1	O ator informa os dados de entrega (nome, endereço, cidade, UF, código postal, país, telefone e e-mail).
2	O ator confirma o fechamento do pedido.
3	O sistema efetua a consistência dos dados.
4	Continua no passo 4 do fluxo básico do caso de uso *UC009*.
5	Fim de caso de uso.
FE1	Dados obrigatórios não informados. No passo 3 do fluxo básico, o sistema constata que um ou mais dados de endereço não foram informados.
Passo	**Descrição**
1	O sistema retorna mensagem de preenchimento obrigatório.
2	Volta para o passo 1 do fluxo básico.

5.5. UC007 - Criar nova conta de usuário	
Objetivo:	Incluir novo usuário no sistema.
Atores:	Cliente.
FB	Fluxo Básico. O fluxo inicia-se quando o ator escolhe registrar-se como novo usuário.
Passo	**Descrição**
1	O ator informa nome de usuário, e-mail, senha e a confirmação da senha.
2	O sistema efetua a consistência dos dados.
3	O sistema inclui o novo usuário.
4	Fim de caso de uso.
FE1	Dados obrigatórios não informados. No passo 2 do fluxo básico, o sistema constata que um ou mais dados não foram informados.
Passo	**Descrição**
1	O sistema retorna mensagem de preenchimento obrigatório.
2	Volta para o passo 1 do fluxo básico.
FE2	Senha com menos de seis caracteres. No passo 2 do fluxo básico, o sistema constata que a senha informada possui menos de seis (6) caracteres.
Passo	**Descrição**
1	O sistema retorna mensagem de senha inválida.
2	Volta para o passo 1 do fluxo básico.
FE3	Confirmação de senha inválida. No passo 2 do fluxo básico, o sistema constata que a senha informada não confere com sua confirmação.
Passo	**Descrição**
1	O sistema retorna mensagem de confirmação inválida.
2	Volta para o passo 1 do fluxo básico.

6. Configuração	
Views	C:\Apps\NWind_MVC\Views\Home
Controllers	C:\Apps\NWind_MVC\Controllers
Models	C:\Apps\NWind_MVC\Models
Base de Dados Negócio	Data Source = SRV_DES; Initial Catalog = NWindPT; Integrated Security = True; MultipleActiveResultSets = True; Application Name=EntityFramework
Base de Dados Segurança	Data Source = SRV_DES; Initial Catalog = aspnetdb; Integrated Security=True
Servidores	Desenvolvimento: SRV_DES; Homologação: SRV_TST; Produção: SRV_PRD

7. Componentes	
Componentes/Classe - Reúso	Não há.
Componentes/Classe - Atualização	NWind_MVC\Controllers\ContaController.cs NWind_MVC\Models\CestaModel.cs
Componentes/Classe - Criação	NWind_MVC\Views\Conta\LogOn.cshtml NWind_MVC\Views\Conta\ChangePassword.cshtml NWind_MVC\Views\Conta\ChangePasswordSuccess.cshtml NWind_MVC\Controllers\FechamentoController.cs NWind_MVC\Views\Fechamento\DadosEntrega.cshtml NWind_MVC\Views\Fechamento\Completado.cshtml NWind_MVC\Views\Shared\Error.cshtml NWind_MVC\Models\ContaModel.cs NWind_MVC\Models\PedidoModel.cs

8. Repositório de Artefatos	
Endereço/Arquivo	**Descrição**
Sharepoint: \\Acme\\NWind\Documentos_Compartilhados\NWind.EAP	Projeto UML em Enterprise Architect
Sharepoint: \\Acme\\NWind\Documentos_Compartilhados\Visão.doc	Documento de Visão do Projeto

9. Protótipo

9.1. Cesta de Compras

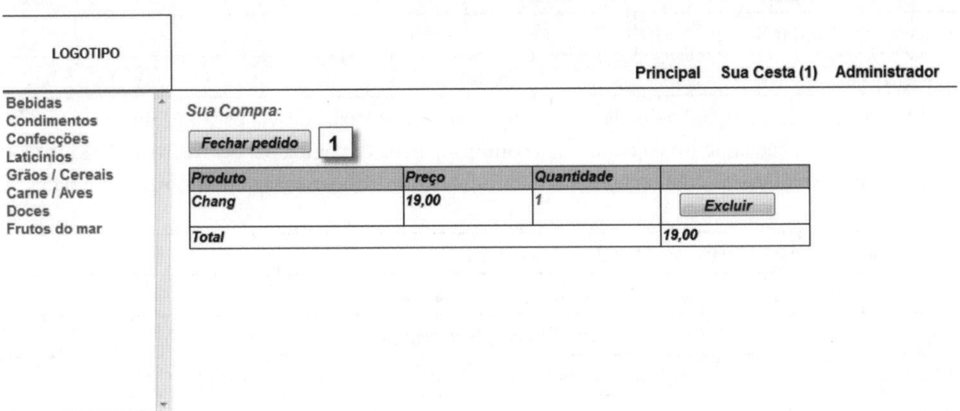

Item	Descrição	Tipo	Tamanho/Formato	Obrigatório	Ação
1	Logotipo	Link	-	-	1

Ações	
1	Verifica se a cesta possui pelo menos um item - se estiver vazia, desvia para a página de erro cancelando o fechamento da cesta; caso contrário, invoca a página para cadastro de entrega do pedido.

Quadro de Referências
Não há.

9.2. Log On

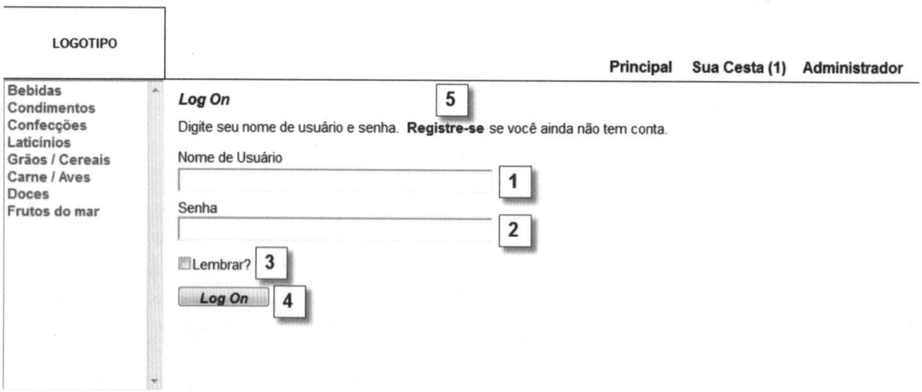

Item	Descrição	Tipo	Tamanho/Formato	Obrigatório	Ação
1	Nome de Usuário	Text	256	SIM	-
2	Senha	Text	128	SIM	-
3	Lembrar	Check	-	NÃO	-
4	Log On	Link	-	-	1
5	Registre-se	Link	-	-	2
6	Mudar Senha	Link	-	-	3

Ações	
1	Verifica se a cesta possui pelo menos um item - se estiver vazia, desvia para a página de erro cancelando o fechamento da cesta; caso contrário, invoca a página para cadastro dos dados de entrega do pedido. Se algum campo não for informado, exibe mensagem de obrigatoriedade à sua direita.
2	Dá acesso à página para registro de novo usuário.
3	Dá acesso à página para alteração de senha de usuário.

Quadro de Referências

Elemento	Modelo/Propriedade	Tabela/Coluna
Nome de Usuário	ContaModel\LogOnModel.UserName	aspnet_Users.UserName
Senha	ContaModel\LogOnModel.Password	aspnet_Membership.Password

9.3. Nova Conta

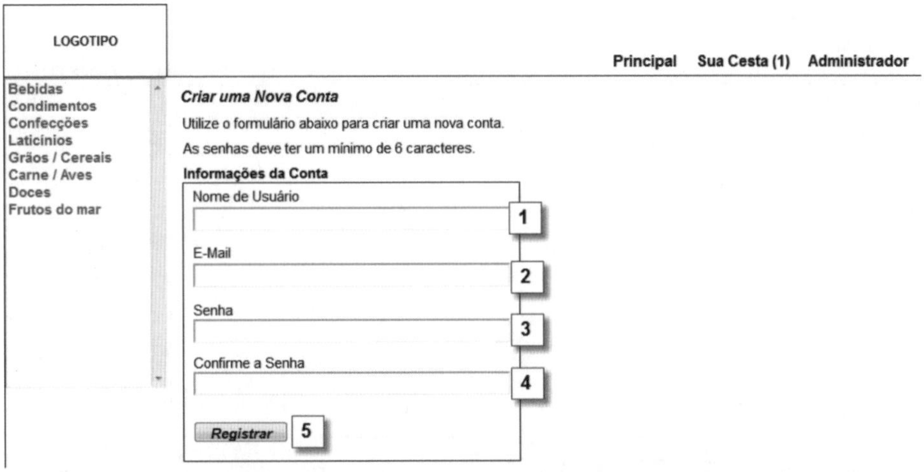

Item	Descrição	Tipo	Tamanho/Formato	Obrigatório	Ação
1	Nome de Usuário	Text	256	SIM	-
2	E-Mail	Text	256	SIM	-
3	Senha	Text	128	SIM	-
4	Confirmação de Senha	Text	128	SIM	1
5	Registrar	Link	-	-	2

Ações	
1	A confirmação da senha deve possuir o mesmo valor da senha (item 3).
2	Verifica os dados informados e, caso sejam válidos, inclui o novo usuário no sistema de segurança. Em seguida, abre a página de dados de entrega do pedido. Se algum campo não for informado, exibe mensagem de obrigatoriedade à sua direita.

Quadro de Referências

Elemento	Modelo/Propriedade	Tabela/Coluna
Nome de Usuário	ContaModel\RegisterModel.UserName	aspnet_Users.UserName
Senha	ContaModel\RegisterModel.Password	aspnet_Membership.Password
E-Mail	ContaModel\RegisterModel.Email	aspnet_Membership.Email

9.4. Dados de Entrega

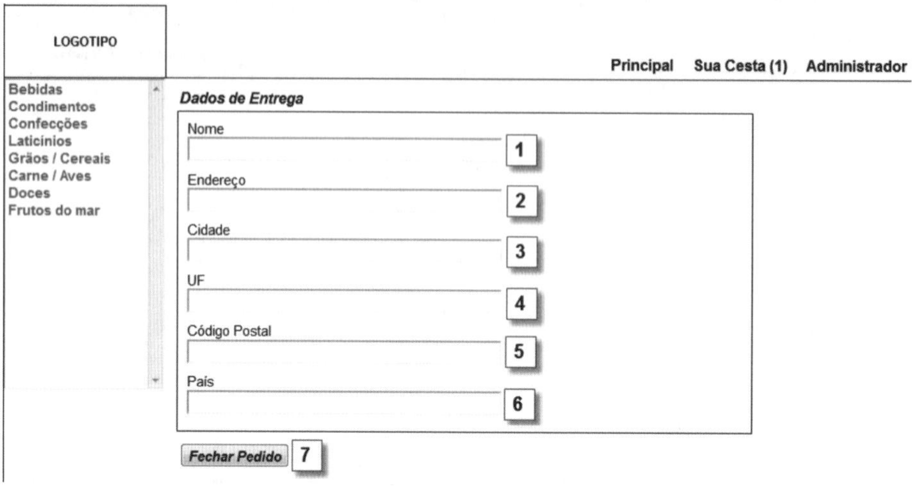

Item	Descrição	Tipo	Tamanho/Formato	Obrigatório	Ação
1	Nome de Destino	Text	160	SIM	-
2	Endereco de Destino	Text	70	SIM	-
3	Cidade de Destino	Text	40	SIM	-
4	Região (Estado ou UF) de Destino	Text	40	SIM	-
5	Código Postal de Destino	Text	10	SIM	-
6	País de Destino	Text	40	SIM	-
7	Fechar Pedido	Link	-	-	1

Ações	
1	Verifica os dados informados e, caso sejam válidos, invoca a rotina de fechamento de pedido. Se algum campo não for informado, exibe mensagem de obrigatoriedade à sua direita.

Quadro de Referências

Elemento	Modelo/Propriedade	Tabela/Coluna
Nome de Destino	PedidoModel.NomeDestino	Pedido.NomeDestino
Endereco de Destino	PedidoModel.EnderecoDestino	Pedido.Endereco Destino
Cidade de Destino	PedidoModel.CidadeDestino	Pedido.CidadeDestino
Região (Estado ou UF) de Destino	PedidoModel.RegiaoDestino	Pedido.RegiaoDestino
Código Postal de Destino	PedidoModel.CodigoPostalDestino	Pedido.CodigoPostal-Destino
País de Destino	PedidoModel.PaisDestino	Pedido.PaisDestino

9.5. Compra Completada

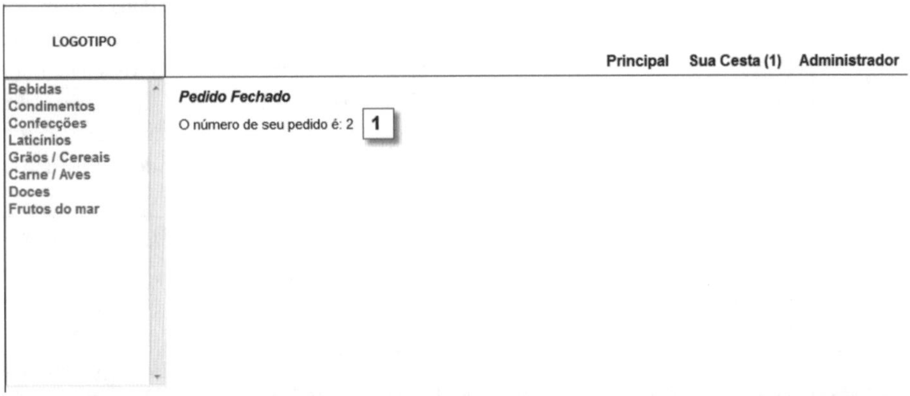

Item	Descrição	Tipo	Tamanho/Formato	Obrigatório	Ação
1	Número do Pedido	Label	9.999	SIM	-

Ações	
1	Informa o número do novo pedido após seu fechamento.

Quadro de Referências

Elemento	Modelo/Propriedade	Tabela/Coluna
Número do Pedido	PedidoModel. PedidoID	Pedido.PedidoID

10. Descrição de Classes e Métodos

Pasta	Namespace	Classe	Método	Descrição
\Controllers	NWind_MVC. Controllers	ContaController	LogOn(): ActionResult	Invoca a View para Log On.
\Controllers	NWind_MVC. Controllers	ContaController	LogOn(LogOnModel model, string returnUrl): ActionResult	Valida o nome do usuário e a senha e invoca o método de migração de cesta.
\Controllers	NWind_MVC. Controllers	ContaController	Register() : ActionResult	Invoca a View para registro de nova conta.
\Controllers	NWind_MVC. Controllers	ContaController	Register(RegisterModel model): ActionResult	Valida e registra nova conta de usuário.
\Controllers	NWind_MVC. Controllers	ContaController	ChangePassword(): ActionResult	Invoca a View para alteração de senha.
\Controllers	NWind_MVC. Controllers	ContaController	ChangePassword (ChangePasswordModel model): ActionResult	Valida e altera a senha do usuário.
\Controllers	NWind_MVC. Controllers	ContaController	ChangePassword Success()	Invoca a View para alteração de senha.

\Controllers	NWind_MVC. Controllers	ContaController	MigrarCesta(string User-Name): void	Invoca o método para obter o identificador da cesta e, em seguida, invoca o método de migração da cesta e atualiza o identificador de cesta com o nome do usuário da sessão.
\Models	NWind_MVC. Models	CestaModel	ObterCesta(Http Con-textBase context) : CestaModel	Cria e retorna um objeto CestaModel, invocando no processo o método para obter o identificador da cesta.
\Models	NWind_MVC. Models	CestaModel	ObterCestaId (HttpContextBase context) : string	Obtém e retorna o identificador de cesta com base no identificador do usuário na sessão.
\Models	NWind_MVC. Models	CestaModel	ObterItensCesta() : List<ItemCestaView Model>	Busca os dados dos itens da cesta aberta na sessão de usuário.
\Models	NWind_MVC. Models	CestaModel	ObterTotal() : decimal	Obtém e retorna o valor total da cesta.
\Models	NWind_MVC. Models	CestaModel	MigrarCesta(string user-Name): void	Atualiza cada item da cesta com o nome do usuário da sessão.
\Models	NWind_MVC. Models	CestaModel	AdicionarItemPedido (Pedido pedido): int	
\Models	NWind_MVC. Models	CestaModel	EsvaziarCesta(): void	Exclui todos os itens da cesta aberta na sessão.
\Controllers	NWind_MVC. Controllers	Fechamento-Controller	DadosEntrega(): ActionResult	Invoca a View de dados de entrega.
\Controllers	NWind_MVC. Controllers	Fechamento-Controller	DadosEntrega(Form Collection values): ActionResult	Cria um novo pedido a partir dos dados de entrega e invoca o método para adicionar seus itens.
\Controllers	NWind_MVC. Controllers	Fechamento-Controller	Completado(int id): ActionResult	Valida o cliente proprietário do pedido e invoca a View para exibir mensagem de pedido completado.

11. Diagrama de Classes

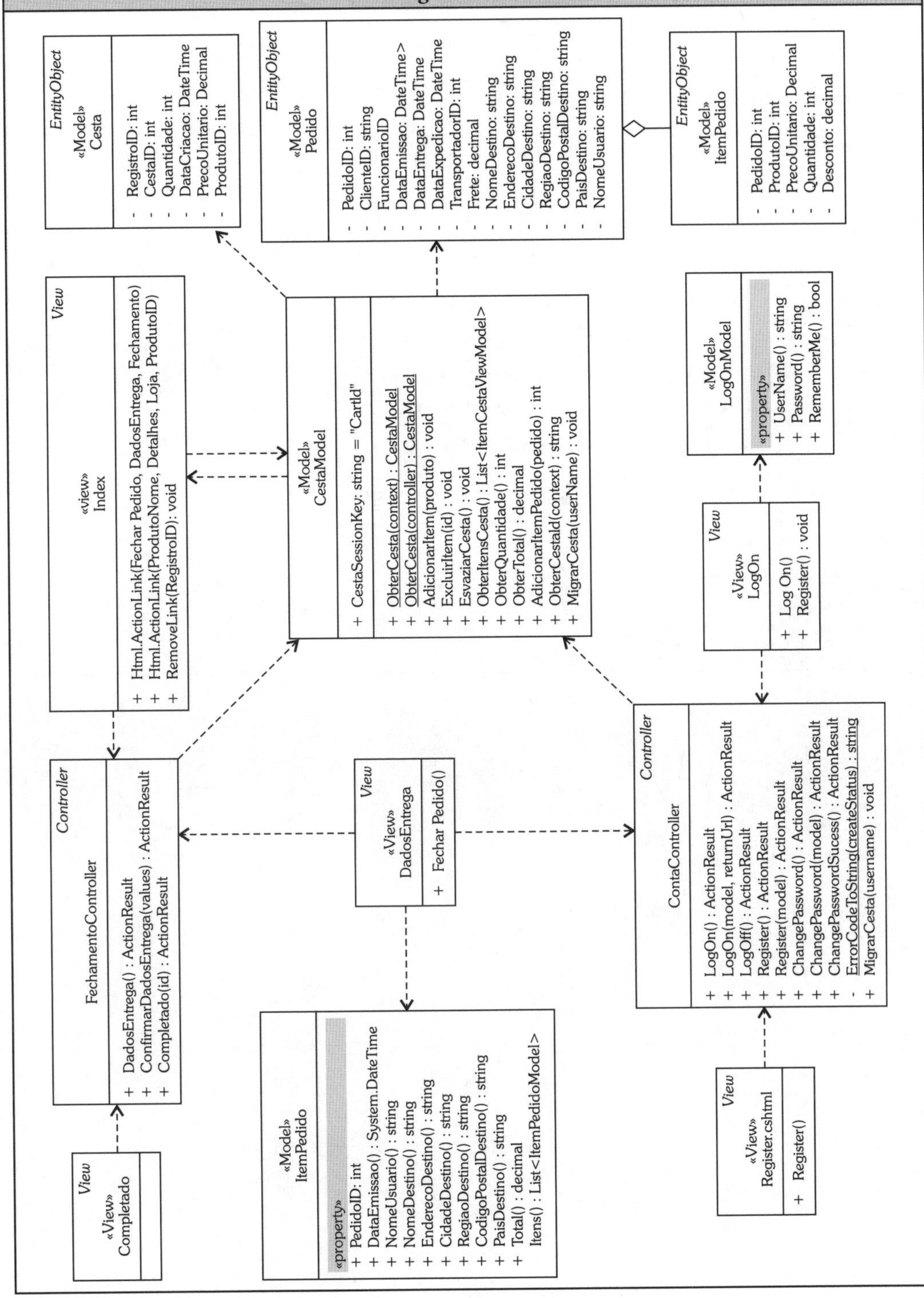

12. Modelo de Dados

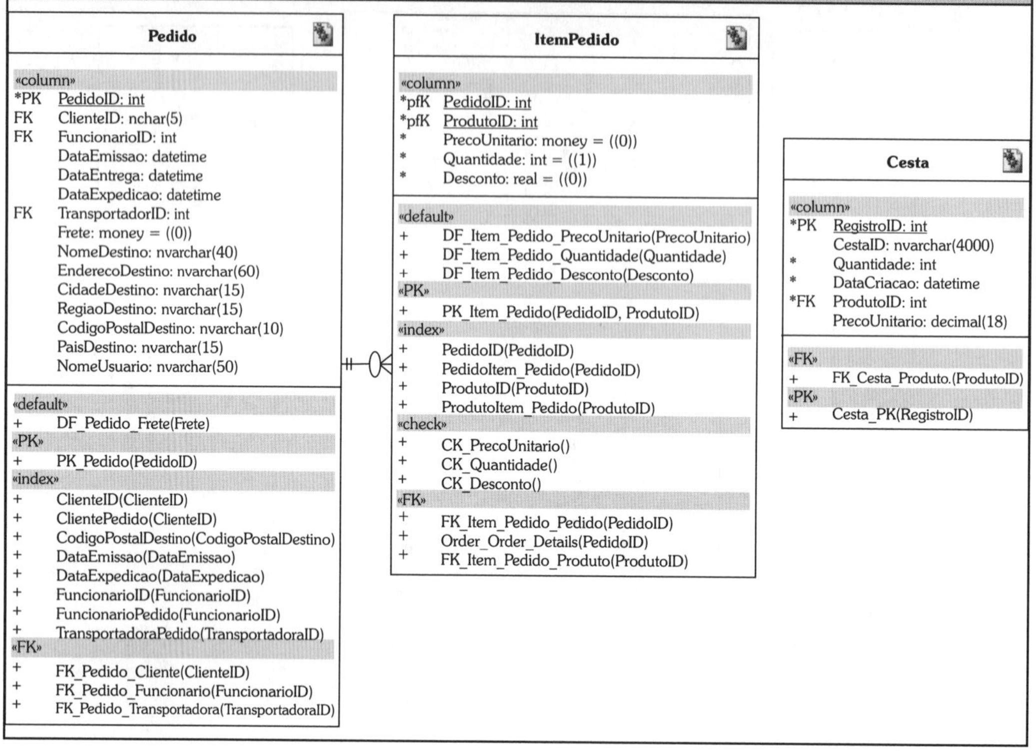

13. Diagramas de Interação

13.1. UC006 - Autenticar usuário

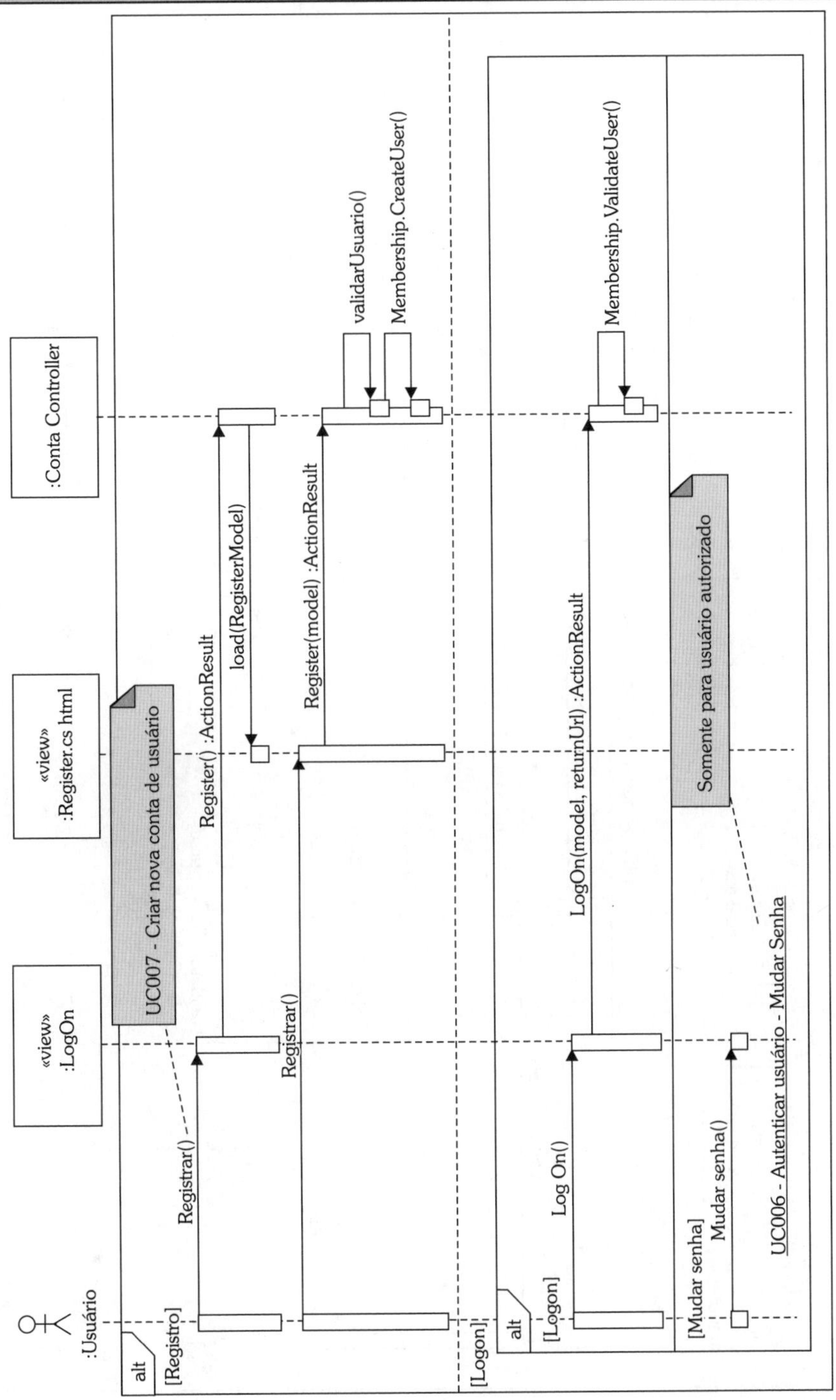

13.2. UC006 - Autenticar usuário - Mudar Senha

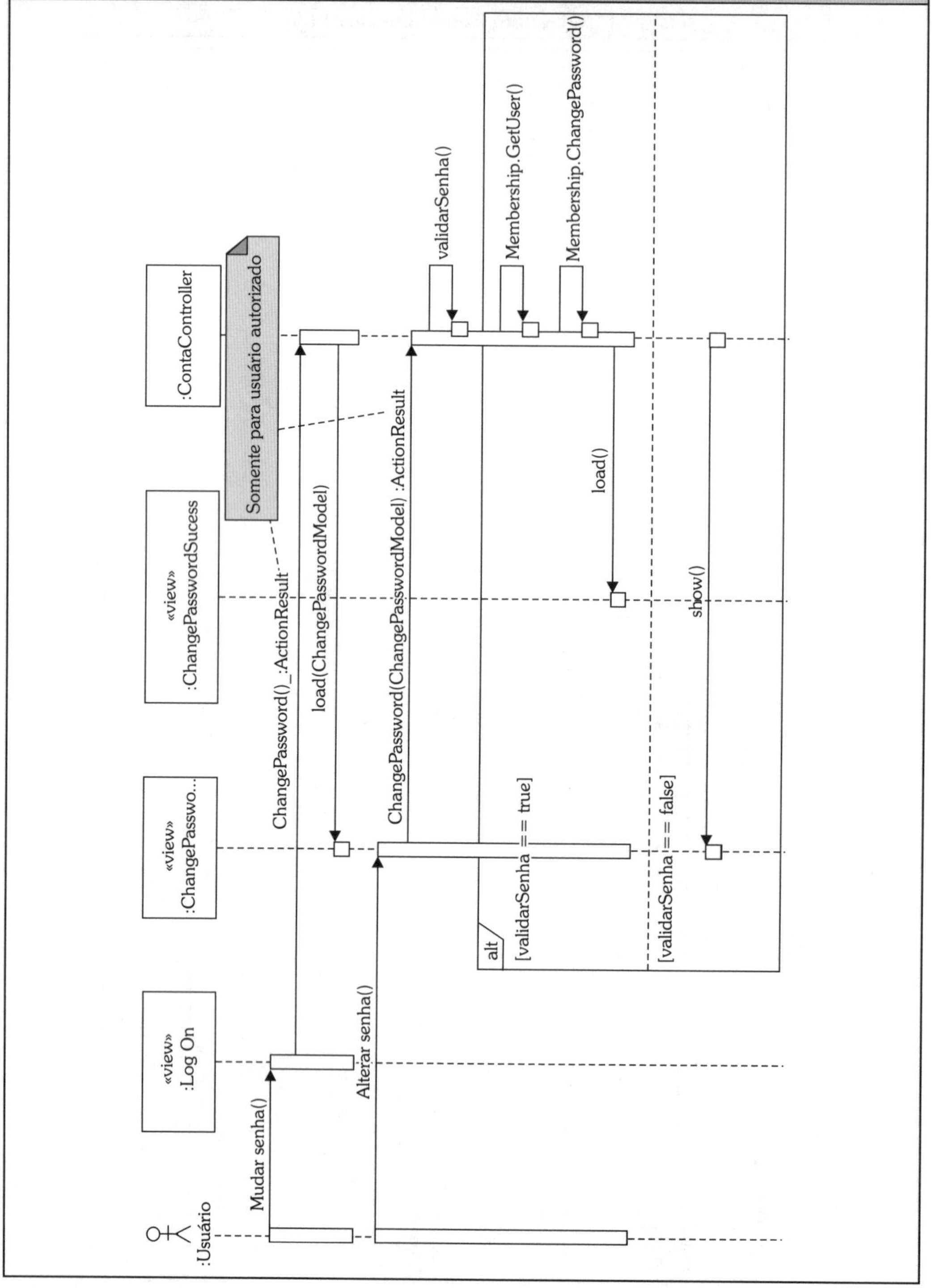

13.3. UC008 - Cadastrar dados de entrega

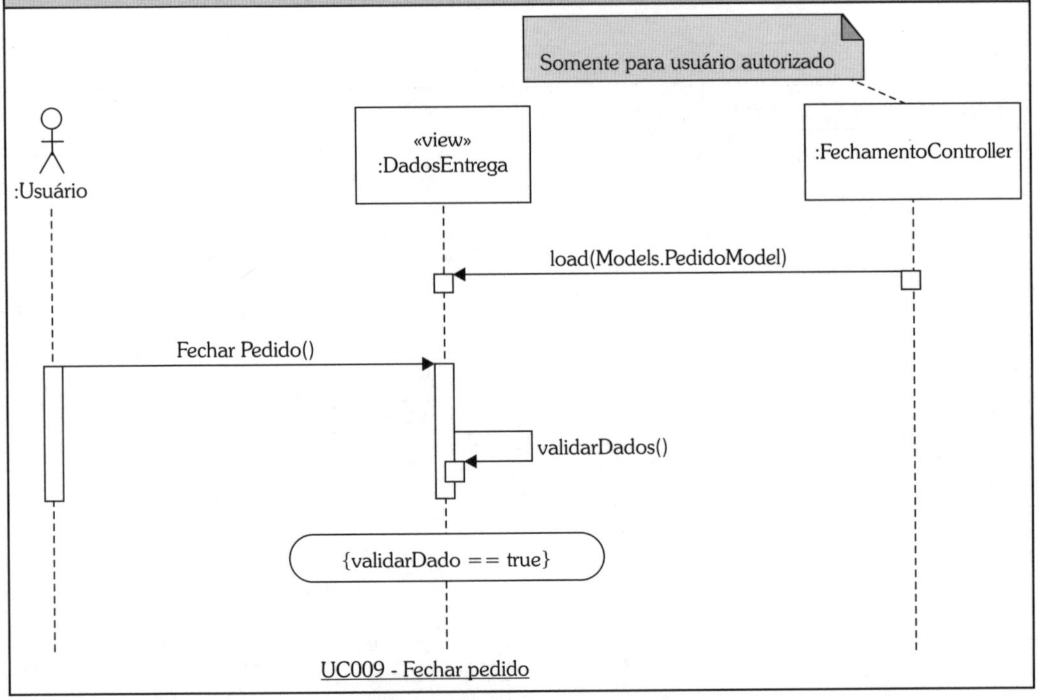

13.4. UC009 - Fechar pedido

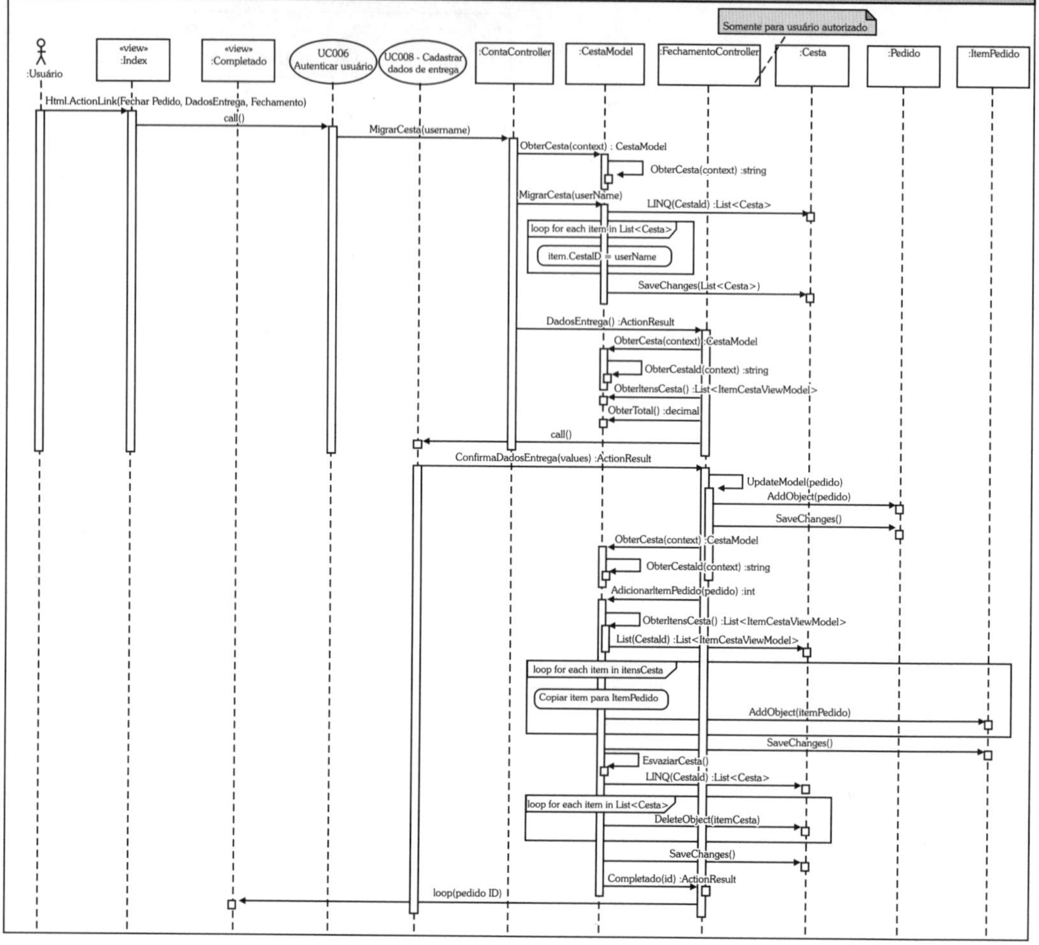

14. Diagrama de Estados

14.1. Cesta

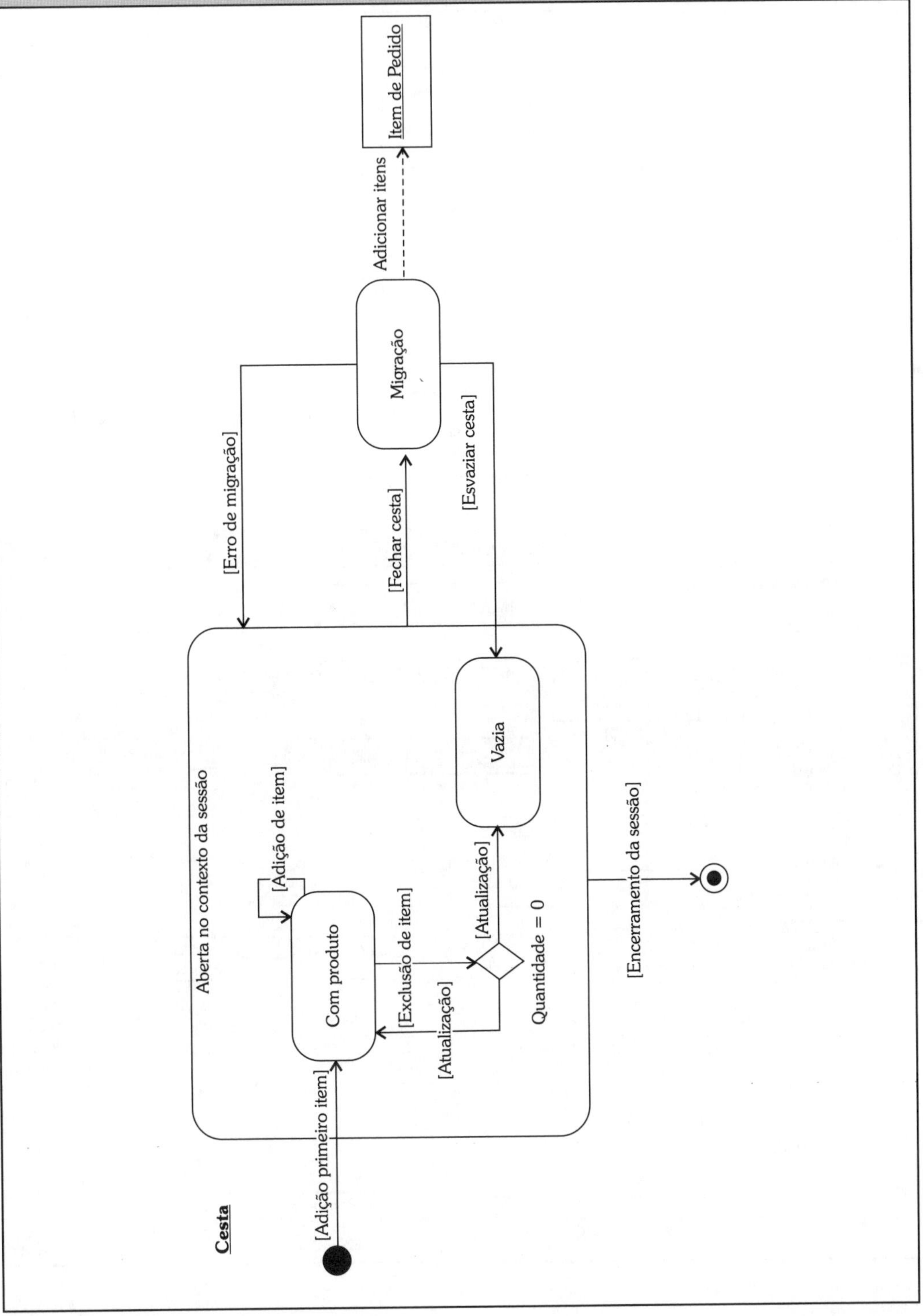

14.2. Pedido

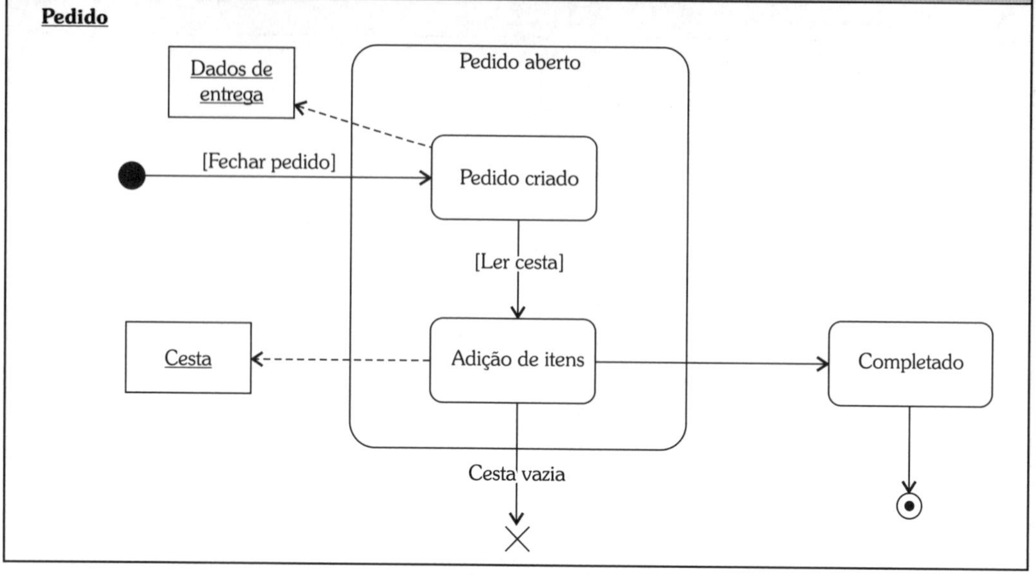

15. Diagrama de Atividades

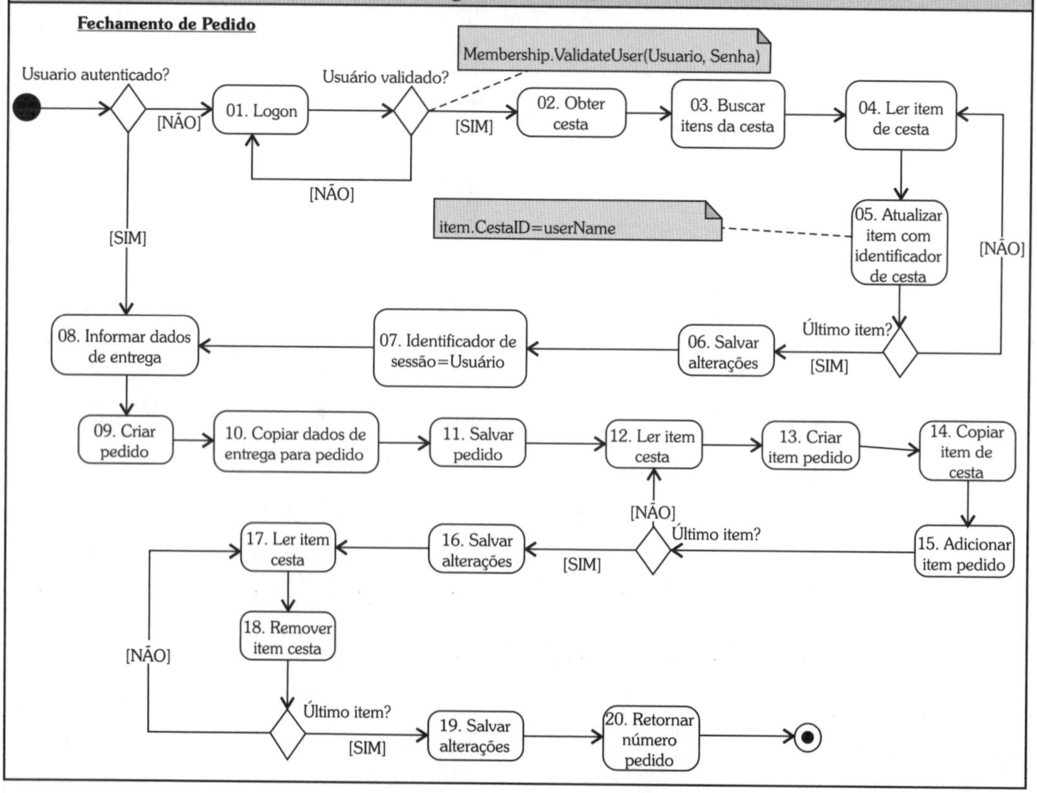

Documentos/Artefatos Associados
⅄ Padrão de Arquitetura MVC da ACME.
⅄ Padrão de Nomenclatura de Banco de Dados.

14.7 Conclusão

Neste capítulo, apresentamos especificações técnicas com conteúdos variados: desde a mais simples (*ET-04 - Carrinho de Compras*) até a mais abrangente e completa possível (*ET-05 - Fechamento do Pedido*). Fica a seu critério escolher qual se adapta a suas necessidades; às vezes, a mais simples é plenamente satisfatória. "Impor" uma versão mais completa pode despender um tempo de que o projeto realmente não dispõe, mas esteja consciente de que eventuais omissões podem comprometer a perfeita comunicação entre os membros da equipe.

Ao definir um formato de especificação, crie um modelo no MS Word, BR Office etc. e aperfeiçoe-o ao longo do tempo, conforme os projetos acontecerem.

Como vimos, o documento de especificação técnica não é apenas um entregável do projeto para satisfazer uma metodologia ou um processo, mas o resultado de um trabalho árduo e abrangente, cheio de detalhes importantes tanto em termos funcionais (de negócio) como técnicos, considerando ambiente de desenvolvimento, padrão de arquitetura, elementos e recursos do *framework* etc.

Desde o capítulo 1, começamos uma jornada que culminou na entrega da especificação do último tópico. Ela não será útil apenas para a equipe e os interessados no projeto, mas também como uma documentação do sistema para futuras manutenções.

Este estudo é apenas um ponto de partida, fornecendo informações básicas que, certamente, servirão para você aprimorar-se, descobrir novas alternativas e, assim esperamos, em breve, superar os conceitos e conteúdos aqui apresentados.

Lembre-se de que há vários ambientes, padrões de arquitetura, normas a serem seguidas. Você deve considerar isso para conseguir uma especificação técnica aderente e útil. Por outro lado, também há ambientes onde o caos é iminente - uma oportunidade para você colocar sugestões, ajudar a organizar processos, ser um multiplicador de conhecimentos com sua experiência.

14.8 Resumo

- O modelo 5W2h, aplicado ao contexto de uma especificação técnica, permite obter as seguintes respostas:
    - **Quem fará:** a tarefa é delegada a você, mas todos os interessados participam e são corresponsáveis (o cliente, o arquiteto, o programador, o testador etc.).
    - **Por que será feito:** não somente para atender uma metodologia ou processo, mas porque a especificação técnica garante que todos os envolvidos no desenvolvimento saibam exatamente o que têm a fazer.

- **Quando:** o maior volume de trabalho ocorre na fase de elaboração do projeto, principalmente no que se refere à confecção da especificação funcional, mas prossegue ao longo de todo o ciclo de vida do projeto em função de ajustes, descoberta de novos requisitos e outros fatores.
- **Como será feito:** basicamente, da mesma forma praticada neste estudo, isto é, começando pelo levantamento de requisitos funcionais, redação de casos de uso para registrar a lógica de negócio, descoberta das classes de análise ou domínio e construção de artefatos técnicos com base em uma arquitetura de referência.
- **Quanto custará:** tempo, isto é, horas de análise para desenvolver os artefatos, tempo este que muitos acham dispensável, mas que acabam consumindo em retrabalho logo na metade do ciclo de vida do projeto.
- **O que será feito:** o que viemos fazendo até aqui, isto é, os artefatos referentes à especificação funcional e os demais (diagramas de classes das camadas, atividades, estados e de interação).

⅄ Uma boa ideia é imaginar que a especificação técnica destina-se a um desenvolvedor que você não conhece e com quem estará impossibilitado de comunicar-se.

⅄ O documento de especificação técnica recebe vários nomes, dependendo da formalização ditada pela metodologia ou processo, como, por exemplo, DRS (Documento de Requisitos do Sistema); ETC (Especificação Técnica Complementar), "complementar" porque geralmente existe um documento anterior de especificação funcional; ET (Especificação Técnica).

⅄ O conteúdo de um documento de especificação técnica é bem abrangente:

- Histórico de revisão;
- Objetivos;
- Requisitos funcionais;
- Casos de uso;
- Configuração (com localização dos componentes, localização do banco de dados, servidores);
- Componentes (componentes/classes reutilizados, atualizados e inéditos);
- Endereço de documento e projeto no repositório, se houver;
- Para cada item, considerar protótipo, legenda e descrição dos campos, ações e quadro de referências;
- Descrição das classes e métodos;
- Diagrama de classes, MER, interação, estados e atividades;
- Documentos/artefatos associados.

⅄ Algumas metodologias e processos estabelecem que, se determinado item não possuir conteúdo, como, por exemplo, não existir um diagrama de atividades, mesmo assim ele deve constar no documento, geralmente incluindo a expressão "Não há".

- Se você estiver incluindo os casos de uso na especificação, pode descrever os objetivos de forma resumida; caso contrário, escreva um texto com base nos objetivos de cada caso de uso envolvido.
- O modelo de dados, dependendo da estrutura de papéis da equipe, pode ser requerido pelo administrador de dados (DBA), para que seja providenciada a criação das tabelas na base de dados.
- É interessante garantir que o desenvolvedor conheça o diagrama de interação e saiba interpretá-lo.
- Em alguns modelos, o objetivo do caso de uso e os atores também são descritos, inclusive outros casos de uso relacionados, mas que não fazem parte do escopo da especificação - geralmente são casos de uso cuja precondição é a execução dos casos cobertos por ela.
- Como a análise das classes foi concluída, um diagrama de classes pode apresentar métodos que não fazem parte do escopo da especificação, por isso a descrição da classes e métodos é importante - o desenvolvedor deve limitar-se a desenvolver os métodos descritos, não precisando, portanto, preocupar-se com os demais métodos do diagrama.
- De modo geral, a primeira especificação é mais difícil de confeccionar, principalmente se o objetivo for complexo e você não possuir um modelo definido. Conforme suas especificações vão sendo produzidas, mais você familiariza-se com o processo e reúne maior quantidade de material a ser reaproveitado - sua produtividade aumenta e o tempo consumido diminui.
- Algumas ferramentas UML permitem controlar o status dos elementos, definindo, por exemplo, "proposto", "aprovado", "implementado" etc. Entretanto, há uma forma mais prática de controlar o reúso, a atualização e a criação de componentes: basta criar uma planilha e relacioná-los (isso é possível, pois você já mapeou todos os componentes). Conforme as especificações técnicas são concluídas, basta atualizar o status do componente na planilha, que pode ser utilizada, inclusive, para as fases posteriores, como codificação, testes etc.
- Ao definir um formato de especificação, crie um modelo no MS Word, BR Office etc. e aperfeiçoe-o ao longo do tempo, conforme os projetos acontecerem.
- O documento de especificação técnica não é apenas um entregável do projeto para satisfazer uma metodologia ou um processo, mas o resultado de um trabalho árduo e abrangente, cheio de detalhes importantes tanto em termos funcionais (de negócio) como técnicos, considerando ambiente de desenvolvimento, padrão de arquitetura, elementos e recursos do *framework* etc.

14.9 Exercício Proposto

Não confeccionamos a especificação técnica referente a *EF-06 - Administração*. Com base no que foi apresentado neste capítulo, desenvolva-a procurando chegar a um documento o mais completo possível.

O desenvolvimento de especificações referentes a funcionalidades do tipo CRUD (manutenção de dados) é muito fácil e rápido, mas não se preocupe com isso, ok?

15 Casos de Teste

Em várias empresas, principalmente as de grande porte, existe um departamento de qualidade de software no qual um arquiteto ou equipe especializada analisa e aprova as especificações, verificando se elas estão de acordo com os padrões da metodologia adotada. E isso é levado tão a sério que, se essa tarefa é terceirizada, a empresa contratada pode ser penalizada no caso de o produto não estar de acordo com esses padrões.

E mais, o código desenvolvido deve estar de acordo com as especificações aprovadas!

Vamos dedicar este último capítulo a uma atividade - confecção de planos de teste, que, eventualmente, pode ser atribuída a você. Embora o correto seja designar um profissional exclusivo para ela, se houver limitações de recursos humanos e financeiros, tem um certo sentido atribuí-la ao especificador, pois, como veremos, essa atividade exige conhecimento do negócio e da estrutura da aplicação a ser desenvolvida, isto é, as especificações funcional e técnica são a fonte para a elaboração de artefatos de teste.

Considere a importância de suas especificações: elas não se destinam apenas ao desenvolvedor responsável pela programação, mas aos demais membros da equipe desempenhando um ou mais papéis no projeto.

Atualmente, com a concorrência cada vez mais acirrada e capacidade estimulada pela globalização, o cliente é cada vez mais exigente em relação à qualidade dos produtos que adquire. E, em termos de software, produto não é só código, mas inclui embalagem (mesmo que seja "virtual"), documentação, manuais de instalação e de usuário e garantia certificada, a qual só pode ser conseguida por meio de testes evidenciados.

Sempre ao abordar este assunto, vale recordar a frase "Meu reino por um cavalo!". William Shakespeare, em sua peça *Ricardo III*, conta que o rei Ricardo III preparava-se para uma batalha em que estava em jogo seu reino - o vitorioso ocuparia o trono da Inglaterra. No dia da batalha, ele ordenou que um cavalariço de sua confiança verificasse se seu cavalo estava pronto. O cavalariço procurou um ferreiro e ordenou que ele ferrasse o cavalo o mais depressa possível.

O ferreiro pediu que o cavalariço esperasse, pois precisava providenciar as ferraduras, ao que o cavalariço, apressado, ordenou que o trabalho fosse feito com o que estivesse disponível. O ferreiro improvisou as ferraduras a partir de uma barra de ferro da melhor maneira possível, mas, ao pregá-las nas patas do cavalo, constatou que faltava um prego para fixar a última...

Ao colocar o problema, o cavalariço, mais irritado ainda, perguntou se a ferradura fixada com três pregos correria o risco de cair. O ferreiro respondeu que PROVAVELMENTE não, mas não deu nenhum garantia a respeito.

No calor da batalha, Ricardo III notou que alguns de seus homens batiam-se em retirada, atitude que poderia influenciar os demais. O rei galopou em direção à linha desertora, mas, na metade do caminho, o cavalo perdeu uma das ferraduras, desequilibrou-se, jogando o monarca ao chão, e partiu em disparada.

Ricardo olhou em volta, viu seus homens em fuga e os soldados do inimigo fechando o cerco... e exclamou: "Um cavalo! Meu reino por um cavalo!".

O reino foi perdido por causa de uma batalha, que foi perdida por causa de um cavalo, perdido por causa de uma ferradura, que foi perdida por causa de um prego.

Há tempos atrás, por volta da década de 1960, alguém disse que um erro de software descoberto no início do projeto representa um custo de 1%; porém, se descoberto mais tarde, pode custar 100% do valor da aplicação, isso quando não a torna inviável...

Certa vez, em uma famosa apresentação em que o presidente de uma empresa anunciava um software ao público, contando inclusive com a presença da mídia internacional, em determinado momento uma mensagem de erro apareceu, causando não só constrangimento, mas desconfiança.

O custo de prevenir erros é sempre menor do que o de corrigi-los e essa prevenção ocorre garantindo a qualidade das pequenas tarefas - a qualidade total é o somatório de vários itens de qualidade. O produto não é liberado se estiver faltando "um prego"...

Para garantir a qualidade, portanto, é preciso testar, não de maneira fortuita ou ao acaso, mas metodicamente. Mas, infelizmente, ainda não é dado o devido valor aos testes - para entregar o produto na data acertada, as primeiras atividades a terem o tempo reduzido são de testes (a batalha é iminente e um prego não fará diferença...).

Se testar software não fosse importante, as metodologias não definiriam papéis, diretrizes e processos de teste. Não haveria um profissional especializado e até certificado para essa atividade.

A norma ISO 9126 define uma série atributos de qualidade a serem testados, como funcionalidade, confiabilidade, facilidade de uso e de manutenção, eficiência e portabilidade. O teste de software é considerado como uma importante parcela do processo de qualidade de software.

Talvez por isso alguns não gostem de metodologias e processos e não se importem com prováveis erros no produto; até se orgulham em "atirar a flecha e, depois, pintar o alvo ao redor dela", isto é, entregar o software e, depois, promover as correções - uma atividade tensa, desgastante e constrangedora.

15.1 Visão Geral

O teste é uma investigação adequada do software para avaliar sua qualidade no ambiente em que ele será executado, fator essencial para o sucesso do projeto.

Seria tão bom se pudéssemos garantir que um sistema funciona sem erros... Mas podem ocorrer falhas por causa de cenários apresentando fórmulas, processos e algoritmos complexos; e essa complexidade aumenta na mesma proporção do tamanho do projeto e da quantidade de interessados envolvidos. As falhas também podem ser consequência de uma especificação errada ou incompleta, definindo requisitos impossíveis de serem implementados, limitações de ambiente etc. Elas resultam de um ou mais defeitos funcionais ou técnicos do sistema.

Fazer testes significa usar o software para encontrar defeitos. O testador assume a filosofia "Hardy HaHa", um velho personagem de desenhos animados - uma hiena pessimista que nunca ria e para quem nada iria dar certo.

O responsável pelos testes deve possuir uma visão destrutiva do sistema, em busca de erros, verificando não somente as condições válidas de execução, mas também as condições inválidas.

Antes de iniciar os testes, deve-se fazer a pergunta: o que deve ser testado? O que testar? A resposta resume-se em testar as funcionalidades definidas no escopo do projeto. Tudo começa com o que foi desenvolvido no capítulo 3, *Visão e Especificação de Requisitos,* e no capítulo 4, *Especificação Funcional.*

Os testes são definidos em **casos de teste**, baseados nos casos de uso desenvolvidos no início do projeto. Para verificar o bom funcionamento do sistema, basta compará-lo com as especificações, daí a importância da especificação funcional.

15.1.1 Técnicas e Tipos de Teste

Antes de tratarmos dos casos de teste com base nos casos de uso, vamos apresentar resumidamente algumas técnicas muito utilizadas, todas com o objetivo de encontrar falhas no software.

A técnica conhecida como **teste de caixa branca** é orientada à lógica do código. Ela usa como base a especificação técnica porque atua diretamente no código-fonte, testando condições, fluxo de dados, caminhos lógicos e código nunca executado.

O testador, geralmente o desenvolvedor, depura o código-fonte e pode construir rotinas para analisá-lo, elaborando casos de teste que cubram todas as possibilidades - por isso os testes de caixa branca também são conhecidos como **testes unitários** ou **teste de módulo**. Ambientes de desenvolvimento, entre eles o Visual Studio, fornecem ferramentas para gerar esses testes - por exemplo, é muito conhecida a ferramenta JUnit para testar classes ou métodos desenvolvidos em Java; elas permitem verificar a conformidade do código com os padrões e as boas práticas de codificação reconhecidas pelo mercado, permitindo diminuir a possibilidade de erros de codificação.

Um teste unitário testa as menores unidades de software desenvolvidas (pequenas partes ou unidades do sistema), como métodos ou pequenos blocos de código, a fim de encontrar falhas de funcionamento em uma pequena parte do sistema independentemente do funcionamento do todo. O desenvolvedor realiza (ou deveria realizar) esses testes logo após a codificação de uma unidade sob sua responsabilidade antes de liberá-la para a equipe de teste, que executa os casos de testes criados de acordo com as especificações do projeto do software. O testador pode (e deve) auxiliar o desenvolvedor na elaboração dos testes unitários.

A técnica de **teste de regressão** é aplicada a cada nova versão do software ou a cada ciclo de testes durante o processo de desenvolvimento - todos os testes que já foram realizados anteriormente são executados novamente. Geralmente essa técnica utiliza uma ferramenta de automação de teste.

Existe um grupo de testes que verifica exclusivamente requisitos não funcionais, como teste de desempenho, carga e recuperação, para avaliar se o software consegue processar grandes quantidades de dados no tempo de processamento exigido e se ele é capaz de retornar à execução com estabilidade após a ocorrência de alguma falha.

O teste de usabilidade verifica se a interface de usuário é de fácil utilização e aprendizado, se as mensagens exibidas são compreensíveis e se existe homogeneidade visual entre diferentes componentes. Já os testes de confiabilidade conferem a segurança e o sigilo dos dados.

Os testes não funcionais são executados com o uso de ferramentas capazes de simular cenários críticos.

O **teste de integração**, como o próprio nome indica, visa encontrar falhas (geralmente de transmissão de dados) provenientes da integração interna dos componentes de um sistema. É importante não confundir essa integração com o tratamento de interfaces com outros sistemas (integração de sistemas).

O **teste de sistema** consiste em executar o sistema sob o ponto de vista do usuário final, verificando todas as funcionalidades em busca de falhas em relação aos objetivos originais. Ele é realizado em condições de ambiente, interfaces e massa de dados semelhantes às de **produção**, isto é, onde o sistema será executado em condições reais depois de implantado e homologado.

Finalizando, os **testes de aceitação** ou **de homologação** são realizados por usuários finais do sistema, simulando operações de rotina do sistema para verificar se seu comportamento está de acordo com o solicitado. Ao final dos testes, o cliente decreta se aceita ou não o sistema, geralmente registrado e formalizado por um documento de termo de aceite. Testes de aceitação normalmente incluem testes funcionais, de configuração, recuperação de falhas, segurança e desempenho.

15.1.2 Lista de Verificação e Controle de Qualidade

Antes de liberar as versões, além das técnicas e dos tipos de teste apresentados no tópico anterior, é importante realizar uma verificação geral aplicando uma lista (*checklist*) com itens de inspeção geral da aplicação, pois existem outras características importantes para o aumento da qualidade e que também devem ser consideradas, como, por exemplo, segurança, padronização de termos, emprego correto do idioma, operações de banco de dados etc.

Vamos citar alguns exemplos de itens que devem ser considerados na montagem de uma lista de verificação.

Uma situação bastante desagradável ocorre quando, por exemplo, ao abrir uma página ou formulário de uma aplicação, você encontra um elemento para escolha da forma de pagamento e uma delas está legendada com o termo "**à** prazo", ou ainda, intervalos "de segunda **à** sexta", de "1 **à** 20", "informe os **í**tens"... Já deparei (creia) com mensagens de erro inesquecíveis: "Nova inclusão mau sucedida" e "Falha geral fatal...".

Há um tipo de verificação, conhecido como **inspeção de usabilidade**, que inclui itens para checar se as legendas e mensagens da interface de usuário estão grafadas corretamente e sintaticamente de acordo com o idioma utilizado. Os termos utilizados devem ser familiares e claros, conforme o negócio do usuário; sem termos técnicos ou jargões de informática.

Além da ortografia e lógica das mensagens e campos, inclua itens de avaliação do leiaute do sistema - ele deve ter a aparência do protótipo (se o protótipo for bem desenhado, é claro). Os campos e grades devem estar alinhados e elementos excludentes, geralmente botões de opção (ou rádio), devem funcionar corretamente.

Quanto a páginas de pesquisa, devem ser testadas todas as combinações possíveis de filtro e os dados retornados.

No capítulo anterior, incluímos um quadro de legendas nas especificações, informando o tipo de dado e o formato de cada campo da página: isso deve testado com o preenchimento dos campos com caracteres especiais ou caracteres inválidos, lembrando do recurso de recortar e colar (<CTRL> + <V>).

As listas de verificação podem cobrir vários itens e, geralmente, a checagem resume-se em responder uma das alternativas: ***sim***, ***não*** ou ***não se aplica***). Os itens que apresentamos aqui são uns poucos exemplos.

15.2 Plano de Teste

O assunto é tão vasto que justificaria um livro para abordá-lo com mais propriedade. Se desejar explorá-lo, comece lendo o artigo em http://pt.wikipedia.org/wiki/Teste_de_sistema e os *links* relacionados.

Vamos nos limitar ao artefato que pretendemos exemplificar neste capítulo: os casos de testes funcionais.

Para conferir a qualidade funcional dos componentes do sistema, incluindo entrada, processamento e os resultados esperados, podemos utilizar os casos de uso para criar e rastrear um caso de teste, facilitando assim a identificação de possíveis falhas.

As especificações funcionais disponibilizam os casos de uso e o protótipo de telas (páginas), os quais descrevem requisitos que definem o que o cliente espera obter de cada funcionalidade e representam a forma como o sistema será utilizado.

Os casos de uso, portanto, servem de base para a construção de casos de testes. Eles auxiliam na validação dos requisitos implementados. A partir deles, podemos simplificar o processo de teste do software, garantindo que todo o escopo vai ser abrangido pelo teste.

Os testes são executados, geralmente, de forma manual junto com o cliente ou usuário para o entendimento das funcionalidades de forma mais realista, pois o sistema ainda não existe na entrega da especificação funcional, mas, com o código já construído, é possível testá-lo em relação ao que foi especificado por meio dos casos de testes.

Os casos de uso são escritos numa linguagem familiar ao usuário; igualmente, os casos de teste permitem testar a aplicação do ponto de vista do negócio, reduzindo a curva de aprendizado do usuário e gerando maior confiança, pois os testes são mais "palpáveis", desde que sejam confeccionados de forma padronizada e sistemática. Não é difícil analisar um caso de teste.

O documento que reúne os casos de teste é denominado **Plano de Teste**, um dos documentos descritos na IEEE 829, uma norma que especifica o padrão mais comum para os planos de teste de software.

Um caso de teste normalmente contém as seguintes secções:

- nome e identificador;
- descrição do objetivo;
- requisitos testados;
- precondições para a execução do caso de teste;
- passos;
- resultados esperados.

O plano de teste, conforme a IEEE 829, também pode conter informações sobre o planejamento dos testes, mas você pode definir um documento à parte descrevendo:

- **Propósito:** descrevendo a finalidade da aplicação que será testada.
- **Recursos a serem testados:** uma lista das características da aplicação que serão testadas, geralmente uma relação de todos os casos de teste com nome e identificador de cada uma.
- **Recursos que não serão testados:** uma lista dos itens da aplicação que serão excluídos do teste e também, se for o caso, casos de uso que foram escritos, mas não serão executados.
- **Estratégias:** descrevendo as estratégias utilizadas para realizar os testes.
- **Critérios de interrupção e retomada de requisitos:** critérios de interrupção são as condições que, ao serem satisfeitas, exigem que o teste seja interrompido, enquanto a retomada de requisitos explica as condições necessárias para o reinício de um teste interrompido.
- **Necessidades ambientais:** descrição pormenorizada do ambiente de testes, inclusive hardware, rede, banco de dados, sistema operacional, softwares utilitários e qualquer outra característica de ambiente que possa afetar os testes.
- **Cronograma:** definindo datas e tempo estimado para a realização do teste, mencionando também metas com datas específicas.

- **Critérios de aceitação:** citando normas ou parâmetros de qualidade que o sistema deve satisfazer para ser considerado pronto para o lançamento, incluindo aprovação do cliente ou demais interessados, requisitos que devem ter sido testados em certos ambientes, contagem de defeitos mínimos em vários níveis de prioridade e severidade, quantidade mínima de testes etc.
- **Funções e responsabilidades:** papéis e nomes dos envolvidos que irão testar o sistema.

Concluímos que o desenvolvimento de casos de teste não se limita a transcrever um caso de uso em uma forma que permita verificar sua realização executando o sistema, mas envolve o planejamento sistemático de diversos fatores.

O caso de teste, depois de realizado, deve atender os resultados esperados; caso contrário, os defeitos são registrados. Não vamos entrar no mérito de como esses defeitos são gerenciados, pois isso faz parte da metodologia adotada.

O importante é registrar os resultados de alguma maneira, ou seja, evidenciar esses resultados. Isso pode ser feito satisfatoriamente com a adição de mais um item ao documento de caso de teste - **evidência de teste**, descrevendo os valores utilizados como parâmetro de entrada, como, por exemplo, um CPF inválido, e a captura da página depois da execução, evidenciando que foi realizada a verificação do CPF e uma mensagem de CPF inválido foi devidamente apresentada.

Se a evidência não puder ser documentada com a captura de uma página do sistema, pode ser, por exemplo, reproduzida uma janela do gerenciador de dados mostrando uma consulta SQL e o resultado de sua execução.

15.3 Casos de Testes da Cesta de Compras

Vimos que os casos de uso são a base para a elaboração de um plano de testes. Como exemplo, desenvolveremos os casos de teste referentes à especificação funcional *EF-04 - Carrinho de Compras,* e sua respectiva especificação técnica, desenvolvida no capítulo anterior como fonte complementar de informações, como, por exemplo, as tabelas da base de dados a serem consultadas para evidenciar o resultado das operações.

Primeiramente, vamos reproduzir os casos de uso da especificação para facilitar sua análise:

UC005 - Consultar pedido	
FB - Fluxo Básico: esse fluxo inicia-se quando o ator escolhe visualizar o conteúdo total de um pedido.	
1.	O sistema busca os itens de um pedido com base em um identificador informado.
2.	O sistema retorna os dados dos itens obtidos no passo anterior: título, preço unitário e quantidade total do item.
3.	O sistema busca o total do pedido com base em um identificador informado.
4.	O sistema retorna o valor total obtido no passo anterior.
5.	Fim de caso de uso.

UC012 - Manter item de pedido	
FA - Exclusão de pedido: esse fluxo inicia-se quando o ator escolhe remover um item de um pedido.	
1.	O sistema exclui o item com base em um identificador de item e um identificador de pedido informado.
2.	Fim de caso de uso. (*)
* No contexto do protótipo, após a exclusão, o caso de uso **UC005 - Consultar pedido** é executado novamente a fim de atualizar a página do carrinho de compras, apresentando-o já sem o item recém-excluído.	

A melhor maneira de estudar todas as possibilidades é confeccionar um diagrama de atividades que facilite a visualização de cada fluxo. Esse diagrama não fará parte da documentação - trata-se apenas de uma ferramenta de análise do problema, mas, se preferir, pode adicioná-lo a uma seção do plano de teste.

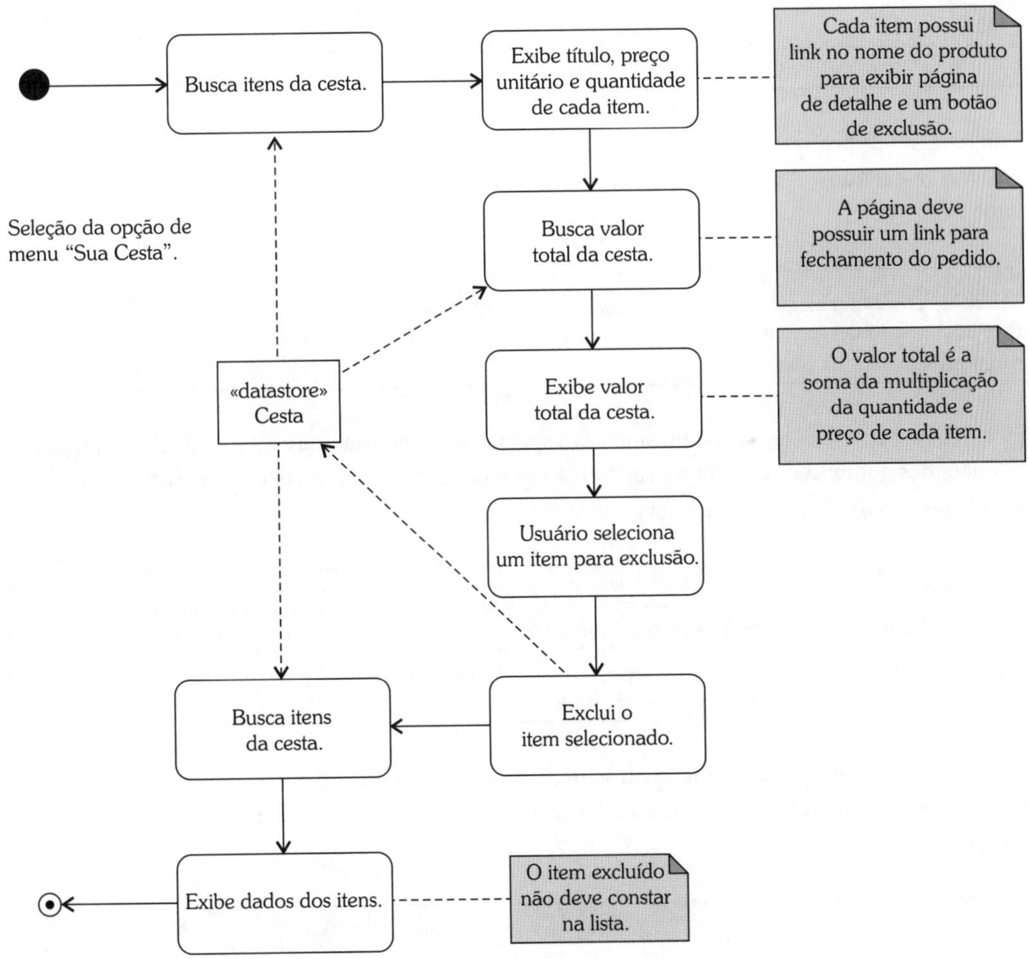

Figura 15.1. Fluxo de consulta e exclusão da cesta de compras.

O diagrama dessa especificação é simples fluxo, pois não existem fluxos alternativos ou de exceção definidos. Observe que a exibição de dados foi incluída no início do fluxo e também no final, pois, diferente do caso de uso, o caso de teste precisa verificar se, após a operação de exclusão, os dados da cesta são atualizados e exibidos corretamente.

Aproveitamos também para inserir notas no diagrama referentes ao resultado esperado de cada ação (ou passo).

Com base no diagrama da Figura 15.1 e em outras informações fornecidas pela especificação técnica, vamos confeccionar o plano de teste:

	Loja Virtual NorthWind MVC **CT-04 - Carrinho de Compras**		
1. Histórico de Revisão			
Versão	**Descrição**	**Data**	**Autor**
1.0	Criação do documento.	26/03/12	Adilson S. Lima

A sigla "**CT**" indica que o documento refere-se a "Casos de Teste". Preferimos seguir a mesma numeração e o nome das especificações funcional e técnica para facilitar a rastreabilidade dos documentos.

2. Objetivos
Este documento descreve os procedimentos de teste referentes à exibição do carrinho (cesta) de compras e exclusão de itens da cesta.

Os objetivos, geralmente, são os mesmos da especificação técnica, mas você pode acrescentar outros detalhes como itens da lista de verificação que serão considerados no teste, como, por exemplo, disposição dos elementos em tela.

3. Requisitos	
RF07	**Pedido:** o cliente poderá escolher um ou mais produtos e adicioná-los ao carrinho de compras.
RNF02	**Desempenho («Performance»):** as consultas de produtos e do carrinho de compras não deverão demorar mais que três segundos.

Apesar de o caso de teste ser funcional, se necessário, você pode adicionar requisitos não funcionais, embora, como vimos no tópico 15.1.1, existam outros tipos de teste mais apropriados para tais requisitos.

4. Precondições	
UC012	Deve existir pelo menos um item na cesta.

Note que, se nenhum produto foi adicionado à cesta, a página é exibida com a lista de itens vazia, mas a precondição refere-se à execução do teste - o teste de exclusão pode ser realizado sem existir pelo menos um item na cesta.

5. Casos de Teste			
5.1. CT04.1 - Fluxo Básico			
Passo	**Descrição**	**Entrada**	**Resultado Esperado**
1	Selecionar a opção de menu "Sua Cesta".		Exibir página de itens da cesta: com nome, preço unitário e quantidade de cada item, com link no nome para exibir página de detalhe e um botão de exclusão. O valor total deve ser a soma da multiplicação da quantidade e preço de cada item. A quantidade apresentada na opção "Sua Cesta" deve ser igual à soma das quantidades dos itens listados. Executar consulta SQL.
2	Selecionar um item para exclusão.	Identificador do produto (oculto em tela)	Excluir o item selecionado e reexibir cesta conforme passo 1. Executar consulta SQL.
5.2. CT04.2 - Seleção de Produto			
Passo	**Descrição**	**Entrada**	**Resultado Esperado**
1	No passo 2 do fluxo do caso CT04.1, o usuário seleciona um produto para exibição dos detalhes.	Identificador do produto (oculto em tela)	Exibir página de detalhes do produto: os dados devem ser os mesmos dos exibidos na cesta. Executar consulta SQL.

Nesta solução, usamos a forma tabular, em que os valores de entrada e o resultado esperado são especificados em colunas. O ideal é que os casos de teste sejam documentados em formato de texto (.DOC, .ODT etc.), mas alguns preferem utilizar planilhas, assim o formato que adotamos satisfaz a ambos.

Embora não tenhamos mapeado a chamada à página de detalhes no diagrama de atividades (lembre-se: ele é apenas uma ferramenta de apoio), ao escrever o primeiro caso de teste, analisamos as especificações funcional e técnica e detectamos a necessidade de testar também a chamada de uma segunda página - conclusão perfeitamente normal...

Poderíamos encerrar a abordagem dos casos de teste do carrinho de compras por aqui, mas, para não deixar dúvidas, vejamos como o documento é complementado após a execução dos testes, evidenciando os resultados.

Vamos considerar que adotamos o padrão de registrar as evidências no mesmo documento de plano de teste.

6. Evidências de Teste
6.1. CT04.1 - Fluxo Básico
Passo 1: Selecionar opção de menu "Sua Cesta".

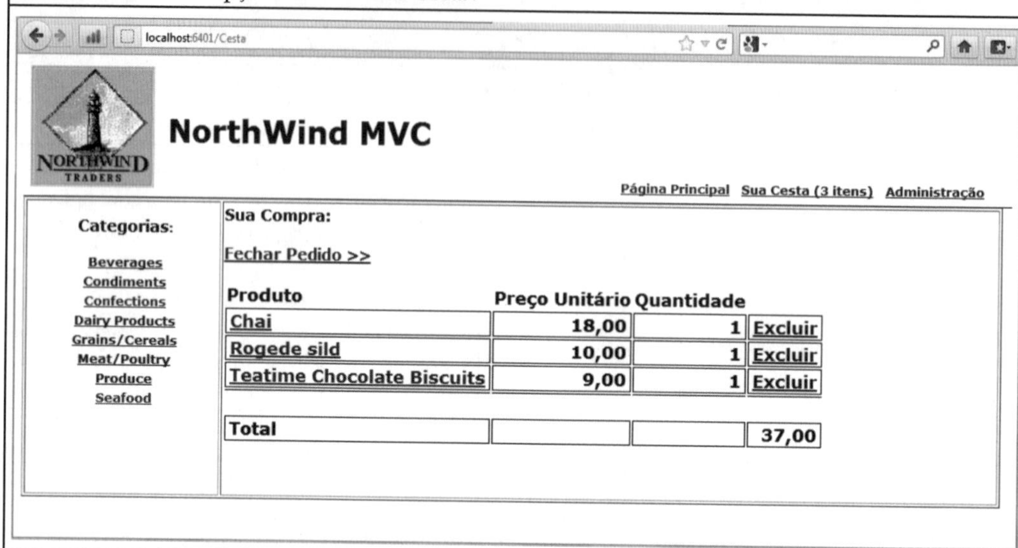

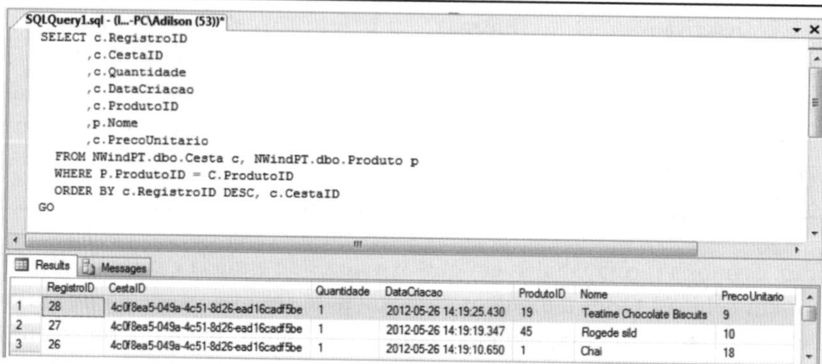

Para evidenciar o passo 1 do caso de teste CT04.1, capturamos a página no navegador durante a execução do sistema e o painel de uma consulta à base de dados no MS SQL Server Management Studio. A fim de registrar a evidência de forma mais clara, consultamos o modelo de dados da especificação técnica e também incluímos na consulta SQL o nome do produto de cada item da cesta.

Observe o identificador da cesta: como o usuário é anônimo, o sistema está utilizando um identificador gerado para a sessão.

Passo 2: Selecionar um item para exclusão (RegistroID = 26).

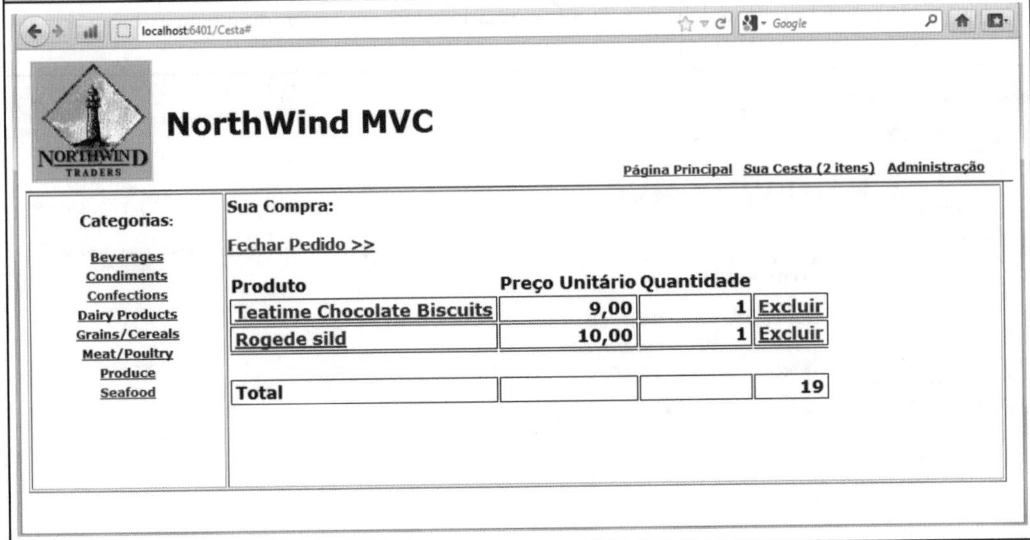

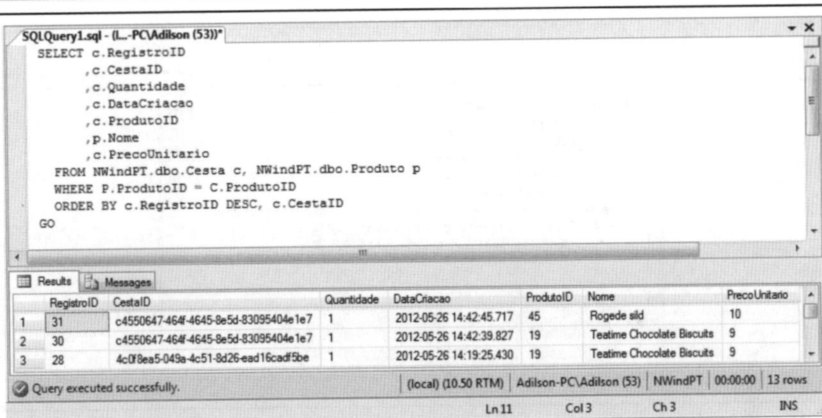

Uma coisa importante a registrar no documento, de preferência no cabeçalho ou rodapé, é a data e o horário da realização dos testes, e também o nome do testador. Isso previne eventuais problemas nos casos em que determinada funcionalidade, em versões posteriores do sistema, apresente defeitos que antes não apresentava.

6.2. CT04.2 - Seleção de Produto

Passo 1: No passo 2 do fluxo do caso CT04.1, o usuário seleciona um produto para exibição dos detalhes (ProdutoID = 45).

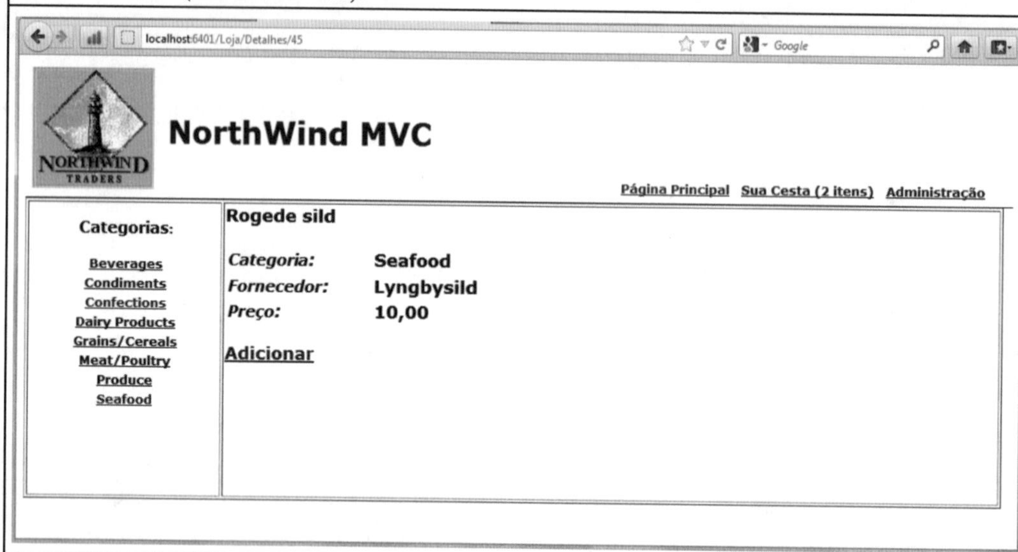

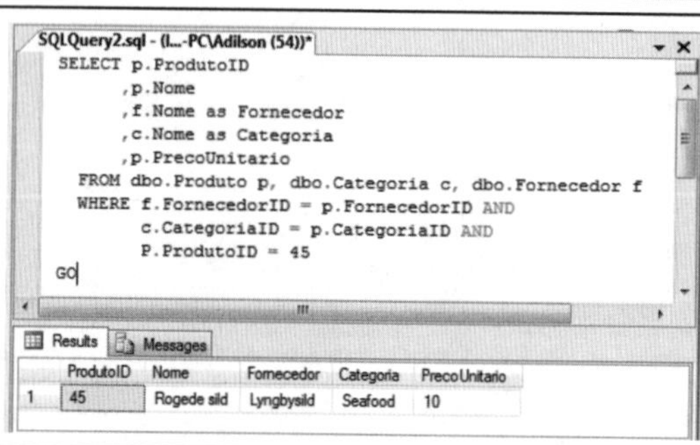

O plano de teste para o carrinho de compras, como vimos, é muito simples e as evidências são suficientes para demonstrar sua execução.

Algumas metodologias incluem outras informações adicionais, como, por exemplo, um resumo dos testes realizados, constando quantidade total de testes, quantidades e percentuais dos testes bem-sucedidos e daqueles que apresentaram algum defeito.

15.4 Casos de Testes do Fechamento de Pedido

Finalizando, vamos apresentar o plano de teste para o fechamento de pedido sem interrupções do conteúdo para comentários.

Antes, porém, seria interessante analisar os fluxos utilizando um diagrama de atividades, como procedemos no tópico anterior.

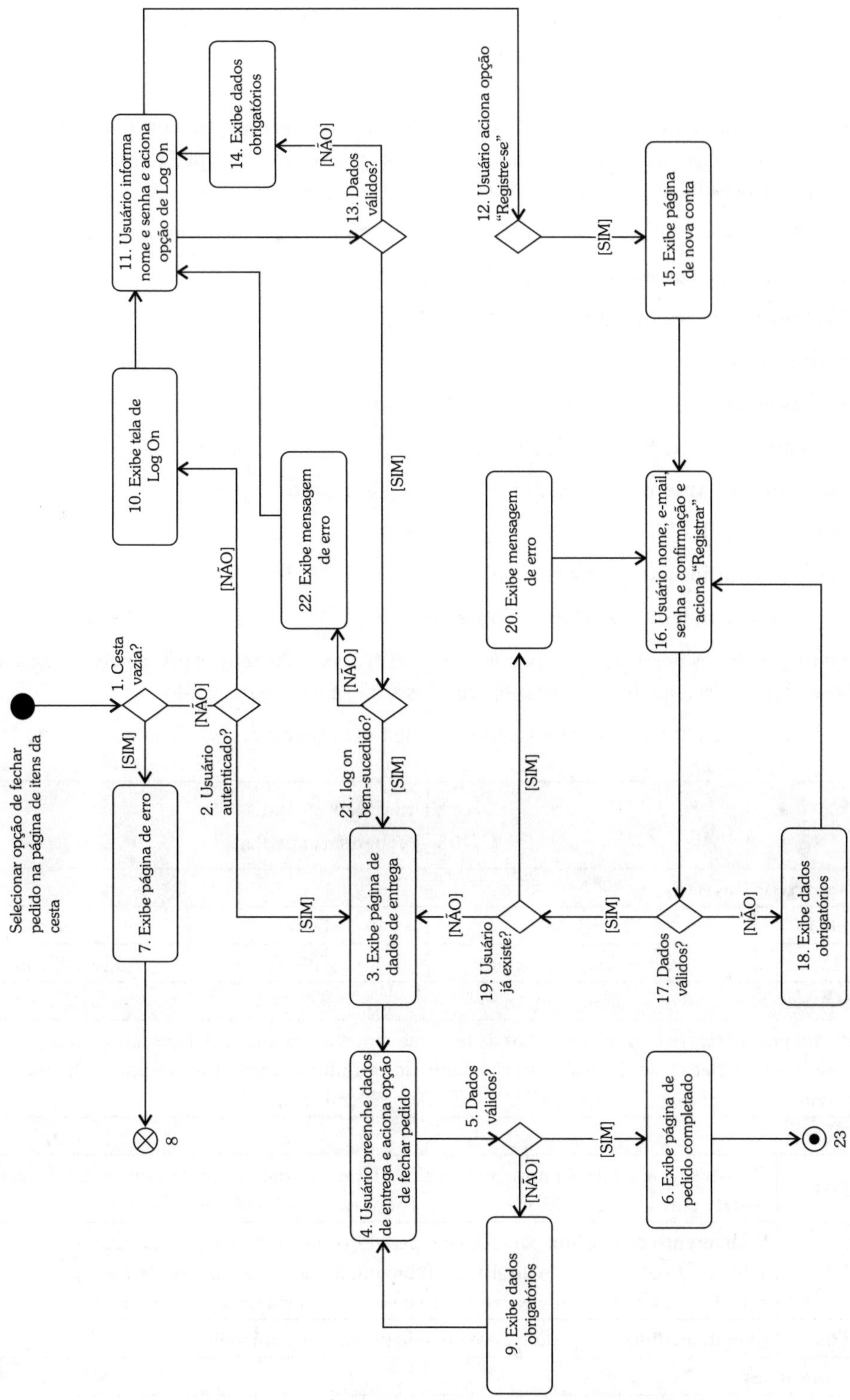

Figura 15.2. Fluxo de autenticação de usuário no fechamento do pedido.

No diagrama da Figura 15.2 não incluímos a opção de mudança de senha, pois ela não foi especificada, como dissemos anteriormente. Como existem vários fluxos possíveis, numeramos cada ação e ponto de decisão do digrama, para facilitar a análise.

O diagrama apresenta todos os fluxos dos casos de uso da especificação. Essa combinação de casos de uso reduz o número de casos de teste e permite executar completamente o processo de fechamento de pedido em um único plano de teste.

Para cada fluxo possível será definido um caso de teste. A numeração facilita listar os fluxos possíveis:

- **Fluxo Normal (ou básico):** 1, 2, 3, 4, 5 e 6.
- **Dados de Entrega Inválidos:** 1, 2, 3, 4, 5, 9 e 4.
- **Cesta Vazia:** 1, 7 e 8.
- **Dados de Log On Inválidos:** 1, 2, 10, 11, 13, 14 e 11.
- **Erro de Logon:** 1, 2, 10, 11, 13, 21, 22 e 11;
- **Usuário Não Autenticado:** 1, 2, 10, 11, 13, 21, 3, 4, 5 e 6.
- **Nova Conta:** 1, 2, 10, 11, 12, 15, 16, 17, 19, 8, 4, 5 e 6.
- **Dados Inválidos para Nova Conta:** 1, 2, 10, 11, 12, 15, 16, 17, 18 e 16.
- **Usuário Já Existente para Nova Conta:** 1, 2 10, 11, 12, 15, 16, 17, 19, 20 e 16.

Existem outros fluxos possíveis, mas por serem repetitivos e cobrirem as principais ações, são dispensáveis. Porém, caso queira ser bastante criterioso, não é errado mapeá-los.

Depois de mapear os fluxos, sabemos quais casos de teste especificar no plano.

<table>
<tr><td></td><td colspan="3">Loja Virtual NorthWind MVC
CT-05 - Fechamento de Pedido</td></tr>
<tr><td colspan="4">1. Histórico de Revisão</td></tr>
<tr><td>Versão</td><td>Descrição</td><td>Data</td><td>Autor</td></tr>
<tr><td>1.0</td><td>Criação do documento.</td><td>26/03/12</td><td>Adilson S. Lima</td></tr>
<tr><td colspan="4">2. Objetivos</td></tr>
<tr><td colspan="4">Este documento descreve os procedimentos de teste referentes a autenticação do usuário, entrada de dados de entrega e efetivação do pedido (fechamento do carrinho de compras), verificando também os recursos de segurança e autenticação do ASP.NET (classe MemberShip).</td></tr>
<tr><td colspan="4">3. Requisitos</td></tr>
<tr><td>RF04</td><td colspan="3">Cliente: o cliente deve informar primeiro e último nome, endereço, cidade, estado, código postal e país, além de telefone e e-mail. Todos esses dados são obrigatórios.</td></tr>
<tr><td>RF08</td><td colspan="3">Fechamento de Pedido: para fechar o pedido, o cliente deve estar cadastrado e autenticado como usuário do sistema (com um nome de usuário, senha e endereço de e-mail) e com os dados de pagamento e de entrega devidamente informados.</td></tr>
<tr><td>RF09</td><td colspan="3">Item de Pedido: um pedido deve possuir, no mínimo, um item.</td></tr>
<tr><td colspan="4">4. Precondições</td></tr>
<tr><td>UC012</td><td colspan="3">Deve existir pelo menos um item na cesta.</td></tr>
</table>

5. Casos de Teste			
5.1. CT05.1 - Fluxo Básico			
Passo	**Descrição**	**Entrada**	**Resultado Esperado**
1	Selecionar opção de menu "Sua Cesta" e, em seguida, selecionar a opção "Fechar pedido" na página de itens da cesta.	Identificador da Cesta (oculto)	Exibir página de dados de entrega. Executar consulta SQL.
2	Preencher dados de entrega e acionar opção "Fechar pedido".	Dados de Entrega	Exibir página de pedido completado. Executar consulta SQL e conferir dados de entrega e cópia de cesta para item de pedido.
5.2. CT05.2 - Dados de Entrega Inválidos			
Passo	**Descrição**	**Entrada**	**Resultado Esperado**
1	No passo 2 do fluxo do caso CT05.4, omitir preenchimento de dados de entrega: nome, endereço, cidade, região (Estado), código postal e país, e acionar "Fechar pedido".	Dados de Entrega	Exibe mensagem de dados obrigatórios à direita do campo.
5.3. CT05.3 - Cesta Vazia			
Passo	**Descrição**	**Entrada**	**Resultado Esperado**
1	No passo 1 do fluxo do caso CT05.1, a cesta não possui itens. Acionar "Fechar pedido.		Exibir página de erro. Executar consulta SQL e conferir conteúdo de cesta.
5.4. CT05.4 - Usuário Não Autenticado (Log On)			
Passo	**Descrição**	**Entrada**	**Resultado Esperado**
1	Abrir sessão no navegador. No passo 1 do fluxo do caso CT05.1, o usuário não está autenticado na sessão.		Exibir tela de Log On.
2	Informar nome e senha e acionar opção de Log On.	Dados de Logon	Exibir página de dados de entrega.
3	Preencher dados de entrega e acionar opção "Fechar pedido".	Dados de Entrega	Exibir página de pedido completado. Executar consulta SQL e conferir dados de entrega e cópia de cesta para item de pedido.
5.5 CT05.5 - Dados de Log On Inválidos			
Passo	**Descrição**	**Entrada**	**Resultado Esperado**
1	No passo 2 do fluxo do caso CT05.4, omitir preenchimento de nome e senha de usuário e acionar Log On.	Dados de Logon	Exibe mensagem de dados obrigatórios à direita do campo.

5.6 CT05.6 - Erro de Log On: Usuário Inexistente			
Passo	**Descrição**	**Entrada**	**Resultado Esperado**
1	No passo 2 do fluxo do caso CT05.4, informar senha incorreta.	Dados de Logon	Exibir mensagem de login malsucedido.

5.7 CT05.7 - Log On: Nova Conta			
Passo	**Descrição**	**Entrada**	**Resultado Esperado**
1	No passo 2 do fluxo do caso CT05.4, selecionar opção "Registre-se".		Exibir página de nova conta.
2	Informar nome, e-mail, senha e confirmação e acionar "Registrar".	Dados de Logon	Exibir página de dados de entrega.
3	Preencher dados de entrega e acionar opção "Fechar pedido".	Dados de Entrega	Exibir página de pedido completado. Executar consulta SQL e conferir dados de entrega, cópia de cesta para item de pedido e novo usuário.

5.8 CT05.8 - Log On: Dados Inválidos para Nova Conta			
Passo	**Descrição**	**Entrada**	**Resultado Esperado**
1	No passo 2 do fluxo do caso CT05.7, omitir preenchimento de nome, e-mail, senha e confirmação e acionar "Registrar".	Dados de Logon	Exibe mensagem de dados obrigatórios à direita do campo.

5.9 CT05.9 - Log On: Usuário Já Existente para Nova Conta			
Passo	**Descrição**	**Entrada**	**Resultado Esperado**
1	No passo 2 do fluxo do caso CT05.7, informar nome de usuário já existente, informar demais dados e acionar "Registrar".	Dados de Logon	Exibe mensagem de Nome de usuário já existente e solicita um nome de usuário diferente. Executar consulta SQL para demonstrar usuário já existente.

Onde foi incluído como resultado esperado *executar uma consulta SQL*, você tem duas opções: omitir a instrução, adiando a demonstração para as evidências, ou detalhá-la, informando o código SQL a ser executado.

A abordagem feita com respeito aos casos de teste é bastante sucinta, pois, como dissemos, o tema abrange muitos detalhes, conceitos e diretrizes. Entretanto, embora básica, permite uma visão prática de sua construção e documentação.

15.5 Resumo

- O custo de prevenir erros é sempre menor do que o de corrigi-los e essa prevenção ocorre garantindo a qualidade das pequenas tarefas - a qualidade total é o somatório de vários itens de qualidade. Para garantir a qualidade, é preciso testar, não de maneira fortuita ou ao acaso, mas metodicamente.

- A norma ISO 9126 define uma série atributos de qualidade a serem testados, como funcionalidade, confiabilidade, facilidade de uso e de manutenção, eficiência e portabilidade. O teste de software é considerado como uma importante parcela do processo de qualidade de software.
- O teste é uma investigação adequada do software para avaliar sua qualidade no ambiente em que ele será executado, fator essencial para o sucesso do projeto.
- O responsável pelos testes deve possuir uma visão destrutiva do sistema, em busca de erros, verificando não somente as condições válidas de execução, mas também as condições inválidas.
- Os testes são definidos em **casos de teste**, baseados nos casos de uso desenvolvidos no início do projeto. Para verificar o bom funcionamento do sistema, basta compará-lo com as especificações, daí a importância da especificação funcional.
- A técnica de **teste de caixa branca** (**teste unitário** ou **teste de módulo**) é orientada à lógica do código. Ela usa como base a especificação técnica porque atua diretamente no código-fonte, testando condições, fluxo de dados, caminhos lógicos e código nunca executado.
- A técnica de **teste de regressão** é aplicada a cada nova versão do software ou a cada ciclo de testes durante o processo de desenvolvimento - todos os testes que já foram realizados anteriormente são executados novamente. Geralmente essa técnica utiliza uma ferramenta de automação de teste.
- O teste de usabilidade verifica se a interface de usuário é de fácil utilização e aprendizado, se as mensagens exibidas são compreensíveis e se existe homogeneidade visual entre diferentes componentes. Já os testes de confiabilidade conferem a segurança e o sigilo dos dados.
- O **teste de integração**, como o próprio nome indica, visa encontrar falhas (geralmente de transmissão de dados) provenientes da integração interna dos componentes de um sistema. É importante não confundir essa integração com o tratamento de interfaces com outros sistemas (integração de sistemas).
- O **teste de sistema** consiste em executar o sistema sob o ponto de vista do usuário final, verificando todas as funcionalidades em busca de falhas em relação aos objetivos originais. Ele é realizado em condições de ambiente, interfaces e massa de dados semelhantes às de **produção**, isto é, onde o sistema será executado em condições reais depois de implantado e homologado.
- Os **testes de aceitação** ou **de homologação** são realizados por usuários finais do sistema, simulando operações de rotina do sistema para verificar se seu comportamento está de acordo com o solicitado. Ao final dos testes, o cliente decreta se aceita ou não o sistema, geralmente registrado e formalizado por um documento de termo de aceite. Testes de aceitação normalmente incluem testes funcionais, de configuração, recuperação de falhas, segurança e desempenho.
- Antes de liberar as versões, é importante realizar uma verificação geral, aplicando uma lista (*checklist*) com itens de inspeção geral da aplicação, pois existem outras características importantes para o aumento da qualidade e que também devem ser consideradas.
- Há um tipo de verificação, conhecido como **inspeção de usabilidade**, que inclui itens para checar se as legendas e mensagens da interface de usuário estão grafadas corretamente e sintaticamente de acordo com o idioma utilizado. Os termos utilizados devem ser familiares e claros, conforme o negócio do usuário; sem termos técnicos ou jargões de informática. As listas de verificação podem cobrir vários itens e, geralmente, a checagem resume-se em responder uma das alternativas: ***sim***, ***não*** ou ***não se aplica***).
- Para conferir a qualidade funcional dos componentes do sistema, incluindo entrada, processamento e os resultados esperados, podemos utilizar os casos de uso para criar e rastrear um caso de teste, facilitando assim a identificação de possíveis falhas.

- As especificações funcionais disponibilizam os casos de uso e o protótipo de telas (páginas), os quais descrevem requisitos que definem o que o cliente espera obter de cada funcionalidade e representam a forma como o sistema será utilizado.
- Os casos de uso servem de base para a construção de casos de testes. Eles auxiliam na validação dos requisitos implementados. A partir deles, podemos simplificar o processo de teste do software, garantindo que todo o escopo vai ser abrangido pelo teste.
- Os testes são executados, geralmente, de forma manual junto com o cliente ou usuário para o entendimento das funcionalidades de forma mais realista, pois o sistema ainda não existe na entrega da especificação funcional, mas, com o código já construído, é possível testá-lo em relação ao que foi especificado por meio dos casos de testes.
- Os casos de uso são escritos numa linguagem familiar ao usuário; igualmente, os casos de teste permitem testar a aplicação do ponto de vista do negócio, reduzindo a curva de aprendizado do usuário e gerando maior confiança, pois os testes são mais "palpáveis", desde que sejam confeccionados de forma padronizada e sistemática.
- O documento que reúne os casos de teste é denominado **Plano de Teste**, um dos documentos descritos na IEEE 829, uma norma que especifica o padrão mais comum para os planos de teste de software.
- Um caso de teste normalmente contém as seguintes seções: nome e identificador, descrição do objetivo, requisitos testados, precondições para a execução do caso de teste, passos e resultados esperados.
- O plano de teste, conforme a IEEE 829, também pode conter informações sobre o planejamento dos testes, mas você pode definir um documento à parte descrevendo propósito, recursos a serem testados, recursos que não serão testados, estratégias, critérios de interrupção e retomada de requisitos, necessidades ambientais, cronograma, critérios de aceitação, funções e responsabilidades.
- O desenvolvimento de casos de teste não se limita a transcrever um caso de uso em uma forma que permita verificar sua realização executando o sistema, mas envolve o planejamento sistemático de diversos fatores.
- O caso de teste, depois de realizado, deve atender os resultados esperados; caso contrário, os defeitos são registrados. Não vamos entrar no mérito de como esses defeitos são gerenciados, pois isso faz parte da metodologia adotada.
- O importante é evidenciar os resultados dos testes com a adição de mais um item ao documento de caso de teste - **evidência de teste**, descrevendo os valores utilizados como parâmetro de entrada.
- Se a evidência não puder ser documentada com a captura de uma página do sistema, pode ser, por exemplo, reproduzida uma janela do gerenciador de dados mostrando uma consulta SQL e o resultado de sua execução.

15.6 Exercício Proposto

Desenvolva o plano de testes para a manutenção do catálogo de produtos (EF-06 e ET-06). Lembre-se de que as operações envolvidas podem ser evidenciadas por consultas SQL.

A Exemplo de Cronograma de Projeto

⊟ 1 SAC

- ⊞ **1.1 Reunião para Avaliação da Qualidade**
- ⊞ **1.2 Reunião CCM**
- ⊟ **1.3 Avaliação de Recursos Humanos**
- ⊟ **1.4 Definição**
  - 1.4.1 Estudo de viabilidade
  - 1.4.2 Plano sumário do projeto
  - 1.4.3 Autorização de projeto
- ⊟ **1.5 Planejamento**
  - ⊟ **1.5.1 Escopo**
    - ⊟ **1.5.1.1 Planejamento**
      - 1.5.1.1.1 Análise do produto
      - 1.5.1.1.2 Avaliação especializada
      - 1.5.1.1.3 Confecção da declaração do escopo e plano de gerenciamento
    - ⊟ **1.5.1.2 Definição**
      - 1.5.1.2.1 Reunião para definição das atividades
      - 1.5.1.2.2 Decomposição em pacotes de trabalho
      - 1.5.1.2.3 Estrutura analítica do projeto
  - ⊟ **1.5.2 Cronograma**
    - 1.5.2.1 Decomposição e lista de atividades
    - 1.5.2.2 Reunião para estimativa de duração das atividades
    - 1.5.2.3 Estimativas de duração das atividades
    - 1.5.2.4 Análise do caminho crítico
    - 1.5.2.5 Compressão da duração
    - 1.5.2.6 Cronograma do projeto
    - 1.5.2.7 Plano de gerência do cronograma
    - 1.5.2.8 Reunião para avaliação do cronograma

⊟ **1.5.3 Custos**

1.5.3.1 Reunião para avaliação de recursos
1.5.3.2 Lista de recursos requeridos
1.5.3.3 Estimativas de custo
1.5.3.4 Orçamento e confecção da base de referência do custo

⊟ **1.5.4 Risco**

1.5.4.1 Reunião de planejamento
1.5.4.2 Listas de verificação, riscos e alertas
1.5.4.3 Análise das premissas
1.5.4.4 Classificação geral dos riscos do projeto
1.5.4.5 Lista dos riscos quantificados prioritários
1.5.4.6 Plano de respostas a riscos
1.5.4.7 Cálculo de quantias necessárias de reservas de contingência
1.5.4.8 Plano de gerenciamento de riscos

⊟ **1.5.5 Qualidade**

1.5.5.1 Análise de custo/benefício
1.5.5.2 Elaboração de fluxogramas
1.5.5.3 Custo da qualidade
1.5.5.4 Plano de gerenciamento da qualidade
1.5.5.5 Lista de verificações (checklists)

⊟ **1.5.6 Recursos Humanos**

1.5.6.1 Reunião para levantamento das necessidades de pessoal
1.5.6.2 Análise das partes envolvidas
1.5.6.3 Atribuição de funções e responsabilidades
1.5.6.4 Plano de gerenciamento de pessoal
1.5.6.5 Organograma do projeto
1.5.6.6 Reunião de negociação
1.5.6.7 Alocações prévias
1.5.6.8 Contratação
1.5.6.9 Designação de pessoal do projeto e relação da equipe do projeto

⊟ **1.5.7 Comunicação**

1.5.7.1 Análise das partes interessadas
1.5.7.2 Plano de gerenciamento de comunicações

⊟ **1.5.8 Suprimentos**

1.5.8.1 Análise de fazer ou comprar
1.5.8.2 Reunião para definição de aquisições
1.5.8.3 Seleção do tipo de contrato
1.5.8.4 Plano de gerenciamento das aquisições
1.5.8.5 Especificação do trabalho (SOW)
1.5.8.6 Confecção dos documentos/formulários de aquisição
1.5.8.7 Análise dos critérios de avaliação
1.5.8.8 Atualizações na declaração de trabalho (SOW)

⊟ **1.5.9 Formalização do Plano do Projeto**

1.5.9.1 Reunião para apuração de pareceres das partes envolvidas
1.5.9.2 Plano do projeto

⊟ **1.6 Pesquisa**

1.6.1 Opções de tecnologia
1.6.2 Benchmarking
1.6.3 Fornecedores potenciais

⊟ **1.7 Seleção**

1.7.1 Definição de tecnologias
1.7.2 Seleção de fornecedores

⊟ **1.8 Contratação**

1.8.1 Redação de contratos
1.8.2 Assinatura de contratos

⊟ **1.9 Implementação**

⊟ **1.9.1 Análise de Requisitos**

1.9.1.1 Elaboração de casos de uso funcionais
1.9.1.2 Modelagem de classes de negócio
1.9.1.3 Modelagem de diagramas de intereação
1.9.1.4 Validação dos casos de uso

⊟ **1.9.1.5 Elaboração**

1.9.1.5.1 Modelo de classes
1.9.1.5.2 Modelagem de diagramas personalizados
1.9.1.5.3 Elaboração de casos de uso não funcionais
1.9.1.5.4 Modelagem de diagrama de implementação
1.9.1.5.5 Modelagem de diagrama de implantação
1.9.1.5.6 Elaboração de casos de uso de teste
1.9.1.5.7 Validação da especificação

⊟ **1.9.2 Revisão de estimativas**

⊟ **1.9.3 Construção**

⊟ **1.9.3.1 Cadastros Básicos**

⊟ **1.9.3.1.1 Interface**

1.9.3.1.1.1 Interface de usuário
1.9.3.1.1.2 Consistência da apresentação
1.9.3.1.1.3 Outras interfaces
1.9.3.1.1.4 Testes unitários
1.9.3.1.1.5 Testes integrados de interface
1.9.3.1.1.6 Revisão da especificação

⊟ **1.9.3.1.2 Camada de Negócio**

1.9.3.1.2.1 Construção de classes
1.9.3.1.2.2 Testes unitários
1.9.3.1.2.3 Testes de colaboração
1.9.3.1.2.4 Integração com interface
1.9.3.1.2.5 Testes integrados com interface
1.9.3.1.2.6 Revisão da especificação

⊟ **1.9.3.1.3 Camada de Dados**

1.9.3.1.3.1 Criação de objetos de dados
1.9.3.1.3.2 Classes de acesso
1.9.3.1.3.3 Testes unitários
1.9.3.1.3.4 Integração com classes de negócio

1.9.3.1.3.5 Integração com camada de apresentação
1.9.3.1.3.6 Revisão da especificação
⊟ **1.9.3.1.4 Segurança**
1.9.3.1.4.1 Sistema de segurança lógica
1.9.3.1.4.2 Testes unitários
1.9.3.1.4.3 Testes integrados
1.9.3.1.4.4 Revisão da especificação
1.9.3.2 Revisão de estimativas
⊞ **1.9.3.3 Agendamento**
1.9.3.4 Revisão de estimativas
⊞ **1.9.3.5 Consulta**
1.9.3.6 Revisão de estimativas
⊞ **1.9.3.7 Emissão de Atestado/Recibo**
1.9.3.8 Revisão de estimativas
⊟ **1.10 Implantação**
⊟ **1.10.1 Infraestrutura**
1.10.1.1 Equipamentos
1.10.1.2 Sistema operacional
1.10.1.3 Rede
1.10.1.4 Aplicativo
1.10.1.5 Testes de infraestrutura
1.10.1.6 Migração de dados
1.10.1.7 Revisão da especificação
⊟ **1.10.2 Documentação**
⊟ **1.10.2.1 Cadastros Básicos**
⊟ **1.10.2.1.1 Manuais de Usuário**
1.10.2.1.1.1 Confecção
1.10.2.1.1.2 Revisão de conteúdo
1.10.2.1.1.3 Integração com aplicativo
1.10.2.1.1.4 Testes de integração
⊟ **1.10.2.1.2 Manuais Técnicos**
1.10.2.1.2.1 Confecção
1.10.2.1.2.2 Revisão de conteúdo
⊟ **1.10.2.1.3 Revisão de Manuais de Usuário**
1.10.2.1.3.1 Ajustes de conteúdo
1.10.2.1.3.2 Revisão de conteúdo
1.10.2.1.3.3 Integração com aplicativo
1.10.2.1.3.4 Testes de integração
⊟ **1.10.2.1.4 Revisão de Manuais Técnicos**
1.10.2.1.4.1 Ajustes de conteúdo
1.10.2.1.4.2 Revisão de conteúdo

⊟ **1.10.3 Piloto**

1.10.3.1 Instalação

1.10.3.2 Ajustes

1.10.3.3 Revisão da especificação

⊟ **1.10.4 Treinamento**

⊟ **1.10.4.1 Treinamento Básico**

1.10.4.1.1 Agendamento

1.10.4.1.2 Palestra de conscientização

1.10.4.1.3 Treinamento básico

1.10.4.1.4 Treinamento da equipe de suporte

1.10.4.1.5 Avaliação de resultados de treinamento

⊟ **1.10.4.2 Treinamento Avançado**

1.10.4.2.1 Agendamento

1.10.4.2.2 Treinamento avançado

1.10.4.2.3 Treinamento da equipe de suporte

1.10.4.2.4 Avaliação de resultados de treinamento

⊟ **1.10.5 Versão Final**

1.10.5.1 Instalação

1.10.5.2 Ajustes

1.10.5.3 Início da utilização do sistema

1.10.5.4 Medição do desempenho

1.10.5.5 Aceitação do sistema

1.11 Avaliação final dos recursos humanos

B Exemplo de Plano Sumário do Projeto

B.1 Plano Sumário do Projeto SAC

B.1.1 Sistema de Agendamento e Consulta

1. Justificativa do Projeto

A Clínica Boa Vida, devido à crescente demanda por atendimento e consulta nas mais variadas especialidades médicas, decidiu informatizar os serviços de agendamento e consulta de pacientes, principalmente porque visualizamos riscos potenciais de omissões na marcação de consultas e no registro delas nas sessões do médico com o paciente.

Assim, além de garantir agilidade e adequação à dinâmica atual, abraçamos a possibilidade de, futuramente, integrar outros processos e expansões da clínica utilizando os benefícios da informática.

2. Descrição do Produto

O projeto deve entregar uma solução que permita controlar o agendamento das consultas, incluindo reagendamento, cancelamento e pagamento, além de manter os registros históricos de anamnese, diagnóstico, solicitação de exames, procedimentos clínicos, prescrição médica e retornos do paciente para continuação das consultas.

A funcionalidade também deve incluir a manutenção do cadastro de médicos e especialidades, além da emissão de atestados médicos e recibos de pagamento.

Também fará parte da solução o fornecimento de equipamentos, em que serão implantados os programas, com sistema operacional e banco de dados devidamente licenciados e configurados.

3. Designação do Gerente do Projeto

O Sr. José da Silva será o gerente deste projeto, tendo autoridade para contratação de recursos, gerenciamento do pessoal diretamente ligado ao projeto e realização de aquisições associadas à esfera do projeto e conforme as dotações orçamentárias e fluxo de caixa da empresa.

O Sr. Antônio de Oliveira, presidente da Clínica Boa Vida, patrocinador deste projeto, elege o Sr. João de Souza, diretor executivo o apoiador, a quem o Sr. José da Silva deve reportar-se diretamente nas questões que forem necessárias ao bom andamento dos trabalhos.

4. Premissas

Gerente de projeto é o responsável pelas informações que estarão regularmente disponíveis na página **www.boavida.com.br/sac**.

Prontuário médico (histórico do paciente) é o conjunto de documentos (consultas) padronizados e ordenados, em que devem ser registrados todos os cuidados profissionais prestados aos pacientes e que atesta o atendimento médico a uma pessoa numa instituição de assistência médica ou num consultório médico.

As consultas médicas são segredo do médico e do paciente.

O preenchimento do prontuário médico é obrigação e responsabilidade intransferíveis do médico: é prática antiética e ilegal, portanto condenável, delegar seu preenchimento a outrem que não médico habilitado perante o Conselho de Medicina.

É direito de todo paciente ou seu responsável legal, por si ou por advogado constituído, obter cópia integral de seu prontuário médico (hospitalar ou de consultório), a qual deve ser cedida *incontinenti*. Fala-se em cópia pela facilidade de serem obtidas e pela sua aceitação geral, porém há quem exija o original e, neste caso, a cópia ficará no arquivo médico do serviço ou da instituição.

5. Restrições

Implantação em, no máximo, três meses.

Orçamento inicial previsto em R$ 90.000,00.

Os recursos tecnológicos empregados para o desenvolvimento da solução devem ser de ponta, garantindo integridade, sigilo e segurança dos dados.

Possibilidade de triplicar o atendimento de pacientes dentro de um ano, sem necessidade de reajustes do ambiente.

6. Aprovações

Pessoa	Cargo	Data	Assinatura
Antônio de Oliveira	Presidente		
João de Souza	Diretor Executivo		
José da Silva	Gerente de Projeto		

C Exemplo de Declaração do Escopo

C.1 Declaração do Escopo do Projeto SAC

C.1.1 Sistema de Agendamento e Consulta Versão 1.0 - 31/01/2004

1. Justificativa do Projeto

A Clínica Boa Vida, devido à crescente demanda por atendimento e consulta nas mais variadas especialidades médicas, decidiu informatizar os serviços de agendamento e consulta de pacientes, principalmente porque visualizamos riscos potenciais de omissões na marcação de consultas e no registro delas nas sessões do médico com o paciente.

Assim, além de garantir agilidade e adequação à dinâmica atual, abraçamos a possibilidade de, futuramente, integrar outros processos e expansões da clínica utilizando os benefícios da informática.

2. Descrição do Produto

O projeto entregará uma solução que permitirá:

- Controle de agendamento, reagendamento e cancelamento de consultas, incluindo recursos de inclusão e pesquisa de pacientes nos cadastros da clínica.
- Manutenção e pesquisa de médicos e especialidades.
- Registro da realização de consultas, incluindo manutenção e pesquisa de históricos de pacientes.
- Controle e emissão de atestados médicos e recibos de pagamento de consultas, inclusive registro de valor e data de pagamento.

Também fará parte da solução o fornecimento de equipamentos, em que serão implantados os programas, com sistema operacional e banco de dados devidamente licenciados e configurados:

- Um servidor Pentium IV com 1 GB de memória RAM, um HD de 100 GB com gravador de CDs para cópia de segurança
- Dez microcomputadores Pentium IV com 512 MB de memória, HD de 40 GB e rede
- Duas impressoras DeskJet coloridas
- MS SQL Server 2000 como plataforma de banco de dados no servidor
- Windows.net (servidor) e Windows XP Profissional para servidor e usuários

Complementando o pacote, serão incorporados documentos eletrônicos de ajuda ao usuário final e de documentação técnica do sistema, além de treinamento aos usuários durante o período de implantação nas dependências da clínica.

3. Lista de Entregas Principais (Marcos do Projeto)

Fases	Entregas	Marco
Definição	Plano sumário do projeto	Autorização
Planejamento	Plano do projeto	Formalização do plano do projeto
Pesquisa	Relatório de pesquisa	Apresentação do relatório de fornecedores potenciais
Seleção	Relação de fornecedores selecionados e tecnologias a serem utilizadas	Fornecedores selecionados
Contratação	Contratos	Assinatura dos contratos
Implementação	Solução implementada	Validação da especificação
Implantação	Solução implantada	Início da utilização do sistema e aceite
Fechamento	Relatório de lições aprendidas	Encerramento do projeto

4. Objetivos do Projeto

Implantação em, no máximo, três meses.

Orçamento inicial previsto em R$ 30.000,00.

Os recursos tecnológicos empregados para o desenvolvimento da solução devem ser de ponta, garantindo integridade, sigilo e segurança dos dados.

Possibilidade de triplicar o atendimento de pacientes dentro de um ano, sem necessidade de reajustes do ambiente.

5. Aceitação

Pessoa	Cargo	Data	Assinatura
Antônio de Oliveira	Presidente		
João de Souza	Diretor Executivo		
Dra. Maria Prado	Médica Supervisora		
José da Silva	Gerente de Projeto		

D Exemplo de Plano de Gerenciamento do Escopo

D.1 Plano de Gerenciamento do Escopo

D.1.1 Projeto SAC - Sistema de Agendamento e Consulta Versão 1.0 - 31/01/2004

1. Regras

- Gerenciamento do escopo será realizado com base na Declaração de Escopo e na EAT das atividades a serem realizadas pelo projeto.
- Todas as alterações de escopo devem ser analisadas e classificadas dentro do sistema de controle de mudanças de escopo.
- Serão consideradas alterações somente as de cunho corretivo. Novas funcionalidades não serão consideradas pelo gerenciamento de escopo.
- Todas as solicitações de alteração devem ser feitas por escrito e em formato apropriado, devendo ser encaminhadas para a gerência do projeto por meio de sistema apropriado para este fim.
- Alterações cujo custo não ultrapasse R$ 2.000,00 e que não causem atraso de cronograma em até três dias podem ter a aprovação negociada diretamente com o gerente de projeto.

2. Priorização de Alterações

Quaisquer alterações de escopo serão classificadas em três níveis de prioridade:

- **Prioridade 0 (zero):** requerem ação imediata por parte do gerente do projeto, com o conhecimento e a autorização imediata do patrocinador; serão implementadas antes de quaisquer alterações pendentes e já autorizadas, mesmo que estas tenham suas implementações iniciadas.
- **Prioridade 1 (um):** requerem ação imediata por parte do gerente do projeto, mas não podem ser iniciadas antes de as alterações pendentes serem concluídas.
- **Prioridade 2 (dois):** a implementação pode ser postergada devido à falta de urgência.

3. Gerência das Configurações

O sistema de controle de mudanças do escopo possibilitará o tratamento das alterações conforme os passos a seguir:

1. Solicitação de alteração (conforme modelo anexo).
2. Análise das alterações solicitadas (impacto em produtos ou tarefas, impacto no plano, áreas afetadas, como custos, qualidade, prazos e riscos).
3. Acolhimento ou descarte.
4. Estabelecimento de prioridade.
5. Aceite.
6. Implementação.

4. Frequência de Avaliação do Escopo

O escopo do projeto será avaliado quinzenalmente na reunião do comitê de controle de mudanças conforme previsão do Plano de Gerenciamento das Comunicações.

5. Aprovações

Pessoa	Cargo	Data	Assinatura
Antônio de Oliveira	Presidente		
João de Souza	Diretor Executivo		
Dra. Maria Prado	Médica Supervisora		
José da Silva	Gerente de Projeto		

E Exemplo de Levantamento de Fatores de Risco Potenciais

E.1 Coleta de Dados

Cod. Eat	ID.	Descrição do Risco	Nível Impacto	Ocor-rência	Nível Efetividade	Nível Prioridade	Responsável	Ações Tomadas
	1	Membros da equipe inexperientes	5	8	3	120	Gestor	Curso UML
	2	Equipe de desenvolvimento não familiarizada com as ferramentas	6	6	3	108	Gestor	Curso UML
	3	Membros da equipe de desenvolvimento não familiarizados com o negócio do cliente	7	4	4	112	Gestor	Palestra para a equipe
	4	Ausência de perfil especializado na equipe de projeto para atender aos requisitos do projeto	6	3	4	72	Gestor	Contratação de consultor médico
	5	Mudanças na gerência da organização durante o projeto	3	1	3	9	Patrocinador	Aceitar
	6	Influência política no projeto (externa)	2	2	1	4	Patrocinador	Aceitar

Cod. Eat	ID.	Descrição do Risco	Nível Impacto	Ocor-rência	Nível Efetividade	Nível Prioridade	Responsável	Ações Tomadas
	7	Dependência de fornecedores externos	8	5	5	200	Apoiador	Antecipar a aquisição dos equipamentos para uma data segura. Definir um segundo fornecedor para reserva
	8	Projeto afetando um grande número de departamentos ou unidades do cliente	7	3	4	84	Gestor	Definir matriz e transferir responsabilidade de integração dos departamentos para o apoiador
	9	Projeto envolvendo o uso de novas tecnologias	6	9	6	324	Gestor	Ministrar curso para equipe durante a fase de especificação
	10	Falta de infraestrutura para reúso	8	5	2	80	Gestor	Aceitar
	11	Pressão excessiva de prazo	6	3	3	54	Gestor	Definir 15% de tempo de reserva de contingência para o projeto
	12	Acompanhamento do progresso do projeto insuficiente	2	2	6	24	Gestor	Definir medição semanal do progresso dos trabalhos
	13	Requisitos não estão claros	2	3	3	18	Analista	Planejar e ministrar reunião JAD com os interessados
	14	Deficiência no entendimento dos usuários quanto às limitações ou capacidades do sistema	3	2	3	18	Gestor	Palestra de conscientização dos usuários

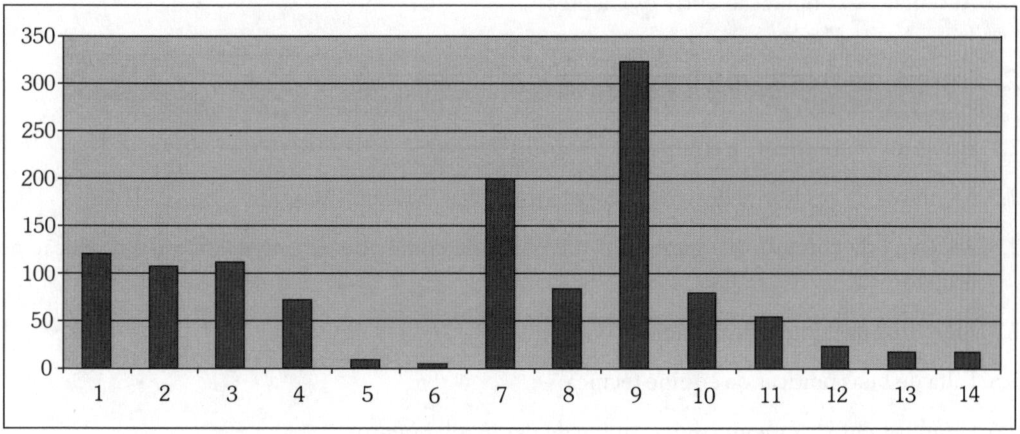

Exemplo de Levantamento de Fatores de Risco Potenciais

Diagrama de Pareto - Legenda

1	Membros da equipe inexperientes
2	Equipe de desenvolvimento não familiarizada com as ferramentas
3	Membros da equipe de desenvolvimento não familiarizados com o negócio do cliente
4	Ausência de perfil especializado na equipe de projeto para atender aos requisitos do projeto
5	Mudanças na gerência da organização durante o projeto
6	Influência política no projeto (externa)
7	Dependência de fornecedores externos
8	Projeto afetando um grande número de departamentos ou unidades do cliente
9	Projeto envolvendo o uso de novas tecnologias
10	Falta de infraestrutura para reúso
11	Pressão excessiva de prazo
12	Acompanhamento do progresso do projeto insuficiente
13	Requisitos não estão claros
14	Deficiência no entendimento dos usuários quanto às limitações ou capacidades do sistema

E.2 Fatores de Risco Potenciais

1. Clientes

1.1. Ausência da participação do cliente

1.2. Cliente resistente a mudanças

1.3. Conflitos entre clientes

1.4. Clientes com atitudes negativas em relação ao projeto

1.5. Clientes não comprometidos com o projeto

1.6. Ausência de cooperação entre os clientes

2. Equipe de Desenvolvimento

2.1. Conflitos entre cliente e equipe de desenvolvimento

2.2. Membros da equipe de desenvolvimento treinados inadequadamente

2.3. Ausência de comprometimento dos membros da equipe de desenvolvimento em relação ao projeto

2.4. Membros da equipe inexperientes

2.5. Falta de boas práticas da equipe técnica

2.6. Conflitos entre os membros da equipe de desenvolvimento

2.7. Frequente rotação de pessoal na equipe de projeto

2.8. Equipe de desenvolvimento não familiarizada com as ferramentas

2.9. Membros da equipe de desenvolvimento não familiarizados com o negócio do cliente

2.10. Atitudes negativas da equipe de desenvolvimento

2.11. Ausência de perfil especializado na equipe de projeto para atender aos requisitos do projeto

3. Política Organizacional

3.1. Recursos retirados do projeto por causa de mudanças nas prioridades organizacionais

3.2. Mudanças na gerência da organização durante o projeto

3.3. Políticas corporativas com efeito negativo no projeto

3.4. Influência política no projeto (externa)

3.5. Ambiente organizacional instável

3.6. Reestruturação organizacional durante o projeto

3.7. Ausência de suporte gerencial de alto nível para o projeto

3.8. Ausência ou perda do comprometimento organizacional com o projeto

4. Complexidade de Projeto

4.1. Dependência de fornecedores externos

4.2. Muitos fornecedores externos envolvidos com o projeto de desenvolvimento

4.3. Alto nível de complexidade técnica

4.4. Tarefas a serem automatizadas altamente complexas

4.5. Projeto afetando um grande número de departamentos ou unidades do cliente

4.6. Grande quantidade de interação com outros sistemas

4.7. Projeto envolvendo o uso de novas tecnologias

4.8. Inadequada transferência de tecnologia para o projeto

4.9. Condições de trabalho inadequadas

5. Processo

5.1. Padrões, políticas e metodologias de engenharia de software inadequados

5.1. Métodos e ferramentas de engenharia de software inadequados

5.2. Burocracia excessiva

5.3. Falta de suporte para a resolução de problemas técnicos

5.4. Falta de infraestrutura para reúso

5.5. Falta de prática de reúso

5.6. Repositórios de projeto e controle de configuração inadequados

5.7. Ausência de uma metodologia efetiva de gerência de projetos

6. Gerência de Projetos

6.2. Planejamento inadequado do prazo

6.3. Planejamento inadequado dos recursos necessários

6.4. Planejamento inadequado do orçamento

6.5. Pressão excessiva de prazo

6.6. Baixa produtividade

6.7. Baixa qualidade dos produtos intermediários e finais

6.8. Ausência de "pessoas com perfil" para liderar o projeto

6.9. Acompanhamento do progresso do projeto insuficiente

6.10. Fraco planejamento de projeto

6.11. Falta de definição dos marcos do projeto

6.12. Gerente do projeto ineficiente

6.13. Gerente de projeto inexperiente

6.14. Comunicação ineficiente

7. Requisitos

7.1. Mudanças contínuas dos objetivos e escopo do projeto

7.2. Requisitos conflitantes

7.3. Mudanças contínuas dos requisitos

7.4. Requisitos não definidos de forma adequada

7.5. Requisitos não estão claros

7.6. Requisitos incorretos

7.7. Deficiência no entendimento dos usuários quanto às limitações ou capacidades do sistema

Tabela de Escala dos Impactos dos Riscos de Projeto (SEVERIDADE)

Escala	Descrição	Definição
10	Inaceitavelmente alto	Risco vai implicar em um atraso de mais de 25% no cronograma total do projeto, e de mais 25% no custo do projeto, e em requerimentos importantes para o projeto, e a qualidade do projeto será afetada de tal forma que o sistema não poderá ser utilizado pelos clientes/usuários.

Escala	Descrição	Definição
9	Extremamente alto	Risco vai implicar em um atraso de mais de 25% no cronograma total do projeto, ou de mais 25% no custo do projeto, ou em requerimentos importantes para o projeto, ou a qualidade do projeto será afetada de uma forma alta, resultando em uma não utilização do sistema ou função pelo cliente/usuário.
8	Muito alto	Risco vai implicar em um atraso de mais de 10% no cronograma total do projeto, e de mais 10% no custo do projeto, e em requerimentos importantes para o projeto, e a qualidade do projeto será afetada de tal forma que resultará em uma não satisfação dos clientes/usuários.
7	Alto	Risco vai implicar em um atraso de mais de 10% no cronograma total do projeto, ou de mais 10% no custo do projeto, ou em requerimentos importantes para o projeto, ou a qualidade do projeto será afetada de forma alta, resultando em não satisfação dos clientes/usuários com o sistema ou a função.
6	Moderado	Risco vai implicar em um atraso de 5 a 10% no cronograma total do projeto, ou 5 a 10% no custo do projeto, ou requerimentos de média prioridade do projeto serão afetados, ou a qualidade do projeto será afetada de uma forma tal que será necessária alguma alteração de processo por parte dos clientes/usuários a fim de utilizar o sistema ou função.
5	Baixa	Risco vai implicar em um atraso de 5% no cronograma total do projeto, 5% no custo do projeto, requerimentos de baixa prioridade do projeto serão afetados e a qualidade do projeto será afetada de uma forma baixa, mas com algumas reclamações dos clientes/usuários em parte do sistema.
4	Muito baixa	Risco vai implicar em um atraso de 5% no cronograma total do projeto, ou de 5% no custo do projeto, ou requerimentos de baixa prioridade do projeto serão afetados, ou a qualidade do projeto será afetada de forma baixa, mas sem impactos para os clientes/usuários.
3	Pequena	Risco terá um atraso não significativo no projeto e com um pequeno aumento de custo (<1%).
2	Muito pequena	Risco vai implicar em um atraso não significativo para o projeto. Sem impacto nas outras dimensões do projeto.
1	Nenhum	Impacto não será percebido pelo cliente e não haverá impacto nas dimensões do projeto.

Tabela de Escala de Ocorrências (OCORRENCIA)

Escala	Descrição	Definição
10	Muito alta - risco quase inevitável	Esse tipo de risco vem acontecendo com muita frequência nos projetos desenvolvidos pela organização.
9		Esse tipo de risco vem acontecendo com frequência nos projetos desenvolvidos pela organização.
8	Alta: repetidas falhas	Esse tipo de risco vem acontecendo nos projetos recentemente desenvolvidos pela organização.
7		Existe um grande histórico de ocorrências desse tipo de risco nos projetos desenvolvidos pela organização.
6	Moderado: Falhas ocasionais	Esse tipo de risco ocorre normalmente nos projetos desenvolvidos pela organização.
5		Existe um histórico razoável de ocorrências do risco no desenvolvimento dos projetos na organização.
4		Existe um histórico baixo de ocorrências do risco no desenvolvimento dos projetos na organização.

Escala	Descrição	Definição
3	Baixo: Relativamente poucas falhas	Existe um histórico pequeno de ocorrência do risco no desenvolvimento dos projetos na organização.
2		Existe um histórico muito pequeno de ocorrência do risco no desenvolvimento de projetos na organização.
1	Remota: Falha é improvável	Não existe histórico de ocorrência do risco na organização.

Tabela de Escala de Prevenção ou Mitigação dos Riscos (EFETIVIDADE)

Escala	Descrição	Definição
10	Absolutamente incerto	Não existe um processo ou um controle organizacional que permita o controle do risco. Não existe um plano para lidar com o risco.
9	Muito remoto	Não existe um processo ou um controle organizacional que permita o controle do risco. Não existe um plano para lidar com o risco totalmente estabelecido.
8	Remoto	Existe um plano para lidar com o risco, mas existem muitas dúvidas sobre sua eficácia.
7	Muito baixo	Existe um plano para lidar com o risco, mas existem dúvidas sobre sua eficácia.
6	Baixo	Existe um plano para lidar com o risco mas existe algumas dúvidas sobre sua eficácia.
5	Moderado	Existe um plano para lidar com o risco e ele é realizável, mas com uma certa complexidade.
4	Moderadamente alto	Existe um plano para lidar com o risco e ele é de baixa complexidade.
3	Alto	Existem processos ou controles organizacionais que permitem um bom controle do risco. Plano já aplicado em outros projetos e para lidar com ele.
2	Muito alto	Existem processos ou controles organizacionais estabelecidos para controle desse tipo de risco. Existe um bom histórico de eficácia desses processos lidando com riscos como estes.
1	Quase certo	Existem processos ou controles organizacionais bastante estabelecidos para controle desse tipo de risco. Não existem históricos de problemas.

Passos para análise FMEA:

1. Revisar o processo/produto
2. Reunião de Brainstorming dos potenciais modos de falhas
3. Identificar os potenciais efeitos para cada modo de falha
4. Definir uma escala de severidade para cada efeito
5. Definir uma escala de ocorrência para cada efeito
6. Definir uma escala de detecção para cada efeito e modo de falha
7. Calcular o número de severidade do risco para cada modo de falha:
   Número de Severidade do Risco = Severidade X Ocorrências X Efetividade

8. Priorizar o Modo de Falha por Ação

Após o passo anterior, com a consequente quantificação dos modos de falhas, eles podem ser priorizados. Normalmente, são utilizados gráficos de Pareto para auxiliar na melhor visualização dos modos de falhas mais importantes. Normalmente, são criados valores limites a partir dos quais os modos de falha são tratados com prioridade. Os valores abaixados são monitorados e controlados para eventuais ações futuras.

9. Definir Ações para Reduzir os Modos de Falhas como de Alto Risco

Normalmente, nas organizações, é utilizado algum processo de problem-solving para identificar e implementar ações com o propósito de eliminar ou reduzir os modos de falhas de maiores riscos, isto é, diminuir o número de severidade do risco.

10. Calcular o Valor Residual do Número de Severidade do Risco Após a Redução dos Modos de Falhas

Uma vez que uma dada ação foi implementada com o propósito de melhorar o produto ou o processo, uma nova definição da severidade, ocorrência e detecção é feita e, consequentemente, um novo número de severidade do risco é calculado. O processo normalmente se repete durante todo o ciclo de vida do produto ou do processo.

Plano de Gerenciamento de Riscos SAC - Plano de Gerenciamento de Riscos		
Preparado por:	José da Silva	Versão 1.0
Aprovado por:	Antônio de Oliveira	10/10/2004

O presente plano de gerenciamento dos riscos do projeto leva em consideração os riscos previamente identificados e analisados em reunião da gerência do projeto com os principais interessados.

Quaisquer riscos que venham a ser detectados ao longo do projeto serão analisados e incorporados de acordo com as regras definidas no Plano de Gerência do Escopo e mediante preenchimento de requisição de mudanças no escopo do projeto.

Vale lembrar que somente os riscos internos ao projeto serão considerados de acordo com as regras anteriormente citadas: riscos oriundos de alterações do quadro econômico-financeiro no qual a Clínica Boa Vida está inserida, e também riscos de natureza social serão aceitos sem análise ou obrigatoriedade de uma resposta por parte da gerência do projeto.

Metodologia

A identificação, a análise qualitativa e quantitativa dos riscos foram definidas por meio da técnica FMEA (Failure Mode and Effect Analysis), que determina a coleta de dados de risco e a execução dos seguintes passos:

1. Análise e sessão de Brainstorming da lista de fatores de risco potenciais.
2. Aplicação da tabela de escala dos impactos dos riscos de projeto para determinação do nível de severidade dos riscos mais relevantes.
3. Aplicação da tabela de escala de ocorrências para exame das probabilidades de ocorrência dos riscos no projeto em foco.
4. Aplicação da tabela de escala de prevenção ou mitigação dos riscos a fim de determinar o índice de efetividade para solução de cada risco.
5. Priorização do modo de falha e definição de ações para redução ou eliminação dos riscos.

O resultado desses processos está registrado na seguinte tabela:

ID.	Descrição do Risco	Nível Impacto	Ocorrência	Nível Efetividade	Nível Prioridade	Responsável	Ações Tomadas
1	Membros da equipe inexperientes	5	8	3	120	Gestor	Curso UML
2	Equipe de desenvolvimento não familiarizada com as ferramentas	6	6	3	108	Gestor	Curso UML
3	Membros da equipe de desenvolvimento não familiarizados com o negócio do cliente	7	4	4	112	Gestor	Palestra para a equipe
4	Ausência de perfil especializado na equipe de projeto para atender aos requisitos do projeto	6	3	4	72	Gestor	Contratação de consultor médico
5	Mudanças na gerência da organização durante o projeto	3	1	3	9	Patrocinador	Aceitar
6	Influência política no projeto (externa)	2	2	1	4	Patrocinador	Aceitar
7	Dependência de fornecedores externos	8	5	5	200	Apoiador	Antecipar a aquisição dos equipamentos para uma data segura. Definir um segundo fornecedor para reserva
8	Projeto afetando um grande número de departamentos ou unidades do cliente	7	3	4	84	Gestor	Definir matriz e transferir responsabilidade de integração dos departamentos para o apoiador
9	Projeto envolvendo o uso de novas tecnologias	6	9	6	324	Gestor	Ministrar curso para equipe durante a fase de especificação
10	Falta de infraestrutura para reúso	8	5	2	80	Gestor	Aceitar
11	Pressão excessiva de prazo	6	3	3	54	Gestor	Definir 15% de tempo de reserva de contingência para o projeto
12	Acompanhamento do progresso do projeto insuficiente	2	2	6	24	Gestor	Definir medição semanal do progresso dos trabalhos
13	Requisitos não estão claros	2	3	3	18	Analista	Planejar e ministrar reunião JAD com os interessados
14	Deficiência no entendimento dos usuários quanto às limitações ou capacidades do sistema	3	2	3	18	Gestor	Palestra de conscientização dos usuários

Sistema de Controle de Mudanças

A identificação de novos riscos (ou mudanças nos riscos já identificados) será efetuada de acordo com o seguinte fluxo:

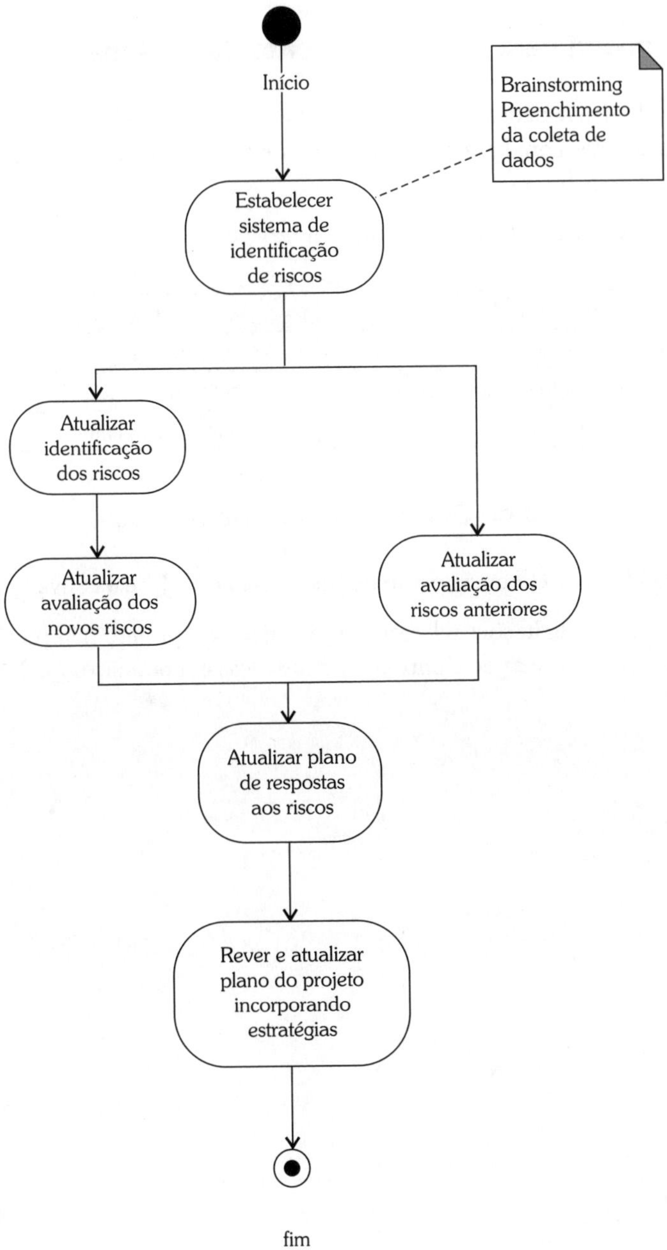

Frequentemente, os valores residuais de severidade dos riscos serão reavaliados a fim de garantir a qualidade do produto e melhorar o desenvolvimento: o processo aplicado na identificação dos riscos analisados neste plano será repetido periodicamente e, eventualmente, definindo alterações de escopo do projeto, mediante reunião do Comitê de Controle de Mudanças.

Alocação Financeira para o Gerenciamento dos Riscos

As reservas de contingência para a execução deste plano foram definidas em R$ 10.000,00. Essas reservas serão consumidas com base nas solicitações de outros planos e segundo a autonomia do gerente do projeto e do patrocinador.

A utilização das reservas fica restrita aos seguintes intervalos:

Restrição	Reservas
Uso autônomo do gerente	Até R$ 3.000,00
Uso com aprovação do patrocinador	Até R$ 7.000,00
Somente o patrocinador	De R$ 7.000,00 até o limite

Administração do Plano de Gerenciamento de Riscos

O responsável pelo Plano de Gerenciamento de Riscos será o Sr. José da Silva, gerente do projeto.

Todas as situações e/ou solicitações relacionadas aos risco do projeto não previstas neste plano devem ser submetidas ao Comitê de Controle de Mudanças em reunião com data e pauta previamente definidas.

F

Exemplo de Plano de Comunicação

Nº	Ação de comunicação	Canal	Mensagem	Objetivo	Conteúdo	Público-alvo	Periodicidade	Data de início
1	Iniciação	Reunião	Oficialização do início do projeto	Comunicação aos interessados sobre o projeto, de modo a obter o comprometimento de todos	Apresentação do escopo do projeto, prazo, custos e matriz de responsabilidades	Interessados	Apresentação única	29/10/2004
2	Acompanhamento do projeto	Reunião	Apresentação do status do cronograma	Revisão dos pontos em aberto	Status das atividades previstas para a semana em questão	Equipe do projeto	Semanal	08/11/2004
3	Avaliação da qualidade	Reunião	Apresentação do relatório de qualidade do projeto	Verificação e correção dos requisitos de qualidade do projeto	Status da avaliação da qualidade	Equipe do projeto	Semanal	03/11/2004
4	Atualização EA	E-mail	Título com o nome do projeto no cabeçalho e identificação do pacote (caso de uso, especificação etc.)	Informar os membros da equipe sobre atualizações no projeto	Descrição dos artefatos e/ou componentes que sofreram alteração ou de novos artefatos/componentes	Equipe	Diária	Após primeira especificação técnica ou caso de uso confeccionado
5	Acompanhamento gerencial do projeto	Relatório	Apresentação macro do andamento do projeto	Posicionamento do projeto	Sinalizar os pontos de atenção	Patrocinador	Mensal	03/11/2004

G Exemplo de Plano de Gerenciamento de Recursos Humanos

G.1 SAC - Plano de Gerenciamento de Recursos Humanos

Preparado por:	José da Silva - Gerente de Projeto	Versão 1.0
Aprovado por:	Antônio de Oliveira - Apoiador	17/11/04

1. Organograma do Projeto

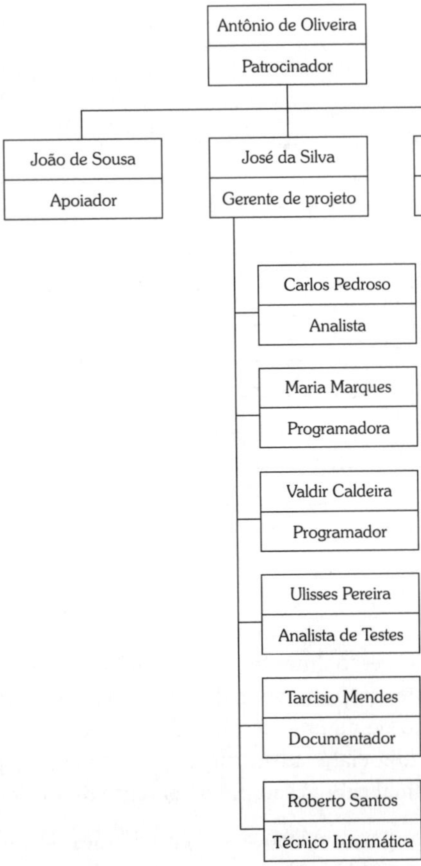

2. Relação da Equipe do Projeto

Nº	Nome	Área	Endereço Eletrônico	Telefone
1	Antônio de Oliveira	Presidência	aoliveira@boavida.com.br	11-2222-1111
2	João de Souza	Diretoria Executiva	jsouza@boavida.com.br	11-2222-1112
3	Maria Prado	Administração	mprado@boavida.com.br	11-2222-1113
4	José da Silva	Gerência de Projeto	jsilva@acmesoft.com.br	11-7777-1111
5	Carlos Pedroso	TI	cpedroso@acmesoft.com.br	11-7777-1112
6	Maria Marques	TI	mmarques@acme.com.br	11-7777-1113
7	Valdir Caldeira	TI	vcaldeira@acmesoft.com.br	11-7777-1114
8	Ulisses Pereira	TI	upereira@acmesoft.com.br	11-7777-1115
9	Tarciso Mendes	TI	tmendes@acmesoft.com.br	11-7777-1116
10	Roberto Santos	TI	rsantos@acmesoft.com.br	11-7777-1117

3. Matriz de Responsabilidades

Nº	Nome	Área	Definição	Planejamento	Contratação	Implementação	Implantação	Fechamento
1	Antônio de Oliveira	Presidência	E	I	C	-	-	A
2	João de Souza	Diretoria Executiva	C	I	I	C	C	A
3	Maria Prado	Administração	C	I	E	I	-	C
4	José da Silva	Gerência de Projeto	-	E	A	A	A	E
5	Carlos Pedroso	TI	-	I	-	E	E	I
6	Maria Marques	TI	-	I	-	E	E	I
7	Valdir Caldeira	TI	-	I	-	E	E	I
8	Ulisses Pereira	TI	-	I	-	E	E	I
9	Tarciso Mendes	TI	-	I	-	E	E	I
10	Roberto Santos	TI	-	I	I	E	E	I

Legenda: E; Executa; A: Acompanha; C: Comenta; I: Fornece Informações

4. Disposições Gerais

O gerente de projeto estará envolvido pessoalmente na permanência dos membros da equipe no decorrer do projeto, ficando, portanto, responsável pela coordenação do presente plano. Entretanto, na eventualidade de realocação de algum membro da equipe, em conjunto com o departamento de recursos humanos, providenciará substituto de acordo com o plano do projeto e as funções a serem exercidas: a palavra final caberá sempre ao gerente do projeto.

Quaisquer novos recursos necessários para a execução das atividades do projeto deverão ser previamente autorizados pelo patrocinador e cobertos financeiramente pelas reservas de contingência do projeto.

5. Acompanhamento do Desempenho

O resultado do trabalho da equipe será avaliado mensalmente pelo gerente de projeto em reunião individual com cada membro da equipe. Da mesma forma, o próprio gerente do projeto será avaliado mensalmente pelo patrocinador.

Concluído o projeto, será realizada uma reunião para avaliação final de cada membro da equipe, depois de tomadas as seguintes providências:

- autoavaliação do gerente de projeto;
- avaliação do gerente pelo patrocinador e individualmente por cada membro da equipe;
- autoavaliação de cada membro da equipe;
- avaliação de cada membro pelo gerente do projeto e, por sorteio, por dois outros membros da equipe.

Recursos externos não serão avaliados por esse processo.

Os resultados de avaliação mensais serão compilados e apresentados em reuniões mensais do Comitê de Controle de Mudanças do projeto.

6. Dotação Financeira para Recursos Humanos

Os valores financeiros para alocação de recursos humanos encontram-se expressos no cronograma do projeto.

Quaisquer decisões de gerenciamento de recursos humanos que requeiram gasto complementar utilizarão os recursos de contingência do projeto, desde que dentro dos limites de autonomia do gerente do projeto: medidas que extrapolem tais limites, bem como a indisponibilidade daquelas reservas, deverão ser autorizadas pelo patrocinador ou, então, se for o caso, solicitado aumento delas para o bom andamento dos trabalhos.

7. Administração do Plano

O plano de gerenciamento dos recursos humanos é de responsabilidade do Sr. José da Silva, gerente do projeto.

Esse plano será reavaliado mensalmente, em conjunto com os demais planos de gerenciamento do projeto, por ocasião da reunião mensal do Comitê de Controle de Mudanças.

Quaisquer alterações não previstas no presente plano deverão enquadrar-se nas regras e procedimentos definidos no controle geral de mudanças e submetidas ao Comitê de Controle de Mudanças para aprovação, a qual, se ocorrer, produzirá atualização e reedição do plano de gerenciamento de recursos humanos com as alterações devidamente registradas.

8. Histórico de Alterações

Data	Modificado por	Descrição da mudança

9. Aprovações

Pessoa	Cargo	Data	Assinatura
Antônio de Oliveira	Presidente		
João de Souza	Diretor Executivo		
José da Silva	Gerente de Projeto		

H Exemplo de Plano de Gerenciamento da Qualidade

H.1 SAC - Plano de Gerenciamento da Qualidade

Preparado por:	José da Silva - Gerente de Projeto	Versão 1.0
Aprovado por:	Antônio de Oliveira - Patrocinador	17/11/04

O Plano de Qualidade, definido durante o planejamento do Sistema de Agendamento e Consulta, pretende ratificar que as principais entregas do projeto sejam completadas com um nível de qualidade que satisfaça as necessidades do cliente.

O gerente de projeto e os principais interessados concordaram e estabeleceram previamente a definição de quando cada uma das principais entregas estará completa e correta. Essas entregas foram formalmente aprovadas e confrontadas com os critérios de qualidade previamente estabelecidos. Assim, o plano do projeto foi avaliado de acordo com os critérios de qualidade estabelecidos antes de serem formalmente aprovados.

As atividades de garantia de qualidade estão focadas na utilização de processos, para gerenciar, produzir e entregar a solução, e serão realizadas pelo gestor do projeto, pelo patrocinador ou por uma terceira pessoa designada para revisar essas atividades de acordo com os padrões de qualidade da empresa.

As atividades de controle de qualidade serão realizadas continuamente no andamento do projeto para garantir a qualidade do gerenciamento e das entregas do projeto.

Assim, o processo de gerenciamento da qualidade é descrito nos seguintes termos:

- Os procedimentos de qualidade para este projeto não estão descritos neste plano por integrarem o corpo de procedimentos de qualidade da empresa.
- Quaisquer queixas ou reivindicações do cliente, e também de entregas que não estejam de acordo com a declaração de escopo, deverão ser tratadas como medidas corretivas no plano de gerenciamento da qualidade.
- As mudanças de requisitos previstas para o projeto devem ser avaliadas e classificadas dentro do sistema de controle de mudanças de qualidade.
- Somente medidas corretivas que influenciarem o sucesso do projeto serão consideradas como alterações nos padrões de qualidade e integradas ao plano, desde que de acordo com o controle geral de mudanças e suas regras de acolhimento e análise de alterações. Qualquer inovação ou novas premissas de qualidade não serão consideradas pelo gerenciamento da qualidade.

Prioridade de Alterações nos Requisitos de Qualidade

Qualquer mudança de qualidade será avaliada e classificada em um dos seguintes níveis de prioridade:

- **Nível 3:** pode ser implementada por ter influência no projeto, mas não requer uma ação imediata por não ser urgente.
- **Nível 2:** requer um planejamento da ação por meio de terceiros ou de pessoas disponíveis, uma vez que acrescenta valor ao projeto e é urgente, embora não tenha influência estratégica no custo e no prazo.
- **Nível 1:** requer uma ação imediata, independente de reuniões de controle, devido ao caráter de urgência, podendo exigir autorização financeira do patrocinador, dependendo do caso.
- **Nível 0:** requer uma ação imediata e, uma vez que interfere no projeto e outras áreas fora do domínio do gestor, deve obrigatoriamente envolver o patrocinador.

Sistema de Controle de Mudanças de Qualidade

Qualquer mudança na qualidade do projeto deve ser manipulada conforme o fluxo a seguir.

As conclusões serão apresentadas na reunião semanal do Comitê de Controle de Mudanças com suas prioridades e ações relacionadas.

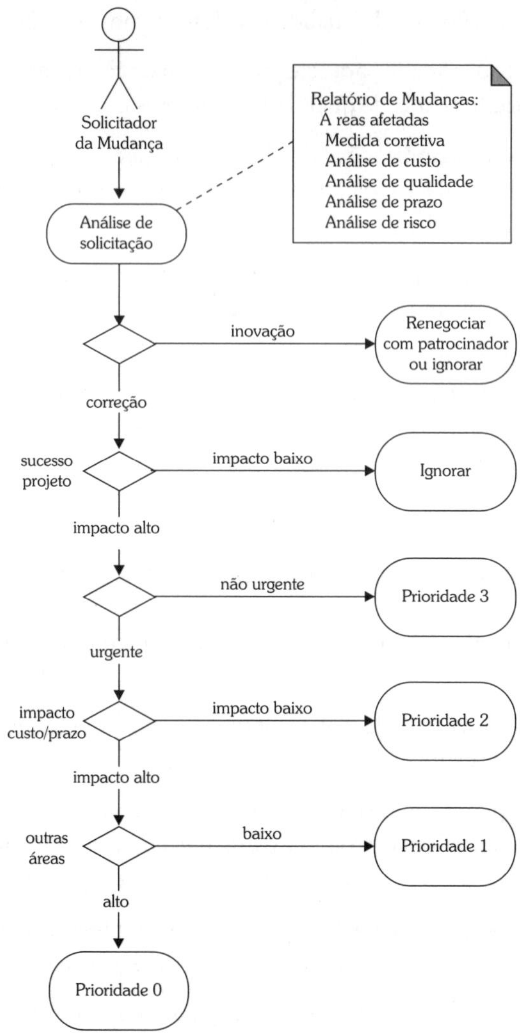

Alocação Financeira para Mudanças nos Requisitos de Qualidade

Estando dentro da competência da gerência do projeto, qualquer mudança em requisito de qualidade pode ser alocada a partir da reserva financeira do projeto; caso contrário, seu custo deve ser aprovado pelo patrocinador.

A utilização de reservas de contingência para riscos acima dos limites da gerência do projeto, ou, ainda, quando não houver mais reserva disponível, deve ser devidamente aprovada pela diretoria da empresa.

Responsável pelo Plano

O Sr. José da Silva, gerente do projeto, será o responsável direto pelo plano de gerenciamento da qualidade do projeto.

O plano da qualidade será reavaliado periodicamente na reunião mensal do Comitê de Controle de Mudanças do projeto.

Bibliografia

CHRISTIANSSON; FORSS, e cols. **GoF Design Patterns:** *with examples using Java and UML2*. Creative Commons Atribution-ShareAlike 3.0 License, 2008.

BISHOP, J. **C# 3.0 Design Patterns**. O'Reilly, 2007.

GALLOWAY; HAACK; WILSSON; ALLEN, S. **Professional ASP.NET MVC 3**. John Wiley & Sons, Inc., 2011.

Pesquisa em Sites

Inescid Lisboa. Disponível em https://www.l2f.inesc-id.pt. Acesso em: 20/03/2012.

Wikipedia. Disponível em http://pt.wikipedia.org. Acesso em: 03 e 04/2012.

Microsoft MSDN. Disponível em http://msdn.microsoft.com/pt-br. Acesso em: 23/03/2012.

ASP.NET MVC Overview. Disponível em http://www.asp.net/mvc/tutorials/older-versions/overview/asp-net-mvc-overview. Acesso em: 15/04/2012.

Marcas Registradas

Índice Remissivo

Símbolos

A

B

C

D

E

F

G

H

I

J

L

M

Q

R

S

T

U

V

W